中等职业学校计算机系列教材

zhongdeng zhiye xuexiao jisuanji xilie jiaocai

计算机辅助设计——AutoCAD 2012 中文版辅助建筑制图

（第2版）

◎ 马永志 黄春永 主编

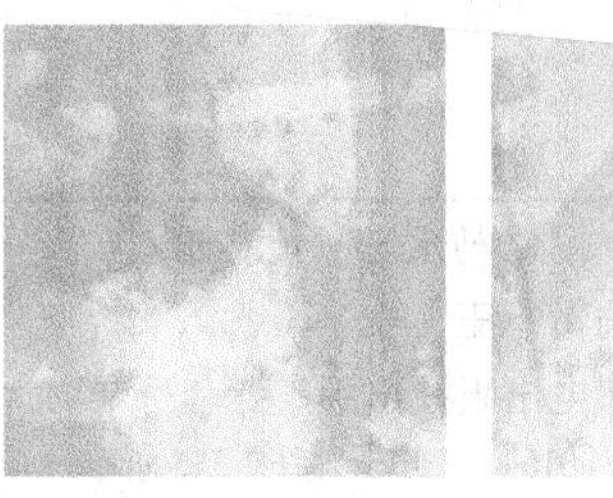

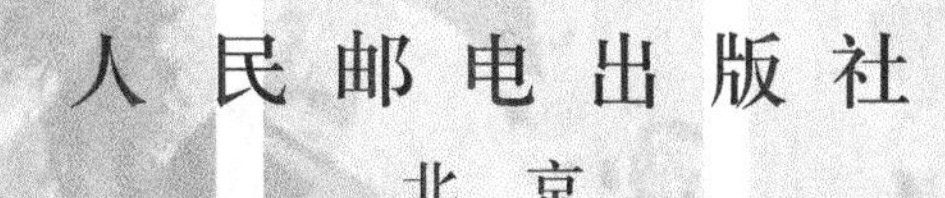

人民邮电出版社

北京

图书在版编目（CIP）数据

计算机辅助设计 ：AutoCAD 2012中文版辅助建筑制图 / 马永志，黄春永主编. -- 2版. -- 北京 ：人民邮电出版社，2013.3(2023.8重印)
中等职业学校计算机系列教材
ISBN 978-7-115-30586-2

Ⅰ. ①计… Ⅱ. ①马… ②黄… Ⅲ. ①建筑制图－计算机辅助设计－AutoCAD软件－中等专业学校－教材 Ⅳ. ①TU204

中国版本图书馆CIP数据核字(2013)第014136号

内 容 提 要

本书结合实例讲解 AutoCAD 绘图知识，重点培养学生 AutoCAD 的绘图能力与技巧，提高解决实际问题的能力，内容实用，编排新颖。

全书共有 12 章，主要内容包括建筑基础，AutoCAD 用户界面及基本操作，平面图形的绘制，图形的编辑，参数化绘图、图块与动态块、图层设置及控制图形显示，文字及尺寸标注，曲面模型和三维实体的绘制，绘制复杂建筑图的一般原则、技巧与方法，以及图形输出等。

本书可作为中等职业学校建筑及其相关专业的教材，也可作为广大工程技术人员及计算机爱好者的自学参考书。

◆ 主　编　马永志　黄春永
责任编辑　王　平
◆ 人民邮电出版社出版发行　　北京市丰台区成寿寺路 11 号
邮编　100164　　电子邮件　315@ptpress.com.cn
网址　http://www.ptpress.com.cn
北京天宇星印刷厂印刷
◆ 开本：787×1092　1/16
印张：16.25　　2013 年 3 月第 2 版
字数：405 千字　　2023 年 8 月北京第 6 次印刷

ISBN 978-7-115-30586-2

定价：34.00 元

读者服务热线：(010)81055256　印装质量热线：(010)81055316
反盗版热线：(010)81055315
广告经营许可证：京东市监广登字 20170147 号

前　言

AutoCAD是CAD技术领域中一个基础性的应用软件包，由美国Autodesk公司研制开发。目前，AutoCAD已广泛应用于机械、电子、建筑、服装、船舶等工程设计领域，极大地提高了设计人员的工作效率。

本书根据教育部2010年颁布的《中等职业学校专业目录》中专业技能和岗位技能的要求，专门为中等职业学校编写。学生通过学习本书，能够掌握AutoCAD基本操作和实用技巧，并能顺利通过相关的职业技能考核。

本书实用性强，具有以下特色。

- 以“任务驱动，案例教学”为出发点，充分考虑了中等职业学校教师和学生的实际需求，通过完成一个个具体建筑绘图任务，使相关内容的阐述及学生的学习均有很强的目的性，极大地增强了学生的学习兴趣。
- 在内容组织上突出易懂、实用的原则，所选实例均以建筑工程专业图为例，精心选取AutoCAD的一些常用功能以及与建筑工程绘图密切相关的知识构成全书主要内容，循序渐进地讲解绘图技能这个核心，目标是教会读者灵活使用AutoCAD。
- 本书在具体内容组织上，让读者了解AutoCAD绘图具有很大的灵活性和技巧性，从中读者将了解使用AutoCAD绘制工程图的特点，从而提高解决实际问题的能力，这样，学习方法灵活。在内容展述上突出全局意识，让读者尽快掌握全书的组织内容，这样，学习思路清晰。

建议本课程教学时间72课时，教师可用32个课时来讲解本教材的内容，配以40个课时的上机时间，即可较好地完成教学任务。全书分为12章和2个附录，主要内容介绍如下。

- 第1～3章：介绍AutoCAD发展及其应用、基本操作方法和建筑基础知识。
- 第4～5章：介绍画线、椭圆等基本几何图形的方法，介绍常用图形编辑方法。
- 第6～7章：介绍参数化绘图、图块及动态块。
- 第8章：介绍一些二维高级绘图技巧、方法。
- 第9章：介绍如何实现文字及尺寸标注。
- 第10章：介绍如何绘制曲面模型和三维实体。
- 第11章：通过实例说明绘制复杂建筑图的方法和技巧。
- 第12章：介绍怎样打印输出图形。
- 附录1：常用建筑装饰装修材料和设备图例。
- 附录2：AutoCAD命令快捷键表。

本书由马永志、黄春永任主编，参加本书编写工作的还有沈精虎、黄业清、宋一兵、谭雪松、向先波、冯辉、计晓明、滕玲、董彩霞、管振起。

由于作者水平有限，书中难免存在疏漏之处，敬请各位读者指正。

作者

2012年11月

目　录

第1章　绪　论

AutoCAD 已经成为 CAD 系统的标准，是世界上应用最广泛的 CAD 软件之一，是建筑师最忠实的助手，只要掌握了它，就可以做出能想到的任何设计方案。

本章主要介绍 CAD 技术及 AutoCAD 的发展、AutoCAD 的主要功能及其在建筑设计中的应用。

通过本章的学习，读者可以了解 CAD 技术的内涵、发展过程及系统组成，并熟悉 AutoCAD 软件的特点及主要功能等。

【学习目标】

- CAD 基本概念、技术发展历程及其系统组成。
- AutoCAD 的发展历史。
- AutoCAD 的主要功能及软件特点。
- AutoCAD 在建筑设计中的应用。

1.1　AutoCAD 的发展

AutoCAD 是诸多 CAD 应用软件中的优秀代表，全称为 Auto Computer Aided Design，是由美国 Autodesk 公司开发研制的一种通用计算机辅助设计软件包，它在设计、绘图和相互协作方面展示了强大的技术实力。由于 AutoCAD 具有易于学习、使用方便以及体系结构开放等优点，因而深受广大工程技术人员的喜爱。

Autodesk 公司在 1982 年 12 月发行了 AutoCAD 的第一个版本 V1.0，随后经过多次重大修改，先后推出了多个典型版本，发展到现在，最新版本是 AutoCAD 2013 版。本书介绍的是目前最常用的 AutoCAD 2012 版。

AutoCAD 从最初简单的二维绘图发展到现在的集平面绘图、三维造型、数据库管理、渲染着色及互联网等功能于一体，并提供了丰富的工具集。这样用户不仅能够轻松快捷地进行设计工作，并且还能方便地复用各种已有的数据，从而极大地提高了设计效率。如今，AutoCAD 在机械、建筑、电子、纺织、地理及航空等领域得到了广泛的使用，在全世界 150 多个国家和地区广为流行，占据了近 75%的国际 CAD 市场。此外，全球现有近千家 AutoCAD 授权培训中心，有近 3 000 家独立的增值开发商以及 4 000 多种基于 AutoCAD 的各类专业应用软件。可以这样说，AutoCAD 已经成为微机 CAD 系统的标准，而 DWG 格式文件已是工程设计人员交流思想的公共语言。

1.2　AutoCAD 的基本功能和特点及其在建筑设计中的应用

本节主要介绍 AutoCAD 中常用的基本功能和特点及其在建筑设计中的应用。

1.2.1　AutoCAD 的基本功能和特点

AutoCAD 是当今最为流行的计算机绘图软件之一，下面介绍其基本功能。

- 创建和编辑基本平面图形：能以多种方式创建点、直线、圆、椭圆、多边形及样条曲线等基本图形对象，并可以对其进行移动、复制、旋转、阵列、拉伸、延长、修剪及缩放等编辑操作。
- 创建和编辑三维立体图形：可创建 3D 实体及表面模型，能对实体本身进行编辑。
- 绘图辅助工具：AutoCAD 提供了正交、对象捕捉、极轴追踪及捕捉追踪等绘图辅助工具。正交功能使用户可以方便地绘制水平及竖直直线，对象捕捉可帮助拾取几何对象上的特殊点，而追踪功能使画斜线及沿不同方向定位点变得更加容易。
- 图层管理功能：图形对象都位于某一图层上，可设定图层的颜色、线型及线宽等特性。
- 书写文字：能轻易在图形的任何位置、沿任何方向书写文字，可设定文字字体、倾斜角度及宽度缩放比例等属性。
- 标注尺寸：可以创建多种类型尺寸，标注外观可以自行设定。
- 网络功能：可将图形在网络上发布，或是通过网络访问 AutoCAD 资源。
- 数据交换：AutoCAD 提供了多种图形图像数据交换格式及相应命令。
- 二次开发：AutoCAD 允许用户创建新的菜单和工具栏，并能利用内嵌语言 Auto Lisp、Visual Lisp、VBA、ADS 和 ARX 等进行二次开发。

AutoCAD 与其他 CAD 产品相比，具有如下特点。

- 直观的用户界面、下拉菜单、图标及易于使用的对话框等。
- 丰富的二维绘图、编辑命令以及建模方式，新颖的三维造型功能。
- 多样的绘图方式，可以通过交互方式绘图，也可通过编程自动绘图。
- 能够对光栅图像和矢量图形进行混合编辑。
- 产生具有照片真实感（Phone 或 Gourand 光照模型）的着色，且渲染速度快、质量高。
- 多行文字编辑器与标准的 Windows 系统下的文字处理软件工作方式相同，并支持 Windows 系统的 TrueType 字体。
- 数据库操作方便且功能完善。
- 强大的文件兼容性，可以通过标准的或专用的数据格式与其他 CAD、CAM 系统交换数据。
- 提供了许多 Internet 工具，用户可通过 AutoCAD 在 Web 上打开、插入或保存图形。
- 开放的体系结构，为其他开发商提供了多元化的开发工具。

1.2.2　使用 AutoCAD 2012 的十大理由

AutoCAD 2012 带来了面向文档编制、真实捕捉与三维概念设计的更加丰富的新工作流程，可以帮助用户有效提高生产效率。用户能够利用强大的曲面建模工具来探索设计创意，能够利用各类建模格式来快速创建文档，帮助减少手动文件编制工作，还能够获取并导入竣工信息，立即开始设计流程。此外，用户还会发现常用功能增加了范围广泛的省时特性。AutoCAD 2012 能够为用户提供所需的强大工具，帮助用户平稳开展三维设计工作流程，比以往更快地完成项目。

1．快速文档编制并随时连接到任何来源的三维模型

自动生成面向 AutoCAD、Autodesk®Inventor®的智能文档与三维模型，从而节省时间。与 Inventor 关联，确保工程设计变更时，工程图视图、边缘显示和位置会立即更新。用户可以从广泛的应用导入模型（包括 Pro/ENGINEER®、CATIA®、Solidworks®、NX®与 Rhinoceros®），因此用户能够有效简化几乎所有文档编制流程。

成效：通过使用最完整的文档编制工具来满足客户要求。

2. 使用灵活的三维建模工具探索设计创意

借助AutoCAD，用户几乎可以设计出各种想象的造型。只需推/拉面、边和顶点，即可创建各种复杂形状的模型，添加平滑曲面等。借助曲面、实体和网格建模工具，AutoCAD 2012能够在进行三维设计时为用户提供极强的灵活性和控制力。

成效：使用易用的工具在三维环境中更加轻松地开发概念设计。

3. 充分利用Autodesk ®Inventor ®Fusion中的直接建模功能

包含在AutoCAD 2012中的Autodesk®Inventor®Fusion软件是对AutoCAD三维概念设计功能的有力补充，为专业三维建模带来了易用性的新标准。它支持用户从几乎任何来源导入、灵活地编辑和验证模型，此外，还支持原始DWG™格式直接建模。

成效：利用新的建模标准，提升用户的产品设计能力。

4. 借助参数化绘图功能极大地缩短设计修订时间

参数化绘图功能可以帮助用户极大地缩短设计修订时间。通过在对象之间定义持久关系，平行线与同心圆将分别自动保持平行和居中。现在，用户可以在绘图流程中实时地推断约束，无需再手动定义所有对象关系。AutoCAD 2012支持几何图形和尺寸标注约束，可以帮助用户应对耗时的修订任务。

成效：更加轻松的图纸修订。

5. 点云支持帮助用户更加轻松地实施改造项目

实现三维数据扫描，简化耗时的改造和翻修项目。AutoCAD 2012的点云功能支持多达20亿个点，具有增强的点云引擎，能够帮助用户快速导入扫描对象，对齐点云中的点，并利用三维扫描数据进行设计开发。

成效：通过在AutoCAD环境中生成竣工状况，极大节省时间。

6. 比以往更快地为排列的对象编制文档

通过在排列的对象（如建筑物窗户或桥桁架）间建立并维护一系列关联关系，可以节省极为宝贵的返工时间。借助AutoCAD 2012，用户能够以特定的路径来排列对象（无需只使用矩型或极轴），在概念设计或文档制作中节省大量时间。用户现在还可以在三维空间排列对象，以此来提高设计工作流程的速度与灵活性。

成效：更高速、更灵活。

7. 将PDF文件添加为底图

作为有最多客户要求增加的功能，AutoCAD 2012现在添加了导入PDF文件并将其作为底图的功能。现在，与导入DWG、DWF™、DGN.及图像文件一样，用户可以使用相同的方法将PDF文件导入AutoCAD。借助熟悉的对象捕捉功能，用户甚至可以捕捉PDF几何图形中的关键要素，并且用户还可以更轻松地重复使用之前的设计内容。

成效：通过重复使用现有PDF设计数据，加强设计协作，节省宝贵时间。

8. 使用多功能夹点，更轻松地开展设计

通过直接操作夹点，更加轻松地编辑对象。用户现在可以在更多的AutoCAD对象中使用多功能夹点，包括线、弧、椭圆弧、标注、多重引线（mleader）以及三维面、边和顶点。

成效：最实用的编辑工具就在用户的手边。

9. 更加灵活地处理填充

现在，AutoCAD软件的填充功能更为简化、灵活、可靠。AutoCAD 2012软件中的工具

支持直接的填充操作、实时预览、改进后的稠密填充处理功能和边界检测功能，并且能够将所有填充发送至工程图后端，帮助用户节省宝贵的文档化设计时间。

成效：借助更加灵活可靠的填充工具节省时间。

10. 使用透明度选项，更加清晰地进行文件编制与沟通

对象和图层始终具有特定的属性集，例如，颜色、线形和线宽。在 AutoCAD 2012 中，对象和图层的另一个属性能够帮助用户控制工程图的可视外观：透明度。用户可以设置图层、图块或单个对象的透明度。用户现在能够更加精确地控制工程图的显示方式，从而保持有条不紊的工作流程，更加高效地交流设计细节。

成效：更加明确，更高效率。

1.2.3 AutoCAD 在建筑设计中的应用

随着计算机技术的迅速发展，CAD 技术得到了广泛的应用，尤其在工程设计界更是如此，熟练掌握该技术已成为从事设计工作的基本要求之一。例如，美国从 1997 年起，注册建筑师、工程师考试已全部采用计算机，而不再用手工绘图。

在我国众多的建筑和工程设计人员中，大多数都是从学习 AutoCAD 开始接触 CAD 应用技术的。同时，国内的独立软件开发商和 AutoCAD 产品增值开发商，也相继开发出了很多以 AutoCAD 作为平台的建筑专业设计软件，诸如 ABD、建筑之星 ArchStar、圆方、天正 Tangent、华远 House 及荣创达 RCD 等。要熟练运用这些专业软件，用户必须首先熟悉和掌握 AutoCAD。对于在校大、中专学生来说，掌握 AutoCAD 的基本应用也是就业竞争时的有利条件和就业后熟练使用专业软件并进一步深入开发的基础。另外，AutoCAD 自身也在不断发展，在功能越来越强大的同时操作越来越简单。只要通过系统的学习，融会贯通之后，即使不借助于任何第三方软件，用户也可以将 AutoCAD 改造成得心应手的专业化设计工具，以帮助完成繁重的设计绘图工作。

AutoCAD 的三维建模设计方法改变了建筑师以往从二维平面出发构思建筑形体的思维方式，从建立建筑物的三维模型入手，以空间概念进行设计，能全面真实地反映建筑形体的立体形象。这种方法使得建筑师对建筑物有整体的把握和认识，而不再是从平面到立体再到剖面的相互脱节的思维过程，这是 AutoCAD 技术给建筑设计过程带来的最大变革。借助于 AutoCAD 设计人员可以对多个建筑设计方案进行反复的比较和评价，可以从各个不同的角度去观察模拟建筑物，十分精确地求出任意观察方向的透视，甚至可以进到建筑物内部漫游一番……简而言之，AutoCAD 是建筑师最忠实的助手。

1.3 学习 AutoCAD 的方法

许多读者在学习 AutoCAD 时，往往有这样的经历：当掌握了一些基本命令后，就开始上机绘图，但却发现绘图效率很低，有时甚至不知如何下手。出现这种情况的原因主要有两个：第一是对 AutoCAD 基本功能及操作了解得不透彻；第二是没有掌握用 AutoCAD 进行工程设计的一般方法和技巧。

下面就如何学习和深入掌握 AutoCAD 谈几点建议。

1. 熟悉 AutoCAD 操作环境，切实掌握 AutoCAD 基本命令

AutoCAD 的操作环境包括程序界面和多文档操作环境等。要顺利地和 AutoCAD 交流，用户必须首先熟悉其操作环境，其次要掌握常用的一些基本命令。常用的基本命令主要有【绘图】和【修改】工具栏中包含的命令，如果用户要绘制三维图形，则还应掌握【实体】和【实体编辑】工具栏中的命令。由于这些命令在工程设计中的使用频率非常高，因而熟练且灵活

地运用这些命令是提高绘图效率的基础。

2．跟随实例上机演练，巩固所学知识，提高应用水平

了解 AutoCAD 的基本功能、学习 AutoCAD 的基本命令后，用户接下来就应参照实例进行练习，在实战中发现问题、解决问题，掌握 AutoCAD 的精髓，达到得心应手的水平。本书每章之后都提供了大量的习题和测验题，并总结了许多绘图技巧，非常适合 AutoCAD 初学者学习。

3．结合建筑专业，学习 AutoCAD 实用技巧，提高解决实际问题的能力

AutoCAD 是一个高效的设计工具，在不同的工程领域中，人们使用 AutoCAD 进行设计的方法常常不同，并且还形成了一些特殊的绘图技巧。只有掌握了这方面的知识，用户才能在某个领域中充分发挥 AutoCAD 的强大功能。本书所有举例均以建筑及建筑工程为基础，讲述了用 AutoCAD 绘制建筑图的一些方法与技巧。

1.4 AutoCAD 的推荐系统配置

AutoCAD 系统配置包括硬件和软件配置。要充分发挥 AutoCAD 2012（有 32 位和 64 位两个版本，两者在绘图功能上没有区别）的功能，系统必须满足以下基本配置。

32 位的 AutoCAD 2012 对系统配置要求如下。

- 操作系统为 32 位 win7、vista、XP（sp2）。
- 英特尔奔腾 4、AMD Athlon 双核处理器 3.0GHz 或英特尔、AMD 的双核处理器 1.6GHz 或更高，支持 SSE2。
- 2 GB 内存，内存容量加大将提高 AutoCAD 的运行速度。
- 1.8 GB 以上空闲磁盘空间进行安装。
- 1280 × 1024 真彩色视频显示器适配器，128MB 以上独立图形卡。
- 微软 Internet Explorer 7.0 或更高版本。
- 鼠标或其他指定设备。

64 位 AutoCAD 2012 对系统配置要求如下。

- 操作系统为 64 位 win7、vista。
- 英特尔奔腾 4、AMD Athlon 双核处理器 3.0GHz 或英特尔、AMD 的双核处理器 2GHz 或更高，支持 SSE2。
- 2 GB 内存，内存容量加大将提高 AutoCAD 的运行速度。
- 2 GB 以上空闲磁盘空间进行安装。
- 1280 × 1024 真彩色视频显示器适配器，128MB 以上独立图形卡。
- 微软 Internet Explorer 7.0 或更高版本。
- 鼠标或其他指定设备。

1.5 习题

1．AutoCAD 的基本功能是什么？

2．简述 AutoCAD 的特点。

3．简述使用 AutoCAD 2012 的十大理由。学习完成后，谈谈你的体会。

4．你认为应如何学好 AutoCAD？

5．查看一下你的计算机运行 AutoCAD 的启动速度，如果启动速度太慢，你认为应该如何处理？

第 2 章　建筑及其 AutoCAD 绘图基础

在学习 AutoCAD 建筑绘图之前，首先了解一下相关建筑基础知识。本章主要介绍了建筑构造、建筑材料、建筑制图的要求和规范等相关知识。

通过本章的学习，读者可以了解建筑构造、建筑材料、建筑制图的要求和规范等相关知识，为后面学习 AutoCAD 绘图打下基础。

【学习目标】

- 熟悉地基与基础、墙和柱、楼板与地面、门窗、楼梯、屋顶等建筑构造。
- 了解常用的建筑材料及其基本性质。
- 掌握建筑制图的要求和规范。
- 初步了解制图投影知识，初步识读建筑施工图、结构施工图。

2.1　建筑构造

本节将简单介绍地基与基础、墙和柱、楼板与地面、门窗、楼梯、屋顶等建筑构造的相关知识。

2.1.1　概述

房屋由地基与基础、墙和柱、楼板与地面、门窗、楼梯、屋顶等构成部分组成。一般来说，基础、墙和柱、楼板、地面、屋顶等是建筑物的主要部分；门、窗、楼梯等则是建筑物的附属部件。

1．地基和基础

地基：系建筑物下面的土层。它承受基础传来的整个建筑物的荷载，包括建筑物的自重、作用于建筑物上的人与设备的重量及风雪荷载等。

基础：位于墙柱下部，是建筑物的地下部分。它承受建筑物上部的全部荷载并把它传给地基。

2．墙和柱

墙和柱是承重墙和柱，是建筑物垂直承重构件，它承受屋顶、楼板层传来的荷载连同自重一起传给基础。此外，外墙还能抵御风、霜、雨、雪对建筑物的侵袭，使室内具有良好的生活与工作条件，即起围护作用；内墙还把建筑物内部分割成若干空间，起分割作用。

3．楼板和地面

楼板是水平承重构件，主要承受作用在它上面的竖向荷载，并将它们连同自重一起传给墙或柱。同时将建筑物分为若干层。楼板对墙身还起着水平支撑的作用。底层房间的地面贴近地基土，承受作用在它上面的竖向荷载，并将它们连同自重直接传给地基。

4．楼梯

楼梯是指楼层间垂直交通通道。

5. 屋顶

屋顶是建筑物最上层的覆盖构造层，它既是承重构件又是围护构件。它承受作用在其上的各种荷载并连同屋顶结构自重一起传给墙或柱；同时又起到保温、防水等作用。

6. 门和窗

门：是提供人们进出房屋或房间的建筑配件。有的门兼有采光、通风的作用。

窗：其主要作用是通风、采光。

2.1.2 地基、基础、地下室

1. 基础的类型

按使用的材料分为：灰土基础、砖基础、毛石基础、混凝土基础、钢筋混凝土基础。

按埋置深度可分为：浅基础、深基础。埋置深度不超过 5m 者称为浅基础，大于 5m 者称为深基础。

按受力性能可分为：刚性基础和柔性基础。

按构造形式可分为条形基础、独立基础、满堂基础和桩基础。

条形基础：当建筑物采用砖墙承重时，墙下基础常连续设置，形成通长的条形基础。

刚性基础：是指抗压强度较高，而抗弯和抗拉强度较低的材料建造的基础。所用材料有混凝土、砖、毛石、灰土、三合土等，一般可用于六层及其以下的民用建筑和墙承重的轻型厂房。

柔性基础：用抗拉和抗弯强度都很高的材料建造的基础称为柔性基础，一般用钢筋混凝土制作。这种基础适用于上部结构荷载比较大、地基比较柔软、用刚性基础不能满足要求的情况。

独立基础：当建筑物上部为框架结构或单独柱子时，常采用独立基础；若柱子为预制时，则采用杯形基础形式。

满堂基础：当上部结构传下的荷载很大、地基承载力很低、独立基础不能满足地基要求时，常将这个建筑物的下部做成整块钢筋混凝土基础，成为满堂基础。按构造又分为伐形基础和箱形基础两种。

伐形基础：是埋在地下的连片基础，适用于有地下室或地基承载力较低、上部传来的荷载较大的情况。

箱形基础：当伐形基础埋深较大，并设有地下室时，为了增加基础的刚度，将地下室的底板、顶板和墙浇制成整体箱形基础。箱形的内部空间构成地下室。箱形基础具有较大的强度和刚度，多用于高层建筑。

桩基础：当建造比较大的工业与民用建筑时，若地基的软弱土层较厚，采用浅埋基础不能满足地基强度和变形要求，常采用桩基。桩基的作用是将荷载通过桩传给埋藏较深的坚硬土层，或通过桩周围的摩擦力传给地基。按照施工方法可分为钢筋混凝土预制桩和灌注桩。

钢筋混凝土预制桩：这种桩在施工现场或构件场预制，用打桩机打入土中，然后再在桩顶浇注钢筋混凝土承台。其承载力大，不受地下水位变化的影响，耐久性好，但自重大，运输和吊装比较困难，打桩时震动较大，对周围房屋有一定影响。

钢筋混凝土灌注桩：分为套管成孔灌注桩、钻孔灌注桩、爆扩成孔灌注桩三类。

2. 基础的埋置深度

由室外设计地面到基础底面的距离称为基础的埋置深度。基础的埋置要有一个适当的深度，既保证建筑物的安全、又节约基础用材，并加快施工进度。决定建筑物基础埋置深度的因素应考虑下列几个条件。

土层构造的影响：房屋基础应设置在坚实可靠的地基上，不要设置在承载力较低、压缩性高的软弱土层上。基础埋深与土层构造有密切关系。

地下水位的影响：地下水对某些土层的承载力有很大影响。如粘性土含水量增加则强度降低；当地下水位下降，土的含水量减少，则基础将下降。

冰冻线的影响：冻结土与非冻结土的分界线成为冰冻线。当建筑物基础处在冻结土层范围内时，冬季土的冻胀会把房屋向上拱起；土层解冻时，基础又下沉，使房屋处于不稳定状态。

相邻建筑物的影响：如新建房屋周围有旧建筑物时，除应根据上述条件决定基础埋深外，还应考虑新建房屋基础对旧有建筑的影响。

2.1.3 墙体

1. 墙体的分类

按其在平面中的位置可分为内墙和外墙。凡位于房屋四周的墙称为外墙，其中位于房屋两端的墙称为山墙。凡位于房屋内部的墙称为内墙。外墙主要起围护作用，内墙主要起分隔房间作用。另外沿建筑物短轴布置的墙称为横墙，沿建筑物长轴布置的墙称为纵墙。

按其受力情况可分为：承重墙和非承重墙。直接承受上部传来荷载的墙称为承重墙，而不承受外荷载的墙称为非承重墙。

按其使用的材料分为：砖墙、石墙、土墙及砌块和大型板材墙等。

对墙面进行装修的墙称为混水墙；墙面只做勾缝不进行其他装饰的墙称为清水墙。

根据其构造又分为：实体墙、空体墙和复合墙。实体墙由普通黏土砖或其他实心砖砌筑而成；空体墙是由实心砖砌成中空的墙体或空心砖砌筑的墙体；复合墙是指由砖与其他材料组合成的墙体。

2. 砖墙的厚度

砖墙的厚度符合砖的规格。砖墙的厚度一般以砖长表示，例如半砖墙、3/4 砖墙、1 砖墙、2 砖墙等。其相应厚度为：115mm（称 12 墙）、178mm（称 18 墙）、240mm（称 24 墙）、365mm（称 37 墙）、490mm（称 50 墙）。

墙厚应满足砖墙的承载能力。一般来说，墙体越厚承载能力越大，稳定性越好。

砖墙的厚度应满足一定的保温、隔热、隔声、防火要求。一般来讲，砖墙越厚，保温隔热效果越好。

3. 过梁与圈梁

过梁：其作用是承担门窗洞口上部荷载，并把荷载传递到洞口两侧的墙上。按使用的材料可分为：钢筋混凝土过梁和砖砌过梁。当洞口较宽（大于 1.5m），上部荷载较大时，宜采用钢筋混凝土过梁，两端伸入墙内长度不应小于 240 mm。砖砌过梁常见的有平拱砖过梁和弧拱砖过梁。

钢筋砖过梁：钢筋砖过梁是在门窗洞口上方的砌体中，配置适量的钢筋，形成能够承受弯矩的加筋砖砌体。

圈梁：为了增强房屋的整体刚度，防止由于地基不均匀沉降或较大的震动荷载对房屋引起的不利影响，常在房屋外墙和部分内墙中设置钢筋混凝土或钢筋砖圈梁。其一般设在外墙、内纵墙和主要内横墙上，并在平面内形成封闭系统。圈梁的位置和数量根据楼层高度、层数、地基等状况确定。

2.1.4 楼、地层

1. 地面

地面是指建筑物底层的地坪，其基本组成有面层、垫层和基层三部分。对于有特殊要求的地面，还设有防潮层、保温层、找平层等构造层次。每层楼板上的面层通常叫楼面，楼板所起的作用类似地面中的垫层和基层。

面层：是人们日常生活、工作、生产直接接触的地方，是直接承受各种物理和化学作用的地面与楼面表层。

垫层：在面层之下、基层之上，承受由面层传来的荷载，并将荷载均匀地传至基层。

基层：垫层下面的土层就是基层。

地面的种类。

整体地面：其面层是一个整体。它包括水泥沙浆地面、混凝土地面、水磨石地面、沥青砂浆地面等。

块料地面：其面层不是一个整体，它是借助结合层将面层块料粘贴或铺砌在结构层上。常见的块料种类有：陶瓷锦砖、大理石、碎块大理石、水泥花砖、混凝土和水磨石预制的板块等。

2. 楼板

楼板是分隔承重构件，它将房屋垂直方向分隔为若干层，并把人和家具等竖向荷载及楼板自重通过墙体、梁或柱传给基础。按其使用的材料可分为砖楼板、木楼板和钢筋混凝土楼板等。砖楼板的施工麻烦，抗震性能较差，楼板层过高，现很少采用。木楼板自重轻，构造简单，保温性能好，但耐久和耐火性差，一般也较少采用。钢筋混凝土楼板具有强度高，刚性好，耐久、防火、防水性能好，又便于工业化生产等优点，是现在广为使用的楼板类型。

钢筋混凝土楼板按照施工方法可分为现浇和预制 2 种。

现浇钢筋混凝土楼板：其楼板整体性、耐久性、抗震性好，刚度大，能适应各种形状的建筑平面，设备留洞或设置预埋件都较方便，但模板消耗量大，施工周期长。当承重墙的间距不大时，如住宅的厨房间、厕所间，钢筋混凝土楼板可直接搁置在墙上，不设梁和柱。板的跨度一般为 2～3m，板厚度为 70～80mm。按照构造不同又可分为如下 3 种现浇楼板。

钢筋混凝土肋型楼板：也称梁板式楼板，是现浇式楼板中最常见的一种形式。它由主板、次梁和主梁组成。主梁可以由柱和墙来支撑。所有的板、肋、主梁和柱都是在支模以后，整体现浇而成。其一般跨度为 1.7～2.5m，厚度为 60～80 mm。

无梁楼板：其为等厚的平板直接支撑在带有柱帽的柱上，不设主梁和次梁。它的构造有利于采光和通风，便于安装管道和布置电线，在同样的净空条件下，可减小建筑物的高度。其缺点是刚度小，不利于承受大的集中荷载。

预制钢筋混凝土楼板：采用此类楼板是将楼板分为梁、板若干构件，在预制厂或施工现场预先制作好，然后进行安装。它的优点是可以节省模板，改善制作时的劳动条件，加快施工进度，但整体性较差，并需要一定的起重安装设备。随着建筑工业化提高，特别是大量采用预应力混凝土工艺，其应用将越来越广泛。按照其构造可分为如下几种。

实心平板：实心平板制作简单，节约模板，适用于跨度较小的部位，如走廊板、平台板等。

槽形板：它是一种梁板结合的构件，由面板和纵肋构成。作用在槽形板上的荷载由面板传给纵肋，再由纵肋传到板两端的墙或梁上。为了增加槽形板的刚度，需在两纵肋之间增加横肋，在板的两端以端肋封闭。

空心板：它上下表面平整，隔音和隔热效果好，大量应用于民用建筑的楼盖和屋盖中。按其孔的形状有方孔、椭圆孔和圆孔等。

2.1.5 楼梯构造

1. 楼梯的种类

楼梯是房屋各层之间交通连接的设施，一般设置在建筑物的出入口附近，也有一些楼梯设置在室外。室外楼梯的优点是不占室内使用面积，但在寒冷地区易积雪结冰，不宜采用。

楼梯按位置分，有室内楼梯和室外楼梯。

按使用性质分，室内有主要楼梯和辅助楼梯，室外有安全楼梯和防火楼梯。

按使用材料分，有木楼梯、钢筋混凝土楼梯和钢楼梯。

按楼梯的布置方式分，有单跑楼梯、双跑楼梯、三跑楼梯和双分、双合式楼梯。

单跑楼梯：当层高较低时，常采用单跑楼梯，从楼下起步一个方向直达楼上。它只有一个梯段，中间不设休息平台，因此踏步不宜过多，不适用于层高较大的房屋。

双跑楼梯：是应用最为广泛的一种形式。在两个楼板层之间，包括两个平行而方向相反的梯段和一个中间休息平台，经常将两个梯段做成等长，以节约面积。

三跑楼梯：在两个楼板层之间，由三个梯段和两个休息平台组成，常用于层高较大的建筑物中，其中央可设置电梯井。

双分、双合式楼梯：双分式就是由一个较宽的楼梯段上至休息平台，再分成两个较窄的梯段上至楼层。双合式相反，先由两个较窄的梯段上至休息平台，再合成一个较宽的梯段上至楼层。

2. 楼梯的组成

楼梯是由楼梯段、休息平台、栏杆和扶手等部分组成。

楼梯段：是联系两个不同标高平台的倾斜构件，由连续的一组踏步所构成。其宽度应根据人流量的大小、家具和设备的搬运以及安全疏散的原则确定。其最大坡度不宜超过 38°，以 26°～33° 较为适宜。

休息平台：也称中间平台，是两层楼面之间的平台。当楼梯踏步超过 18 步时，应在中间设置休息平台，起缓冲和休息的作用。休息平台由台梁和台板组成。平台的深度应使在安装暖气片以后的净宽度不小于楼梯段的宽度，以便于人通行和搬运家具。

栏杆、栏板和扶手：栏杆和栏板是布置在楼梯段和平台边缘有一定刚度和安全度的拦隔设施。通常，楼梯段一侧靠墙，一侧临空。在栏板上面安置扶手，扶手的高度应高出踏步 900mm 左右。

3. 楼梯的构造

钢筋混凝土楼梯是目前应用最广泛的一种楼梯，它有较高的强度和耐久性、防火性。按施工方法可分为现浇和装配式两种。

现浇钢筋混凝土楼梯是将楼梯段、平台和平台梁现场浇筑成一个整体，其整体性好，抗震性强。其按构造的不同又分为板式楼梯和梁式楼梯两种。

板式楼梯：是一块斜置的板，其两端支承在平台梁上，平台梁支承在砖墙上。

梁式楼梯：是指在楼梯段两侧设有斜梁，斜梁搭置在平台梁上。荷载由踏步板传给斜梁，再由斜梁传给平台梁。

装配式钢筋混凝土楼梯的使用有利于提高建筑工业化程度、改善施工条件、加快施工进度。根据预制构件的形式，可分为小型构件装配式和大型构件装配式两种。

小型构件装配式楼梯：这种楼梯是将踏步、斜梁、平台梁和平台板分别预制，然后进行装配。这种形式的踏步板是由砖墙来支承而不用斜梁，随砌砖随安装，可不用起重设备。

大型构件装配式楼梯：这种楼梯是由预制的楼梯段、平台梁和平台板组成。斜梁和踏步板可组成一块整体，平台板和平台梁也可组成一块整板，在工地上用起重设备吊装。

2.1.6 屋顶构造

1. 屋顶的作用和要求

屋顶是房屋最上层的覆盖物，由屋面和支撑结构组成。屋顶的围护作用是防止自然界雨、雪和风沙的侵袭及太阳辐射的影响。另一方面还要承受屋顶上部的荷载，包括风雪荷载、屋顶自重及可能出现的构件和人的重量，并把它传给墙体。因此，对屋顶的要求是坚固耐久，自重要轻，具有防水、防火、保温及隔热的性能。同时要求构件简单、施工方便、并能与建筑物整体配合，具有良好的外观。

2. 屋顶的类型

按屋面形式大体可分为四类：平屋顶、坡屋顶、曲面屋顶及多波式折板屋顶。

平屋顶：屋面的最大坡度不超过 10%，民用建筑常用坡度为 1%～3%。一般是用现浇和预制的钢筋混凝土梁板做承重结构，屋面上做防水及保温处理。

坡屋顶：屋面坡度较大，在 10%以上。有单坡、双坡、四坡和歇山等多种形式。单坡用于小跨度的房屋，双坡和四坡用于跨度较大的房屋。常用屋架做承重结构，用瓦材做屋面。

曲面屋顶：屋面形状为各种曲面，如球面、双曲抛物面等。承重结构有网架、钢筋混凝土整体薄壳、悬索结构等。

多波式折板屋顶：是由钢筋混凝土薄板制成的一种多波式屋顶。折板厚约 60mm，折板的波长为 2～3m，跨度 9～15m，折板的倾角为 30°～38°。按每个波的截面形状又有三角形及梯形两种。

2.1.7 门窗与遮阳构造

1. 窗的作用与类型

窗的作用：主要是采光与通风，并可作围护和眺望之用，对建筑物的外观也有一定的影响。

窗的采光作用主要取决于窗的面积。窗洞口面积与该房间地面面积之比称为窗地比，此比值越大，采光性能越好，一般居住房间的窗地比为 1∶7 左右。

作为围护结构的一部分，窗应有适当的保温性，在寒冷地区做成双层窗，以利于冬季防寒。

窗的类型：窗的类型很多，按使用的材料可分为木窗、钢窗、铝合金窗、玻璃钢窗等，其中以木窗和钢窗应用最广。

按窗所处的位置分为侧窗和天窗。侧窗是安装在墙上的窗。开在屋顶上的窗称为天窗，在工业建筑中应用较多。

按窗的层数可分为单层窗和双层窗。

按窗的开启方式可分为固定窗、平开窗、悬窗、立转窗、推拉窗等。

2. 门

（1）门的作用和类型。作用：门是建筑物中不可缺少的部分，主要用于交通和疏散，同时也起采光和通风作用。

门的尺寸、位置、开启方式和立面形式，应考虑人流疏散、安全防火、家具设备的搬运安装以及建筑艺术等方面的要求综合确定。

门的宽度按使用要求可做成单扇、双扇及四扇等多种。当宽度在 1m 以内时为单扇门，1.2～1.8m 时为双扇门，宽度大于 2.4m 时为四扇门。

类型：门的种类很多。

按使用材料分为木门、钢门、钢筋混凝土门、铝合金门、塑料门等。各种木门使用仍然比较广泛，钢门在工业建筑中应用普遍。

按用途可分为普通门、纱门、百叶门以及特殊用途的保温门、隔声门、防火门、防盗门、防爆门、防射线门等。

按开启方式分为平开门、弹簧门、折叠门、推拉门、转门、圈帘门等。

平开门：有单扇门与双扇门之分，又有内开及外开之分，用普通铰链装于门扇侧面，与门框连接，开启方便灵活，是工业与民用建筑中应用最广泛的一种。

弹簧门：是平开门的一种，特点是用弹簧铰链代替普通铰链，有单向开启和双向开启两种。铰链有单管式、双管式和地弹簧等数种。单管式弹簧铰链适用于向内或向外一个方向开启的门上；双管式适用于内外两个方向都能开启的门上。

推拉门：门的开启方式是左右推拉滑行，门可悬于墙外，也可隐藏在夹墙内。可分为上挂式和下滑式两种。门开启时不占空间，受力合理，但构造较为复杂，常用于工业建筑中的车库、车间大门及壁橱门等。

转门：由两个固定的弧形门套，内装设三扇或四扇绕竖轴转动的门扇。转门对隔绝室内外空气对流有一定作用，常用于寒冷地区和有空调的外门。但构造复杂，造价较高，不宜大量采用。

卷帘门：由帘板、导轨及传动装置组成。帘板是由铝合金轧制成型的条形页板连接而成。开启时，由门洞上部的转动轴旋转将页板卷起，将帘板卷在筒上。卷帘门美观、牢固、开关方便，适用于商店、车库等。

（2）门的构造。平开木门是当前民用建筑中应用最广的一种形式，它由门框、门扇、亮子及五金零件组成。

（3）常见的门扇。常见的门扇有下列几种。

镶板门扇：是最常用的一种门扇形式，内门、外门均可选用。它由边框和上、中、下冒头组成框架，在框架内镶入玻璃，下部镶入门芯板，称为玻璃镶板门。门芯板可用木版、胶合板、纤维板等板材制作。门扇与地面之间保持 5mm 空隙。

夹板门扇：它是用较小的方木组成骨架，两面贴以三合板，四周用小木条镶边制成的。夹板门扇构造简单，表面平整，开关轻便，能利用小料、短料，节约木材，但不耐潮湿与日晒。因此，浴室、厕所、厨房等房间不宜采用，多用于内门。

拼版门扇：做法与镶板门扇近似，先做木框。门芯板是由许多木条拼合而成。窄板做成企口，每块窄板可以自由胀缩以适应室外气候的变化。拼版门扇多用于工业厂房的大门。

2.2 建筑材料

主要建筑材料包括水泥、钢筋、木材、普通混凝土、黏土砖等。

2.2.1 水泥

（1）常见水泥的种类：硅酸盐水泥、普通硅酸盐水泥、矿渣硅酸盐水泥、火山灰质硅酸盐水泥及粉煤灰硅酸盐水泥 5 种。

（2）水泥标号：水泥标号是表示水泥硬化后的抗压能力。常用水泥编号有 325、425、525、625 等。

（3）常用水泥的技术特性。

凝结时效性：水泥的凝结时间分为初凝与终凝。初凝为水泥加水拌合到水泥浆并开始失去可塑性的时间。终凝为水泥浆开始拌合时到水泥完全失去可塑性开始产生强度的时间。

体积安定性：是指水泥在硬化过程中，体积变化是否均匀的性质。水泥硬化后产生不均匀的体积变化称为体积安定性不良，不能使用。

水热化性：水泥的水化反应为放热反应。随着水化过程的进行，不断放出热量的反应称为水热化。其水热化释放热量的大小和放热速度的快慢主要与水泥标号、矿物组成和细度有关。

细度：指水泥颗粒的粗细程度。颗粒越细，早期强度越高，但颗粒越细，其制作成本越高，并容易受潮失效。

标准稠度用水量：指水泥沙浆达到标准稠度时的用水量。标准稠度是做水泥的安定性和凝结时间一定时，国家标准规定的稠度。

2.2.2 木材

（1）木材的种类分为针叶树和阔叶树两类。针叶树的树干长直高大，纹理通直，材质较软，加工容易，是建筑工程中的主要用材。阔叶树材质较坚硬，称之为硬材，主要用于装修工程。

（2）建筑木材的性能与用途。

红松：材质较软，纹理顺直，不易翘曲、开裂，树脂多，耐腐朽，易加工，主要用于制作门窗、屋架、檩条、模板等。

鱼鳞云杉：又名白松。材质轻、纹理直、结构细、易干燥、易加工，主要用于制作门窗、模板、地板等。

马尾松：材质中硬，纹理直斜不匀，结构中至粗，不耐腐，松脂气味浓，在水中很耐久，主要用于制作模板、门窗、椽条、木柱等。

落叶松：材质坚硬而脆，树脂多，耐腐性强，干燥慢，干燥中易开裂。主要用于檩条、地板、木桩等。

杉木：纹理直而均，结构中等或粗，易干燥、耐久性强。主要用于制作屋架、檩条、门窗、脚手杆等。

柏木：材质致密，纹理直或斜，结构细，干燥易开裂，坚韧耐久。主要用于制作模板及细木装饰等。

洋松：分细皮和粗皮 2 种。细皮的结构精细，不易变形，容易加工，适于较高要求的装修；粗皮的结构较松，但质料坚固，变形与收缩量较小，适用于要求不高的装修。

（3）木材的类别。为了合理用材，木材按加工与用途不同，分为原木、杉原条、板方

材等。

原木是指伐倒后经修枝，并截成一定长度的木材。原木分为直接使用原木和加工用原木。

杉原条是指只经修枝剥皮，没有加工成材的杉木，长度 5m 以上，梢直径 60mm 以上。

板方材是指按一定尺寸加工成的板材和方材。板材是指断面宽为厚 3 倍及 3 倍以上者；方材是指断面宽度小于厚度的 3 倍者。

2.2.3　钢材

（1）建筑钢筋的种类：钢筋是钢锭经热轧而成，故又称热轧钢筋，是建筑工程中用量最大的钢材品种。

按外形可分为光圆钢筋、带肋钢筋。

按钢种可分为碳素钢钢筋和普通低合金钢钢筋。

按强度可分为Ⅰ、Ⅱ、Ⅲ、Ⅳ 4 个级别。其中，Ⅰ级钢筋为低碳钢钢筋，Ⅱ、Ⅲ、Ⅳ级为低合金钢钢筋。

（2）建筑用钢筋的应用。

Ⅰ级钢筋为热轧光圆钢筋，其强度较低，塑性及焊接性能较好。广泛应用于普通钢筋混凝土结构中受力较小部位。

变形钢筋中Ⅱ级、Ⅲ级钢筋的强度、塑性、焊接性能等综合使用指标较好，是普通钢筋混凝土结构中用量最大的钢筋品种，也可经冷拉后做预应力筋使用。

冷加工钢筋有冷拉钢筋和冷拔低碳钢筋 2 种。

冷拉钢筋：冷拉钢筋的屈服程度会提高，而塑性降低。冷拉Ⅰ级钢筋适用于普通钢筋混凝土中的受力部位，冷拉Ⅱ级、Ⅲ级、Ⅳ级钢筋均可作为预应力筋使用。

冷拔低碳钢筋：其有较高的抗拉强度，是小型构件的主要预应力钢材。

2.2.4　砖

黏土砖是以黏土为主要原料，经搅拌成可塑性，用机械挤压成型的。挤压成型的土块称为砖坯，经风干后送入窑内，在 900～1000℃的高温下煅烧即成砖。

（1）黏土砖的种类。

标准砖：标准砖是建筑工程中最常用的砖，它广泛使用于砖承重的墙体中，也用于非承重的填充墙。黏土砖的尺寸为 240 mm×115 mm×53 mm。每块砖干燥时约重 2.5 kg，吸水后约为 3 kg。

空心砖和多孔砖：空心砖的规格为 190 mm×190 mm×90 mm，每立方米约重 1100 kg。多孔砖的规格为 240 mm×115 mm×90 mm，每立方米约重 1400 kg。

（2）黏土砖的强度：黏土砖的特点是抗压强度高，可以承受较大的外力。反映砖承重外力的能力叫做强度，而反映强度大小的单位称为强度等级。一个建筑物选用哪一个强度等级的砖，应由设计单位通过计算确定。

（3）黏土砖的吸水率：黏土砖都有一定的吸水性，能吸附一定量的水分，吸水的多少可以用吸水率来表示。吸水率一般允许在 8%～10%的范围内。

（4）黏土砖的抗冻性：即砖抵抗冻害的能力，抗冻性由实验作出。

（5）黏土砖的外观质量：普通黏土砖的外形应该平整、方正。外观无明显弯曲、缺楞、掉角、裂缝等缺陷，敲击时发出清脆的金属声，色泽均匀一致。

2.2.5 混凝土、砂浆

（1）普通混凝土概念：其主要是由水泥、普通碎石、砂和水配置而成的混凝土。其中石子和砂子起骨架作用，称为骨料。石子为粗骨料，砂为细骨料。水泥加水后形成水泥浆，包裹在骨料表面并填满骨料间的空隙，作为骨料之间的润滑材料，使混凝土混合物具有适于施工的和易性，水泥水化硬化后将骨料胶结在一起形成坚固整体。

（2）混凝土的性能。

混凝土的和易性：是指混凝土在施工中是否适于操作，是否具有能使所浇注的构件质量均匀、成型密实的性能。

混凝土的强度：抗压强度是混凝土的主要强度指标，它比混凝土的其他强度高得多，工程中主要是利用其抗压强度，也是进行结构设计的主要依据。

混凝土的耐久性：混凝土能抵抗各种自然环境的侵蚀而不被破坏的能力称为耐久性。对混凝土除要求具有一定的强度安全承受荷载外，还应具有耐久性，如抗渗、抗冻、耐磨、耐风化等。

2.3 建筑图纸类别

建筑制图是为建筑设计服务的，因此，在建筑设计的不同阶段，要绘制不同内容的设计图。在建筑设计的方案设计阶段和初步设计阶段绘制初步设计图，在技术设计阶段绘制技术设计图，在施工图设计阶段绘制施工图。

2.3.1 初步设计图

初步设计图通常要画出建筑总平面图、建筑平面图、建筑立面图、建筑剖面图和建筑透视图或建筑鸟瞰图。

初步设计图是表现建筑中各部分、各使用空间的关系和基本功能要求的解决方案，包括建筑中水平交通和垂直交通的安排，建筑外形和内部空间处理的意图，建筑和周围环境的主要关系，以及结构形式的选择和主要技术问题的初步考虑。这个阶段的设计图应能清晰、明确地表现出整个设计方案的意图。

在研究制订建筑方案时，建筑师习惯使用半透明的草图纸进行绘制，这种绘图方法有利于设计的构思和方案的探讨。

此外，在绘制初步设计图的同时还常常制作建筑模型，以弥补图纸的不足。

2.3.2 技术设计图

对初步设计进行深入的技术研究，确定有关各工种的技术做法，使设计进一步完善。这一阶段的设计图纸要绘出确定的度量单位和技术作法，为施工图纸的制作准备条件。

2.3.3 施工图

按照施工图的制图规定，绘制供施工时作为依据的全部图纸。施工图要按国家制定的制图标准进行绘制。一个建筑物的施工图包括：建筑施工图、结构施工图，以及给水排水、供暖、通风、电气、动力等施工图。其中建筑施工图包括：① 总平面图：表示出构想中建筑物的平面位置和绝对标高、室外各项工程的标高、地面坡度、排水方向等，用以计算土方工程量，作为施工时定位、放线、土方施工和施工总平面布置的依据。工程复杂的还应有给水、

排水、供暖、电气等各种管线的布置图、竖向设计图等。② 建筑平面图：用轴线和尺寸线表示出各部分的尺寸和准确位置，门窗洞口的做法、标高尺寸，各层地面的标高，其他图纸、配件的位置和编号及其他工种的做法要求。建筑平面图是其他各种图纸的综合表现，应详尽确切。③ 建筑立面图：表示出建筑外形各部分的做法和材料情况，建筑物各部位的可见高度和门窗洞口的位置。④ 建筑剖面图：主要用标高表示建筑物的高度及其与结构的关系。⑤ 建筑施工图：包括建筑外檐剖面详图、楼梯详图、门窗等所有建筑装修和构造，以及特殊做法的详图。其详尽程度以能满足施工预算、施工准备和施工依据为准。

2.4 建筑制图的规定

本节详细讲述了绘制建筑制图平面图、建筑制图立面图、建筑制图剖面图、建筑制图不同比例的平面图剖面图的相关规定。

2.4.1 建筑制图平面图的画法

（1）平面图的方向宜与总图方向一致。平面图的长边宜与横式幅面图纸的长边一致。

（2）在同一张图纸上绘制多于一层的平面图时，各层平面图宜按层数由低向高、从左至右或从下至上的顺序布置。

（3）除顶棚平面图外，各种平面图应按正投影法绘制。

（4）建筑物平面图应在建筑物的门窗洞口处水平剖切俯视（屋顶平面图应在屋面以上俯视），图内应包括剖切面及投影方向可见的建筑构造以及必要的尺寸、标高等，如需表示高窗、洞口、通气孔、槽、地沟及起重机等不可见部分，则应以虚线绘制。

（5）建筑物平面图应注写房间的名称或编号。编号注写在直径为 6mm 细实线绘制的圆圈内，并在同张图纸上列出房间名称表。

（6）平面较大的建筑物，可分区绘制平面图，但每张平面图均应绘制组合示意图。各区应分别用大写拉丁字母编号。在组合示意图中要提示的分区，应采用阴影线或填充的方式表示。

（7）顶棚平面图宜用镜像投影法绘制。

（8）为表示室内立面在平面图上的位置，应在平面图上用内视符号注明视点位置、方向及立面编号。符号中的圆圈应用细实线绘制，根据图面比例圆圈直径可选择 8～12mm。立面编号应用拉丁字母或阿拉伯数字。

2.4.2 建筑制图立面图的规定

（1）各种立面图应按正投影法绘制。

（2）建筑立面图应包括投影方向可见的建筑外轮廓线和墙面线脚、构配件、墙面做法及必要的尺寸和标高等。

（3）室内立面图应包括投影方向可见的室内轮廓线和装修构造、门窗、构配件、墙面做法、固定家具、灯具、必要的尺寸和标高及需要表达的非固定家具、灯具、装饰物件等（室内立面图的顶棚轮廓线，可根据具体情况只表达吊平顶或同时表达吊平顶及结构顶棚）。

（4）平面形状曲折的建筑物，可绘制展开立面图、展开室内立面图。圆形或多边形平面的建筑物，可分段展开绘制立面图、室内立面图，但均应在图名后加注“展开”二字。

（5）较简单的对称式建筑物或对称的构配件等，在不影响构造处理和施工的情况下，立面图可绘制一半，并在对称轴线处画对称符号。

（6）在建筑物立面图上，相同的门窗、阳台、外檐装修、构造做法等可在局部重点表示，绘出其完整图形，其余部分只画轮廓线。

（7）在建筑物立面图上，外墙表面分格线应表示清楚，应用文字说明各部位所用的面材及色彩。

（8）有定位轴线的建筑物，宜根据两端定位轴线号编注立面图名称。无定位轴线的建筑物可按平面图各面的朝向确定名称。

（9）建筑物室内立面图的名称，应根据平面图中内视符号的编号或字母确定。

2.4.3 建筑制图剖面图的规定

（1）剖面图的剖切部位，应根据图纸的用途或设计深度，在平面图上选择能反映全貌、构造特征以及有代表性的部位剖切。

（2）各种剖面图应按正投影法绘制。

（3）建筑剖面图内应包括剖切面和投影方向可见的建筑构造、构配件以及必要的尺寸、标高等。

（4）剖切符号可用阿拉伯数字、罗马数字或拉丁字母编号。

（5）画室内立面时，相应部位的墙体、楼地面的剖切面宜有所表示。必要时，占空间较大的设备管线、灯具等的剖切面，应在图纸上绘出。

2.4.4 建筑制图不同比例的平面图剖面图

这里分别介绍了其抹灰层楼地面材料图例的省略画规定以及建筑制图尺寸标注规定。

1．其抹灰层楼地面材料图例的省略画规定

（1）比例大于 1∶50 的平面图、剖面图，应画出抹灰层与楼地面、屋面的面层线，并宜画出材料图例。

（2）比例等于 1∶50 的平面图、剖面图，宜画出楼地面、屋面的面层线，抹灰层的面层线应根据需要而定。

（3）比例小于 1∶50 的平面图、剖面图，可不画出抹灰层，但宜画出楼地面、屋面的面层线。

（4）比例为 1∶100～1∶200 的平面图、剖面图，可画简化的材料图例（如砌体墙涂红、钢筋混凝土涂黑等），但宜画出楼地面、屋面的面层线。

（5）比例小于 1∶200 的平面图、剖面图，可不画材料图例，剖面图的楼地面、屋面的面层线可不画出。

2．建筑制图尺寸标注规定

（1）尺寸分为总尺寸、定位尺寸、细部尺寸 3 种。绘图时，应根据设计深度和图纸用途确定所需注写的尺寸。

（2）建筑物平面、立面、剖面图，宜标注室内外地坪、楼地面、地下层地面、阳台、平台、檐口、屋脊、女儿墙、雨棚、门、窗、台阶等处的标高。平屋面等不易标明建筑标高的部位可标注结构标高，并予以说明。结构找坡的平屋面，屋面标高可标注在结构板面最低点，并注明找坡坡度。有屋架的屋面，应标注屋架下弦搁置点或柱顶标高。有起重机的厂房剖面图应标注轨顶标高、屋架下弦杆件下边缘或屋面梁底、板底标高。梁式悬挂起重机宜标出轨距尺寸（以米计）。

（3）楼地面、地下层地面、阳台、平台、檐口、屋脊、女儿墙、台阶等处的高度尺寸及标高，宜按下列规定注写。

① 平面图及其详图注写完成面标高。

② 立面图、剖面图及其详图注写完成面标高及高度方向的尺寸。

③ 其余部分注写毛面尺寸及标高。

④ 标注建筑平面图各部位的定位尺寸时，注写与其最邻近的轴线间的尺寸；标注建筑剖面各部位的定位尺寸时，注写其所在层次内的尺寸。

⑤ 室内设计图中连续重复的构配件等，当不易标明定位尺寸时，可在总尺寸的控制下，定位尺寸不用数值而用“均分”或“EQ”字样表示，如图 2-1 所示。

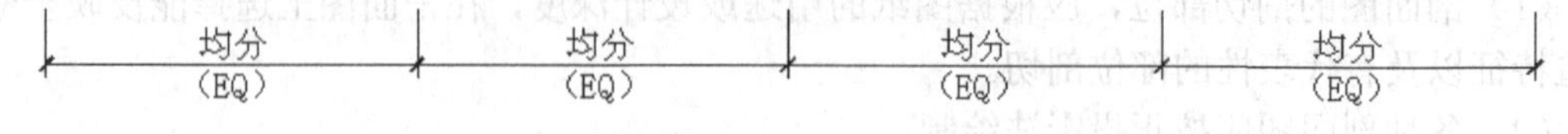

图 2-1　不易标明定位尺寸的标注

2.5　建筑制图的要求和规范

本节主要介绍建筑制图的要求及规范。

2.5.1　建筑制图概述

建筑制图是建筑设计人员用来表达设计思想、传达设计意图的技术文件，是建筑施工的依据。建筑制图就是根据正确的制图理论及方法，按照国家统一的室内制图规范将室内空间六个面的设计情况在二维图面上表现出来，它包括建筑平面图、建筑立面图、建筑剖面图和建筑细部节点详图等。

建筑手工制图和计算机制图的依据为：国家建设部出台的《房屋建筑制图统一标准》(GB/T 50001、GB/T 50002—2001)、《房屋建筑室内装饰装修制图标准》（JGJ/T 244—2011）和《建筑制图标准》（GB/T 50104—2001）。

2.5.2　图幅、图标及会签栏

建筑制图常用图幅标准如表 2-1 所示，表中的尺寸符号代表意义如图 2-2 和图 2-3 所示。

表 2-1　室内设计常用图幅

图纸幅面代号	A1	A2	A3	A4	A5
外框尺寸（mm）(b×1)	594×841	420×594	297×420	210×297	148×210
内外框最大间距（a）	25				
内外框最小间距（c）	10		5		
标题栏尺寸（mm）	240 横式（200 立式）×30（40）				
会签栏尺寸（mm）	100×20				

图纸尽量统一尺寸。在室内设计中，一个专业的图纸一般不宜多于两种幅面（不包含 A4 幅面的目录及表格）。

图标即图纸的图标栏，包括设计单位名称、工程名称区、签字区、图名区及图号区等，一般图标格式如图 2-4 所示。如今很多单位采用自己制定的格式，但都包含这几项内容。

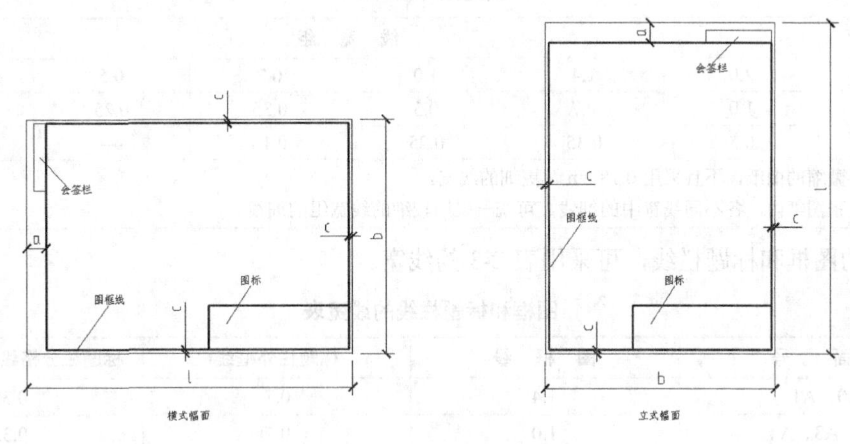

会签栏
图框线
图标
横式幅面
会签栏
图框线
图标
立式幅面

图 2-2 A1-A3 图幅格式

会签栏
图框线
图标

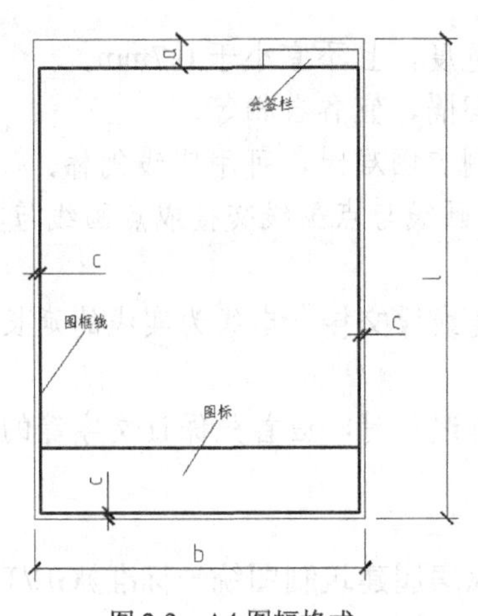

图 2-3 A4 图幅格式

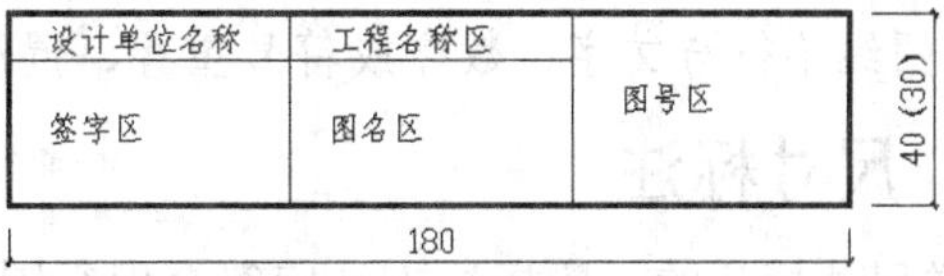

设计单位名称
工程名称区
图号区
签字区
图名区
40 (30)
180

图 2-4 图标栏格式

- 会签栏：如图 2-5 所示，按格式绘制，尺寸为 100mm×20mm，栏内填写会签人员的专业、姓名、日期（年、月、日）。一个会签栏不够的情况下，可并列另加一个。不需要会签的图纸，可不设会签栏。

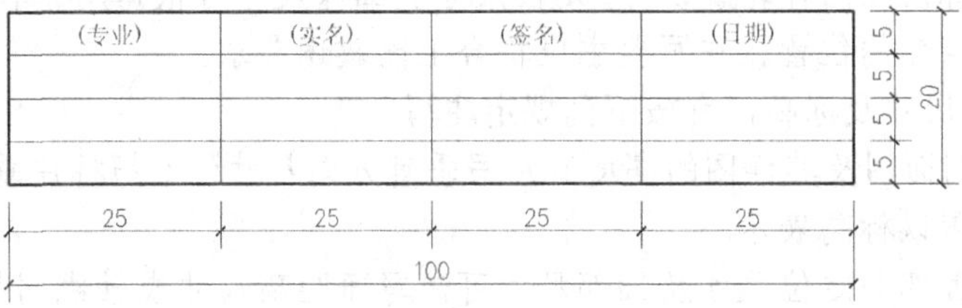

(专业)
(实名)
(签名)
(日期)
5
5
5
5
20
25
25
25
25
100

图 2-5 会签栏格式

- 线型要求：图线的宽度 b，宜从下列线宽系列中选取：2.0、1.4、1.0、0.7、0.5、0.35（mm）。

每个图样，应根据复杂程度与比例大小，先选定基本线宽 b，再选用表 2-2 中相应的线宽组。

表 2-2　　线宽组（mm）

线宽比	线宽组					
b	2.0	1.4	1.0	0.7	0.5	0.35
0.5b	1.0	0.7	0.5	0.35	0.25	0.18
0.25b	0.5	0.35	0.25	0.18	—	—

注：1．需要微缩的图纸，不宜采用 0.18mm 及更细的线宽。

2．同一张图纸内，各不同线宽中的细线，可统一采用较细的线宽组的细线。

图纸的图框和标题栏线，可采用表 2-3 的线宽。

表 2-3　　图框和标题栏线的线宽表

幅面代号	图框线	标题栏外框线	标题栏分格线、会签栏线
A0、A1	1.4	0.7	0.35
A2、A3、A4	1.0	0.7	0.35

具体要求如下。

- 相互平行的图线，其间隙不宜小于其中的粗线宽度，且不宜小于 0.7mm。
- 虚线、单点长画线或双点长画线的线段长度和间隔，宜各自相等。
- 单点长画线或双点长画线，当在较小图形中绘制有困难时，可用实线代替。
- 单点长画线或双点长画线的两端，不应是点。点画线与点画线交接或点画线与其他图线交接时，应是线段交接。
- 虚线与虚线交接或虚线与其他图线交接时，应是线段交接。虚线为实线的延长线时，不得与实线连接。
- 图线不得与文字、数字或符号重叠、混淆，不可避免时，应首先保证文字等的清晰。

2.5.3　尺寸标注

图样尺寸标注的一般标注方法应符合现行国家标准《房屋建筑制图统一标准》GB/T 50001 的规定。

- 尺寸标注应清晰，不应与图线、文字及符号等相交或重叠。
- 尺寸宜标注在图样轮廓以外，如必须注在图样内，则不应与图线、文字及符号等相交或重叠。当标注位置相对密集时，各标注数字应根据需要微调注写位置，在该尺寸较近处注写，与相邻数字错开。
- 总尺寸应标注在图样轮廓以外。定位尺寸及细部尺寸可根据用途和内容注写在图样外或图样内相应的位置。注写要求应符合上段叙述要求。

建筑制图中的尺寸及标高，宜按下列规定注写。

- 立面图、剖面图及其详图的高度宜注写垂直方向尺寸；不易标注垂直距离尺寸时，宜在相应位置以标高表示。
- 根据需要各部分定位尺寸及细部尺寸可注写净距离尺寸或轴线间尺寸。
- 注写剖面或详图各部位的尺寸时，应注写其所在层次内的尺寸。
- 图中连续等距重复的图样，若不易标明具体尺寸，可按《建筑制图标准》GB/T 50104 中第 4.5.3-5 条规定表示。

2.5.4　文字说明

图纸上所需书写的文字、数字或符号等均应笔画清晰、字体端正、排列整齐，标点符号应清楚正确。

文字的字高应从如下系列中选用：3.5、5、7、10、14、20（mm）。

如需书写更大的字，其高度应按 2 的比值递增。

图样及说明中的汉字宜采用长仿宋体，宽度与高度的关系应符合表 2-4 的规定。大标题、图册封面、地形图等的汉字也可书写成其他字体，但应易于辨认。

表 2-4　图样及说明中的汉字宽度与高度的关系表

字　高	20	14	10	7	5	3.5
字　宽	14	10	7	5	3.5	2.5

汉字的简化字书写，必须符合国务院公布的《汉字简化方案》和有关规定。

拉丁字母、阿拉伯数字与罗马数字的书写与排列，应符合表 2-5 的规定。

表 2-5　拉丁字母、阿拉伯数字与罗马数字书写规则表

书写格式	一般字体	窄字体
大写字母高度	h	h
小写字母高度（上下均无延伸）	$7/10h$	$10/14h$
小写字母伸出的头部或尾部	$3/10h$	$4/14h$
笔画宽度	$1/10h$	$1/14h$
字母间距	$2/10h$	$2/14h$
上下行基准线最小间距	$15/10h$	$21/14h$
词间距	$6/10h$	$6/14h$

- 拉丁字母、阿拉伯数字与罗马数字，如需写成斜体字，其斜度应是从字的底线逆时针向上倾斜 75°。斜体字的高度与宽度应与相应的直体字相等。
- 拉丁字母、阿拉伯数字与罗马数字的字高，应不小于 2.5mm。
- 数量的数值注写，应采用正体阿拉伯数字。各种计量单位凡前面有量值的，均应采用国家颁布的单位符号注写。单位符号应采用正体字母。
- 分数、百分数和比例数的注写，应采用阿拉伯数字和数学符号，例如：四分之三、百分之二十五和一比二十应分别写成 3/4、25%和 1∶20。
- 当注写的数字小于 1 时，必须写出个位的“0”，小数点应采用圆点，齐基准线书写，例如 0.01。

2.5.5 常用材料符号

建筑装饰装修材料的图例画法应符合《房屋建筑制图统一标准》GB/T 50001 的规定。常用建筑材料、装饰装修材料绘制规定详见附录 1。

使用建筑装饰装修材料图例时，应根据图样大小而定，并应注意下列事项。

（1）图例线应间隔均匀，疏密适度，做到图例正确，表示清楚。

（2）不同品种的同类材料使用同一图例时（如某些特定部位的石膏板必须注明是防水石膏板时），应在图上附加必要的说明。

（3）两个相同的图例相接时，图例线宜错开或使倾斜方向相反，如图 2-6 所示。

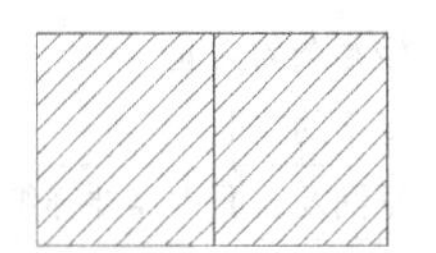
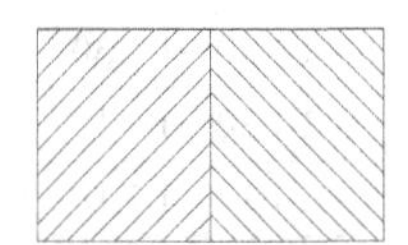

图 2-6　相同的图例相接时的画法

（4）两个相邻的涂黑图例（如混凝土构件、金属件）间，应留有空隙。其宽度不得小于 0.7mm，如图 2-7 所示。

下列情况可不加图例，但应加文字说明。

（1）一张图纸内的图样只用一种图例时。

（2）图形较小无法画出建筑材料图例时。

需画出的建筑材料图例面积过大时，可在断面轮廓线内，沿轮廓线作局部表示如图 2-8 所示。

图 2-7　两个相邻的涂黑图例的画法

图 2-8　局部表示图例

当选用本标准中未包括的建筑材料时，可自编图例，但不得与本标准所列的图例重复。绘制时，应在适当位置画出该材料图例，并加以说明。

2.5.6　常用绘图比例

图样的比例表示应符合现行国家标准《房屋建筑制图统一标准》GB/T 50001 的规定。

比例宜注写在图名的右侧或右侧下方，字的基准线应取平。比例的字高宜比图名的字高小一号或二号，如图 2-9 所示。

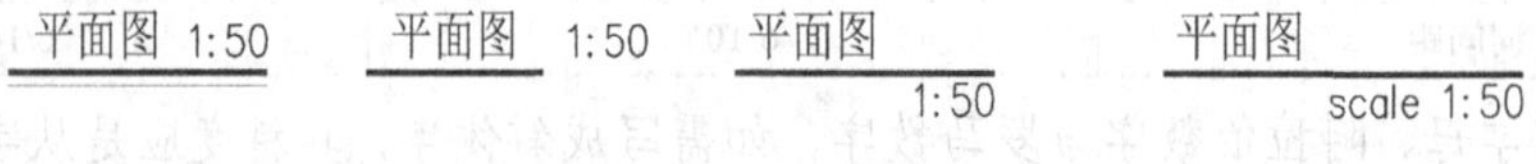

平面图 1:50　　平面图 1:50　　平面图 1:50　　平面图 scale 1:50

(a)　　(b)　　(c)　　(d)

图 2-9　比例的注写

绘图采用的比例应根据图样内容及复杂程度选取。常用及可用比例应符合表 2-6 的规定。

表 2-6　常用及可用的图纸比例

常用比例	1：1、1：2、1：5、1：10、1：20、1：25、1：50、1：75、1：100、1：150、1：200、1：250
可用比例	1：3、1：4、1：6、1：8、1：15、1：30、1：35、1：40、1：60、1：70、1：80、1：120、1：300、1：400、1：500

根据建筑室内装饰装修设计的不同部位、不同阶段的图纸内容和要求，绘制的比例应在表 2-7 中选用。

表 2-7　各部位常用图纸比例

比　　例	部　　位	图 纸 内 容
1：200～1：100	总平面、总顶面	总平面布置图、总顶棚平面布置图
1：100～1：50	局部平面、局部顶棚平面	局部平面布置图、局部顶棚平面布置图
1：100～1：50	不复杂的立面	立面图、剖面图
1：50～1：30	较复杂的立面	立面图、剖面图
1：30～1：10	复杂的立面	立面放样图、剖面图
1：10～1：1	平面及立面中需要详细表示的部位	详图

特殊情况下可以自选比例，也可以用相应的比例尺表示。另外，根据表达目的的不同，

同一图纸中的图样可选用不同比例。

2.6 习题

一、填空题

1．房屋由______________________________等构成部分组成。一般来说，____________等是建筑物的主要部分；________等则是建筑物的附属部件。

2．主要建筑材料包括________________________等。

3．地基：系建筑物下面的土层。它承受基础传来的整个建筑物的荷载，包括________等。

4．在建筑设计的不同阶段，要绘制不同内容的设计图。在建筑设计的方案设计阶段和初步设计阶段绘制________，在技术设计阶段绘制________，在施工图设计阶段绘制________。

5．一个建筑物的施工图包括：________________________。

6．除顶棚平面图外，各种平面图应按________绘制。顶棚平面图应用________绘制。各种立面图应按________绘制。各种剖面图应按________绘制。

7．比例应注写在图名的________，字的基准线应取平。比例的字高应比图名的字高小一号或二号。

8．尺寸应标注在________以外，如必须注在图样内，则不应与图线、文字及符号等相交或重叠。当标注位置相对密集时，各标注数字应根据需要微调注写位置，在该尺寸较近处注写，与相邻数字错开。

二、选择题

1．相互平行的图线，其间隙不应小于其中的粗线宽度，且不应小于________。

A．0.5mm　　B．0.6mm　　C．0.7mm　　D．0.8mm

2．如需书写更大的字，其高度应按________的比值递增。

A．1　　B．2　　C．3　　D．4

3．拉丁字母、阿拉伯数字与罗马数字的字高，应不小于________。

A．2.5mm　　B．3.0mm　　C．2.0mm　　D．3.5mm

4．两个相邻的涂黑图例（如混凝土构件、金属件）间，应留有空隙。其宽度不得小于________。

A．0.5mm　　B．0.6mm　　C．0.7mm　　D．0.8mm

5．拉丁字母、阿拉伯数字与罗马数字，如需写成斜体字，其斜度应是从字的底线逆时针向上倾斜________。斜体字的高度与宽度应与相应的直体字相等。

A．60°　　B．30°　　C．15°　　D．75°

三、问答题

1．房屋的构成部分有哪些？各有什么作用？

2．主要的建筑材料由哪些？简单叙述它们的性能及用途。

3．为什么在建筑设计的不同阶段，要绘制不同内容的设计图？

4．简述绘制建筑平面图的一般规定。

5．简述绘制建筑立面图的一般规定。

6．简述绘制建筑剖面图的一般规定。

7．简述图样尺寸标注的一般标注方法。

8．使用建筑装饰装修材料图例时，应根据图样大小而定，并应注意哪些事项？

第3章　绘图环境及基本操作

要想利用 AutoCAD 顺利地进行建筑工程设计，用户应首先熟悉 AutoCAD 的工作界面及其各组成部分的功能，其次要学会怎样与绘图程序对话，即如何下达命令及产生错误后怎样处理等。

本章将介绍 AutoCAD 的工作界面和一些基本操作。

通过本章的学习，读者可以了解 AutoCAD 工作界面的组成及各组成部分的功能，通过一个简单的绘图实例，掌握一些常用基本操作。

【学习目标】

- 熟悉并掌握 AutoCAD 系统界面及坐标系统。
- 熟悉调用 AutoCAD 命令的方法。
- 掌握选择对象的常用方法。
- 掌握快速缩放和移动图形的方法。
- 熟悉重复命令和取消已执行命令的操作。
- 了解并掌握图层、线型及线宽等设置方法。

通过本章的学习，读者可以掌握 AutoCAD 绘图环境及基本操作，掌握调用命令、选择对象的方法，掌握图层、线型及线宽等设置方法。

3.1　AutoCAD 系统界面

本节主要介绍 AutoCAD 系统界面和 AutoCAD 坐标系统等。

3.1.1　系统界面

启动 AutoCAD 2012 后，其用户界面如图 3-1 所示，主要由标题栏、绘图窗口、菜单浏览器、快速访问工具栏、功能区、命令提示窗口、状态栏和 ViewCube 工具 8 部分组成。

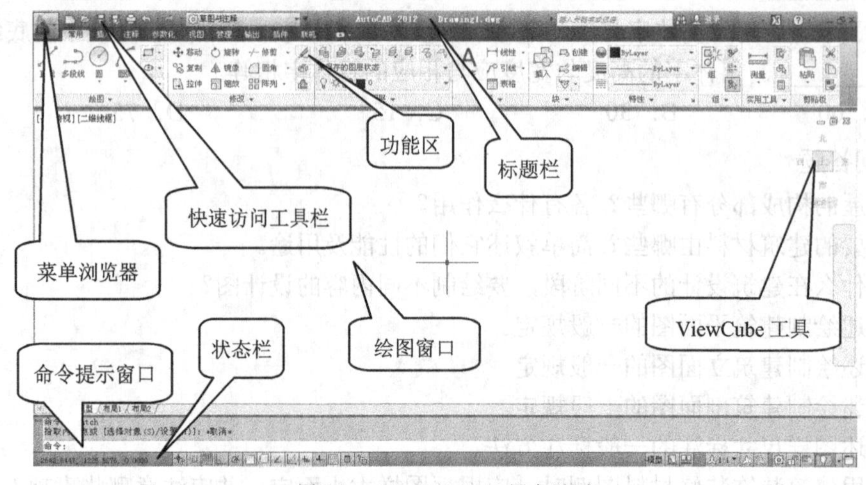

图 3-1　AutoCAD 2012 用户界面

默认情况下，AutoCAD 绘图窗口的背景颜色为黑色。要改变其颜色，用户可通过 OPTIONS 命令打开【选项】对话框，单击【显示】选项卡中的 颜色(C)... 按钮，打开【图形窗口颜色】对话框，在【颜色】下拉列表框中进行选择。本书中为显示、印刷清晰，背景颜色均设为白色。

下面分别介绍图中 8 部分的功能。

（1）菜单浏览器。

在按钮处单击鼠标左键，打开下拉菜单，如图 3-2 所示。下拉菜单中包含了新建、打开、保存等命令和功能，通过鼠标指针选择菜单中的某个命令，系统就会执行相应的操作。同时它们都是嵌套型的（按钮图标右侧带有小黑三角形），在嵌套型按钮上按住鼠标左键，将弹出嵌套的命令选项。

（2）快速访问工具栏。

快速访问工具栏用于存储经常访问的命令，用户可以自定义该工具栏，其中包含由工作空间定义的命令集。

用户可在快速访问工具栏上添加、删除和重新定位命令，还可按需添加多个命令。如果没有可用空间，则多出的命令将合起并显示为弹出按钮，如图 3-3 所示。可以快速访问工具栏中的默认命令，包括新建、打开、保存、打印、放弃、重做、显示和隐藏菜单栏等。

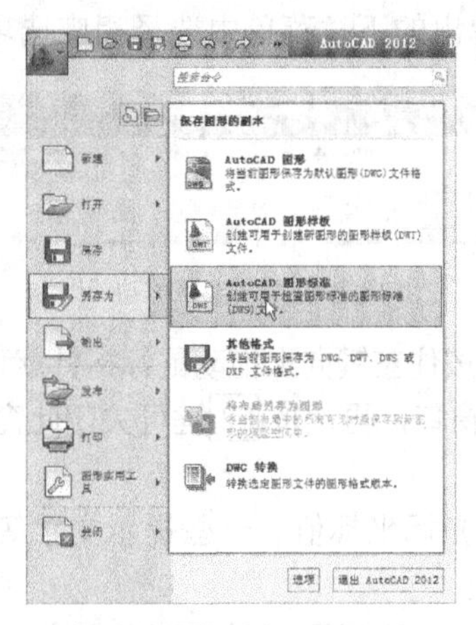

图 3-2　菜单浏览器

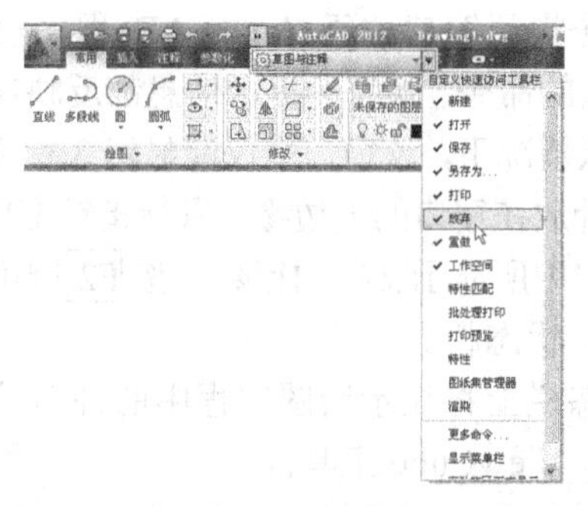

图 3-3　快速访问工具栏

在快速访问工具栏上单击鼠标右键，打开快捷菜单，如图 3-4 所示。利用该菜单可实现从快速访问工具栏中删除、添加分隔符、自定义快速访问工具栏以及在功能区下方显示快速访问工具栏等操作。

图 3-4　快速访问工具栏右键菜单

（3）标题栏。

标题栏在程序窗口的最上方，它显示了 AutoCAD 的程序图标及当前操作的图形文件名称和路径。和一般的 Windows 应用程序相似，用户可通过标题栏最右侧的 3 个按钮来最小化、最大化和关闭 AutoCAD。

（4）绘图窗口。

绘图窗口是绘图的工作区域，图形将显示在该窗口中，该区域左下方有一个表示坐标系的图标，它指示了绘图区的方位，图标中“X”、“Y”字母分别表示 x 轴和 y 轴的正方向。默认情况下，AutoCAD使用世界坐标系，如果有必要，也可通过UCS命令建立自己的坐标系。

当移动鼠标时，绘图区域中的十字形光标会相应移动，与此同时在绘图区底部的状态栏中将显示出光标点的坐标值。观察坐标值的变化，此时的显示方式是“x,y,z”形式。如果想让坐标值不变动或以极坐标形式（距离<角度）显示，可按F6键来切换。注意，坐标的极坐标显示形式只有在系统提示“拾取一个点”时才能实现。

绘图窗口中包含了两种作图环境，一种称为模型空间，另一种称为图纸空间。在此窗口底部有 模型 / 布局1 / 布局2 。默认情况下，【模型】选项卡是打开的，表明当前作图环境是模型空间，在这里一般要按实际尺寸绘制二维或三维图形。当单击【布局1】选项卡 布局1 时，系统将会切换至图纸空间。用户可以将图纸空间想象成一张图纸（系统提供的模拟图纸），可将模型空间的图样按不同缩放比例布置在图纸上。

（5）功能区。

功能区包含许多以前在面板上提供的相同命令。与当前工作空间相关的操作都单一简洁地置于功能区中。使用功能区时无需显示多个工具栏，它通过单一紧凑的界面使应用程序变得简洁有序，同时使可用的工作区域最大化。

使用“二维草图与注释”工作空间或“三维建模”工作空间创建或打开图形时，功能区将自动显示。用户可通过使用RIBBON命令手动打开功能区。

用户要关闭功能区，请在命令提示窗口中输入RIBBONCLOSE。

用户还可在选项卡处右边单击下三角形处，在弹出的下拉菜单中选择相应选项完成相应操作，如图3-5所示。

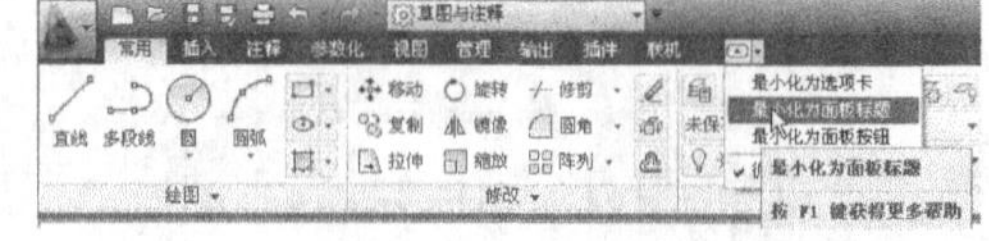

图3-5 显示完整的功能区

（6）命令提示窗口。

命令提示窗口位于AutoCAD程序窗口的底部，输入的命令、系统的提示信息都反映在此窗口中。默认情况下，该窗口中仅能显示3行文字。将鼠标指针放在窗口的上边缘，鼠标指针变成双面箭头状，按住左键向上拖动鼠标指针就可以增加命令窗口中所显示文字的行数。按F2键可打开命令提示窗口，再次按F2键可关闭此窗口。

（7）状态栏。

状态栏上将显示绘图过程中的许多信息，如十字形光标坐标值、一些提示文字等。

（8）ViewCube工具。

ViewCube工具是在二维模型空间或三维视觉样式中处理图形时显示的导航工具，是一种可单击、可拖动的常驻界面。通过它，用户可以轻松实现标准视图和等轴测视图之间的切换。

3.1.2 坐标系统

AutoCAD绘图是用AutoCAD坐标系统来确定点、线、面和体的位置，AutoCAD提供了4种常用的点的坐标表示方式：绝对直角坐标、绝对极坐标、相对直角坐标及相对极坐标。绝对坐标值是相对于原点的坐标值，而相对坐标值则是相对于另一个几何点的坐标值。下面介绍如何输入点的绝对坐标和相对坐标。

1．输入点的绝对直角坐标、绝对极坐标

绝对直角坐标的输入格式为“x,y”。x表示点的x轴坐标值，y表示点的y轴坐标值，两坐标值之间用英文半角的“,”隔开。例如：（−60,40）、（60,60）分别表示图3-6中的A、B点

的坐标值。

绝对直角坐标输入格式中的两坐标值间的“,”需在英文输入状态下输入，中文状态下输入则会显示“点无效”字样。

绝对极坐标的输入格式为 $R<\alpha$。R 表示点到原点的距离，α 表示极轴方向与 x 轴正向间的夹角。若从 x 轴正向逆时针旋转到极轴方向，则 α 角为正；反之，α 角为负。例如：(50<120)、(50< −30) 分别表示图 3-6 中的 C、D 点。

2. 输入点的相对直角坐标、相对极坐标

当知道某点与其他点的相对位置关系时，可使用相对坐标输入法。输入相对坐标值与绝对坐标值的区别，是在坐标值前增加了一个符号@。

- 相对直角坐标的输入形式为@x,y。
- 相对极坐标的输入形式为@$R<\alpha$。

【例 3-1】 利用点的相对直角坐标和相对极坐标绘如图 3-7 所示的图形。

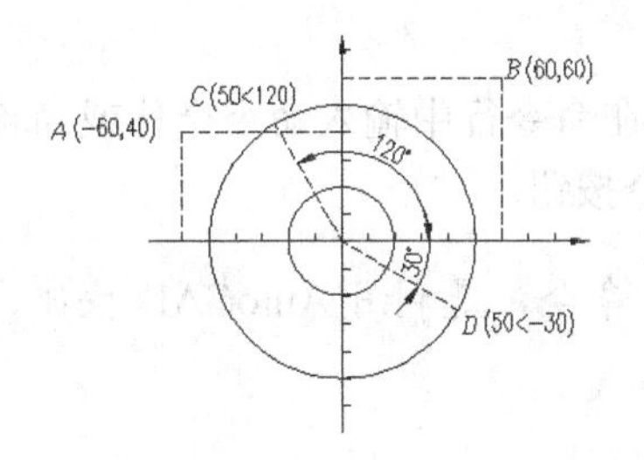

图 3-6 点的绝对直角坐标和绝对极坐标

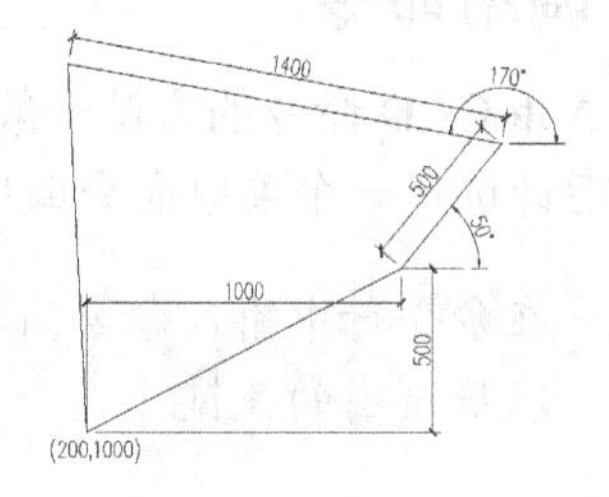

图 3-7 利用点的相对直角坐标和相对极坐标绘图（1）

```
命令: LINE                                    //输入命令全称 LINE 或简称 L，按 Enter 键
指定第一点: 200,1000                           //输入第一点坐标
指定下一点或[放弃(U)]: @1000,500                //输入相对坐标指定下一点
指定下一点或[放弃(U)]: @500<50                  //输入相对极坐标指定下一点
指定下一点或[闭合(C)/放弃(U)]: @1400<170        //输入相对极坐标指定下一点
指定下一点或[闭合(C)/放弃(U)]: c                //选择“闭合(C)”选项，结果如图 3-7 所示
```

课堂练习：利用点的相对直角坐标和相对极坐标绘制消防电话俯视图。

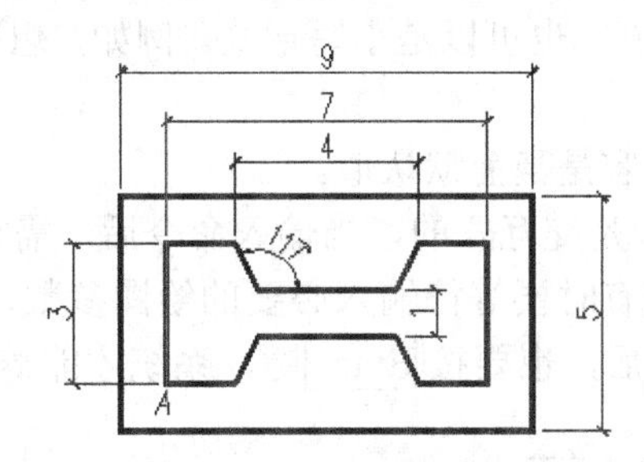

3.1.3 上机练习——利用点的相对直角坐标和相对极坐标绘制建筑平面图

【例 3-2】 利用点的相对直角坐标和相对极坐标绘制如图 3-8 所示的建筑平面图。

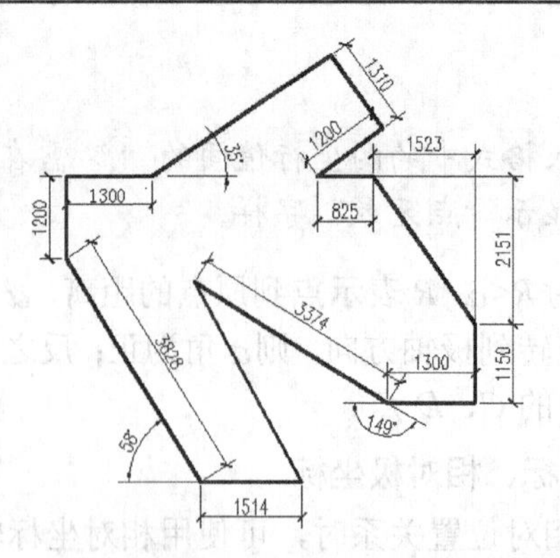

图 3-8　利用点的相对直角坐标和相对极坐标绘图（2）

3.2　AutoCAD 基本操作

本节主要讲述 AutoCAD 的基本操作，它是掌握 AutoCAD 绘图功能的关键。

3.2.1　调用命令

执行 AutoCAD 命令的方法一般有两种：一种是在命令行中输入命令全称或简称；另一种是用鼠标指针选择一个菜单命令或单击面板中的命令按钮。

要点提示　在命令行中输入命令简称执行 AutoCAD 命令，是利用 AutoCAD 快速、有效、准确绘图的关键。

1. 利用键盘执行命令

在命令行中输入命令全称或简称就可以使系统执行相应的命令。

【例 3-3】　使用键盘执行命令方式绘制半径为 60 的圆。

```
命令: CIRCLE          //输入命令全称 CIRCLE 或简称 C，按 Enter 键
指定圆的圆心或[三点(3P)/两点(2P)/切点、切点、半径(T)]:  80,120
                       //输入圆心的 x、y 坐标，按 Enter 键
指定圆的半径或[直径(D)] <53.2964>: 60      //输入圆的半径，按 Enter 键
```

命令中的相关说明如下。

（1）方括号“[ ]”中以“/”隔开的内容表示各个选项。若要选择某个选项，则需输入圆括号中的字母，可以是大写形式，也可以是小写形式。例如，想通过两点画圆，就输入“2P”，再按 Enter 键。

（2）尖括号“<>”中的内容是当前默认值。

AutoCAD 的命令执行过程是交互式的，当输入命令后，需按 Enter 键确认，系统才执行该命令。在执行过程中，系统有时要等待输入必要的绘图参数，如输入命令选项、点的坐标或其他几何数据等，输入完成后，也要按 Enter 键，系统才能继续执行下一步操作。

要点提示　当使用某一命令时按 F1 键，系统将显示该命令的帮助信息。

2. 利用鼠标执行命令

用鼠标指针选择一个菜单命令或单击面板上的命令按钮，系统就执行相应的命令。利用 AutoCAD 绘图时，用户多数情况下是通过鼠标执行命令的，鼠标各按键的定义如下。

（1）左键：拾取键，用于单击面板上的按钮及选取菜单命令以执行相应命令，也可在绘图过程中指定点和选择图形对象等。

（2）右键：一般作为回车键使用，命令执行完成后，常单击鼠标右键来结束命令。在有些情况下，单击鼠标右键将弹出快捷菜单，该菜单上有【确认】选项。

（3）滚轮：转动滚轮，将放大或缩小图形，默认情况下，缩放增量为 10%。按住滚轮并拖动鼠标，则平移图形。

3.2.2 选择对象

使用编辑命令时，需要选择对象，被选对象构成一个选择集。AutoCAD 提供了多种构造选择集的方法。默认情况下，用户可以逐个地拾取对象，或是利用矩形、交叉窗口一次选取多个对象。

1．用矩形窗口选择对象

当 AutoCAD 提示选择要编辑的对象时，在图形元素左上角或左下角单击一点，然后向右拖动鼠标指针，AutoCAD 显示一个实线矩形窗口，让此窗口完全包含要编辑的图形实体，再单击一点，矩形窗口中所有对象（不包括与矩形边相交的对象）被选中，被选中的对象将以虚线形式表示出来。

下面通过 ERASE 命令演示这种选择方法。

【例 3-4】 用矩形窗口选择对象。打开素材文件“dwg\第 03 章\3-4.dwg”，如图 3-9 左图所示。利用 ERASE 命令将左图修改为右图。

单击【常用】选项卡【修改】面板上的按钮，AutoCAD 提示如下。

```
命令:_erase
选择对象:                                 //在 A 点处单击一点，如图 3-9 左图所示
指定对角点: 找到 4 个                      //在 B 点处单击一点
选择对象:                                 //按 Enter 键结束
```

结果如图 3-9 右图所示。

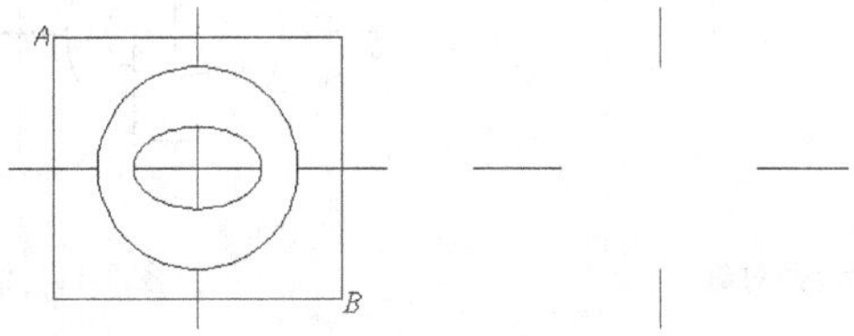

图 3-9 用矩形窗口选择对象

当 HIGHLIGHT 系统变量处于打开状态时（等于 1），AutoCAD 才以高亮度形式显示被选择的对象。

2．用交叉窗口选择对象

当 AutoCAD 提示“选择对象”时，在要编辑的图形元素右上角或右下角单击一点，然后向左拖动鼠标指针，此时出现一个虚线矩形框，使该矩形框包含被编辑对象的一部分，而让其余部分与矩形框边相交，再单击一点，则框内的对象及与框边相交的对象全部被选中。

以下用 ERASE 命令演示这种选择方法。

【例 3-5】　用交叉窗口选择对象。

打开素材文件“dwg\第 03 章\3-5.dwg”，如图 3-10 左图所示。单击【常用】选项卡【修改】面板上的按钮，AutoCAD 提示如下。

```
命令: _erase
选择对象:                          //在 B 点处单击一点，如图 3-10 左图所示
指定对角点: 找到 4 个               //在 A 点处单击一点
选择对象:                          //按 Enter 键结束
```

结果如图 3-10 右图所示。

3. 给选择集添加或去除对象

编辑过程中，构造选择集常常不能一次完成，需向选择集中加入对象或从选择集中去除对象。在添加对象时，用户可直接选取或利用矩形窗口、交叉窗口选择要加入的图形元素；若要去除对象，可先按住 Shift 键，再从选择集中选择要清除的图形元素。

以下通过 ERASE 命令演示修改选择集的方法。

【例 3-6】　修改选择集。

打开素材文件“dwg\第 03 章\3-6.dwg”，如图 3-11 左图所示。单击【常用】选项卡【修改】面板上的按钮，AutoCAD 提示如下。

```
命令: _erase
选择对象:                      //在 B 点处单击一点，如图 3-11 左图所示
指定对角点: 找到 4 个           //在 A 点处单击一点
选择对象: 找到 1 个，删除 1 个，总计 3 个
                               //按住 Shift 键，选取椭圆 C，该图形从选择集中去除
选择对象: 找到 1 个，总计 4 个   //松开 Shift 键，选择线段 D
选择对象:                      //按 Enter 键结束
```

结果如图 3-11 右图所示。

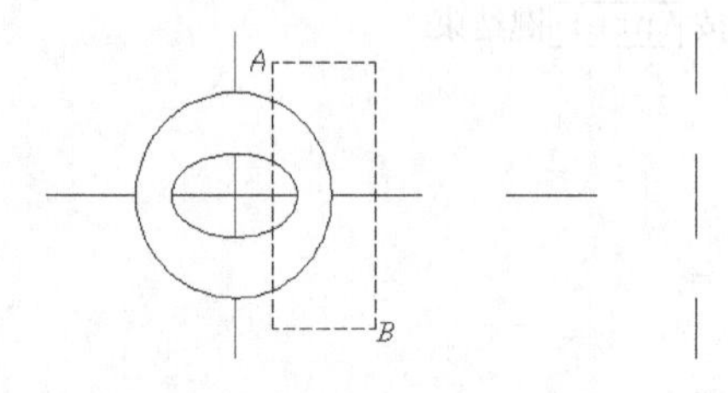

图 3-10　用交叉窗口选择对象

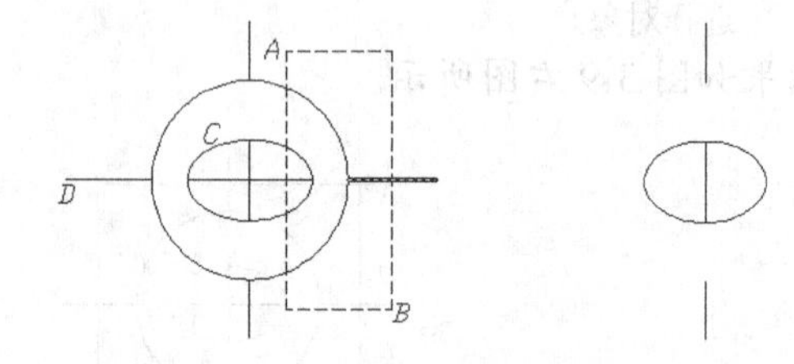

图 3-11　修改选择集

3.2.3　删除对象

ERASE 命令用来删除图形对象，该命令没有任何选项。要删除一个对象，用户可以用鼠标指针先选择该对象，然后单击【常用】选项卡【修改】面板上的按钮，或输入命令 ERASE（命令简称 E）。当然，也可先发出删除命令，再选择要删除的对象。

> 要点提示　键盘上的 Delete 键也可用来删除图形对象，其作用及用法与 ERASE 命令相同。

3.2.4　终止、重复命令

执行某个命令后，可随时按 Esc 键终止该命令。此时，系统又返回到命令行。

如果在图形区域内偶然选择了图形对象，该对象上出现了一些高亮的小框，这些小框被

称为关键点，可用于编辑对象，要取消这些关键点的显示，按 Esc 键即可。

在绘图过程中，用户会经常重复使用某个命令，重复刚使用过的命令的方法是直接按 Enter 键。

3.2.5 取消已执行的操作

使用 AutoCAD 绘图的过程中，不可避免地会出现各种各样的错误。要修正这些错误可使用 UNDO 命令或单击【快速访问】工具栏上的按钮。如果想要取消前面执行的多个操作，可反复使用 UNDO 命令或反复单击按钮。当取消一个或多个操作后，若又想重复某个操作，可使用 REDO 命令或单击【快速访问】工具栏上的按钮。

课堂练习：练习绘图命令的操作方式及命令的结束、重复和撤销等操作。

（1）利用命令窗口绘制半径为 90 的圆。

（2）利用命令窗口绘制半径为 80 的圆。

（3）利用快捷键方式绘制半径为 70 的圆。

（4）利用【绘图】面板绘制半径为 60 的圆。

（5）利用【绘图】面板绘制半径为 50 的圆。

（6）重复执行命令绘制半径为 40 的圆。

（7）撤销刚才绘制的 6 个圆。

3.2.6 缩放、移动图形

AutoCAD 的图形缩放及移动功能是很完备的，使用起来非常方便。绘图时，用户可以通过【视图】选项卡【二维导航】面板上的平移、实时按钮（如果没有就单击其后的，在其展开的下拉列表中）或绘图区域右侧导航栏上的、按钮（如果没有就单击其下面的，在其展开的下拉列表中）来执行这两项功能。

1. 缩放图形

单击【视图】选项卡【二维导航】面板上的实时按钮（如果没有就单击其后的，在其展开的下拉列表中），或单击绘图区域右侧导航栏上的按钮（如果没有就单击其下面的，在其展开的下拉列表中），然后按 Enter 键，AutoCAD 进入实时缩放状态，鼠标指针变成放大镜形状，此时按住鼠标左键向上移动鼠标指针，就可以放大视图，向下移动鼠标指针就缩小视图。要退出实时缩放状态，可按 Esc 键、Enter 键或单击鼠标右键打开快捷菜单，然后选择【退出】选项。

2. 平移图形

单击平移按钮，AutoCAD 进入实时平移状态，鼠标指针变成小手的形状，此时按住鼠标左键并移动鼠标指针，就可以平移视图。要退出实时平移状态，可按 Esc 键、Enter 键或单击鼠标右键打开快捷菜单，然后选择【退出】选项。

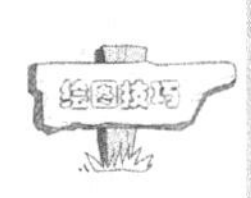

正常情况下，CAD 的滚轮可用来放大和缩小视图，还有就是平移视图（按住 Ctrl 键），但有的时候按住滚轮时不是平移，而是出现下一个菜单，这时只需设置系统变量 MBUTTONPAN 为初始值 1 即可。

3.2.7 放大视图

在绘图过程中，经常要将图形的局部区域放大，以方便绘图。绘制完成后，又要返回上一次的显示，以便观察图形的整体效果。

1．放大局部区域

单击【视图】选项卡【二维导航】面板上的按钮（如果没有就单击其后的，在其展开的下拉列表中），或单击绘图区域右侧导航栏上的按钮（如果没有就单击其下面的，在其展开的下拉列表中），AutoCAD 提示“指定第一个角点:”，拾取 *A* 点，再根据 AutoCAD 的提示拾取 *B* 点，如图 3-12 左图所示。矩形框 *AB* 是设定的放大区域，其中心是新的显示中心，系统将尽可能地将该矩形内的图形放大以充满整个程序窗口，如图 3-12 右图显示了放大后的效果。

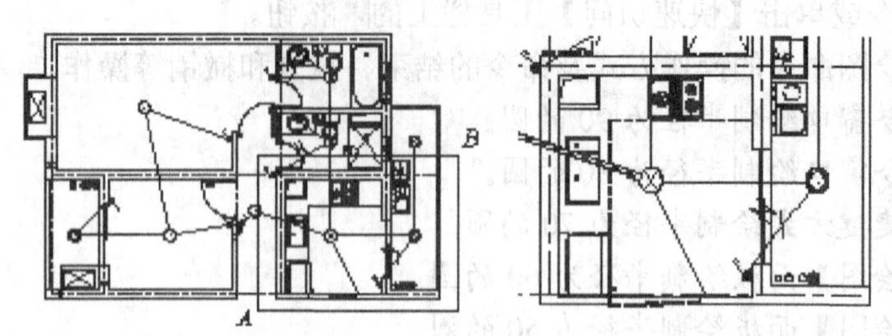

图 3-12　缩放窗口

2．返回上一次的显示

单击【视图】选项卡【二维导航】面板上的按钮（如果没有就单击其后的，在其展开的下拉列表中）或单击绘图区域右侧导航栏上的按钮（如果没有就单击其下面的，在其展开的下拉列表中），AutoCAD 将显示上一次的视图。若用户连续单击此按钮，则系统将恢复到前几次显示过的图形（最多 10 次）。绘图时，常利用此项功能返回到原来的某个视图。

3.2.8　将图形全部显示在窗口中

绘图过程中，有时需将图形全部显示在程序窗口中。要实现这个操作，可单击【视图】选项卡【二维导航】面板上的按钮（如果没有就单击其后的，在其展开的下拉列表中），或单击绘图区域右侧导航栏上的按钮（如果没有就单击其下面的，在其展开的下拉列表中），或在命令行输入“Z”后按 Enter 键，再输入“A”后按 Enter 键。

3.2.9　设置绘图界限

AutoCAD 的绘图空间是无限大的，但可以在程序窗口中设定显示出的绘图区域的大小。绘图时，事先对绘图区域的大小进行设定将有助于了解图形分布的范围。当然，也可在绘图过程中随时缩放图形以控制其在屏幕上显示的效果。

设定绘图区域的大小有以下两种方法。

1．依据圆的尺寸估计当前绘图区域的大小

将一个圆充满整个程序窗口显示出来，依据圆的尺寸就能轻易地估计出当前绘图区域的大小了。

【例 3-7】　设定绘图区域的大小。

（1）单击【常用】选项卡【绘图】面板上的按钮，AutoCAD 提示如下。

```
命令: _circle 指定圆的圆心或[三点(3P)/两点(2P)/切点、切点、半径(T)]:
                                            //在屏幕的适当位置单击一点
指定圆的半径或[直径(D)]: 60                  //输入圆的半径，按 Enter 键确认
```

（2）单击【视图】选项卡【二维导航】面板上的按钮（如果没有就单击其后的，在

其展开的下拉列表中），半径为60的圆充满整个绘图窗口显示出来，如图3-13所示。

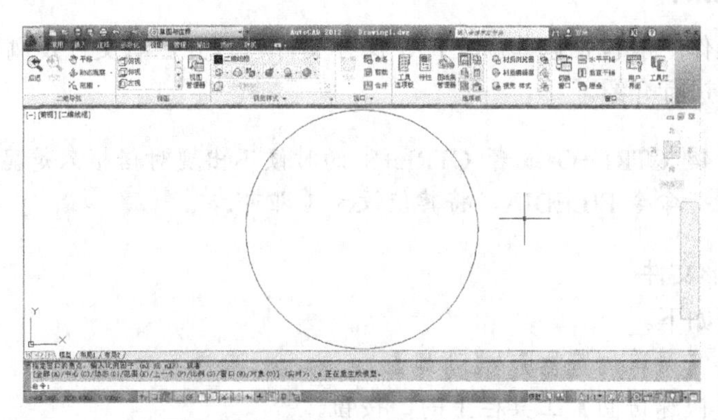

图3-13 依据圆的尺寸设定绘图区域大小

2. 用LIMITS命令设定绘图区域的大小

LIMITS命令可以改变栅格的长宽尺寸及位置。所谓栅格是点在矩形区域中按行、列形式分布形成的图案，如图3-14所示。当栅格在程序窗口中显示出来后，用户就可根据栅格分布的范围估算出当前绘图区域的大小了。

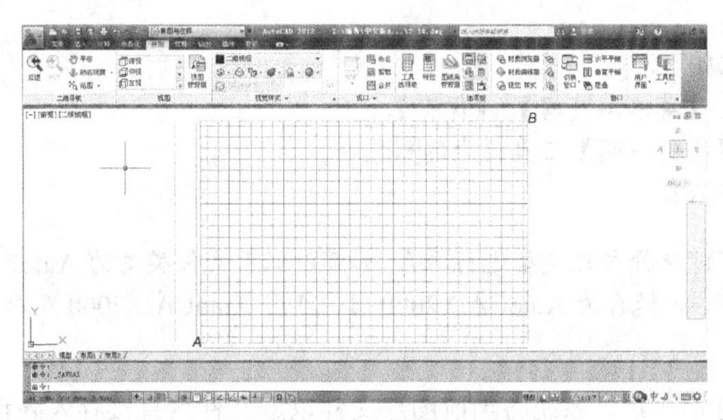

图3-14 用LIMITS命令设定绘图区域的大小

【例3-8】 用LIMITS命令设定绘图区域的大小。

（1）在命令行中输入LIMITS命令，AutoCAD提示如下。

```
命令: limits
指定左下角点或[开(ON)/关(OFF)] <0.0000,0.0000>:
                                        //单击A点，如图3-14所示
指定右上角点 <12.0000,9.0000>: @300,200
                                        //输入B点相对于A点的坐标，按Enter键
```

（2）单击【视图】选项卡【二维导航】面板上的范围按钮（如果没有就单击其后的▾，在其展开的下拉列表中），则当前绘图窗口长宽尺寸近似为300×200。

（3）将鼠标指针移动到底部状态栏的▦按钮上，单击鼠标右键，选择【设置】选项，打开【草图设置】对话框，取消对【显示超出界限的栅格】复选项的选择。

单击确定按钮，关闭【草图设置】对话框，单击▦按钮，打开栅格显示。再单击【视图】选项卡【二维导航】面板上的实时按钮（如果没有就单击其后的▾，在其展开的下拉列表中），适当缩小栅格，结果如图3-14所示，该栅格的长宽尺寸为300×200。

3.2.10　文件操作

图形文件的操作一般包括创建新文件、保存文件、打开已有文件及浏览和搜索图形文件等，下面分别对其进行介绍。

按组合键 CTRL+O 或者 CTRL+S 的时候不出现对话框只是显示路径的解决办法：执行命令 FILEDIA，将其值设为 1 即可。

1．建立新图形文件

命令启动方法如下。

- 菜单命令：【菜单浏览器】/【新建】。
- 工具栏：【快速访问】工具栏上的按钮。
- 命令：NEW。
- 快捷键：Ctrl+N。

2．保存图形文件

将图形文件存入磁盘时，一般采取两种方式，一种是以当前文件名保存图形，另一种是指定新文件名保存图形。

（1）快速保存。

命令启动方法如下。

- 菜单命令：【菜单浏览器】/【保存】。
- 工具栏：【快速访问】工具栏上的按钮。
- 命令：QSAVE。

这里可以选择文件类型进行保存，如可以保存文件类型为 AutoCAD 2000 或者其他类型，当保存为 AutoCAD 2000 时，可用 AutoCAD 2000 及以后版本等都可以打开。

执行快速保存命令后，系统将当前图形文件以原文件名直接存入磁盘，而不会给用户任何提示。若当前图形文件名是默认名且是第一次存储文件，则弹出【图形另存为】对话框，如图 3-15 所示，在该对话框中用户可指定文件的存储位置、输入新文件名及选择文件类型。

图 3-15　【图形另存为】对话框

（2）换名保存。

命令启动方法如下。

- 菜单命令:【菜单浏览器】/【另存为】。
- 命令：SAVEAS。

执行换名保存命令后，将弹出【图形另存为】对话框，如图 3-15 所示。用户可在该对话框的【文件名】文本框中输入新文件名，并可在【保存于】及【文件类型】下拉列表中分别设定文件的存储路径和类型。

在图形完稿后，执行清理（PURGE）命令，清理掉多余的数据，如无用的块、没有实体的图层，未用的线型、字体、尺寸样式等，可以有效减少文件的大小。一般彻底清理需要 PURGE 二到三次。

课堂练习：练习绘图命令的操作方式及命令的结束、重复和撤销。

（1）利用命令窗口绘制圆心为“100,200”，直径为 100 的圆。

（2）利用命令窗口绘制圆心为“100,200”，直径为 80 的圆。

（3）利用快捷键方式绘制圆心为“100,200”，直径为 70 的圆。

（4）利用【绘图】面板绘制圆心为“100,200”，直径为 60 的圆。

（5）利用【绘图】面板绘制圆心为“100,200”，直径为 50 的圆。

（6）重复执行命令绘制圆心为“100,200”，直径为 40 的圆。

（7）将绘制图形换名保存为“绘图命令操作方式练习.dwg”。

（8）撤销刚才绘制的 6 个圆。

3.3 设置图层

本节主要内容包括创建和设置图层、修改对象的颜色和线型及线宽、控制图层状态、修改非连续线型的外观等。

3.3.1 创建及设置建筑图的图层

AutoCAD 的图层是一张张透明的电子图纸，把各种类型的图形元素画在这些电子图纸上，AutoCAD 会将它们叠加在一起显示出来。如图 3-16 所示，在图层 *A* 上绘制了建筑物的墙壁，在图层 *B* 上绘制了室内家具，在图层 *C* 上绘制了建筑物内的电器设施，最终显示的结果是各层叠加的效果。

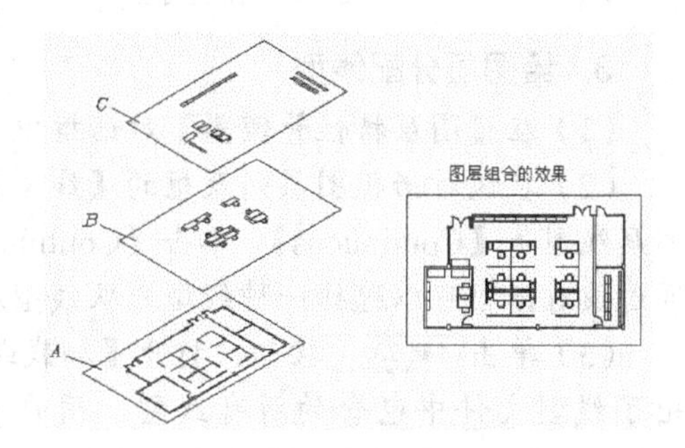

图 3-16　图层

用 AutoCAD 绘图时，图形元素处于某个图层上，默认情况下，当前层是 0 层，若没有切换至其他图层，则所画图形在 0 层上。每个图层都有与之相关联的颜色、线型及线宽等属性信息，用户可以对这些信息进行设定或修改。当在某一图层上绘图时，所生成的图形元素的颜色、线型、线宽会与当前层的设置完全相同（默认情况下）。对象的颜色将有助于辨别图样中的相似实体，而线型、线宽等特性可轻易地表示出不同类型的图形元素。

图层是管理图样强有力的工具。绘图时应考虑将图样划分为哪些图层以及按什么样的标准进行划分。如果图层的划分较为合理且采用了良好的命名，则会使图形信息更清晰、更有

序，为以后修改、观察及打印图样带来极大的便利。

绘制建筑施工图时，常根据组成建筑物的结构元素划分图层，因而一般要创建以下几个图层：建筑–轴线。建筑–柱网。建筑–墙线。建筑–门窗。建筑–楼梯。建筑–阳台。建筑–文字。建筑–尺寸。

【例3-9】 练习如何创建及设置图层。

1. 创建图层

单击【常用】选项卡【图层】面板上的按钮，打开【图层特性管理器】对话框，再单击按钮，列表框中将显示出名为“图层1”的图层，直接输入“建筑–尺寸”，按Enter键结束。再次按Enter键则又开始创建新图层。图层创建结果如图3-17所示。

要点提示：若在【图层特性管理器】对话框的列表框中事先选择一个图层，然后单击按钮或按Enter键，新图层则与被选择的图层具有相同的颜色、线型及线宽。

2. 指定图层颜色

（1）在【图层特性管理器】对话框中选择图层。

（2）单击图层列表中与所选图层关联的图标■白，此时将打开【选择颜色】对话框，如图3-18所示，用户可在该对话框中选择所需的颜色。

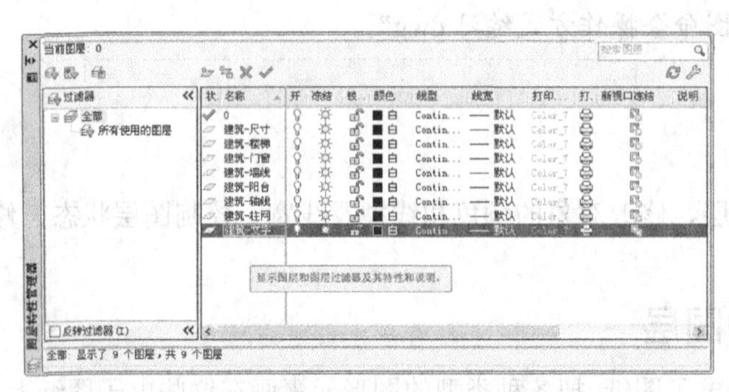

图3-17　创建图层

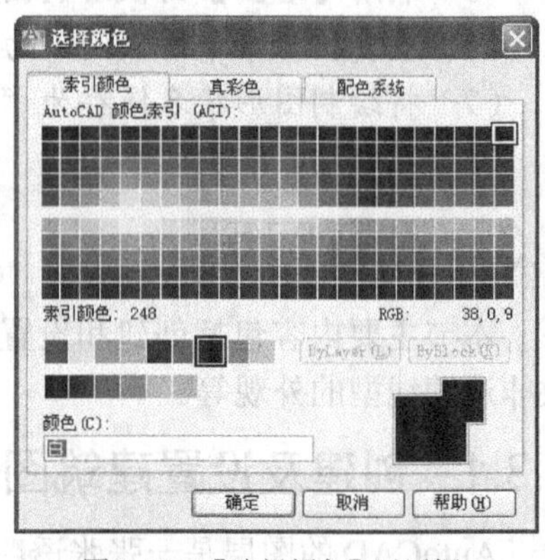

图3-18　【选择颜色】对话框

3. 给图层分配线型

（1）在【图层特性管理器】对话框中选择图层。

（2）在该对话框图层列表框的【线型】列中显示了与图层相关联的线型，默认情况下，图层线型是【Continuous】。单击【Continuous】，打开【选择线型】对话框，如图3-19所示，通过该对话框可以选择一种线型或从线型库文件中加载更多的线型。

（3）单击加载(L)...按钮，打开【加载或重载线型】对话框，如图3-20所示。该对话框列出了线型文件中包含的所有线型，用户在列表框中选择一种或几种所需的线型，再单击确定按钮，这些线型就会被加载到AutoCAD中。当前线型库文件是“acadiso.lin”。单击文件(F)...按钮，可选择其他的线型库文件。

4. 设置线宽

（1）在【图层特性管理器】对话框中选择图层。

（2）单击图层列表框里【线宽】列中的图标—— 默认，打开【线宽】对话框，如图3-21所示，通过该对话框可以设置线宽。

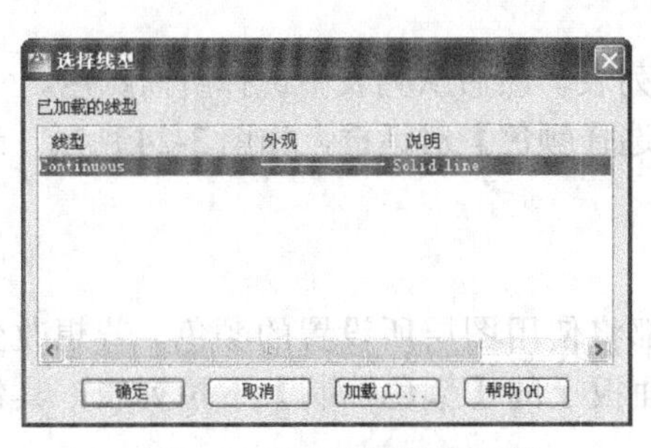

图 3-19 【选择线型】对话框

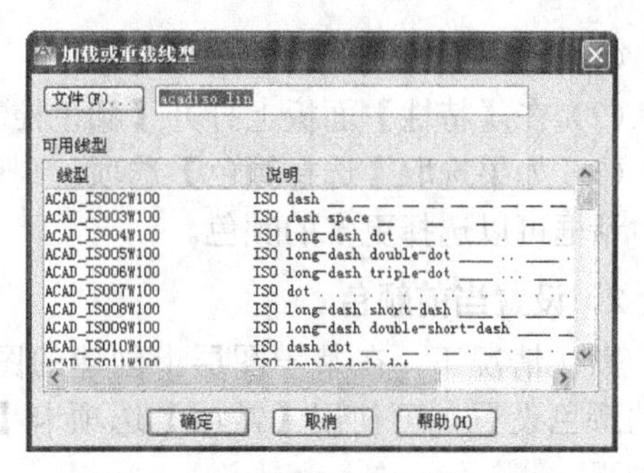

图 3-20 【加载或重载线型】对话框

如果要使图形对象的线宽在模型空间中显示得更宽或更窄一些，可以调整线宽比例。执行 LWEIGHT 命令，打开【线宽设置】对话框，如图 3-22 所示，在【调整显示比例】分组框中移动滑块即可改变显示比例值。

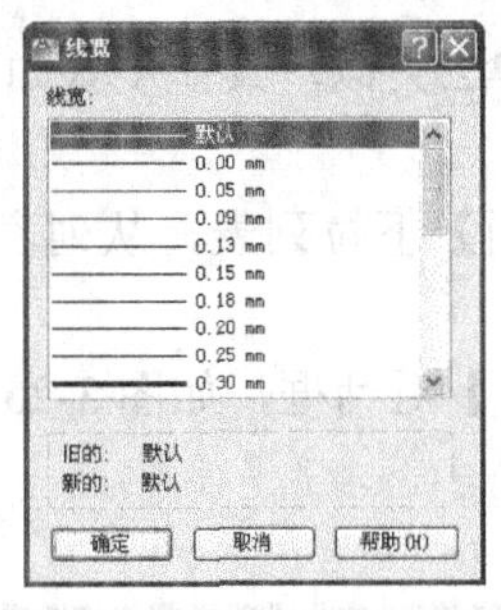

图 3-21 【线宽】对话框

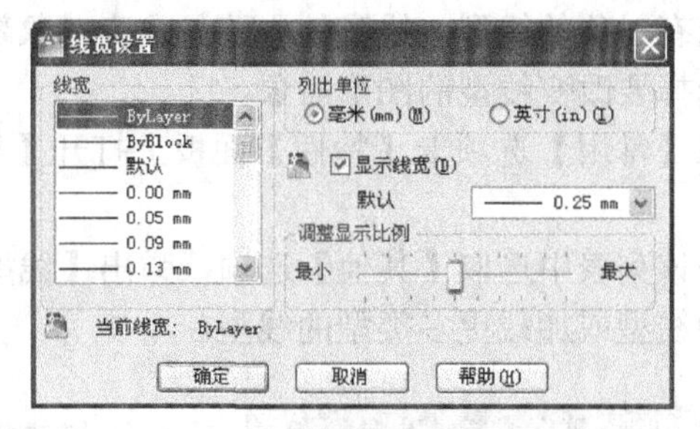

图 3-22 【线宽设置】对话框

课堂练习：新建文件并设置图层，并将文件换名另存为“建筑平面图.dwg”。

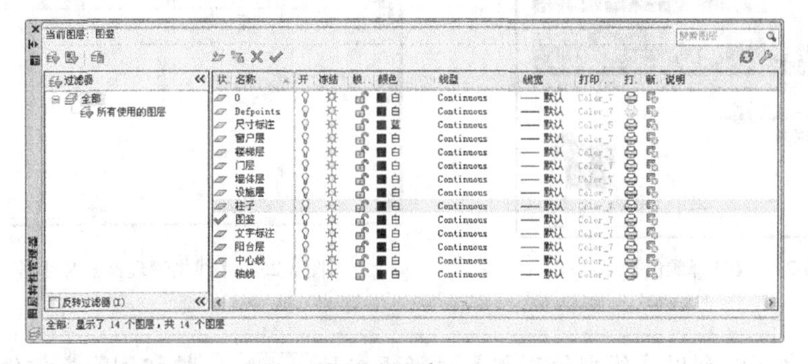

3.3.2 修改对象的颜色、线型及线宽

通过【常用】选项卡【特性】面板可以方便地设置对象的颜色、线型及线宽等信息，它们的设置步骤基本一致。默认情况下，【颜色控制】、【线型控制】和【线宽控制】3 个下拉列表中将显示【ByLayer】，【ByLayer】的意思是所绘制对象的颜色、线型、线宽等属性与当前层所设定的完全相同。【线型控制】下拉列表如图 3-23 所示。

图 3-23 【线型控制】下拉列表

1. 修改对象颜色

用户可通过【常用】选项卡【特性】面板上的【颜色控制】下拉列表改变已有对象的颜色，具体步骤如下。

（1）选择要改变颜色的图形对象。

（2）在【特性】面板上打开【颜色控制】下拉列表，然后从列表中选择所需颜色。

（3）如果选取【选择颜色】选项，则可弹出【选择颜色】对话框，如图 3-24 所示，通过该对话框可以选择更多的颜色。

2．设置当前颜色

默认情况下，在某一图层上创建的图形对象都将使用图层所设置的颜色。若想改变当前的颜色设置，可使用【常用】选项卡【特性】面板上的【颜色控制】下拉列表，具体步骤如下。

（1）打开【特性】面板上的【颜色控制】下拉列表，从列表中选择一种颜色。

（2）当选取【选择颜色】选项时，系统将打开【选择颜色】对话框，如图 3-24 所示，在该对话框中可做更多选择。

3．修改已有对象的线型或线宽

修改已有对象的线型、线宽的方法与改变对象颜色的方法类似，具体步骤如下。

（1）选择要改变线型的图形对象。

（2）在【常用】选项卡【特性】面板上打开【线型控制】下拉列表，从列表中选择所需线型。

（3）在该列表中选取【其他】选项，弹出【线型管理器】对话框，如图 3-25 所示，从中可选择一种线型或加载更多类型的线型。

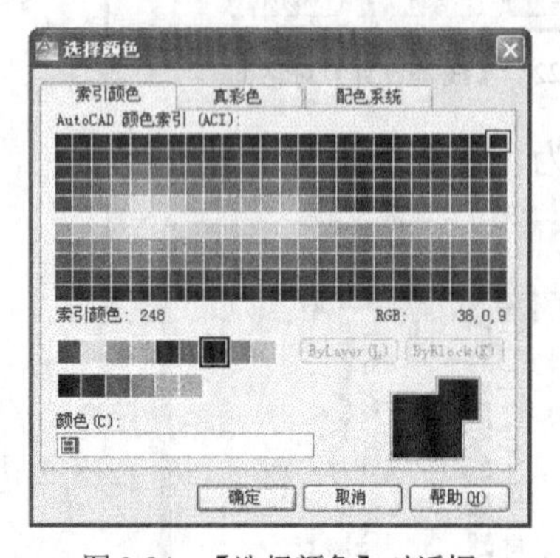

图 3-24　【选择颜色】对话框

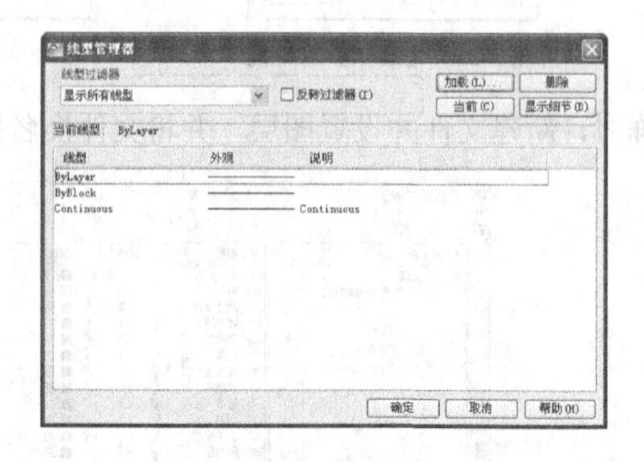

图 3-25　【线型管理器】对话框

用户可以利用【线型管理器】对话框中的 删除 按钮删除未被使用的线型。

（4）单击【线型管理器】对话框右上角的 加载(L)... 按钮，打开【加载或重载线型】对话框（见图 3-20），该对话框中列出了当前线型库文件中包含的所有线型。在列表框中选择所需的一种或几种线型，再单击 确定 按钮，这些线型就会被加载到系统中来。

修改线宽需要利用【线宽控制】下拉列表，具体步骤与上述类似，这里不再重复。

3.3.3　控制图层状态

如果工程图样包含有大量信息且有很多图层，可通过控制图层状态使编辑、绘制和观察等工作变得更方便一些。图层状态主要包括打开与关闭、冻结与解冻、锁定与解锁和打印与不打印等，系统用不同形式的图标表示这些状态，如图 3-26 所示。用户可通过【图层特性管理器】对话框对图层状态进行控制，单击【常用】选项卡【图层】面板上的按钮就可以打开该对话框。

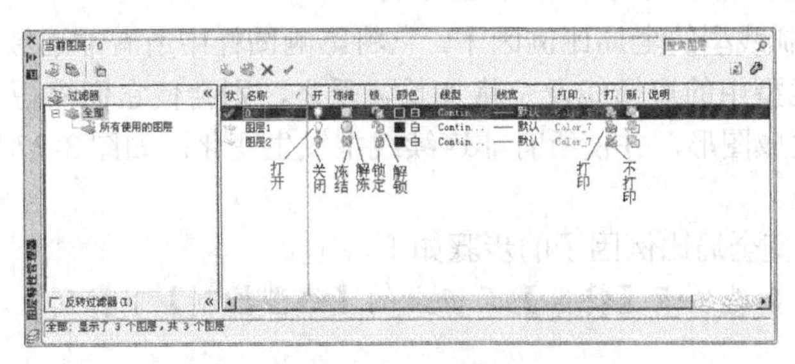

图 3-26 【图层特性管理器】对话框

一般来说，AutoCAD 图层中粗实线用默认线型，宽度选着 0.3mm 就可以；标注线用绿色，默认线型；虚线用黄色，线型选着 acadiso.lin；中心线选红色，线型 center。

下面对图层状态做详细说明。

- 关闭/打开：单击图标关闭或打开某一图层。打开的图层是可见的，而关闭的图层不可见，也不能被打印。当重新生成图形时，被关闭的图层也将一起被生成。
- 冻结/解冻：单击图标将冻结或解冻某一图层。解冻的图层是可见的；若冻结某个图层，则该图层变为不可见，也不能被打印出来。当重新生成图形时，系统不再重新生成该图层上的对象，因而冻结一些图层后，可以加快 ZOOM、PAN 等命令和许多其他操作的运行速度。

解冻一个图层将引起整个图形重新生成，而打开一个图层则不会出现这种现象（只是重画这个图层上的对象）。因此，如果需要频繁地改变图层的可见性，则应关闭该图层而不应冻结该图层。

- 锁定/解锁：单击图标将锁定或解锁图层。被锁定的图层是可见的，但图层上的对象不能被编辑。用户可以将锁定的图层设置为当前层，并能向它添加图形对象。
- 打印/不打印：单击图标可设定图层是否被打印。指定某层不打印后，该图层上的对象仍会显示出来。图层的不打印设置只对图样中的可见图层（图层是打开的并且是解冻的）有效。若图层设为可打印但该层是冻结的或关闭的，此时 AutoCAD 同样不会打印该层。

除了利用【图层特性管理器】对话框控制图层状态外，用户还可通过【常用】选项卡【图层】面板上的【图层控制】下拉列表控制图层状态。

关掉某图层后，却还能看到这个图层的某些物体的解决办法：把插入的图块的图层都修改在同一图层上。也就是说做图块的时候只能在一个层上做（最好是 0 层），可以用不同的颜色，但是别用不同的图层。

3.3.4 修改非连续线型的外观

非连续线型是由短横线、空格等构成的重复图案，图案中的短线长度、空格大小是由线型比例来控制的。在绘图时常会遇到这样一种情况：本来想画虚线或点划线，但最终绘制出的线型看上去却和连续线一样，出现这种现象的原因是线型比例设置得太大或太小。

1．改变全局线型比例因子以修改线型外观

LTSCALE 是控制线型的全局比例因子，它将影响图样中所有非连续线型的外观，其值增加时，将使非连续线型中的短横线及空格加长，反之，则会使它们缩短。当修改全局比例因子后，系统将重新生成图形，并使所有非连续线型发生变化。如图 3-27 所示为使用不同比例因子时点划线的外观。

【例 3-10】　改变全局比例因子的步骤如下。

（1）打开【常用】选项卡【特性】面板上的【线型控制】下拉列表，如图 3-28 所示。

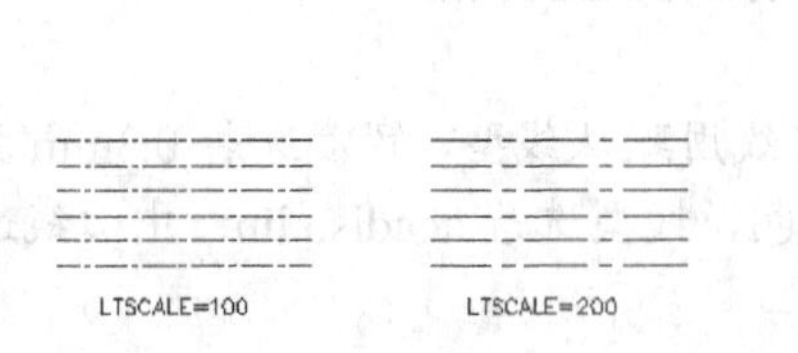

图 3-27　全局线型比例因子对非连续线型外观的影响

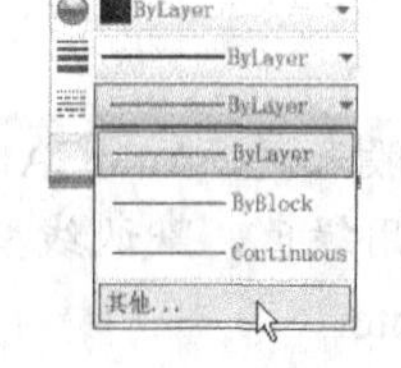

图 3-28　【线型控制】下拉列表

（2）在该下拉列表中选取【其他】选项，打开【线型管理器】对话框，再单击显示细节(D)按钮，该对话框底部将出现【详细信息】分组框，如图 3-29 所示。

（3）在【详细信息】分组框的【全局比例因子】文本框中输入新的比例值即可。

2．改变当前对象的线型比例

单独控制对象的比例因子，可为不同对象设置不同的线型比例。当前对象的线型比例是由系统变量 CELTSCALE 来设定的，调整该值后，所有新绘制的非连续线型均会受到影响。

默认情况下，CELTSCALE 为“1”，该因子与 LTSCALE 同时作用在线型对象上。例如，将 CELTSCALE 设置为“3”，LTSCALE 设置为“0.4”，则系统在最终显示线型时采用的缩放比例将为“1.2”，也就是最终显示比例=CELTSCALE×LTSCALE。图 3-30 所示为 CELTSCALE 分别为“1”和“1.5”时的点划线外观。

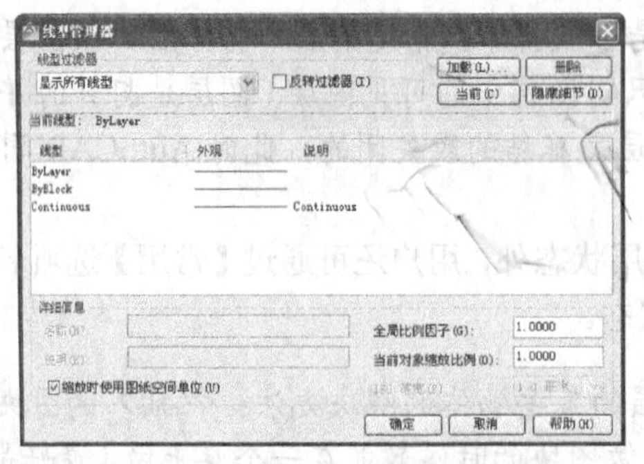

图 3-29　【线型管理器】对话框

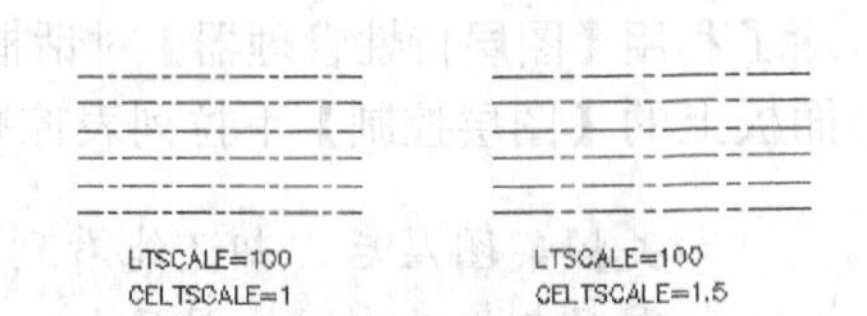

图 3-30　设置当前对象的线型比例因子

设置当前线型比例因子的方法与设置全局比例因子的方法类似。该比例因子也需在【线型管理器】对话框中设定，如图 3-29 所示，用户可在【当前对象缩放比例】文本框中输入比例值。

课堂练习：设置图层并绘制图形。

（1）执行 LAYER 命令，创建图层。

（2）设置当前图层为“中心线”。

（3）执行 LINE 命令绘制两条互相垂直的定位线。

（4）通过【常用】选项卡【图层】面板上的【图层控制】下拉列表切换到“图形”图层，执行 CIRCLE 命令画圆，半径为 60，执行 RECTANGLE 命令绘制矩形，结果如图 3-31 所示。

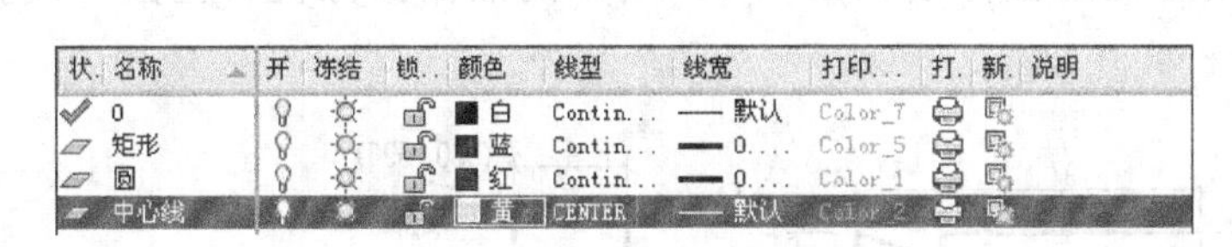

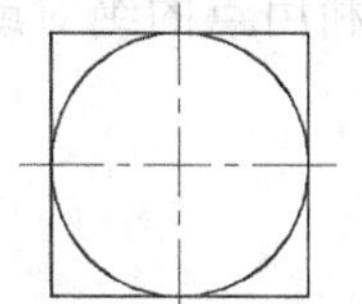

图 3-31

（5）关闭或冻结图层“中心线”。

3.4 退出 AutoCAD

当用户不再使用 AutoCAD 时，有三种方法可退出 AutoCAD。

（1）选择【文件】/【关闭】/【所有图形】命令。如果当前文件没有保存，AutoCAD 会自动弹出图 3-32 所示的提示框。

（2）在命令行直接输入 QUIT 命令也能退出 AutoCAD。同样，如果当前文件没有保存，AutoCAD 也会自动弹出图 3-32 所示的提示框。

（3）单击【标题栏】最右侧的☒按钮。

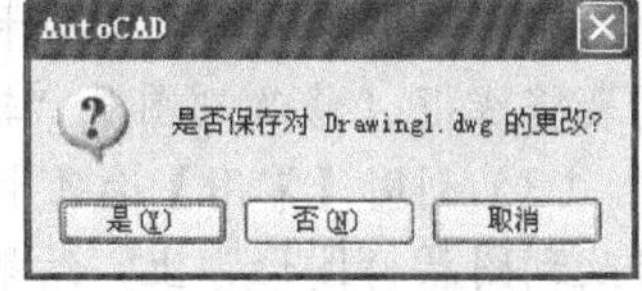

图 3-32 【AutoCAD】提示框

3.5 习题

一、思考题

1. AutoCAD 工作界面主要由哪几部分组成？
2. 如何改变绘图窗口的颜色？
3. 简述 AutoCAD 标题栏的组成及作用。
4. AutoCAD 共有哪几个下拉菜单？
5. AutoCAD 绘图窗口包含哪几种绘图环境？如何在它们之间切换？
6. 如何打开、关闭及移动工具栏？
7. 如何自定义新工具栏？
8. 利用【标准】工具栏上的哪些按钮可以快速缩放及移动图形？
9. 说明状态栏中 8 个控制按钮的主要功能，这些按钮可通过哪些快捷键来打开或关闭？
10. 怎样快速执行上一个命令？
11. 如何取消正在执行的命令？
12. 如果用户想了解命令执行的详细过程，应怎么办？
13. 要将图形全部显示在图形窗口中应如何操作？
14. 如何删除画错了的对象？
15. 有哪几种选择对象的方法？
16. AutoCAD 中有几种新建文件的方法？
17. 如何设置绘图区域的大小？

18．如何缩放屏幕中的图形？

19．如何移动屏幕中的图形？

20．如何修改光标的十字线的大小？

21．如何改变工具栏的形状？

二、实战题

1．利用点的绝对或相对直角坐标绘制图 3-33 所示的黑白摄像机（左图）及扬声器（右图）。

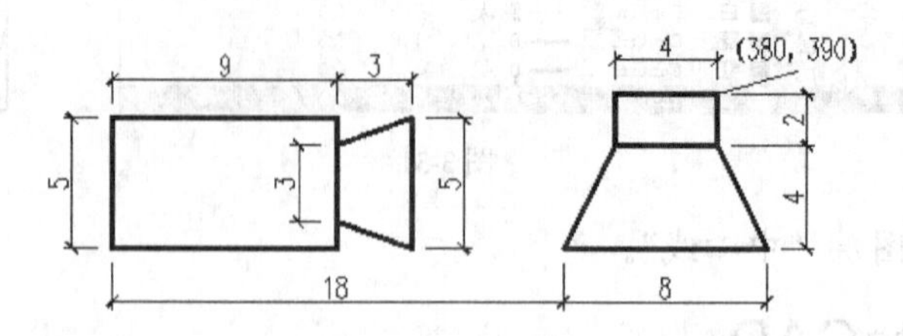

图 3-33　利用点的绝对或相对直角坐标绘制黑白摄像机及扬声器

2．修改图形的线型、线宽及线条颜色等。

（1）打开素材文件“dwg\第 03 章\习题 3-2.dwg”。

（2）通过【常用】选项卡【图层】面板上的【图层控制】下拉列表将线框 *A* 修改到图层“轮廓线”上，结果如图 3-34 所示。

（3）利用【常用】选项卡【剪贴板】面板上的按钮将线框 *B* 修改到图层“图形”上，结果如图 3-34 所示。

（4）通过【常用】选项卡【特性】面板上的【图层控制】下拉列表将线段 *C*、*D* 修改到图层“中心线”上，再通过【颜色控制】下拉列表将线段 *C*、*D* 的颜色修改为蓝色。

（5）通过【常用】选项卡【特性】面板上的【线宽控制】下拉列表将线框 *A*、*B* 的线宽修改为“0.35”，结果如图 3-34 所示。

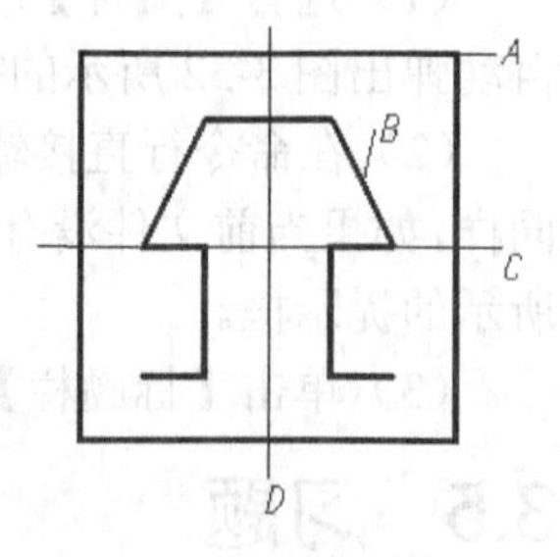

图 3-34　修改图形的线型、线宽及线条颜色等

第4章 绘制平面图形

本章将介绍对象捕捉并利用它们辅助绘图的方法，点的设置及其绘制方法，圆、圆弧、矩形、正多边形、椭圆等几何图形的绘制方法，有剖面图案的图形的绘制方法，利用面域构造法绘图的方法等。另外，还将介绍具有均布和对称关系等几何特征图形的画法。

通过本章的学习，读者可以掌握对象捕捉并利用它们辅助绘图，掌握绘制平面图的方法，并能够灵活运用相应的命令。

【学习目标】

- 熟悉并掌握对象捕捉并利用它们辅助绘图。
- 掌握点的设置及绘制。
- 了解并掌握简单平面图（包括线段、矩形、正多边形、实心多边形、圆、椭圆、圆弧、圆环及样条曲线等）的绘制方法。
- 掌握有剖面图案的图形的绘制方法。
- 掌握利用面域构造法绘图的方法。
- 创建图形对象的矩形及环形阵列。
- 绘制具有对称关系的图形。

4.1 对象捕捉与点的绘制

本节主要内容包括设置对象捕捉及点的设置与绘制。

4.1.1 绘图任务——利用偏移捕捉绘线

【例4-1】 利用偏移捕捉绘线。

打开素材文件“dwg\第04章\4-1.dwg”，如图4-1左图所示。从*B*点开始画线，*B*点与*A*点的关系如图4-1右图所示。

命令：_line 指定第一点： //执行绘线命令

from //输入from，按Enter键

基点： //单击按钮，移动鼠标指针到*A*点处，单击鼠标左键

<偏移>：@30,20 //输入*B*点相对于*A*点的坐标，按Enter键

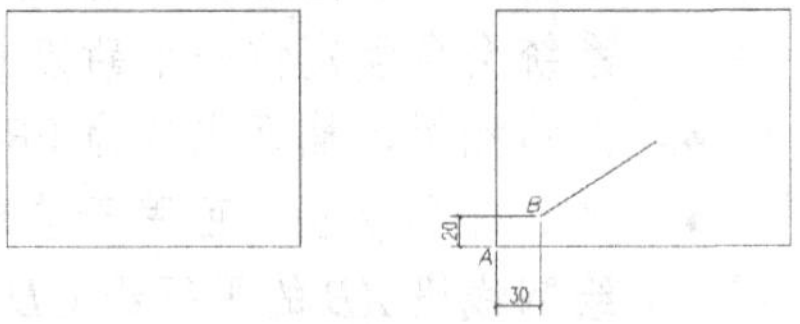

指定下一点或[放弃(U)]：@80,50 //输入相对坐标指定下一点，按Enter键

指定下一点或[放弃(U)]： //按Enter键结束命令

图4-1 正交偏移捕捉

结果如图4-1右图所示。

4.1.2 对象捕捉

AutoCAD提供了一系列不同方式的对象捕捉工具，通过它们可以轻松捕捉一些特殊的几何点，如圆心、线段的中点或端点等。

在状态栏的□按钮上单击鼠标右键，弹出快捷菜单，如图 4-2 所示。

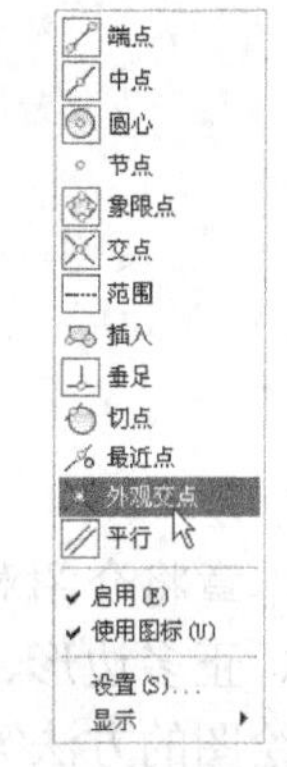

图 4-2　快捷菜单

1. 常用的对象捕捉方式

- ：捕捉线段、圆弧等几何对象的端点，捕捉代号为 END。启动端点捕捉后，将鼠标指针移动到目标点附近，系统就会自动捕捉该点，然后再单击鼠标左键确认。
- ：捕捉线段、圆弧等几何对象的中点，捕捉代号为 MID。启动中点捕捉后，将鼠标指针的拾取框与线段、圆弧等几何对象相交，系统就会自动捕捉这些对象的中点，然后再单击鼠标左键确认。
- ：捕捉圆、圆弧及椭圆的中心，捕捉代号为 CEN。启动中心点捕捉后，将鼠标指针的拾取框与圆弧、椭圆等几何对象相交，系统就会自动捕捉这些对象的中心点，然后单击鼠标左键确认。

要点提示　捕捉圆心时，只有当十字光标与圆、圆弧相交时才有效。

- ：捕捉用 POINT 命令创建的点对象，捕捉代号为 NOD，其操作方法与端点捕捉类似。
- ：捕捉圆、圆弧和椭圆在 0°、90°、180°或 270°处的点（象限点），捕捉代号为 QUA。启动象限点捕捉后，将光标的拾取框与圆弧、椭圆等几何对象相交，系统就会自动显示出距拾取框最近的象限点，然后单击鼠标左键确认。
- ：捕捉几何对象间真实的或延伸的交点，捕捉代号为 INT。启动交点捕捉后，将光标移动到目标点附近，系统就会自动捕捉该点，再单击鼠标左键确认。若两个对象没有直接相交，可先将光标的拾取框放在其中一个对象上，单击鼠标左键，然后再把拾取框移动到另一个对象上，再单击鼠标左键，系统就会自动捕捉到它们的延伸交点。
- ：在二维空间中与的功能相同。使用该捕捉方式还可以在三维空间中捕捉两个对象的视图交点（在投影视图中显示相交，但实际上并不一定相交），捕捉代号为 APP。
- ：捕捉延伸点，捕捉代号为 EXT。将光标由几何对象的端点开始移动，此时将沿该对象显示出捕捉辅助线及捕捉点的相对极坐标，如图 4-3 所示。输入捕捉距离后，系统会自动定位一个新点。
- 偏移捕捉，捕捉代号为 FROM，该捕捉方式可以根据一个已知点定位另一个点。
- ：平行捕捉，可用于绘制平行线，捕捉代号为 PAR。如图 4-4 所示，用 LINE 命令绘制线段 *AB* 的平行线 *CD*。执行 LINE 命令后，首先指定线段起点 *C*，然后单击按钮，移动鼠标指针到线段 *AB* 上，此时该线段上将出现一个小的平行线符号，表示线段 *AB* 已被选择，再移动鼠标指针到即将创建平行线的位置，此时将显示出平行线，输入该线段长度或单击一点，即可绘制出平行线。

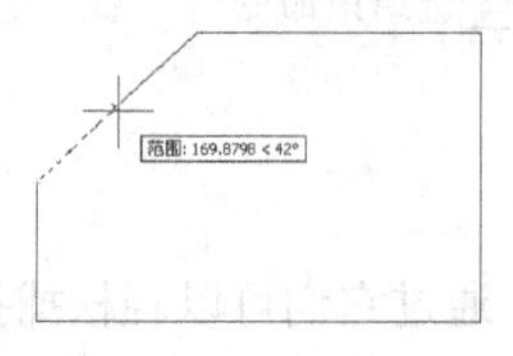

图 4-3　捕捉延伸点

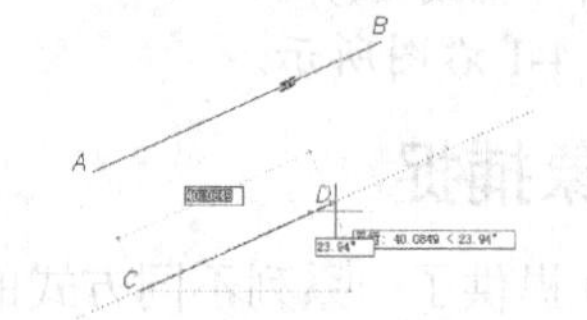

图 4-4　平行捕捉

- ◯：在绘制相切的几何关系时，使用该捕捉方式可以捕捉切点，捕捉代号为 TAN。启动切点捕捉后，将光标的拾取框与圆弧、椭圆等几何对象相交，系统就会自动显示出相切点，然后单击鼠标左键确认。
- ⊥：在绘制垂直的几何关系时，使用该捕捉方式可以捕捉垂足，捕捉代号为 PER。启动垂足捕捉后，将光标的拾取框与线段、圆弧等几何对象相交，系统将会自动捕捉垂足点，然后单击鼠标左键确认。
- ⅄：捕捉距离光标中心最近的几何对象上的点，捕捉代号为 NEA，其操作方法与端点捕捉类似。
- 捕捉两点间连线的中点，捕捉代号为 M2P。使用这种捕捉方式时，应先指定两个点，系统会自动捕捉到这两点间连线的中点。

尤其在绘制精度要求较高的图形时，目标捕捉（OSNAP）是精确定点的最佳工具。每次版本升级，目标捕捉的功能都有很大提高。切忌用光标线直接定点，这样的点不可能很准确。

2. 调用对象捕捉功能的方法

调用对象捕捉功能的方法有如下 3 种。

（1）用鼠标右键单击状态栏上的□按钮，弹出快捷菜单，如图 4-5 所示，通过此菜单可选择捕捉何种类型的点。

（2）在绘图过程中，当系统提示输入一个点时，可输入捕捉命令的简称来启动对象捕捉功能，然后将鼠标指针移动到要捕捉的特征点附近，系统就会自动捕捉该点。

（3）启动对象捕捉功能的另一种方法是利用快捷菜单。执行某一命令后，按下 Shift 键并单击鼠标右键，弹出快捷菜单，如图 4-5 所示，通过此菜单可选择捕捉何种类型的点。

前面所述的 3 种捕捉方式仅对当前操作有效，命令结束后，捕捉模式会自动关闭，这种捕捉方式称为覆盖捕捉方式。

要点提示 用户还可以采用自动捕捉方式来定位点，当激活此方式时，系统将根据事先设定的捕捉类型自动寻找几何对象上相应的点。

【例 4-2】 设置自动捕捉方式。

（1）在状态栏的□按钮上单击鼠标右键，弹出快捷菜单，如图 4-5 所示，选取【对象捕捉设置】选项，打开【草图设置】对话框，在该对话框的【对象捕捉】选项卡中设置捕捉点的类型，如图 4-6 所示。

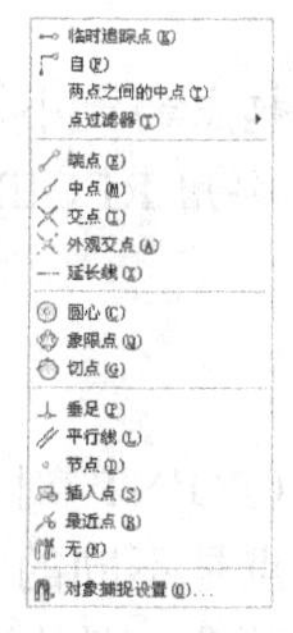

图 4-5 快捷菜单

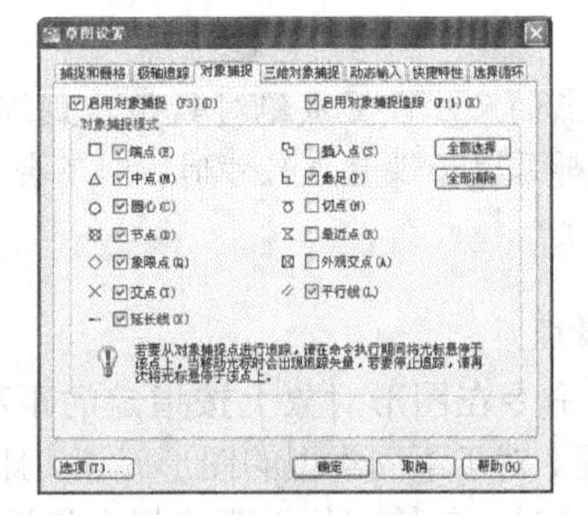

图 4-6 设置捕捉点的类型

（2）单击 确定 按钮，关闭对话框。

课堂练习： 执行 LINE 命令利用极轴追踪捕捉功能将左图改为右图。

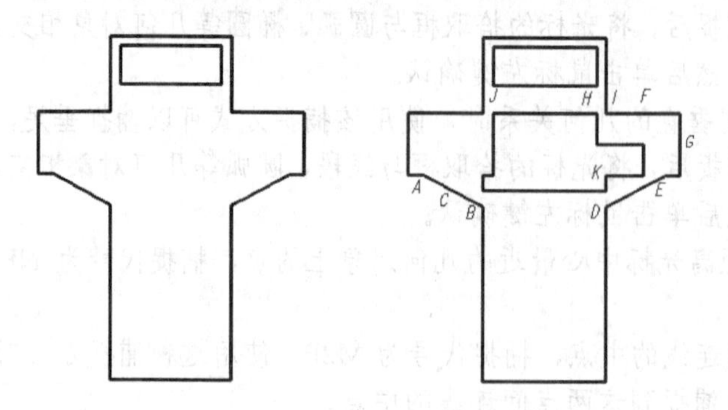

4.1.3　绘制点

在 AutoCAD 中可创建单独的点对象，点的外观由点样式控制。一般在创建点之前要先设置点的样式，也可先绘制点，再设置点样式。

【例 4-3】　设置点样式并创建点。

（1）单击【常用】选项卡【实用工具】面板上的 实用工具 ▾ 按钮，在其展开的下拉列表中单击 点样式... 按钮，打开【点样式】对话框，如图 4-7 所示。该对话框提供了多种可根据需要进行选择的点样式，此外，还能通过【点大小】文本框指定点的大小。点的大小既可相对于屏幕大小来设置，也可直接输入点的绝对尺寸。

（2）输入 POINT 命令（简写 PO），AutoCAD 提示如下。

命令：_point

指定点：//输入点的坐标或在屏幕上拾取点，AutoCAD 在指定位置创建点对象，如图 4-8 所示

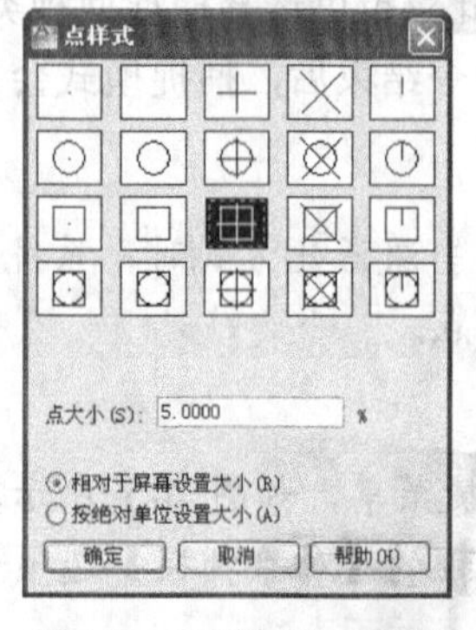

图 4-7　【点样式】对话框

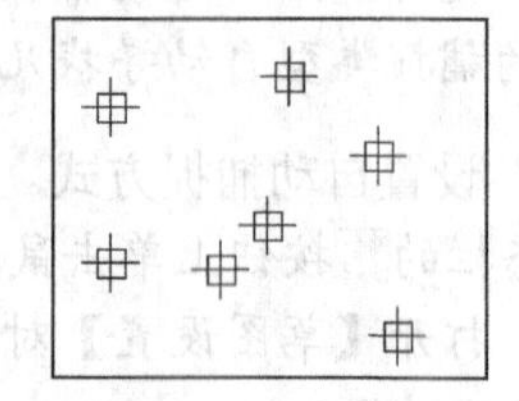

图 4-8　创建点对象

若将点的尺寸设置成绝对数值，则缩放图形后将引起点的大小发生变化。而相对于屏幕大小设置点尺寸时，则不会出现这种情况（要用 REGEN 命令重新生成图形）。

1. 绘制测量点

MEASURE 命令在图形对象上按指定的距离放置点对象（POINT 对象），这些点可用“NOD”进行捕捉。对于不同类型的图形元素，距离测量的起始点是不同的。当操作对象为直线、圆弧或多段线时，起始点位于距选择点最近的端点。如果是圆，则从选择处的角度开始进行测量。

（1）命令启动方法。

- 功能区：单击【常用】选项卡【绘图】面板底部的 绘图 ▾ 按钮，在打开的下拉列表中单击按钮。
- 命令：MEASURE 或简写 ME。

【例 4-4】 练习 MEASURE 命令。

打开素材文件“dwg\第 04 章\4-4.dwg”，用 MEASURE 命令创建测量点，如图 4-9 所示。

```
命令: _measure
选择要定距等分的对象:                    //在 A 端附近选择对象，如图 4-9 所示
指定线段长度或[块(B)]: 100               //输入测量长度
命令:
MEASURE                                  //按 Enter 键重复命令
选择要定距等分的对象:                    //在 B 端处选择对象
指定线段长度或[块(B)]: 100               //输入测量长度
```

结果如图 4-9 所示。

（2）命令选项。

块（B）：按指定的测量长度在对象上插入块。

2．绘制等分点

DIVIDE 命令根据等分数目在图形对象上放置等分点，这些点并不分割对象，只是标明等分的位置。AutoCAD 中可等分的图形元素包括线段、圆、圆弧、样条线和多段线等。

（1）命令启动方法。

- 功能区：单击【常用】选项卡【绘图】面板底部的 绘图 ▾ 按钮，在打开的下拉列表中单击按钮。
- 命令：DIVIDE 或 DIV。

【例 4-5】 练习 DIVIDE 命令。

打开素材文件“dwg\第 04 章\4-5.dwg”，用 DIVIDE 命令创建等分点，如图 4-10 所示。

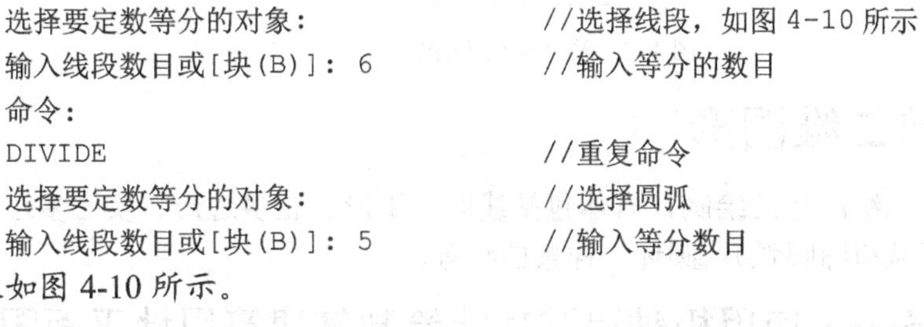

```
命令: DIVIDE
选择要定数等分的对象:          //选择线段，如图 4-10 所示
输入线段数目或[块(B)]: 6       //输入等分的数目
命令:
DIVIDE                         //重复命令
选择要定数等分的对象:          //选择圆弧
输入线段数目或[块(B)]: 5       //输入等分数目
```

结果如图 4-10 所示。

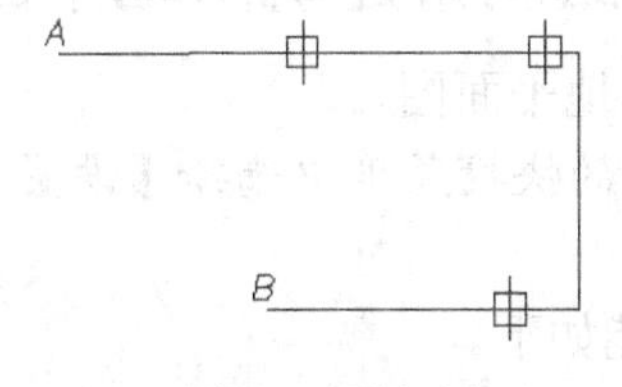

图 4-9 测量对象

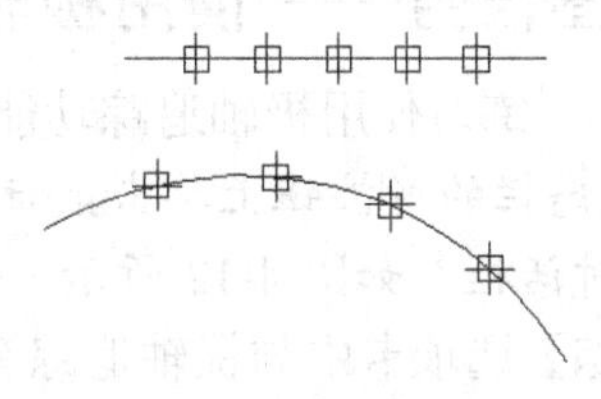

图 4-10 等分对象

（2）命令选项。

块（B）：AutoCAD 在等分处插入块。

课堂练习：绘制测量点及等分点。

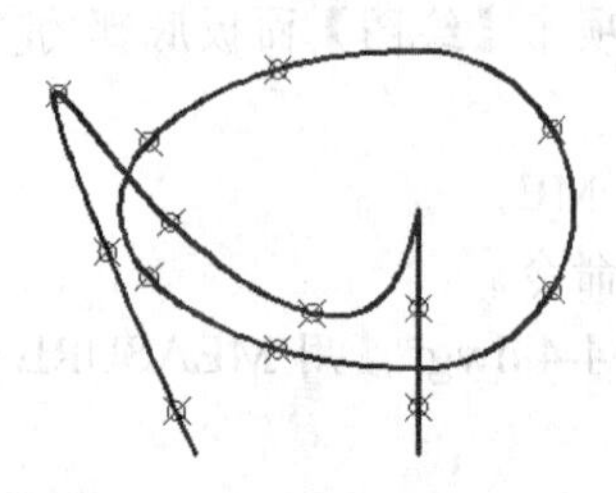

4.1.4　分解对象

EXPLODE 命令（简写 X）可将多段线、多线、块、标注、面域等复杂对象分解成 AutoCAD 基本图形对象。例如，连续的多段线是一个单独对象，用“EXPLODE”命令“炸开”后，多段线的每一段都是独立对象。

输入 EXPLODE 命令或单击【常用】选项卡【修改】面板上的按钮，AutoCAD 提示“选择对象”，选择图形对象后，AutoCAD 进行分解。

4.1.5　上机练习——绘制椅子面上的点

【例 4-6】　打开素材文件“dwg\第 04 章\4-6.dwg”，绘制如图 4-11 所示的椅子面上的点，点的大小为 40 单位。

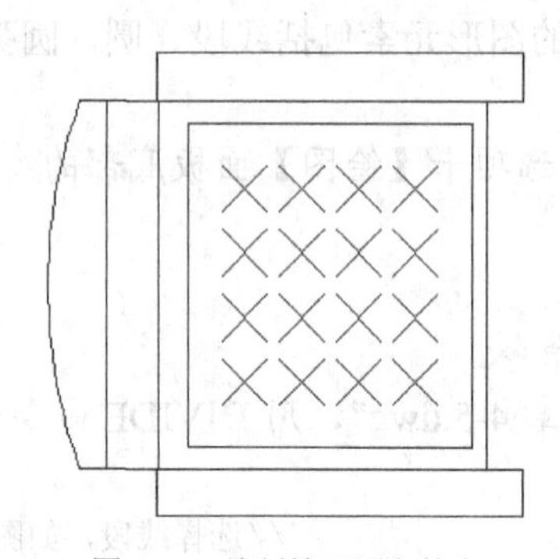

图 4-11　绘制椅子面上的点

4.2　绘制简单二维图形

本节讲述了简单二维图形的绘制，具体包括线段、矩形、正多边形、实心多边形、圆、椭圆、圆弧（包括圆弧和椭圆弧）、圆环、样条曲线等。

4.2.1　绘图任务——使用极轴追踪功能绘制某建筑用地平面图

【例 4-7】　练习使用极轴追踪功能绘制某建筑用地平面图。

（1）在状态栏的按钮上单击鼠标右键，在打开的快捷菜单中选择【设置】选项，打开【草图设置】对话框，如图 4-12 所示。

【极轴追踪】选项卡中与极轴追踪有关的选项功能如下。

- 【增量角】：在此下拉列表中可选择极轴角变化的增量值，也可以输入新的增量值。
- 【附加角】：除了根据极轴增量角进行追踪外，用户还能通过该选项添加其他的追踪角度。
- 【绝对】：以当前坐标系的 x 轴作为计算极轴角的基准线。

- 【相对上一段】：以最后创建的对象为基准线计算极轴角度。

（2）在【极轴追踪】选项卡的【增量角】下拉列表中设定极轴角增量为 15°。此后若打开极轴追踪画线，则鼠标指针将自动沿 0°、15°、30°、45°、60°等方向进行追踪，再输入线段长度值，AutoCAD 就在该方向上绘制线段。

（3）单击 确定 按钮，关闭【草图设置】对话框。

（4）单击状态栏上的按钮，打开极轴追踪功能。单击【常用】选项卡【绘图】面板上的按钮，AutoCAD 提示如下。

```
命令：_line 指定第一点：                          //拾取点 A，如图 4-13 所示
指定下一点或[放弃(U)]：15000                      //沿 0°方向追踪，并输入 AB 线段长度
指定下一点或[放弃(U)]：5000                       //沿 135°方向追踪，并输入 BC 线段长度
指定下一点或[闭合(C)/放弃(U)]：7500               //沿 45°方向追踪，并输入 CD 线段长度
指定下一点或[闭合(C)/放弃(U)]：5000               //沿 315°方向追踪，并输入 DE 线段长度
指定下一点或[闭合(C)/放弃(U)]：20000              //沿 90°方向追踪，并输入 EF 线段长度
指定下一点或[闭合(C)/放弃(U)]：30000              //沿 0°方向追踪，并输入 FG 线段长度
指定下一点或[闭合(C)/放弃(U)]：5000               //沿 240°方向追踪，并输入 GH 线段长度
指定下一点或[闭合(C)/放弃(U)]：C                  //使连续折线闭合
```

结果如图 4-13 所示。

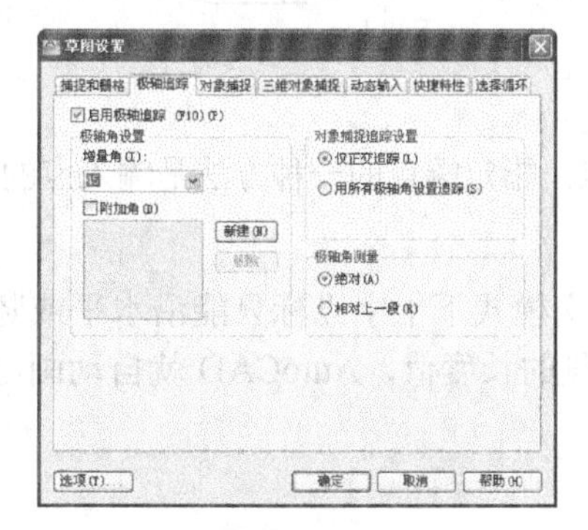

图 4-12 【草图设置】对话框

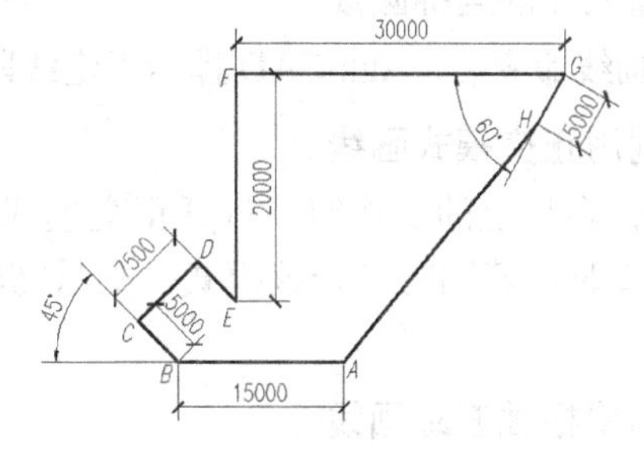

图 4-13 使用极轴追踪画线

4.2.2 绘制线段

本节主要介绍输入点的坐标画线、捕捉几何对象上的特殊点以及利用辅助画线工具画线。其中的辅助画线工具包括正交、极轴追踪、对象捕捉等。

1. 启动画线命令

LINE 命令可在二维或三维空间中创建线段，发出命令后，通过鼠标指定线的端点或利用键盘输入端点坐标，AutoCAD 就将这些点连接成线段。LINE 命令可生成单条线段，也可生成连续折线。不过，由该命令生成的连续折线并非单独的一个对象，折线中每条线段都是独立对象，可以对每条线段进行编辑操作。

（1）命令启动方法。

- 功能区：单击【常用】选项卡【绘图】面板上的按钮。
- 命令：LINE 或简写 L。

【例 4-8】 练习 LINE 命令。

单击【常用】选项卡【绘图】面板上的按钮，AutoCAD 提示如下。

```
命令：_line 指定第一点：                          //单击 A 点，如图 4-14 所示
```

```
指定下一点或[放弃(U)]:                          //单击 B 点
指定下一点或[放弃(U)]:                          //单击 M 点
指定下一点或[闭合(C)/放弃(U)]:U                 //放弃 M 点
指定下一点或[闭合(C)/放弃(U)]:                  //单击 C 点
指定下一点或[闭合(C)/放弃(U)]:                  //单击 D 点
指定下一点或[闭合(C)/放弃(U)]:                  //单击 E 点
指定下一点或[闭合(C)/放弃(U)]: C                //使线框闭合
```

结果如图 4-14 所示。

（2）命令选项。

- 指定第一点：在此提示下，需指定线段的起始点，若此时按 Enter 键，AutoCAD 将以上一次所画线段或圆弧的终点作为新线段的起点。
- 指定下一点：在此提示下，输入线段的端点，按 Enter 键后，AutoCAD 继续提示"指定下一点"，此时可输入下一个端点。若在"指定下一点"提示下按 Enter 键，则命令结束。
- 放弃（U）：在"指定下一点"提示下，输入字母"U"，将删除上一条线段，多次输入"U"，则会删除多条线段，该选项可以及时纠正绘图过程中的错误。
- 闭合（C）：在"指定下一点"提示下，输入字母"C"，按 Enter 键后，AutoCAD 将使连续折线自动闭合。

2．输入点的坐标画线

启动画线命令后，AutoCAD 提示指定线段的端点。指定端点的一种方法是输入点的坐标值。

3．利用正交模式画线

单击状态栏上的按钮，打开正交模式。在正交模式下十字光标只能沿水平或竖直方向移动。画线时，若同时打开该模式，则只需输入线段的长度值，AutoCAD 就自动画出水平或竖直线段。

4．利用极轴追踪画线

单击状态栏上的按钮，打开极轴追踪功能。打开极轴追踪功能后，鼠标指针就可按设定的极轴方向移动，AutoCAD 将在该方向上显示一条追踪辅助线及鼠标指针点的极坐标值，如图 4-15 所示。

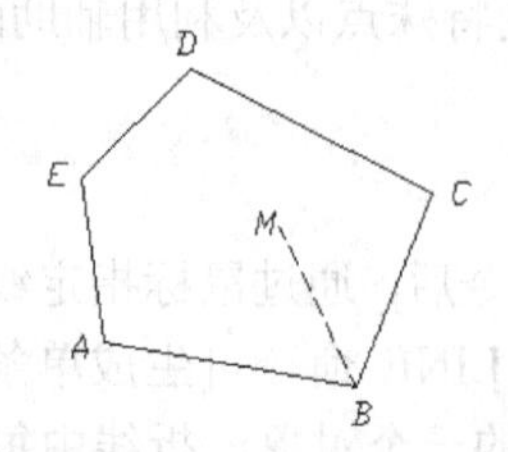

图 4-14　绘制线段

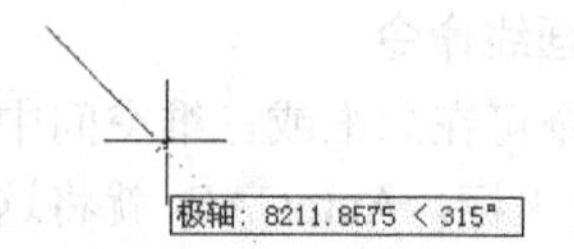

图 4-15　追踪辅助线及光标的极坐标值

如果线段的倾斜角度不在极轴追踪的范围内，则可使用角度覆盖方式画线。方法是当 AutoCAD 提示"指定下一点或[闭合（C）/放弃（U）]:"时，按照"<角度"形式输入线段的倾角，这样 AutoCAD 将暂时沿设置的角度画线。

5．利用对象捕捉画线

绘图过程中，常常需要在一些特殊几何点间连线，例如，过圆心、线段的中点或端点画线等。在这种情况下，可利用对象捕捉画线。

对象捕捉功能仅在 AutoCAD 命令运行过程中才有效。启动命令后，当 AutoCAD 提示输入点时，可用对象捕捉指定一个点。若是直接在命令行中发出对象捕捉命令，系统将提示错误。

例如，绘制切线一般有如下两种情况。

- 过圆外的一点画圆的切线。
- 绘制两个圆的公切线。

可使用 LINE 命令并结合切点捕捉“TAN”功能来绘制切线。

6. 利用对象捕捉追踪画线

使用对象捕捉追踪功能时，必须打开对象捕捉。AutoCAD 首先捕捉一个几何点作为追踪参考点，然后按水平、竖直方向或设定的极轴方向进行追踪，如图 4-16 所示。建立追踪参考点时，不能单击鼠标左键，否则，AutoCAD 就直接捕捉参考点了。

从追踪参考点开始的追踪方向可通过【极轴追踪】选项卡中的两个选项进行设定，这两个选项是【仅正交追踪】和【用所有极轴角设置追踪】，如图 4-17 所示，它们的功能如下。

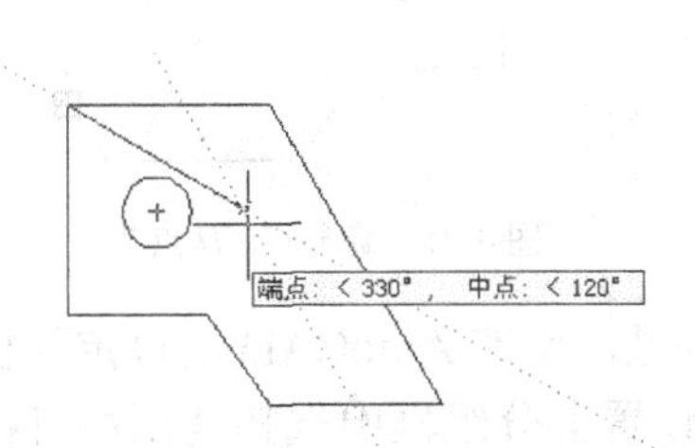

图 4-16 自动追踪

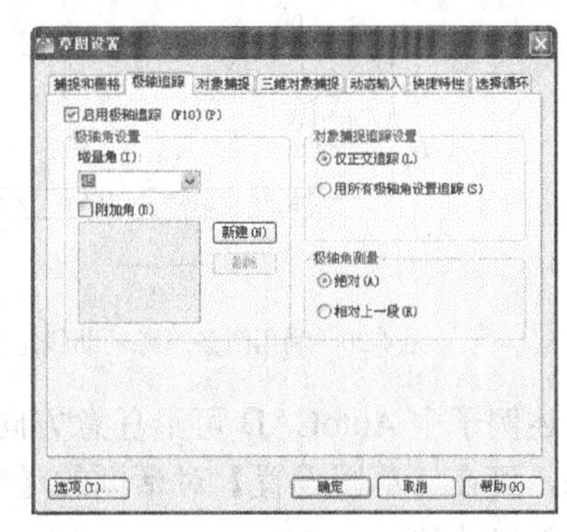

图 4-17 【草图设置】对话框

- 【仅正交追踪】：当自动追踪打开时，仅在追踪参考点处显示水平或竖直的追踪路径。
- 【用所有极轴角设置追踪】：如果自动追踪功能打开，则当指定点时，AutoCAD 将在追踪参考点处沿任何极轴角方向显示追踪路径。

【例 4-9】 练习使用对象捕捉追踪功能。

（1）打开素材文件“dwg\第 04 章\4-9.dwg”，如图 4-18 所示。

（2）在【草图设置】对话框中设置对象捕捉方式为交点、中点。

（3）单击状态栏上的□、∠按钮，打开对象捕捉及对象捕捉追踪功能。

（4）单击【常用】选项卡【绘图】面板上的╱按钮，执行 LINE 命令。

（5）将鼠标指针放置在 *A* 点附近，AutoCAD 自动捕捉 *A* 点（注意不要单击鼠标左键），并在此建立追踪参考点，同时显示出追踪辅助线，如图 4-18 所示。

> **要点提示** AutoCAD 把追踪参考点用符号“×”标记出来，当再次移动鼠标指针到这个符号的位置时，符号“×”将消失。

（6）向下移动鼠标指针，鼠标指针将沿竖直辅助线运动，输入距离值“20”并按 Enter 键，则 AutoCAD 追踪到 *B* 点，该点是线段的起始点。

（7）再次在 *A* 点建立追踪参考点，并向右追踪，然后输入距离值“10”，按 Enter 键，此时 AutoCAD 追踪到 *C* 点，如图 4-19 所示。

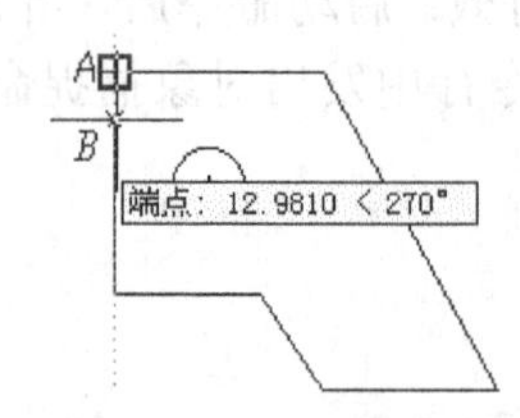

图 4-18　沿竖直辅助线追踪

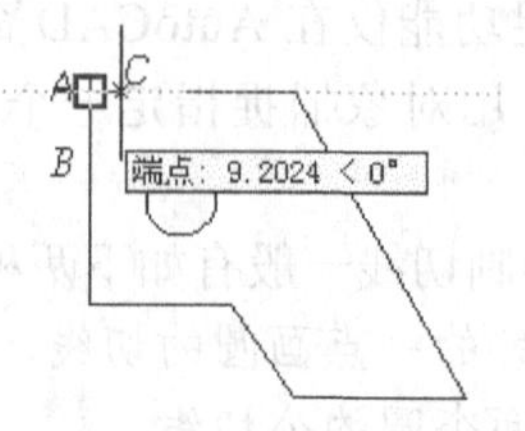

图 4-19　沿水平辅助线追踪

（8）将鼠标指针移动到中点 *M* 处，AutoCAD 自动捕捉该点（注意不要单击鼠标左键），并在此建立追踪参考点，如图 4-20 所示。用同样的方法在中点 *N* 处建立另一个追踪参考点。

（9）移动鼠标指针到 *D* 点附近，AutoCAD 显示两条追踪辅助线，如图 4-21 所示。在两条辅助线的交点处单击鼠标左键，则 AutoCAD 绘制出线段 *CD*。

（10）以 *F* 点为追踪参考点，向左或向下追踪就可以确定 *G*、*H* 点，追踪距离均为"22"，结果如图 4-21 所示。

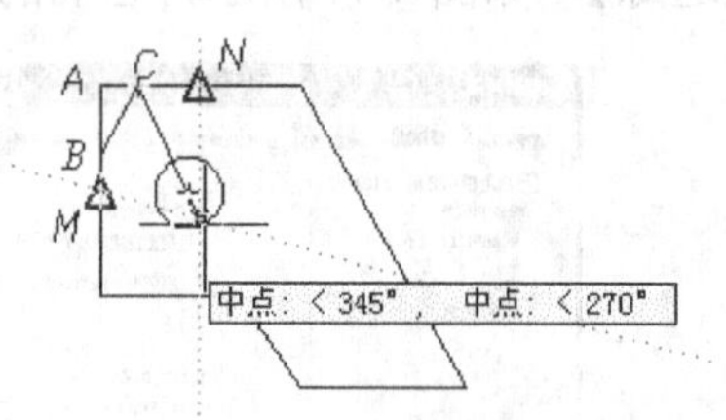

图 4-20　利用两条追踪辅助线定位点

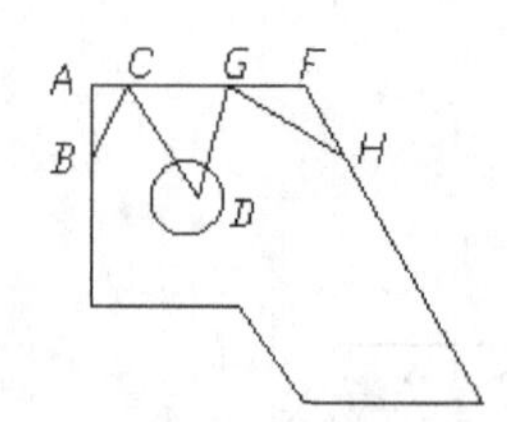

图 4-21　确定 *G*、*H* 点

上述例子中 AutoCAD 可沿任意方向追踪，由此可见，想使 AutoCAD 沿设定的极轴角方向追踪，可在【草图设置】对话框的【对象捕捉追踪设置】分组框中选择【用所有极轴角设置追踪】单选项。

以上通过例子说明了极轴追踪、对象捕捉及对象捕捉追踪功能的用法。在实际绘图过程中，常将它们结合起来使用。

课堂练习：结合极轴追踪、对象捕捉及对象追踪功能绘制线段。

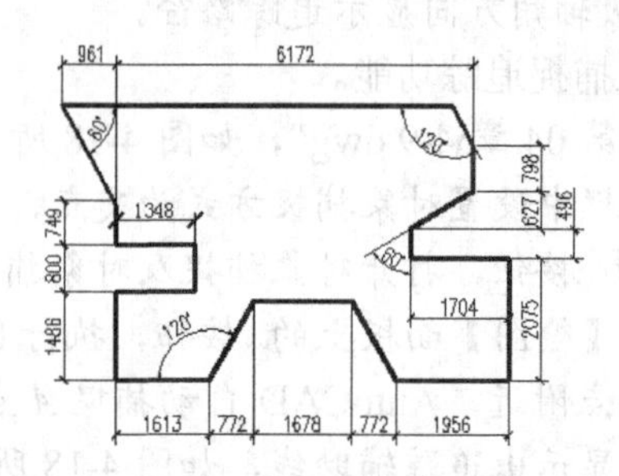

4.2.3　绘制矩形

用户只需指定矩形对角线的两个端点就能绘制矩形。绘制时，可设置矩形边的宽度，还能指定顶点处的倒角距离及圆角半径。

1．命令启动方法

- 功能区：单击【常用】选项卡【绘图】面板上的按钮。

- 命令：RECTANG 或简写 REC。

【例 4-10】 练习 RECTANG 命令。

单击【常用】选项卡【绘图】面板上的□按钮，AutoCAD 提示如下。

```
命令：_rectang
指定第一个角点或[倒角(C)/标高(E)/圆角(F)/厚度(T)/宽度(W)]:
                                    //拾取矩形对角线的一个端点，如图 4-22 所示
指定另一个角点或[面积(A)/尺寸(D)/旋转(R)]:  //拾取矩形对角线的另一个端点
```

结果如图 4-22 所示。

指定第二个角点

指定第一个角点

图 4-22 绘制矩形

2. 命令选项

- 指定第一个角点：在此提示下，指定矩形的一个角点。
  移动鼠标指针时，屏幕上显示出一个矩形。
- 指定另一个角点：在此提示下，指定矩形的另一个角点。
- 倒角（C）：指定矩形各顶点倒斜角的大小，如图 4-23 中的（a）图所示。
- 圆角（F）：指定矩形各顶点倒圆角半径，如图 4-23 中的（b）图所示。
- 标高（E）：确定矩形所在的平面高度，默认情况下，矩形是在 *xy* 平面内（*z* 坐标值为 0）。
- 厚度（T）：设置矩形的厚度，在三维绘图时常使用该选项。
- 宽度（W）：该选项可以设置矩形边的宽度，如图 4-23 中的（c）图所示。

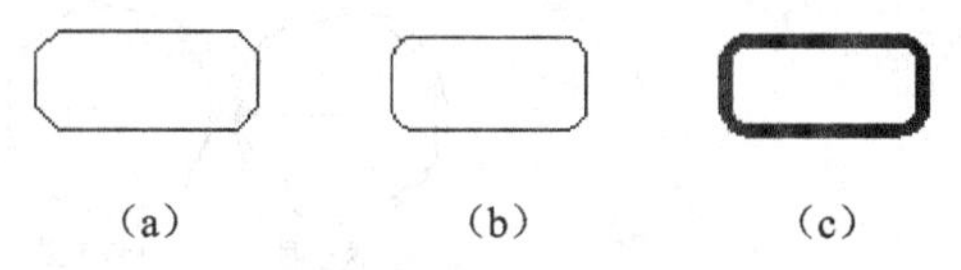

图 4-23 绘制不同的矩形

- 面积（A）：使用面积与长度或宽度创建矩形。如果“倒角”或“圆角”选项被激活，则区域将包括倒角或圆角在矩形角点上产生的效果。
- 尺寸（D）：使用长和宽创建矩形。
- 旋转（R）：按指定的旋转角度创建矩形。

课堂练习：执行矩形命令绘制办公桌立面图。

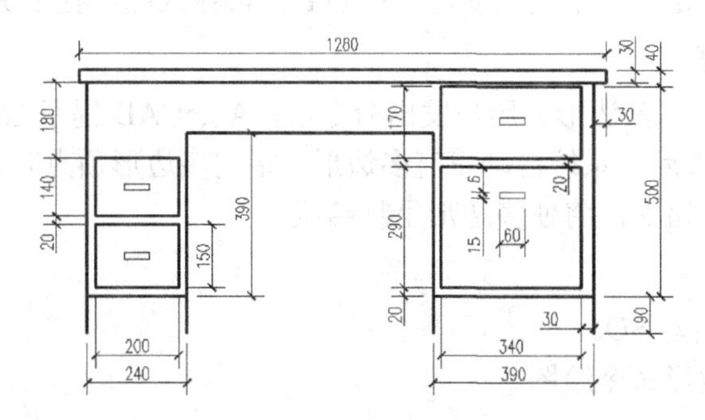

4.2.4 绘制正多边形

在 AutoCAD 中可以创建 3～1024 条边的正多边形，绘制正多边形一般采取以下两种方法。

- 指定多边形边数及多边形中心。
- 指定多边形边数及某一边的两个端点。

1. 绘制一般正多边形

（1）命令启动方法。

- 功能区：单击【常用】选项卡【绘图】面板上□按钮右侧的▾按钮，在打开的下拉列表中单击⬠按钮。
- 命令：POLYGON 或简写 POL。

【例 4-11】　练习 POLYGON 命令。

单击【常用】选项卡【绘图】面板上□按钮右侧的▾按钮，在打开的下拉列表中单击⬠按钮，AutoCAD 提示如下。

```
命令：_polygon 输入边的数目 <4>: 7                //输入多边形的边数
指定多边形的中心点或[边(E)]:                      //拾取多边形的中心点，如图 4-24 所示
输入选项[内接于圆(I)/外切于圆(C)] <I>: I          //采用内接于圆方式绘制多边形
指定圆的半径:                                     //指定圆半径
```

结果如图 4-24 所示。

（2）命令选项。

- 指定多边形的中心点：用户输入多边形边数后，再拾取多边形中心点。
- 内接于圆（I）：根据外接圆生成正多边形，如图 4-25 所示。
- 外切于圆（C）：根据内切圆生成正多边形，如图 4-25 所示。

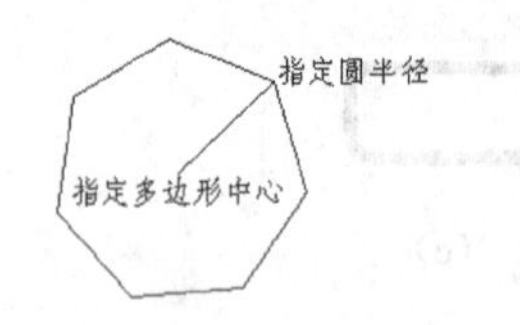

图 4-24　绘制正多边形

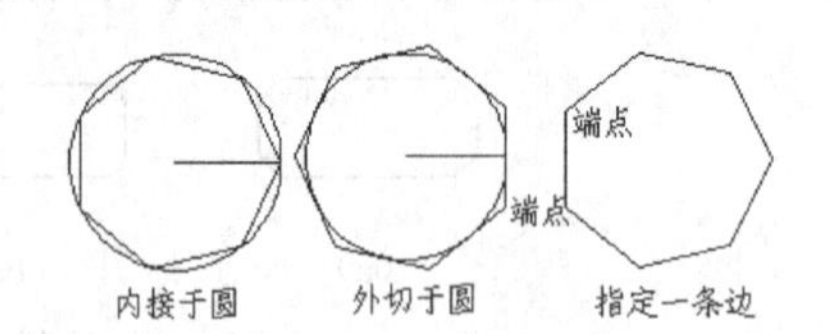

图 4-25　用不同方式绘制正多边形

- 边（E）：输入多边形边数后，再指定某条边的两个端点即可绘出多边形，如图 4-25 所示。

当选择“边”创建正多边形时，指定边的一个端点后，再输入另一端点的相对极坐标就可确定正多边形的倾斜方向。若选择“内接于圆”或“外切于圆”选项，则正多边形的倾斜方向也可按类似方法确定，即指定正多边形中心后，再输入圆半径上另一点的相对极坐标。

2. 绘制实心多边形

SOLID 命令生成填充多边形。用户发出命令后，AutoCAD 提示指定多边形的顶点（3 个点或 4 个点），命令结束后，系统自动填充多边形。指定多边形顶点时，顶点的选取顺序是很重要的，如果顺序出现错误，将使多边形呈打结状。

命令启动方法

命令：SOLID 或简写 SO。

课堂练习：执行正多边形命令绘图。

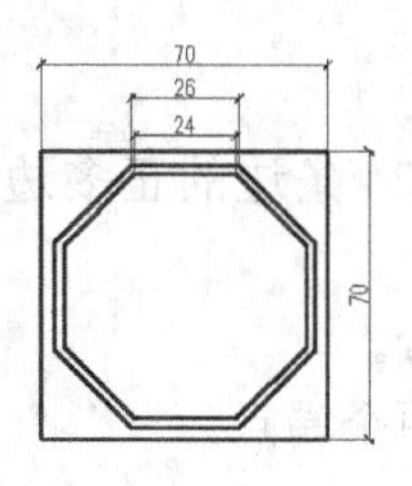

4.2.5 绘制圆

执行 CIRCLE 命令绘制圆，默认的画圆方法是指定圆心和半径。此外，用户还可通过两点或三点画圆。

1. 命令启动方法

- 功能区：单击【常用】选项卡【绘图】面板上的按钮下的，在打开的下拉列表中单击适当的绘圆方式按钮。
- 命令：CIRCLE 或简写 C。

当所绘制的圆都不圆了，只需执行 RE（REGEN）命令即可，这说明这些圆实际上是由很多折线组合而成的。

【例 4-12】 练习 CIRCLE 命令。

```
命令: _circle 指定圆的圆心或[三点(3P)/两点(2P)/ 切点、切点、半径(T)]:
                                                  //指定圆心，如图 4-26 所示
指定圆的半径或[直径(D)] <16.1749>:20               //输入圆半径
```

结果如图 4-26 所示。

2. 命令选项

- 指定圆的圆心：默认选项。输入圆心坐标或拾取圆心后，AutoCAD 提示输入圆半径或直径值。
- 三点（3P）：输入 3 个点绘制圆周，如图 4-27 所示。

图 4-26 绘制圆

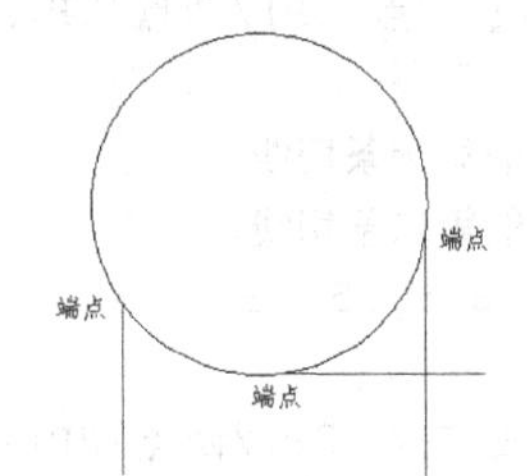

图 4-27 根据 3 点画圆

- 两点（2P）：指定直径的两个端点画圆。
- 切点、切点、半径（T）：选取与圆相切的两个对象，然后输入圆半径，如图 4-28 所示。

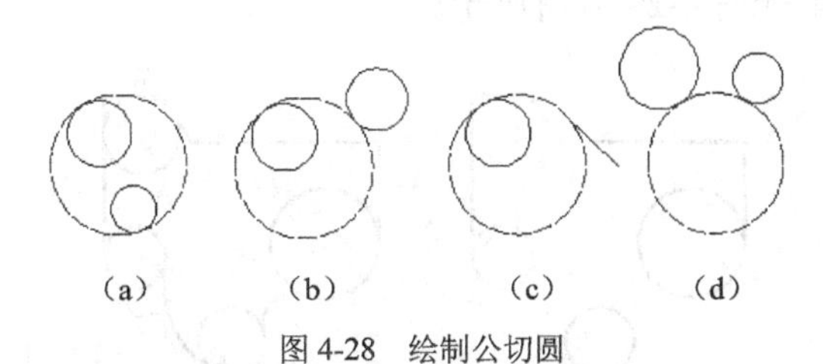

图 4-28 绘制公切圆

利用 CIRCLE 命令的“切点、切点、半径（T）”选项绘制公切圆时，相切的情况常常取决于所选切点的位置及切圆半径的大小。图 4-28 中的（a）、(b）、(c）、(d）图显示了在不同位置选择切点时所创建的公切圆。当然，对于图中（a）、(b）两种相切形式，公切圆半径不能太小，否则将不能出现内切的情况。

课堂练习：执行矩形、圆等命令绘制电话平面图。

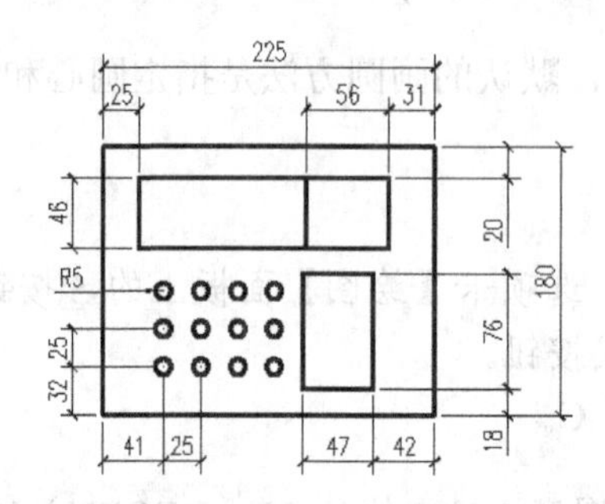

4.2.6　绘制圆弧连接

利用 CIRCLE 命令还可绘制各种圆弧连接，下面的练习将演示利用 CIRCLE 命令绘制圆弧连接的方法。

【例 4-13】　打开素材文件“dwg\第 04 章\4-13.dwg”，如图 4-29 左图所示。利用 CIRCLE 命令将左图修改为右图。

```
命令: _circle 指定圆的圆心或[三点(3P)/两点(2P)/切点、切点、半径(T)]: 3p
                                    //利用“3P”选项绘制圆 M，如图 4-29 所示
指定圆上的第一点:                    //捕捉切点 A
指定圆上的第二点:                    //捕捉切点 B
指定圆上的第三点:                    //捕捉切点 C
命令:                                //重复命令
CIRCLE 指定圆的圆心或[三点(3P)/两点(2P)/ 切点、切点、半径(T)]: t
                                    //利用“T”选项绘制圆 N
在对象上指定一点作圆的第一条切线:    //捕捉切点 D
在对象上指定一点作圆的第二条切线:    //捕捉切点 E
指定圆的半径 <31.2798>: 25           //输入圆半径
命令:                                //重复命令
CIRCLE 指定圆的圆心或[三点(3P)/两点(2P)/切点、切点、半径(T)]: t
                                    //利用“T”选项绘制圆 O
在对象上指定一点作圆的第一条切线:    //捕捉切点 F
在对象上指定一点作圆的第二条切线:    //捕捉切点 G
指定圆的半径 <25.0000>: 80           //输入圆半径
```

修剪多余线条，结果如图 4-29 右图所示。

图 4-29　圆弧连接

当然，用户也可单击【常用】选项卡【绘图】面板上的按钮下的，在打开的下拉列表中单击适当的绘制圆弧方式按钮绘制图形。

当绘制与两圆相切的圆弧时，在圆的不同位置拾取切点，将绘制出内切或外切的圆弧。

课堂练习：绘制装饰图案圆弧连接。

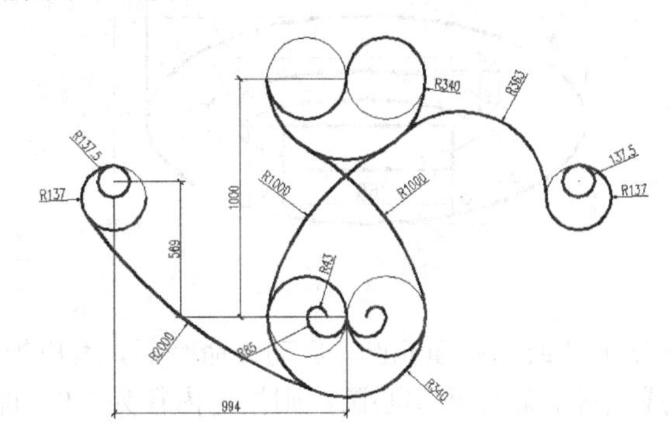

4.2.7 绘制椭圆

椭圆包括中心、长轴、短轴 3 个参数。只要这 3 个参数确定，椭圆就确定了。绘制椭圆的默认方法是指定椭圆中心、第一条轴线的端点及另一条轴线的半轴长度来绘制椭圆。另外，用户也可通过指定椭圆第一条轴线的两个端点及另一条轴线长度的一半来绘制椭圆。

1. 命令启动方法

- 功能区：单击【常用】选项卡【绘图】面板上的按钮，可单击该按钮右边的按钮，在打开的下拉列表中单击适当的绘制椭圆方式按钮。
- 命令：ELLIPSE 或简写 EL。

【例 4-14】 练习 ELLIPSE 命令。

单击【常用】选项卡【绘图】面板上按钮右边的按钮，在打开的下拉列表中单击 轴，端点 按钮，AutoCAD 提示如下。

```
命令: _ellipse
指定椭圆的轴端点或[圆弧(A)/中心点(C)]:    //拾取椭圆轴的一个端点，如图 4-30 所示
指定轴的另一个端点:                       //拾取椭圆轴的另一个端点
指定另一条半轴长度或[旋转(R)]: 10          //输入另一轴的半轴长度
```

结果如图 4-30 所示。

2. 命令选项

- 圆弧(A)：该选项可以绘制一段椭圆弧。过程是先绘制一个完整的椭圆，随后 AutoCAD 提示选择要删除的部分，留下所需的椭圆弧。
- 中心点（C）：通过椭圆中心点及长轴、短轴来绘制椭圆，如图 4-31 所示。

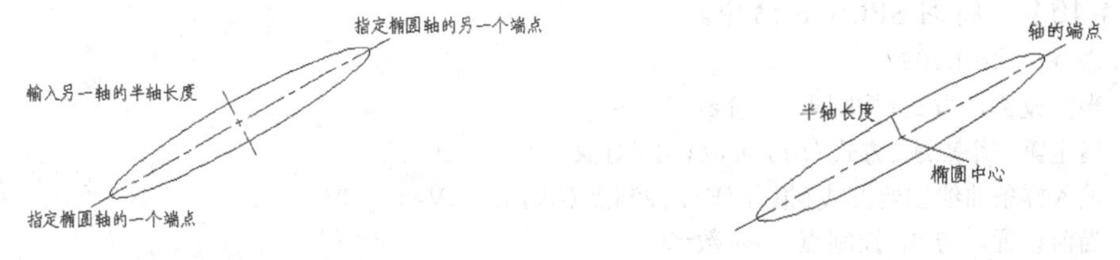

图 4-30 绘制椭圆　　图 4-31 利用“中心点（C）”画椭圆

- 旋转（R）：按旋转方式绘制椭圆，即 AutoCAD 将圆绕直径转动一定角度后，再投影

到平面上形成椭圆。

课堂练习：绘制旋塞开关图。

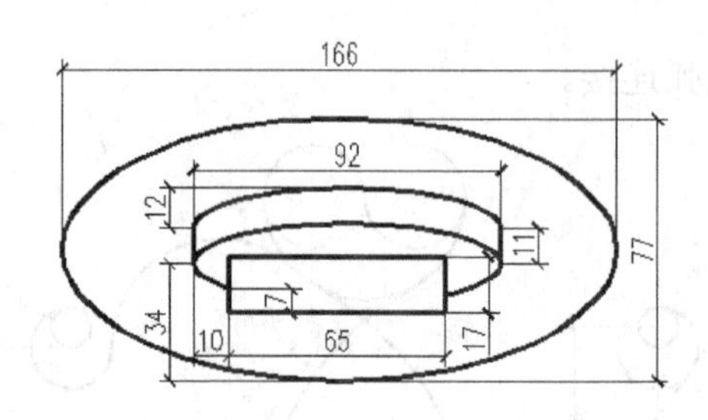

4.2.8　绘制圆环

DONUT 命令创建填充圆环或实心填充圆。启动该命令后，用户依次输入圆环内径、外径及圆心，AutoCAD 就生成圆环。若要画实心圆，则指定内径为“0”即可。

命令启动方法

- 功能区：单击【常用】选项卡【绘图】面板底部的 绘图▾ 按钮，在打开的下拉列表中单击◎按钮。
- 命令：DONUT 或简写 DO。

【例 4-15】　练习 DONUT 命令。

```
命令: _donut
指定圆环的内径 <0.5000>: 3              //输入圆环内部直径
指定圆环的外径 <1.0000>: 6              //输入圆环外部直径
指定圆环的中心点或 <退出>:               //指定圆心
指定圆环的中心点或 <退出>:               //按 Enter 键结束
```

结果如图 4-32 所示。

DONUT 命令生成的圆环实际上是具有宽度的多段线。默认情况下，该圆环是填充的，当把变量 FILLMODE 设置为“0”时，系统将不填充圆环。

图 4-32　画圆环

4.2.9　绘制样条曲线

SPLINE 命令可以绘制光滑的样条曲线。绘图时，用户先给定一系列数据点，随后 AutoCAD 按指定的拟合公差形成该曲线。工程设计时，用户可以利用 SPLINE 命令绘制断裂线。

命令启动方法

- 功能区：单击【常用】选项卡【绘图】面板底部的 绘图▾ 按钮，在打开的下拉列表中单击按钮。
- 命令：SPLINE 或简写 SPL。

【例 4-16】　练习 SPLINE 命令。

```
命令: _SPLINE
当前设置: 方式=控制点    阶数=3
指定第一个点或[方式(M)/阶数(D)/对象(O)]: _M
输入样条曲线创建方式[拟合(F)/控制点(CV)] <CV>: _CV
当前设置: 方式=控制点    阶数=3
指定第一个点或[方式(M)/阶数(D)/对象(O)]:
                          //拾取 A 点，如图 4-33 所示
```

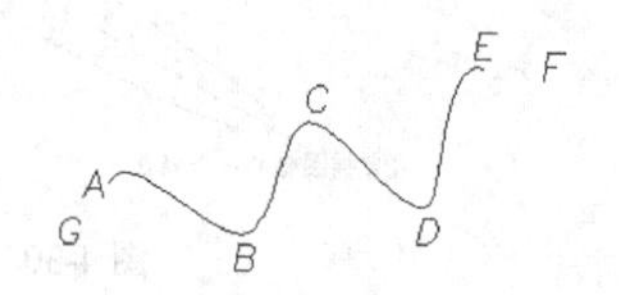

图 4-33　绘制样条曲线

```
输入下一个点:                                        //拾取 B 点
输入下一个点或[放弃(U)]:
输入下一个点或[闭合(C)/放弃(U)]:                     //拾取 C 点
输入下一个点或[闭合(C)/放弃(U)]:                     //拾取 D 点
输入下一个点或[闭合(C)/放弃(U)]:                     //拾取 E 点
输入下一个点或[闭合(C)/放弃(U)]:                     //拾取 F 点，按 Enter 键
```

结果如图 4-33 所示。

课堂练习：结合极轴追踪、对象捕捉及对象追踪功能绘制线段。

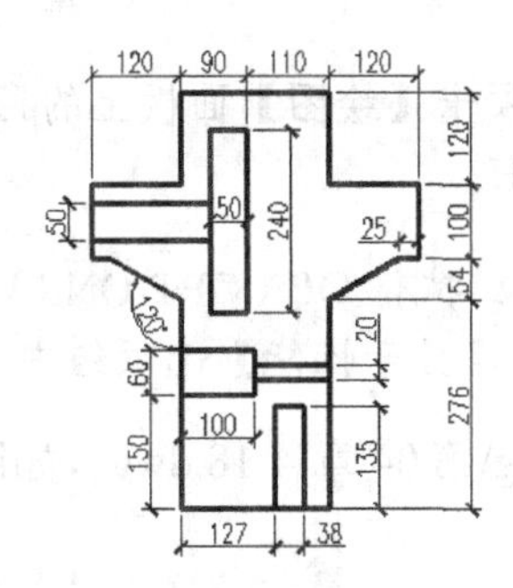

4.2.10 上机练习——绘制饮水用具图形

【例 4-17】 绘制如图 4-34 所示的饮水用具图形。

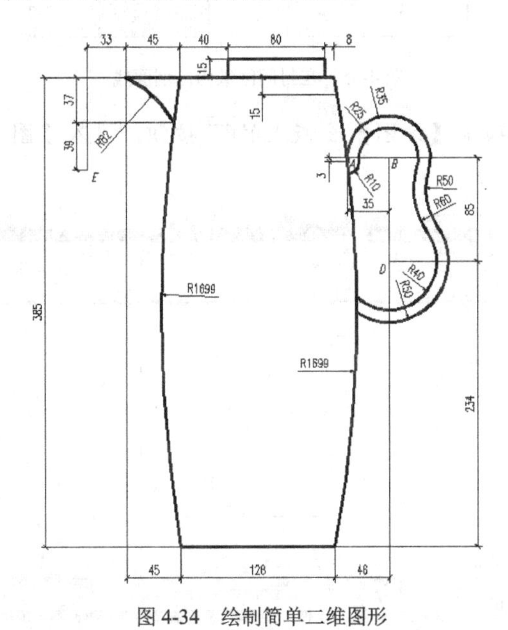

图 4-34 绘制简单二维图形

4.3 绘制有剖面图案的图形

本节主要讲述有剖面图案的图形的绘制。

4.3.1 填充封闭区域

在工程图中，剖面线一般总是绘制在一个对象或几个对象围成的封闭区域中，最简单的如一个圆或一条闭合的多段线等，较复杂的可能是几条线或圆弧围成的形状多变的区域。

在绘制剖面线时，首先要指定填充边界，一般可用两种方法选定画剖面线的边界：一种是在闭合的区域中选一点，AutoCAD自动搜索闭合的边界；另一种是通过选择对象来定义边界。AutoCAD为用户提供了许多标准填充图案，用户也可定制自己的图案，此外，还能控制剖面图案的疏密及图案的倾角。

BHATCH命令生成填充图案。启动该命令后，AutoCAD打开【图案填充和渐变色】对话框，在此对话框中指定填充图案类型，再设定填充比例、角度及填充区域，就可以创建图案填充。

命令启动方法

- 功能区：单击【常用】选项卡【绘图】面板上的按钮。
- 命令：BHATCH或简写BH。

填充无效时之解决办法：执行OP（OPTIONS）命令，打开【选项】对话框，选择【显示】选项卡，在【显示性能】选项组中勾选“应用实体填充”。

【例4-18】 打开素材文件“dwg\第04章\4-18.dwg”，如图4-35左图所示。下面用BHATCH命令将左图修改为右图。

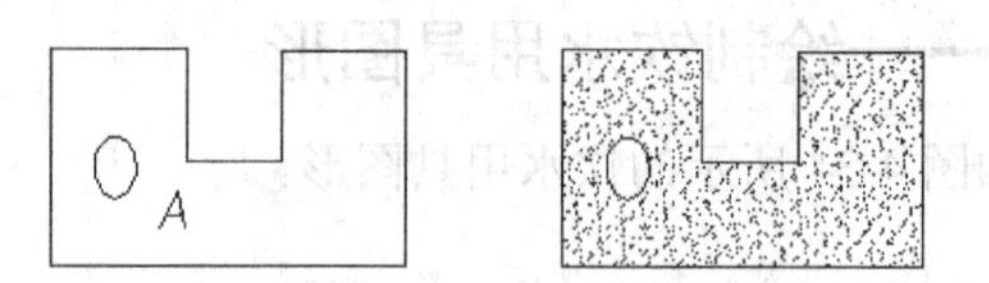

图4-35 在封闭区域内画剖面线

（1）单击【常用】选项卡【绘图】面板上的按钮，进入【图案填充创建】选项卡，如图4-36所示。

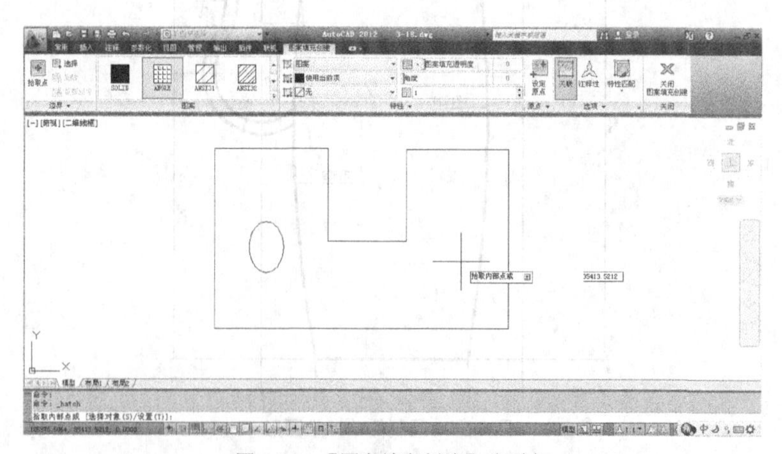

图4-36 【图案填充创建】选项卡

该选项卡用来定义图案填充和填充的边界、图案、填充特性和其他参数。其常用功能区面板选项如下。

① 【边界】面板。

- 【拾取点】：根据围绕指定点构成封闭区域的现有对象来确定边界。指定内部点时，可以随时在绘图区域中单击鼠标右键以显示包含多个选项的快捷菜单。
- 【选择】：根据构成封闭区域的选定对象确定边界。使用“选择对象”选项时，HATCH

不自动检测内部对象，必须选择选定边界内的对象以按照当前孤岛检测样式填充这些对象。每次单击“选择对象”时，HATCH 将清除上一选择集。选择对象时，用户可以随时在绘图区域单击鼠标右键以显示快捷菜单，也可以利用此快捷菜单放弃最后一个或所有选定对象、更改选择方式、更改孤岛检测样式或预览图案填充或填充。

- 【删除】：从边界定义中删除之前添加的任何对象。
- 【重新创建】：围绕选定的图案填充或填充对象创建多段线或面域，并使其与图案填充对象相关联（可选）。
- 【显示边界对象】：选择构成选定关联图案填充对象的边界对象。使用显示的夹点可修改图案填充边界。

要点提示 仅在编辑图案填充时，此选项才可用。

- 【保留边界对象】：指定是否创建封闭图案填充的对象。

② 【图案】面板：显示所有预定义和自定义图案的预览图像。

③ 【特性】面板。

- 【图案填充类型】：指定是创建实体填充、渐变填充、预定义填充图案，还是创建用户定义的填充图案。
- 【图案填充颜色或渐变色 1】：替代实体填充和填充图案的当前颜色，或指定两种渐变色中的第一种。
- 【背景色或渐变色 2】：指定填充图案背景的颜色，或指定第二种渐变色。“图案填充类型”设定为“实体”时，“渐变色 2”不可用。
- 【透明度】：设定新图案填充或填充的透明度，替代当前对象的透明度。选择“使用当前值”可使用当前对象的透明度设置。
- 【角度】：指定图案填充或填充的角度（相对于当前 UCS 的 *X* 轴），有效值为 0～359。
- 【比例】：放大或缩小预定义或自定义填充图案。只有将“图案填充类型”设定为“图案”，此选项才可用。
- 【间距】：指定用户定义图案中的直线间距。仅当“图案填充类型”设定为“用户定义”时，此选项才可用。
- 【明滑块】：指定一种颜色的染色（选定颜色与白色的混合）或着色（选定颜色与黑色的混合），用于渐变填充。只有“图案填充类型”设定为“渐变色”，此选项才可用。
- 【图层名】：为指定的图层指定新图案填充对象，替代当前图层。选择“使用当前值”可使用当前图层。
- 【相对图纸空间】：相对于图纸空间单位缩放填充图案。使用此选项可以按适合于布局的比例显示填充图案。该选项仅适用于布局。
- 【双向】：对于用户定义的图案，绘制与原始直线成 90° 角的另一组直线，从而构成交叉线。仅当“图案填充类型”设定为“用户定义”时，此选项才可用。
- 【ISO 笔宽】：基于选定笔宽缩放 ISO 预定义图案。仅当指定了 ISO 图案时才可以使用此选项。

④ 【原点】面板：控制填充图案生成的起始位置。某些图案填充（例如砖块图案）需要与图案填充边界上的一点对齐。默认情况下，所有图案填充原点都对应于当前的 UCS 原点。

⑤ 【选项】面板：控制几个常用的图案填充或填充选项。

- 注释性：指定图案填充为注释性。此特性会自动完成缩放注释过程，从而使注释能够以正确的大小在图纸上打印或显示。

（2）单击【图案填充创建】选项卡【选项】面板右下角的按钮，打开【图案填充和渐变色】对话框，如图4-37所示。

【图案填充和渐变色】对话框常用选项如下。

- 图案：通过此下拉列表或右边的按钮选择所需的填充图案。
- 拾取点：在填充区域中单击一点，AutoCAD自动分析边界集，并从中确定包围该点的闭合边界。
- 选择对象：选择一些对象进行填充，此时无须对象构成闭合的边界。
- 继承特性：单击按钮，AutoCAD要求选择某个已绘制的图案，并将其类型及属性设置为当前图案类型及属性。
- 关联：若图案与填充边界关联，则修改边界时，图案将自动更新以适应新边界。

（3）单击【图案】下拉列表右侧的按钮，打开【填充图案选项板】对话框，再进入【其他预定义】选项卡，然后双击其中的剖面线“AR-SAND”，如图4-38所示。

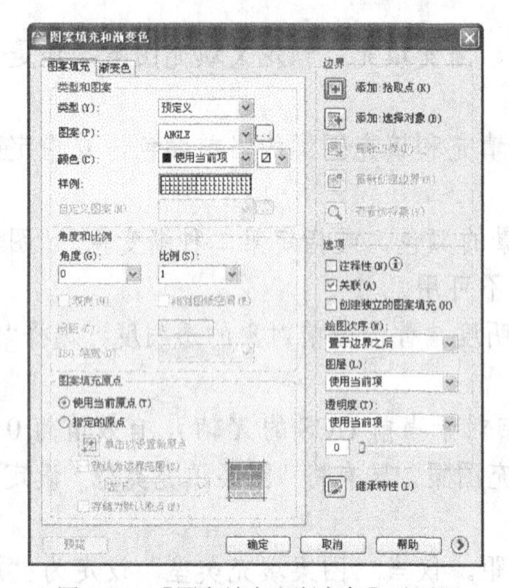

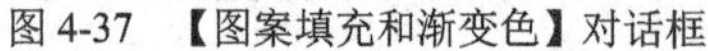

图4-37 【图案填充和渐变色】对话框

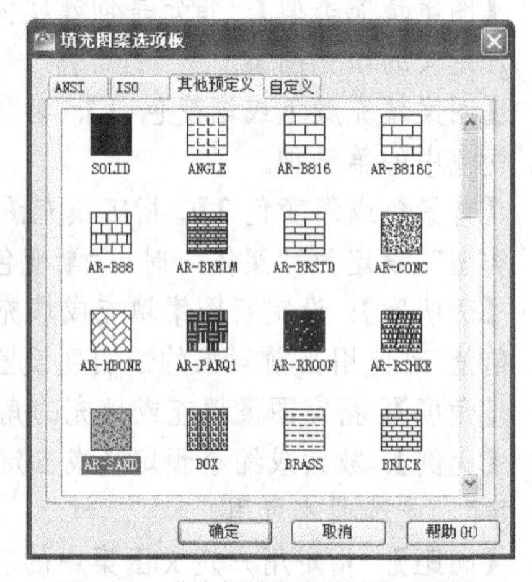

图4-38 【填充图案选项板】对话框

（4）返回到【图案填充和渐变色】对话框，单击按钮（拾取点）。

（5）在想要填充的区域中选定一点*A*，此时可以观察到AutoCAD自动寻找一个闭合的边界，如图4-35左图所示。

（6）按Enter键，返回【图案填充和渐变色】对话框。

（7）在【比例】文本框中输入数值“50”。

（8）单击预览按钮，观察填充的预览图，如果满意，按Enter键，再单击确定按钮，完成剖面图案的绘制，结果如图4-35右图所示。若不满意，可按Esc键，返回【图案填充和渐变色】对话框，重新设定有关参数。

4.3.2 填充复杂图形的方法

在图形不复杂的情况下，常通过在填充区域内指定一点的方法来定义边界。但若图形很复杂，这种方法就会浪费许多时间，因为AutoCAD要在当前视口中搜寻所有可见的对象。为避免出现这种情况，用户可在【图案填充和渐变色】对话框中为AutoCAD定义要搜索的边界集，这样就能很快地生成填充区域边界。

【例 4-19】 定义 AutoCAD 搜索的边界集。

（1）单击【图案填充和渐变色】对话框中 帮助 按钮右侧的按钮，展开该对话框，如图 4-39 所示。

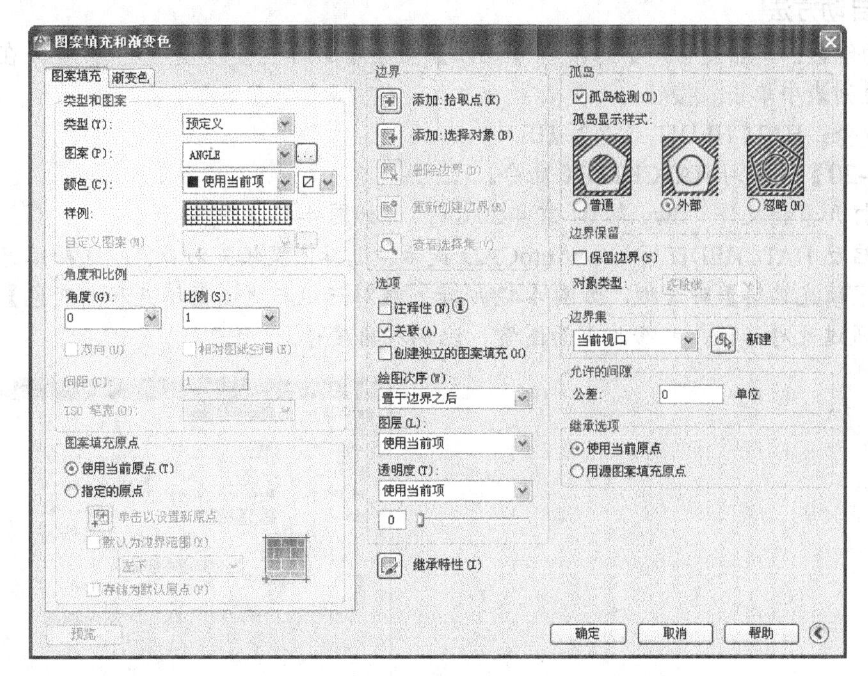

图 4-39 【图案填充和渐变色】对话框

（2）单击【边界集】分组框中的按钮（新建），AutoCAD 提示如下。

选择对象: //用交叉窗口、矩形窗口等方法选择实体

（3）然后单击按钮（拾取点），并在填充区域内拾取一点，此时 AutoCAD 仅分析选定的实体来创建填充区域边界。

4.3.3 剖面线的比例

在 AutoCAD 中，预定义剖面线图案的默认缩放比例是 1.0，但用户可在【图案填充和渐变色】对话框的【比例】下拉列表中设定其他比例值。绘制剖面线时，若没有指定特殊比例值，则 AutoCAD 按默认值绘制剖面线，当输入一个不同于默认值的图案比例时，可以增加或减小剖面线的间距。

4.3.4 剖面线角度

除剖面线间距可以控制外，剖面线的倾斜角度也可以控制。用户可在【图案填充和渐变色】对话框的【角度】下拉列表中进行设定，图案的默认角度值是零，而此时剖面线（ANSI31）与 x 轴夹角却是 45°。因此在角度参数栏中显示的角度值并不是剖面线与 x 轴的倾斜角度，而是剖面线以 45° 线为起始方向的转动角度。

当分别输入角度值 45°、90°、15° 时，剖面线将逆时针转动到新的位置，它们与 x 轴的夹角分别是 90°、135°、60°，如图 4-40 所示。

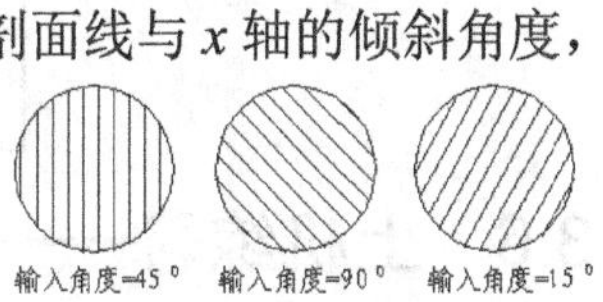

输入角度=45°　输入角度=90°　输入角度=15°

图 4-40 输入不同角度时的剖面线

4.3.5　编辑图案填充

HATCHEDIT 命令用于修改填充图案的外观及类型，如改变图案的角度、比例或用其他样式的图案填充图形等。

命令启动方法

- 功能区：单击【常用】选项卡【修改】面板底部的 修改▼ 按钮，在打开的下拉列表中单击按钮。
- 命令：HATCHEDIT 或简写 HE。

【例 4-20】　练习 HATCHEDIT 命令。

（1）打开素材文件“dwg\第 04 章\4-20.dwg”，如图 4-41 左图所示。

（2）启动 HATCHEDIT 命令，AutoCAD 提示“选择图案填充对象:”，选择填充图案后，弹出【图案填充编辑】对话框，如图 4-42 所示。该对话框与【图案填充和渐变色】对话框内容相似，通过此对话框，可修改剖面图案、比例及角度等。

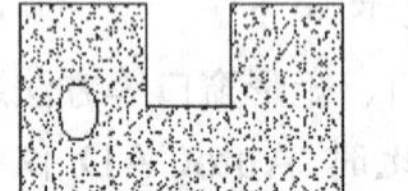

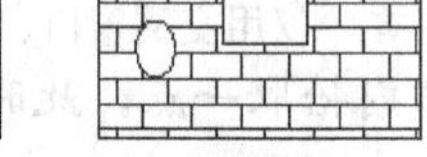

图 4-41　修改图案角度及比例

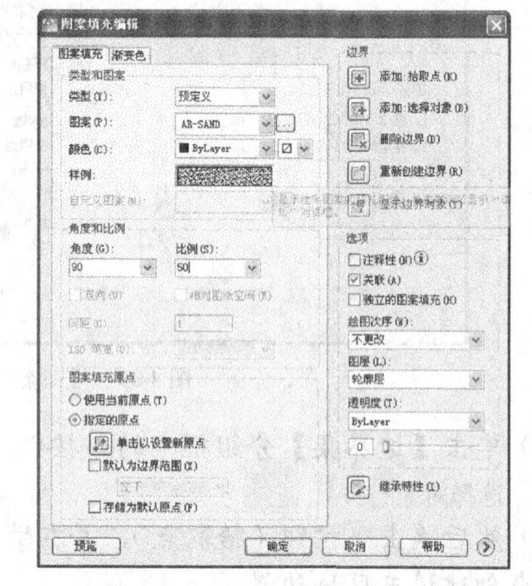

图 4-42　【图案填充编辑】对话框

（3）单击【图案】下拉列表右侧的按钮，打开【填充图案选项板】对话框，再进入【其他预定义】选项卡，然后选择剖面线“AR-B816”，在【角度】下拉列表中选取“0”，在【比例】下拉列表中输入“20”，单击 确定 按钮，结果如图 4-41 右图所示。

课堂练习：执行图案填充命令将左图修改为右图。

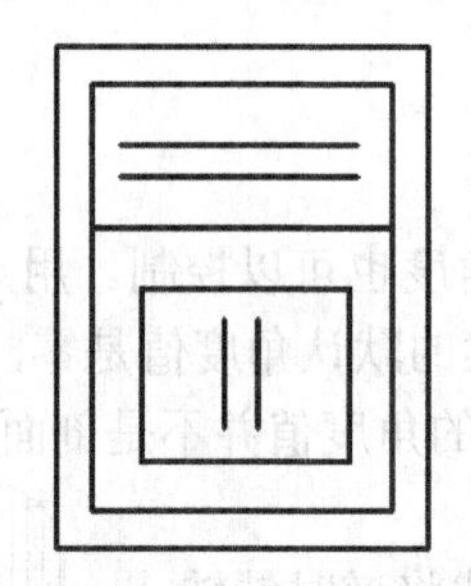

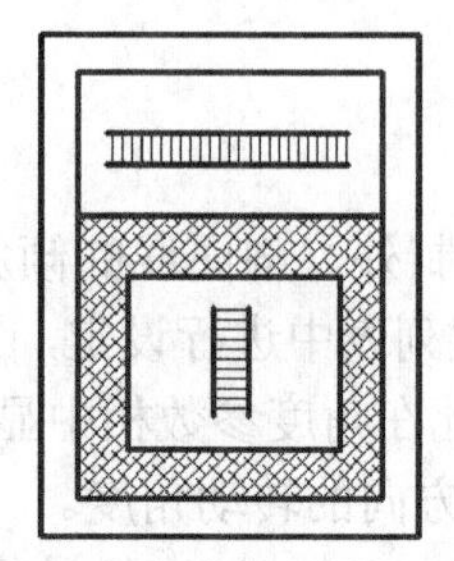

4.3.6　上机练习——绘制某建筑图剖面线

【例 4-21】　打开素材文件“dwg\第 04 章\4-21.dwg”，在图 4-43 所示的某建筑图中绘制剖面线。

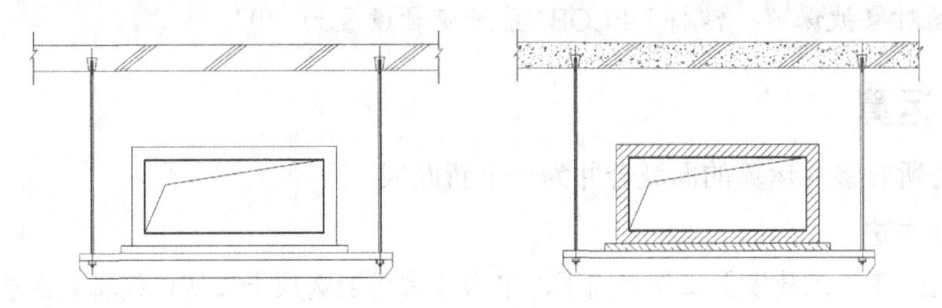

图 4-43 绘制剖面线

4.4 面域构造法绘图

本节主要讲述了利用面域构造法绘图。

4.4.1 创建面域

域（REGION）是二维的封闭图形，它可由直线、多段线、圆、圆弧、样条曲线等对象围成，但应保证相邻对象间共享连接的端点，否则将不能创建域。域是一个单独的实体，具有面积、周长、形心等几何特征，使用它绘图与传统的绘图方法是截然不同的，此时可采用“并”、“交”、“差”等布尔运算来构造不同形状的图形，图 4-44 中显示了 3 种布尔运算的结果。

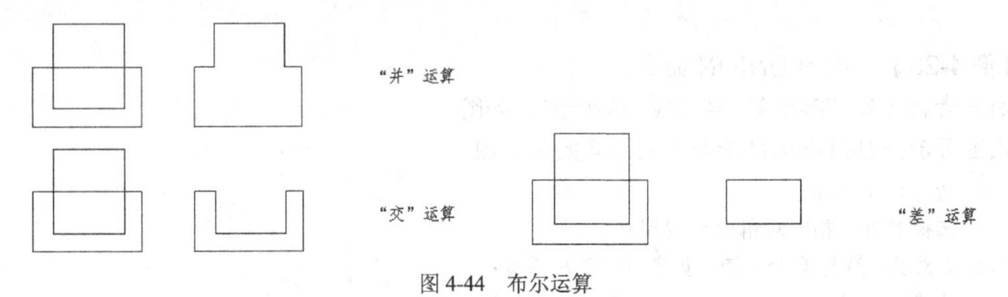

图 4-44 布尔运算

命令启动方法

- 功能区：单击【常用】选项卡【绘图】面板底部的 绘图 ▾ 按钮，在打开的下拉列表中单击按钮。
- 命令：REGION 或简写 REG。

【例 4-22】 练习 REGION 命令。

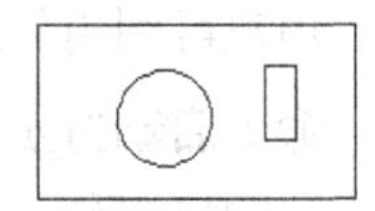

图 4-45 创建面域

打开素材文件“dwg\第 04 章\4-22.dwg”，如图 4-45 所示。利用 REGION 命令将该图创建成面域。

```
命令：_region
选择对象：指定对角点：找到 3 个          //用交叉窗口选择圆及两个矩形，如图 4-45 所示
选择对象：                              //按 Enter 键结束
已提取 3 个环。
已创建 3 个面域。
```

图 4-45 中包含 3 个闭合区域，因而 AutoCAD 创建 3 个面域。

面域以线框的形式显示出来，用户可以对面域进行移动、复制等操作，还可用 EXPLODE 命令分解面域，使其还原为原始图形对象。

> **要点提示** 默认情况下，REGION 命令在创建面域的同时将删除源对象，如果用户希望原始对象被保留，需将 DELOBJ 系统变量设置为“0”。

4.4.2　并运算

并运算将所有参与运算的面域合并为一个新面域。

命令启动方法

- 功能区：【三维建模】工作空间下，单击【常用】选项卡【实体编辑】面板上的按钮。
- 功能区：【三维基础】工作空间中【常用】选项卡【编辑】面板。
- 命令：UNION 或简写 UNI。

> **要点提示** 单击状态栏上的按钮，弹出工作空间切换菜单，如图 4-46 所示，选取相应工作空间选项，即可实现工作空间的切换。

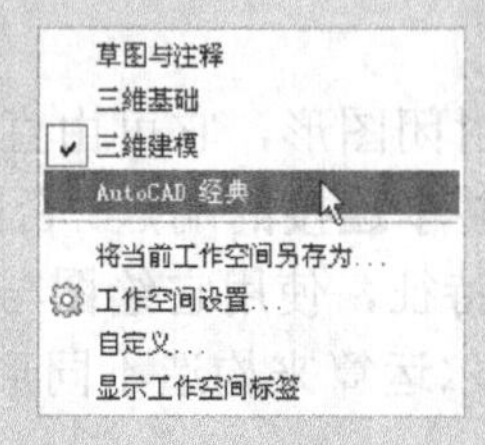

图 4-46　工作空间切换菜单

【例 4-23】　练习 UNION 命令。

打开素材文件“dwg\第 04 章\4-23.dwg”，如图 4-47 左图所示。利用 UNION 命令将左图修改为右图。

```
命令: union
选择对象: 指定对角点: 找到 6 个
//用交叉窗口选择 6 个面域，如图 4-47 左图所示
选择对象:                //按 Enter 键结束
```

结果如图 4-47 右图所示。

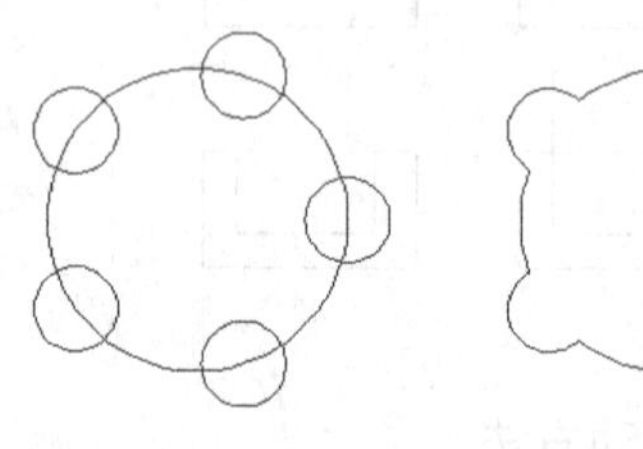

图 4-47　执行并运算

4.4.3　差运算

用户可利用差运算从一个面域中去掉一个或多个面域，从而形成一个新面域。

命令启动方法

- 功能区：在【三维建模】工作空间下，单击【常用】选项卡【实体编辑】面板上的按钮。
- 功能区：【三维基础】工作空间中【常用】选项卡【编辑】面板。
- 命令：SUBTRACT 或简写 SU。

【例 4-24】　练习 SUBTRACT 命令。

打开素材文件“dwg\第 04 章\4-24.dwg”，如图 4-48 左图所示。用 SUBTRACT 命令将左图修改为右图。

```
命令: subtract
选择对象: 找到 1 个        //选择大圆面域，如图 4-48 左图所示
选择对象:                  //按 Enter 键确认
```

选择对象：总计 5 个　　　　//选择 5 个小圆面域
选择对象　　　　　　　　　//按 Enter 键结束

结果如图 4-48 右图所示。

图 4-48　执行差运算

4.4.4 交运算

交运算可以求出各个相交面域的公共部分。

命令启动方法

- 功能区：在【三维建模】工作空间下，单击【常用】选项卡【实体编辑】面板上的按钮。
- 功能区：【三维基础】工作空间中【常用】选项卡【编辑】面板。
- 命令：INTERSECT 或简写 IN。

【例 4-25】　练习 INTERSECT 命令。

打开素材文件"dwg\第 04 章\4-25.dwg"，如图 4-49 左图所示。利用 INTERSECT 命令将左图修改为右图。

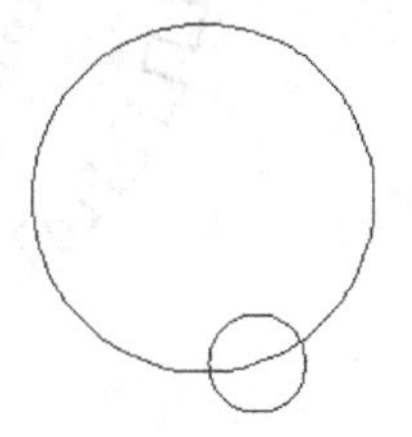

对两个面域进行交运算　　　　结果

图 4-49　执行差运算

命令：intersect
选择对象：指定对角点：找到 2 个　　　　//选择大圆面域及小圆面域，如图 4-49 左图所示
选择对象：　　　　　　　　　　　　　　//按 Enter 键结束

课堂练习：利用面域构造法绘制建筑装饰图。

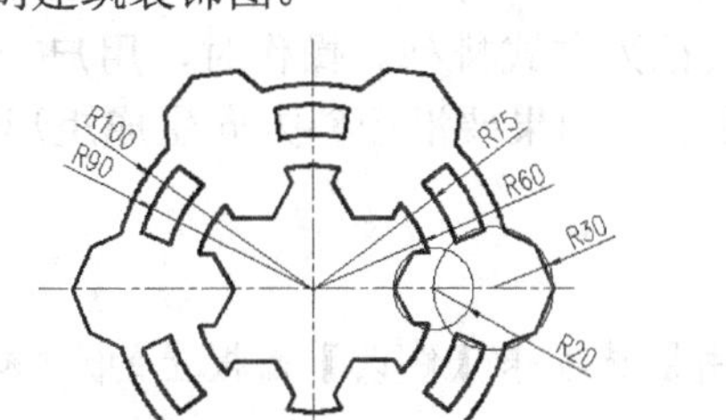

提示：R30、R20 的圆的内接正多边形边数分别为 8 和 6。

4.4.5 上机练习——利用面域构造法绘制建筑装饰图

【例 4-26】　利用面域构造法绘制图 4-50 所示的图形。

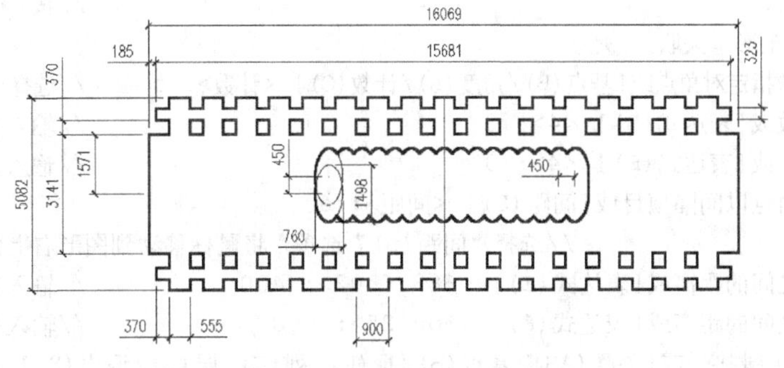

图 4-50　利用面域构造法绘图

课堂练习：利用面域构造法绘图。

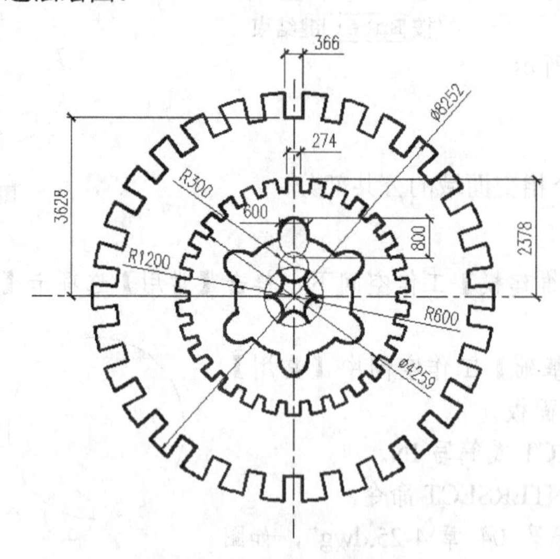

4.5　阵列对象——绘制均布建筑图

几何元素的均布以及图形的对称是绘图中经常遇到的问题。在绘制均布特征时，使用 ARRAY 命令可指定矩形阵列或环形阵列。

4.5.1　矩形阵列对象

矩形阵列是指将对象按行列方式排列。操作时，用户一般应告诉 AutoCAD 阵列的行数、列数、行间距及列间距等，如果要沿倾斜方向生成矩形阵列，还应输入阵列的倾斜角度值。

命令启动方法

- 功能区：单击【常用】选项卡【修改】面板上的[阵列]按钮。
- 命令：ARRAYRECT。

【例 4-27】　打开素材文件“dwg\第 04 章\4-27.dwg”，如图 4-51 左图所示。使用 ARRAY 命令将左图修改为右图。

（1）单击【常用】选项卡【修改】面板上的[阵列]按钮，AutoCAD 提示如下。

```
命令：_arrayrect
选择对象：指定对角点：找到 2 个                              //选择要阵列的图形对象 A
选择对象：                                                   //按 Enter 键
类型 = 矩形　关联 = 是
为项目数指定对角点或[基点(B)/角度(A)/计数(C)] <计数>: c       //选择“计数(C)”选项
输入行数或[表达式(E)] <4>: 3                                 //输入行数
输入列数或[表达式(E)] <4>: 3                                 //输入列数
指定对角点以间隔项目或[间距(S)] <间距>: s
                    //选择“间距(S)”选项，将鼠标移动到图形右上角，如图 4-52 所示
指定行之间的距离或[表达式(E)] <688.6502>: 400                //输入行之间的距离
指定列之间的距离或[表达式(E)] <656.25>: 600                  //输入列之间的距离
按 Enter 键接受或[关联(AS)/基点(B)/行(R)/列(C)/层(L)/退出(X)] <退出>:
```

结果如图 4-51 右图所示。

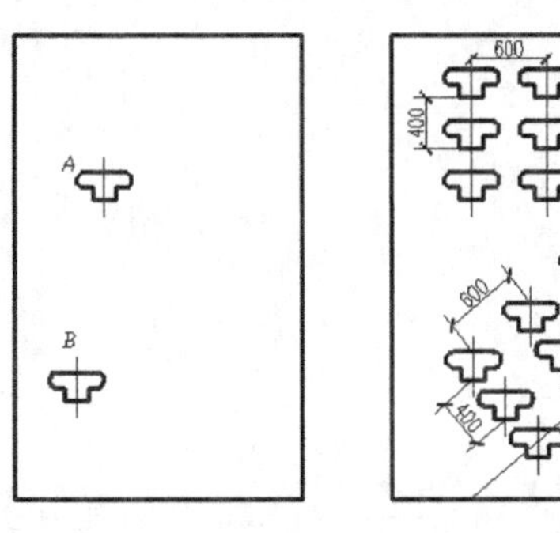

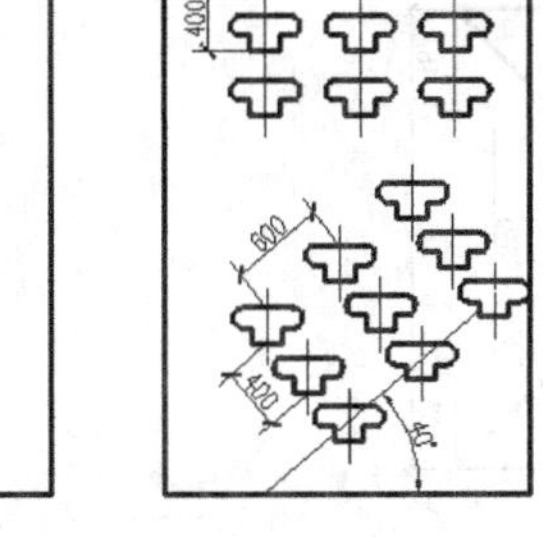

图 4-51 矩形阵列

图 4-52 将鼠标移动到图形右上角

（2）单击【常用】选项卡【修改】面板上的阵列按钮，AutoCAD 提示如下。

令：_arrayrect
选择对象：指定对角点：找到 2 个 //选择要阵列的图形对象 B
选择对象：
类型 = 矩形 关联 = 是
为项目数指定对角点或[基点(B)/角度(A)/计数(C)] <计数>：a //选择“角度(A)”选项
指定行轴角度 <0>：40 //输入行轴角度
为项目数指定对角点或[基点(B)/角度(A)/计数(C)] <计数>：c //选择“计数(C)”选项
输入行数或[表达式(E)] <4>：3 //输入行数
输入列数或[表达式(E)] <4>：3 //输入列数
指定对角点以间隔项目或[间距(S)] <间距>：s //选择“间距(S)”选项
指定行之间的距离或[表达式(E)] <688.6502>：-400 //输入行之间的距离
指定列之间的距离或[表达式(E)] <656.25>：600 //输入列之间的距离
按 Enter 键接受或[关联(AS)/基点(B)/行(R)/列(C)/层(L)/退出(X)] <退出>：
//按 Enter 键

结果如图 4-51 右图所示。

（3）如若编辑该阵列图形，单击之，进入【阵列】选项卡，如图 4-53 所示，修改其中相应选项即可。如要退出，按 ESC 键即可。

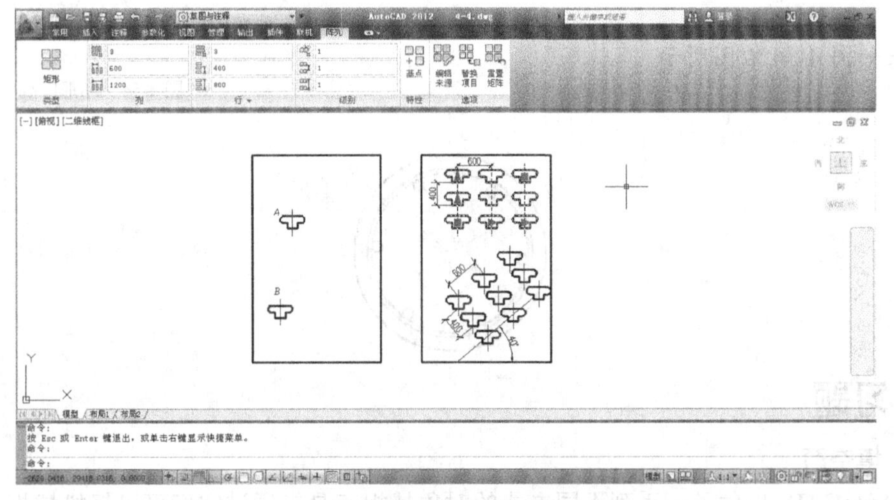

图 4-53 【阵列】选项卡

课堂练习：绘制方形散流器。

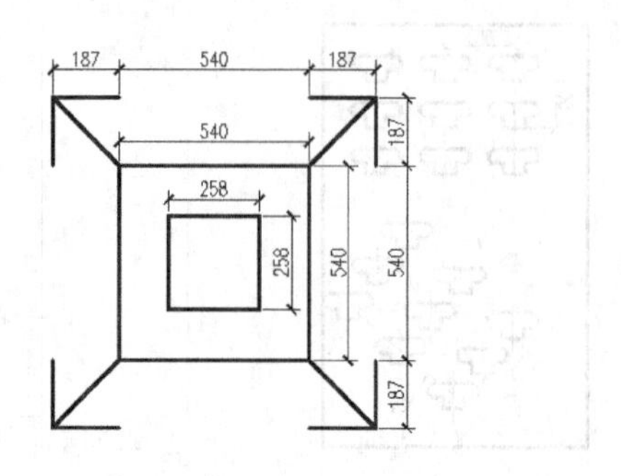

4.5.2　环形阵列对象

使用 ARRAY 命令既可以创建矩形阵列，也可以创建环形阵列。环形阵列是指把对象绕阵列中心等角度均匀分布，决定环形阵列的主要参数有阵列中心、阵列总角度及阵列数目。此外，用户也可通过输入阵列总数及每个对象间的夹角生成环形阵列。

【例 4-28】　打开素材文件“dwg\第 04 章\4-28.dwg”，如图 4-54 左图所示。使用 ARRAY 命令将左图修改为右图。

单击【常用】选项卡【修改】面板上的[阵列]按钮，打开【阵列】对话框，在该对话框中选择【环形阵列】单选按钮。

```
命令: _arraypolar
选择对象: 指定对角点: 找到 2 个                          //选择要阵列的图形对象
选择对象:
类型 = 极轴  关联 = 是
指定阵列的中心点或[基点(B)/旋转轴(A)]:                  //捕捉圆心指定阵列的中心点
输入项目数或[项目间角度(A)/表达式(E)] <4>: 6            //输入项目数
指定填充角度(+=逆时针、-=顺时针)或[表达式(EX)] <360>: 360
                                    //指定填充角度
按 Enter 键接受或[关联(AS)/基点(B)/项目(I)/项目
间角度(A)/填充角度(F)/行(ROW)/层(L)/旋转项目(ROT)/
退出(X)]
                                    //按Enter键
```

结果如图 4-54 右图所示。

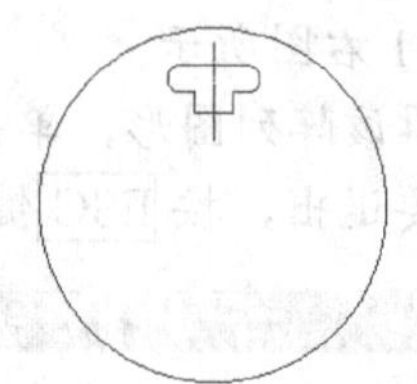

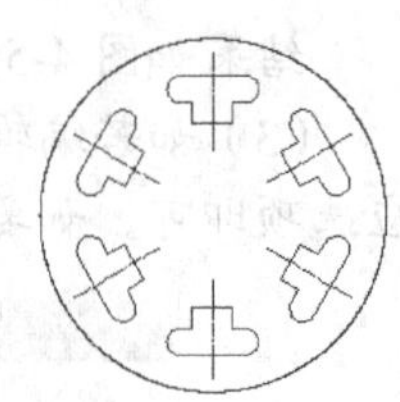

图 4-54　环形阵列

课堂练习：绘制如图所示的基础配筋图。

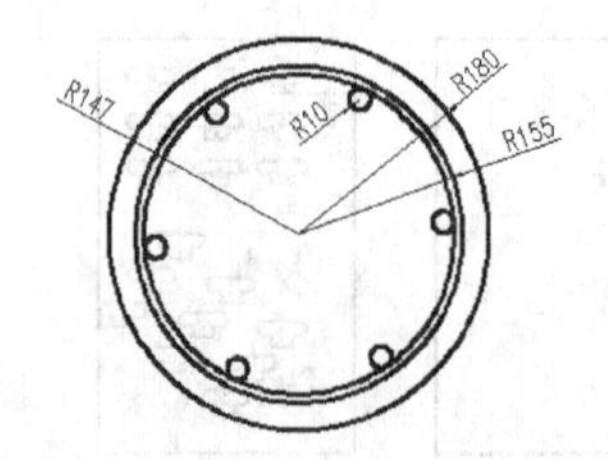

4.6　习题

一、填空题

1. AutoCAD 提供了一系列不同方式的对象捕捉工具，通过它们可以轻松捕捉一些特殊的几何点，如________、线段的________等。

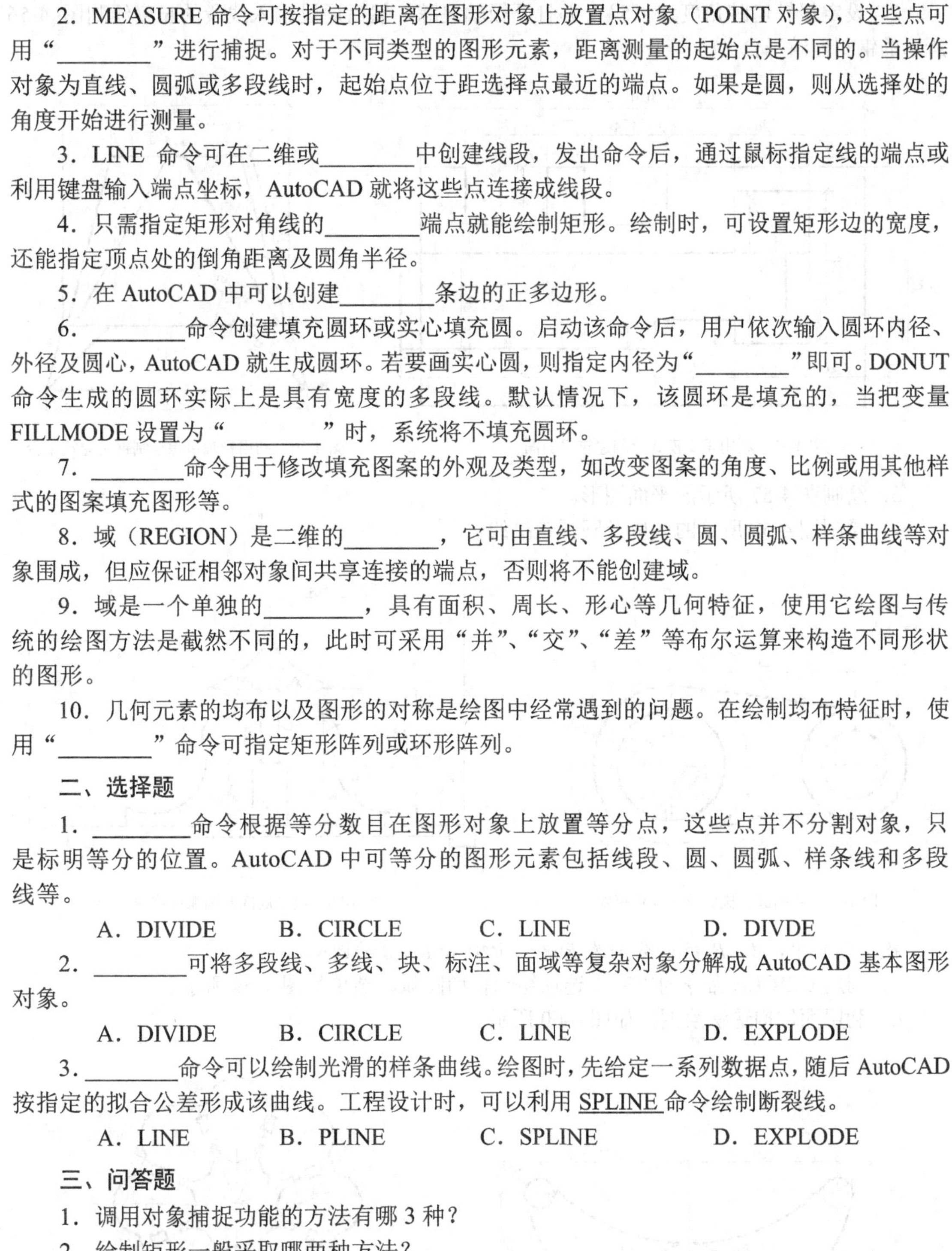

2．MEASURE 命令可按指定的距离在图形对象上放置点对象（POINT 对象），这些点可用“________”进行捕捉。对于不同类型的图形元素，距离测量的起始点是不同的。当操作对象为直线、圆弧或多段线时，起始点位于距选择点最近的端点。如果是圆，则从选择处的角度开始进行测量。

3．LINE 命令可在二维或________中创建线段，发出命令后，通过鼠标指定线的端点或利用键盘输入端点坐标，AutoCAD 就将这些点连接成线段。

4．只需指定矩形对角线的________端点就能绘制矩形。绘制时，可设置矩形边的宽度，还能指定顶点处的倒角距离及圆角半径。

5．在 AutoCAD 中可以创建________条边的正多边形。

6．________命令创建填充圆环或实心填充圆。启动该命令后，用户依次输入圆环内径、外径及圆心，AutoCAD 就生成圆环。若要画实心圆，则指定内径为“________”即可。DONUT 命令生成的圆环实际上是具有宽度的多段线。默认情况下，该圆环是填充的，当把变量 FILLMODE 设置为“________”时，系统将不填充圆环。

7．________命令用于修改填充图案的外观及类型，如改变图案的角度、比例或用其他样式的图案填充图形等。

8．域（REGION）是二维的________，它可由直线、多段线、圆、圆弧、样条曲线等对象围成，但应保证相邻对象间共享连接的端点，否则将不能创建域。

9．域是一个单独的________，具有面积、周长、形心等几何特征，使用它绘图与传统的绘图方法是截然不同的，此时可采用“并”、“交”、“差”等布尔运算来构造不同形状的图形。

10．几何元素的均布以及图形的对称是绘图中经常遇到的问题。在绘制均布特征时，使用“________”命令可指定矩形阵列或环形阵列。

二、选择题

1．________命令根据等分数目在图形对象上放置等分点，这些点并不分割对象，只是标明等分的位置。AutoCAD 中可等分的图形元素包括线段、圆、圆弧、样条线和多段线等。

A．DIVIDE　　B．CIRCLE　　C．LINE　　D．DIVDE

2．________可将多段线、多线、块、标注、面域等复杂对象分解成 AutoCAD 基本图形对象。

A．DIVIDE　　B．CIRCLE　　C．LINE　　D．EXPLODE

3．________命令可以绘制光滑的样条曲线。绘图时，先给定一系列数据点，随后 AutoCAD 按指定的拟合公差形成该曲线。工程设计时，可以利用 SPLINE 命令绘制断裂线。

A．LINE　　B．PLINE　　C．SPLINE　　D．EXPLODE

三、问答题

1．调用对象捕捉功能的方法有哪 3 种？

2．绘制矩形一般采取哪两种方法？

3．椭圆包括哪些参数？

4．在绘制剖面线时，首先要指定填充边界，一般可用哪两种方法选定画剖面线的边界？

四、实战题

1．打开正交模式，通过输入线段的长度绘制如图 4-55 所示的建筑平面图。

2．设定极轴追踪角度为 15°，并打开极轴追踪，然后通过输入线段的长度绘制图 4-56 所示的钢制建筑平台。

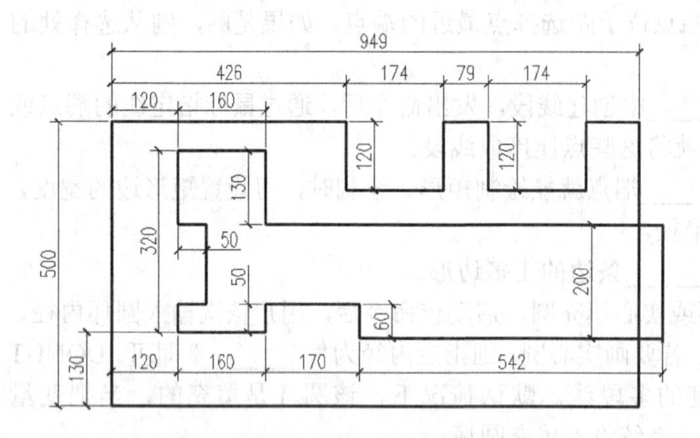

图 4-55　利用正交模式绘制建筑平面图

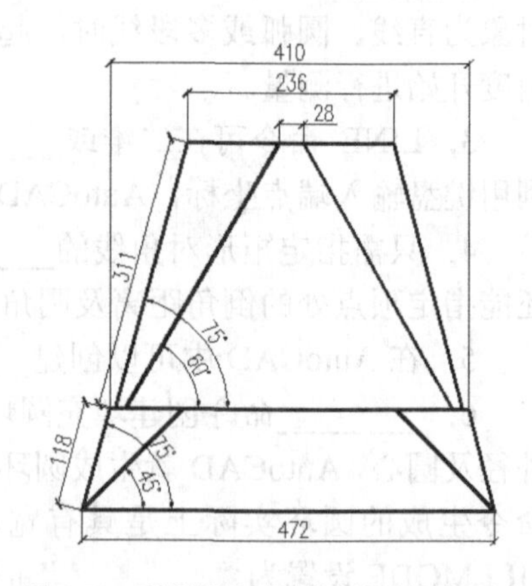

图 4-56　利用极轴追踪绘制钢制建筑平台

3．绘制图 4-57 所示的平面图形。

4．绘制图 4-58 所示的底座及圆弧连接线。

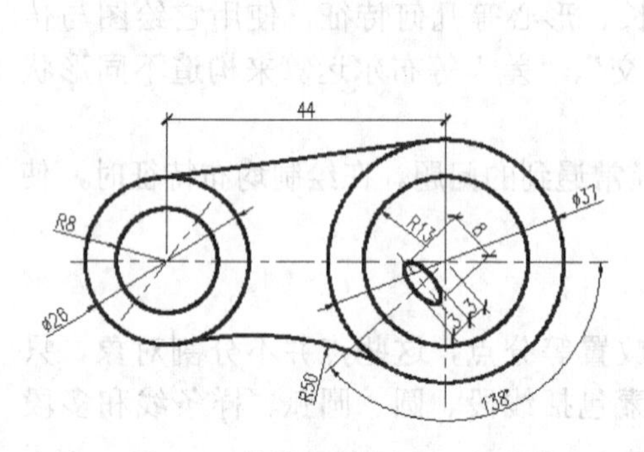

图 4-57　绘制圆、椭圆及圆弧连接线

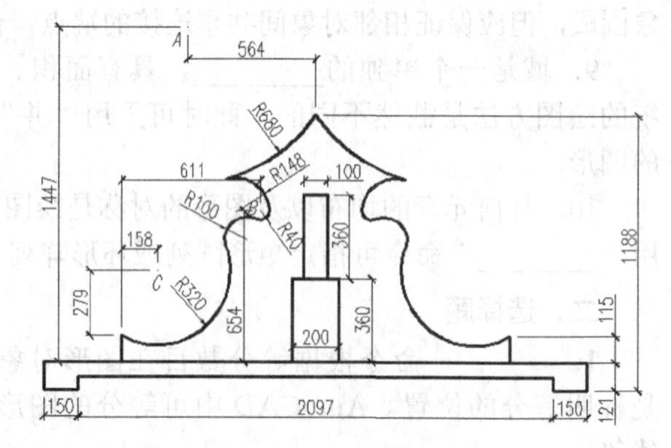

图 4-58　绘制底座及圆弧连接线

提示：其中，*A*、*B* 和 *C* 分别为 *R*680、*R*40 和 *R*320 的圆心。

5．利用 CIRCLE 命令的“3P”选项绘制相切圆弧，结果如图 4-59 所示。

6．利用面域构造法绘图，如图 4-60 所示。

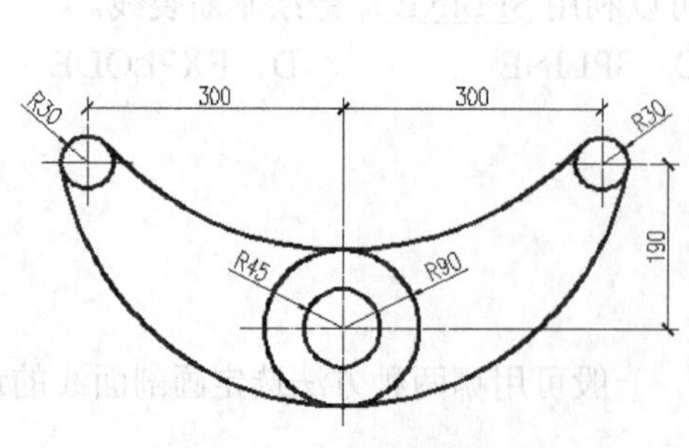

图 4-59　绘制相切圆弧

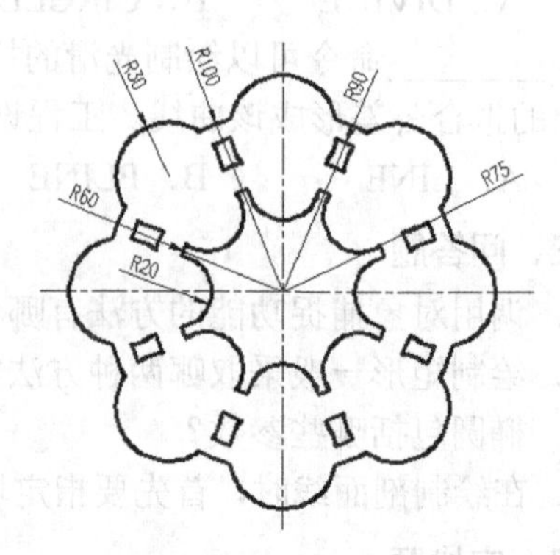

图 4-60　面域构造法绘图

第5章 编辑图形

在利用 AutoCAD 进行建筑设计与绘图过程中，大量工作是通过编辑命令完成的。AutoCAD 的设计优势在很大程度上表现为强大的图形编辑功能，这使用户不仅能方便、快捷地改变对象的大小和形状，而且可以通过编辑现有图形生成新对象。本章将介绍常用的编辑方法及一些编辑技巧。

通过本章的学习，读者可以掌握常用编辑命令及一些编辑技巧，了解关键点编辑方式，学会使用编辑命令生成新图形元素的技巧。

【学习目标】

- 移动、复制与旋转对象。
- 将一图形对象与另一图形对象对齐。
- 在两点间或在同一点处打断对象。
- 修剪、延伸对象。
- 拉长或缩短对象。
- 指定基点缩放对象。
- 关键点编辑模式。

5.1 移动、复制与旋转图形

移动图形实体的命令是 MOVE，复制图形实体的命令是 COPY，这两个命令都可以在二维、三维空间中操作，使用方法也是相似的。发出 MOVE 或 COPY 命令后，用户选择要移动或复制的图形元素，然后通过两点或直接输入位移值来指定对象移动的距离和方向，AutoCAD 就将图形元素从原位置移动或复制到新位置。

ROTATE 命令可以旋转图形对象，改变图形对象的方向。使用此命令时，用户指定旋转基点并输入旋转角度就可以转动图形实体。此外，用户也可以某个方位作为参照位置，然后选择一个新对象或输入一个新角度值来指明要旋转到的位置。

5.1.1 绘图任务——修改学校总平面图

【例 5-1】 打开素材文件“dwg\第 05 章\5-1.dwg”，如图 5-1 左图所示。请跟随以下的操作步骤，将左图修改为右图。左图为某学校总平面示意图，右图为扩建计划中的总平面示意图。

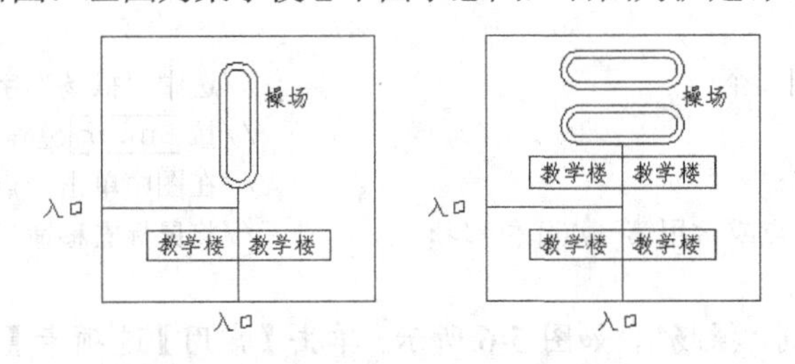

图 5-1 用移动、复制及旋转命令绘图

（1）打开中点、交点对象捕捉功能。

（2）绘制辅助线段，如图 5-2 所示。单击【常用】选项卡【绘图】面板上的按钮，AutoCAD 提示：

```
命令：_line 指定第一点：                    //利用中点捕捉 A 点
指定下一点或[放弃(U)]：                     //利用中点捕捉 B 点
指定下一点或[放弃(U)]：                     //按 Enter 键确认
```

结果如图 5-2 所示。

（3）旋转“操场”，如图 5-3 所示。单击【常用】选项卡【修改】面板上的 旋转 按钮，AutoCAD 提示：

```
命令：_rotate
UCS 当前的正角方向： ANGDIR=逆时针  ANGBASE=0
选择对象：指定对角点：找到 9 个              //选择“操场”
选择对象：                                  //按 Enter 键确认
指定基点：                                  //利用中点捕捉 AB 辅助直线中点
指定旋转角度或[参照(R)]： 90                //输入旋转角度，按 Enter 键确认
```

结果如图 5-3 所示。

（4）删除辅助线段 *AB*。复制“操场”，如图 5-4 所示。单击【常用】选项卡【修改】面板上的 复制 按钮，AutoCAD 提示：

```
命令：_copy
选择对象：指定对角点：找到 8 个              //打开正交功能，选择“操场”
选择对象：<正交 开>                         //按 Enter 键确认
当前设置： 复制模式 = 多个
指定基点或[位移(D)/模式(O)] <位移>：//在图中单击一点，指定基点
指定第二个点或[阵列(A)] <使用第一个点作为位移>： //将鼠标上移适当位置，单击左键确认
指定第二个点或[阵列(A)/退出(E)/放弃(U)] <退出>： //按 Enter 键退出
```

结果如图 5-4 所示。

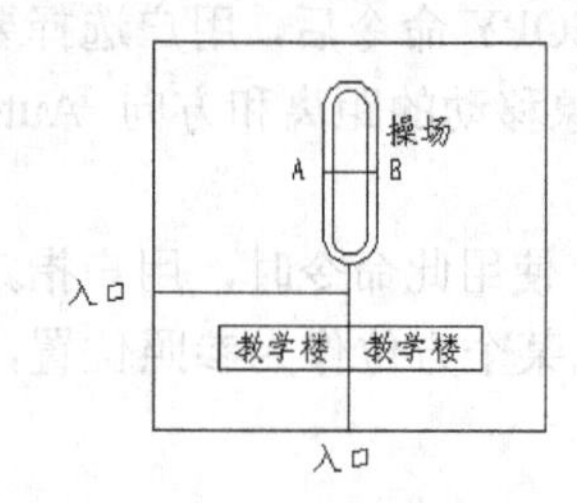

图 5-2 绘制辅助线段

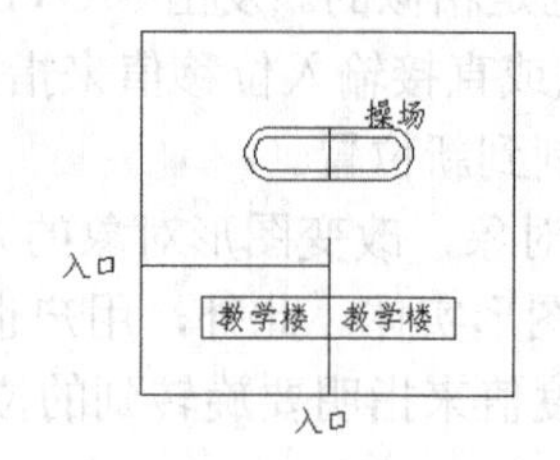

图 5-3 旋转“操场”

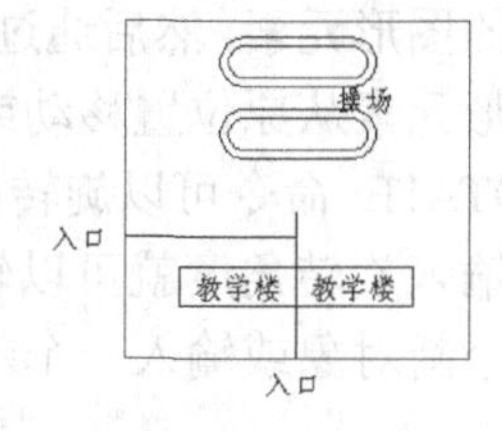

图 5-4 复制“操场”

（5）移动“操场”字样，如图 5-5 所示。单击【常用】选项卡【修改】面板上的 移动 按钮，AutoCAD 提示：

```
命令：_move
选择对象：找到 1 个                         //选中“操场”字样
选择对象：                                  //按 Enter 键确认
指定基点或位移：                            //在图中单击一点指定基点
指定位移的第二点或 <用第一点作位移>：       //将鼠标右移适当位置，单击左键确认
```

结果如图 5-5 所示。

（6）延伸“入口”到“操场”，如图 5-6 所示。单击【常用】选项卡【修改】面板上的 延伸

按钮，AutoCAD 提示：

```
命令: _extend
当前设置:投影=UCS, 边=无
选择边界的边...
选择对象或 <全部选择>: 找到 1 个                              //选中下面"操场"的底边
选择对象:                                                    //按Enter键确认
选择要延伸的对象, 或按住 Shift 键选择要修剪的对象, 或[栏选(F)/选择(C)/投影(P)/边
(E)/放弃(U)]:                                                //单击"入口"线段
选择要延伸的对象, 或按住 Shift 键选择要修剪的对象, 或[栏选(F)/选择(C)/投影(P)/边
(E)/放弃(U)]:                                                //按Enter键确认
```

结果如图 5-6 所示。

（7）复制"教学楼"，如图 5-7 所示。单击【常用】选项卡【修改】面板上的「复制」按钮，AutoCAD 提示：

```
命令: _copy
选择对象:指定对角点: 找到 3 个                       //选择"教学楼"
选择对象:<正交 开>                                  //按Enter键确认
当前设置:  复制模式 = 多个
指定基点或[位移(D)/模式(O)] <位移>:                  //在图中单击一点，指定基点
指定第二个点或[阵列(A)] <使用第一个点作为位移>:       //将鼠标上移适当位置，单击左键确认
指定第二个点或[阵列(A)/退出(E)/放弃(U)] <退出>:      //按Enter键退出
```

结果如图 5-7 所示。

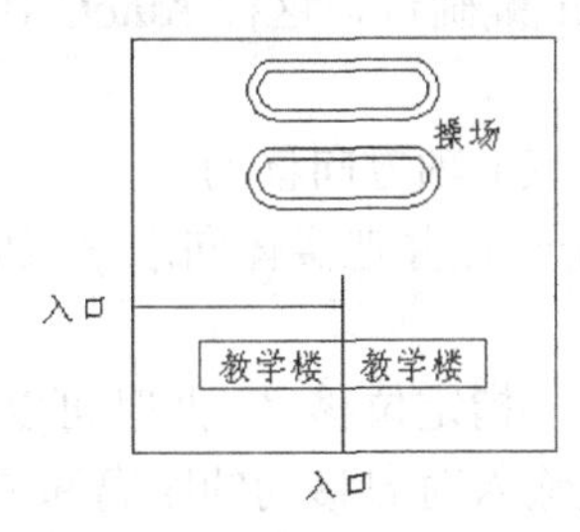

图 5-5　移动"操场"

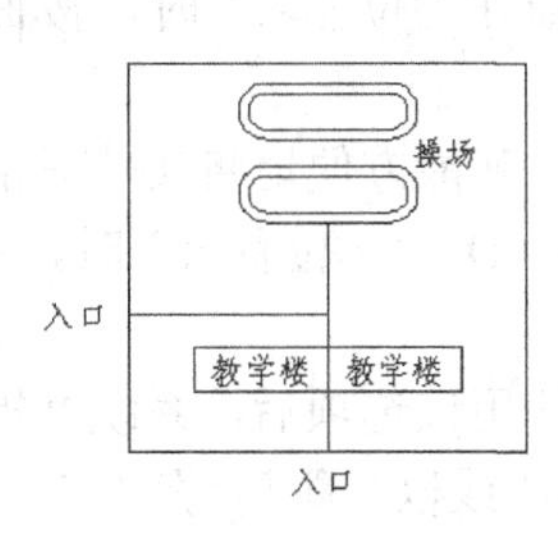

图 5-6　延伸"入口"到"操场"

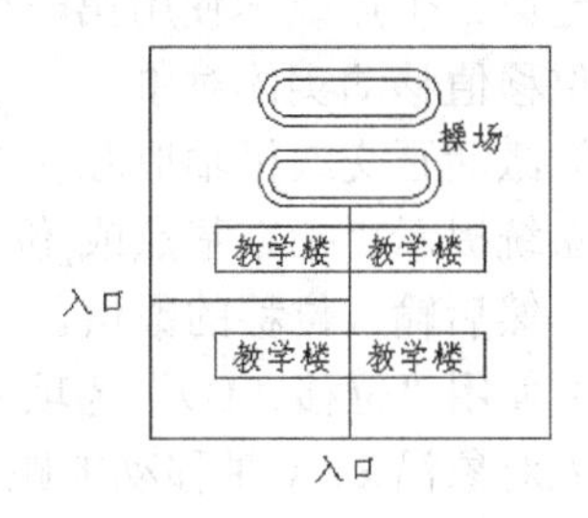

图 5-7　复制"教学楼"

5.1.2　移动对象

移动图形实体的命令是 MOVE（简写 M），该命令可以在二维或三维空间中使用。执行 MOVE 命令后，选择要移动的图形元素，然后通过两点或直接输入位移值来指定对象移动的距离和方向。

命令启动方法

- 功能区：单击【常用】选项卡【修改】面板上的「移动」按钮。
- 命令：MOVE 或简写 M。

【例 5-2】　练习 MOVE 命令。

打开素材文件"dwg\第 05 章\5-2.dwg"，如图 5-8 左图所示。用 MOVE 命令将左图修改为右图。

```
命令: _move
选择对象:  <正交 开> 指定对角点: 找到 1 个             //打开正交模式，选择矩形
选择对象:                                           //按Enter键确认
```

```
指定基点或[位移(D)] <位移>:指定第二个点或 <使用第一个点作为位移>:
                          //在图中单击一点，再将鼠标光标上移适当位置，单击左键确认
命令:m                                                   //输入移动命令
MOVE
选择对象: 指定对角点: 找到 8 个                            //选择另一图形
选择对象:                                                //按 Enter 键确认
指定基点或[位移(D)] <位移>:指定第二个点或 <使用第一个点作为位移>:
                          //在图中单击一点，再将鼠标光标上移适当位置，单击鼠标左键确认
```

结果如图 5-8 右图所示。

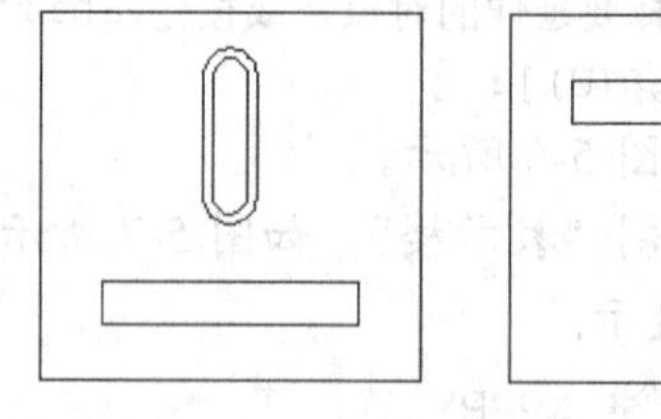

图 5-8　移动对象

使用 MOVE 命令时，用户可以通过以下方式指明对象移动的距离和方向。

（1）在屏幕上指定两个点，这两点的距离和方向代表了实体移动的距离和方向。

当 AutoCAD 提示“指定基点或[位移（D）] <位移>:”时，指定移动的基准点。在 AutoCAD 提示“指定第二个点或 <使用第一个点作为位移>”时，捕捉第二点或输入第二点相对于基准点的相对直角坐标或极坐标。

（2）以“*x,y*”方式输入对象沿 *x*、*y* 轴移动的距离，或用“距离<角度”方式输入对象位移的距离和方向。

当 AutoCAD 提示“指定基点或[位移（D）] <位移>:”时，输入位移值。在 AutoCAD 提示“指定第二个点或 <使用第一个点作为位移>:”时，按 Enter 键确认，这样 AutoCAD 就以输入的位移值移动实体对象。

（3）激活正交或极轴追踪功能，就能方便地将实体只沿 *x* 或 *y* 轴方向移动。

当系统提示“指定基点或[位移（D）] <位移>:”时，单击一点并把实体向水平或竖直方向移动，然后输入位移的数值。

（4）使用“位移（D）”选项。使用该选项后，系统会提示“指定位移:”，此时可以“*x,y*”方式输入对象沿 *x*、*y* 轴移动的距离，或以“距离<角度”方式输入对象移动的距离和方向。

5.1.3　复制对象

复制图形实体的命令是 COPY（简写 CO），该命令可以在二维或三维空间中使用。执行 COPY 命令后，选择要复制的图形元素，然后通过两点或直接输入位移值来指定复制的距离和方向。

命令启动方法

- 功能区：单击【常用】选项卡【修改】面板上的 复制 按钮。
- 命令：COPY 或简写 CO。

【例 5-3】　练习 COPY 命令。

打开素材文件“dwg\第 05 章\5-3.dwg”，如图 5-9 左图所示。用 COPY 命令将左图修改为右图。

```
命令: _copy
选择对象: 指定对角点: 找到 8 个                 //选择“操场”，如图 5-9 左图所示
选择对象:                                     //按 Enter 键确认
当前设置:   复制模式 = 多个
```

```
指定基点或[位移(D)/模式(O)] <位移>:                //捕捉交点 A 单击一点
指定第二个点或 <使用第一个点作为位移>:             //捕捉交点 B
指定第二个点或[退出(E)/放弃(U)] <退出>:           //按 Enter 键结束命令
命令: COPY                                         //重复命令
选择对象: 找到 1 个                                //选择矩形，如图 5-9 左图所示
选择对象:                                          //按 Enter 键确认
当前设置:  复制模式 = 多个
指定基点或[位移(D)/模式(O)] <位移>:0,25            //输入沿 x、y 轴移动的距离
指定第二个点或[退出(E)/放弃(U)] <退出>:           //按 Enter 键结束命令
```

结果如图 5-9 右图所示。

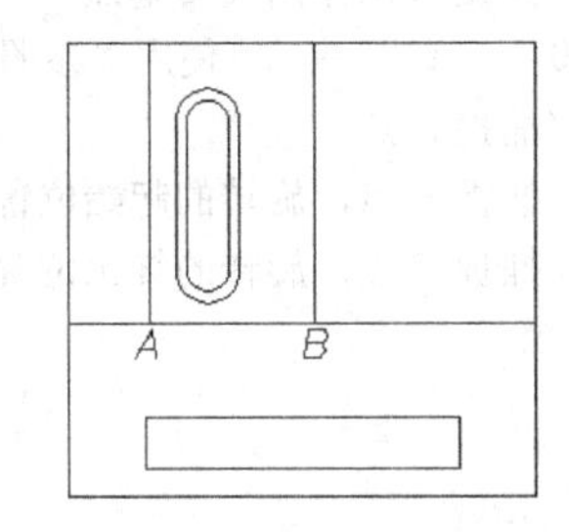

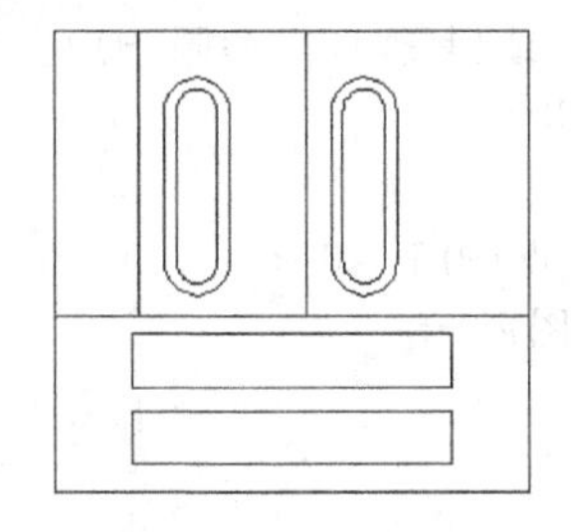

图 5-9 复制对象

使用 COPY 命令时，用户需指定源对象位移的距离和方向，具体方法请参考 MOVE 命令。

COPY 命令有“模式（O）”选项，该选项可以设置复制模式是“单个”还是“多个”，当设置为“多个”时，在一次操作中可同时对源对象进行多次复制。当将某一个实体复制在不同的位置时，该模式是很有用的，这个过程比每次调用 COPY 命令来复制对象要方便许多。

5.1.4 旋转对象

使用 ROTATE 命令可以旋转图形对象，改变图形对象的方向。使用此命令时，用户只需指定旋转基点并输入旋转角度就可以转动图形实体。此外，用户也可以将某个方位作为参照位置，然后选择一个新对象或输入一个新角度值来指明要旋转到的位置。

命令启动方法

- 功能区：单击【常用】选项卡【修改】面板上的旋转按钮。
- 命令：ROTATE 或简写 RO。

【例 5-4】 练习 ROTATE 命令。

打开素材文件“dwg\第 05 章\5-4.dwg”，如图 5-10 左图所示。用 ROTATE 命令将左图修改为右图。

```
命令:_rotate
UCS 当前的正角方向:  ANGDIR=逆时针   ANGBASE=0
选择对象: 指定对角点: 找到 13 个                       //选择全图，如图 5-10 左图所示
选择对象:                                              //按 Enter 键确认
指定基点:                                              //捕捉 B 点作为旋转基点
指定旋转角度，或[复制(C)/参照(R)] <180>:  60           //输入旋转角度
```

结果如图 5-10 右图所示。

命令选项

- 指定旋转角度：指定旋转基点并输入绝对旋转角度来旋转实体。旋转角是基于当前用

户坐标系测量的，如果输入负的旋转角，则选定的对象将顺时针旋转，反之，被选择的对象将逆时针旋转。

- 复制（C）：旋转对象的同时复制对象。
- 参照（R）：指定某个方向作为起始参照，然后拾取一个点或两个点来指定源对象要旋转到的位置，也可以输入新角度值来指明要旋转到的方位。如图5-11所示。

```
命令: _rotate
UCS 当前的正角方向:  ANGDIR=逆时针   ANGBASE=0
选择对象: 指定对角点: 找到 4 个           //选择要旋转的对象，如图 5-11 左图所示
选择对象:                                 //按 Enter 键确认
指定基点:                                 //捕捉 A 点作为旋转基点
指定旋转角度，或[复制(C)/参照(R)] <60>:  r   //使用“参照(R)”选项
指定参照角 <0>:                           //捕捉 A 点
指定第二点:                               //捕捉 B 点，旋转的起始位置
指定新角度或[点(P)] <0>:                  //捕捉 C 点，旋转的终止位置
```

结果如图5-11右图所示。

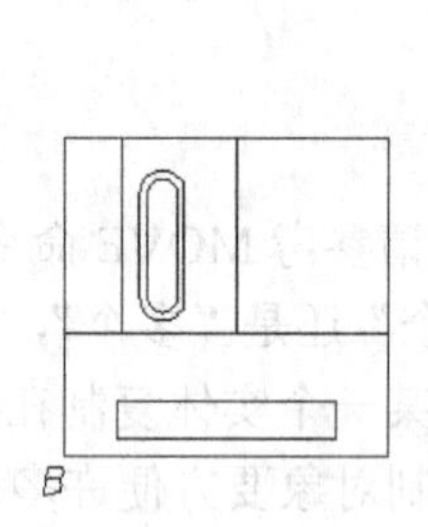

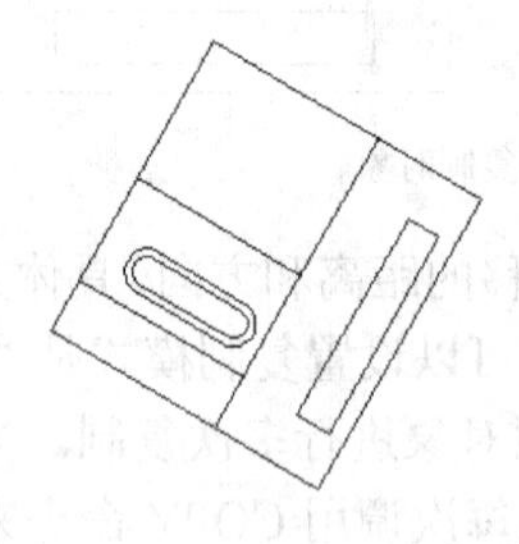

图5-10 旋转对象

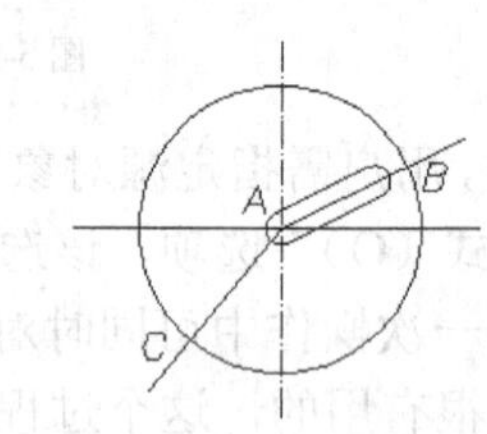

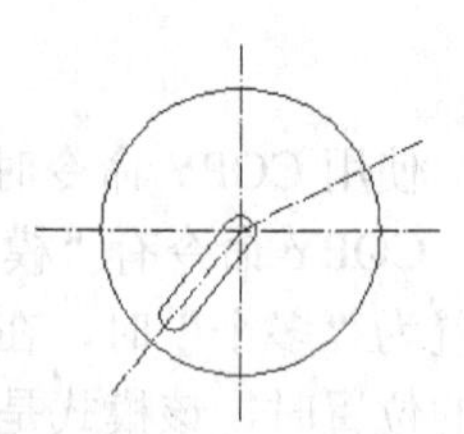

图5-11 使用“参照（R）”选项旋转图形

5.1.5 对齐实体

ALIGN命令可以同时移动、旋转一个对象使之与另一对象对齐。例如，用户可以使图形对象中某点、某条直线或某一个面（三维实体中的面）与另一实体的点、线、面对齐。操作过程中用户只需按照AutoCAD提示指定源对象与目标对象的1点、2点或3点对齐就可以了。

命令启动方法

- 功能区：单击【常用】选项卡【修改】面板底部的 修改 ▾ 按钮，在打开的下拉列表中单击 按钮。
- 命令：ALIGN或简写AL。

【例5-5】 练习ALIGN命令。

打开素材文件“dwg\第05章\5-5.dwg”，如图5-12左图所示。用ALIGN命令将左图修改为右图。

```
命令: align
选择对象: 指定对角点: 找到 8 个   //选择源对象(上边的操场跑道)，如图 5-12 左图所示
选择对象:                                        //按 Enter 键
指定第一个源点:                                  //捕捉第一个源点 A
指定第一个目标点:                                //捕捉第一个目标点 B
指定第二个源点:                                  //捕捉第二个源点 D
指定第二个目标点:                                //捕捉第二个目标点 C
```

```
指定第三个源点或 <继续>:                        //按 Enter 键
是否基于对齐点缩放对象？[是(Y)/否(N)] <否>:     //按 Enter 键不缩放源对象
```

结果如图 5-12 右图所示。

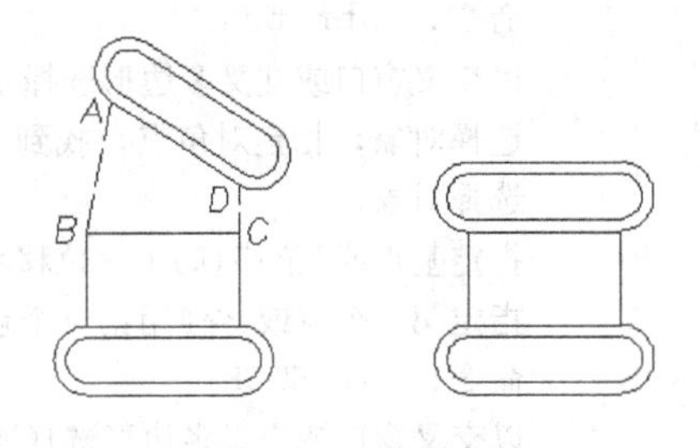

图 5-12 对齐对象

使用 ALIGN 命令时，可指定按照 1 个端点、2 个端点或 3 个端点对齐实体。在二维平面绘图中，一般仅需使源对象与目标对象按一个或两个端点进行对正。操作完成后源对象与目标对象的第一点将重合在一起，如果要使它们的第二个端点也重合，就需利用“基于对齐点缩放对象”选项缩放源对象。此时，第一目标点是缩放的基点，第一与第二源点间的距离是第一个参考长度，第一和第二目标点间的距离是新的参考长度，新的参考长度与第一个参考长度的比值就是缩放比例因子。

5.2 修饰对象

本节主要介绍打断、拉伸、按比例缩放及对齐对象的方法。

5.2.1 绘图任务——绘制工程改建平面图

【例 5-6】 打开素材文件“dwg\第 05 章\5-6.dwg”，如图 5-13 左图所示，此图为某工程原定平面图，图中四周实线为墙体，中间两圆为花园，画图比例为 1:1000，后欲改为右图。请跟随以下的操作步骤进行操作。

（1）打断直线，如图 5-14 所示。单击【常用】选项卡【修改】面板底部的 修改▼ 按钮，在打开下拉列表中单击按钮，AutoCAD 提示：

```
命令: _break 选择对象:                  //在 A 点处选择直线，如图 5-14 左图所示
指定第二个打断点或[第一点(F)]:          //在 B 点处单击一点
命令:                                   //重复命令
BREAK 选择对象:                         //在 C 点处选择直线
指定第二个打断点或[第一点(F)]:          //在 D 点处单击一点
命令:                                   //重复命令
BREAK 选择对象:                         //在 E 点处选择直线
指定第二个打断点或[第一点(F)]:          //在 F 点处选择直线
命令:                                   //重复命令
BREAK 选择对象:                         //在 G 点处选择直线
指定第二个打断点或[第一点(F)]:          //在 H 点处选择直线
```

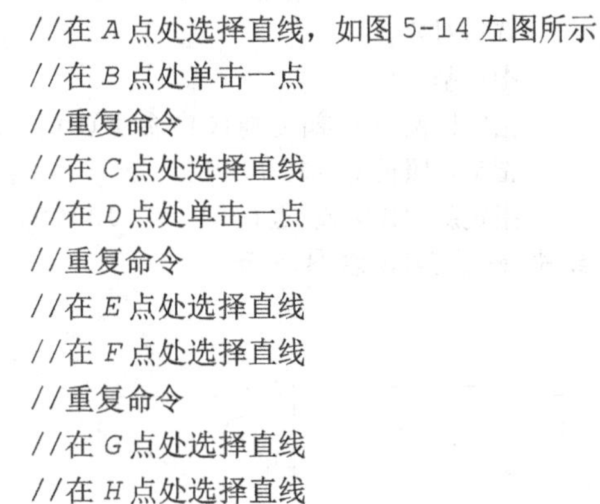

结果如图 5-14 右图所示。

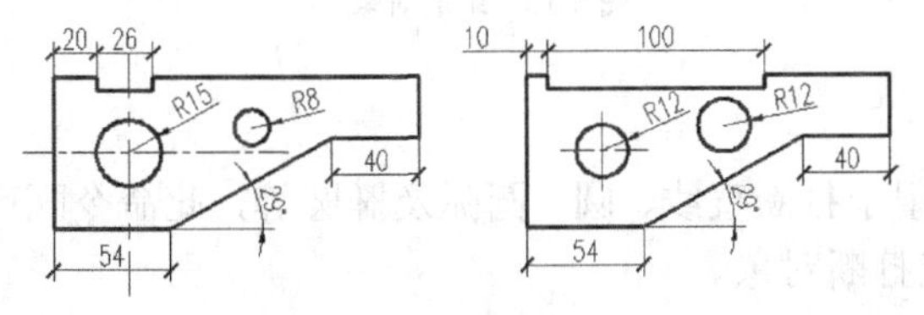

图 5-13 工程改建平面图

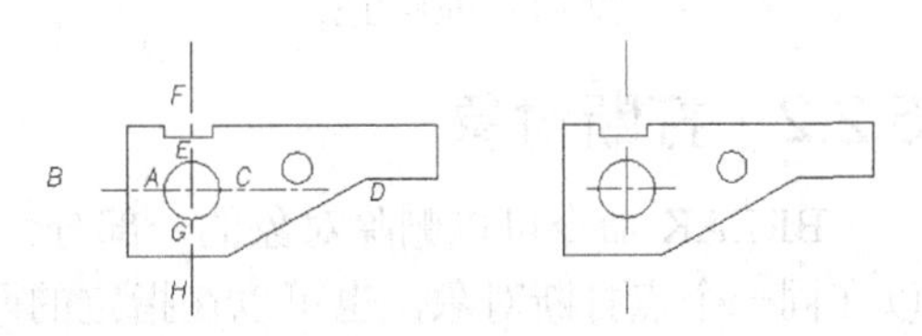

图 5-14 打断直线

（2）打开极轴追踪、对象捕捉及捕捉追踪功能。设置极轴追踪角度增量为 90°，设定对象捕捉方式为端点、圆心及交点，设置仅沿正交方向进行捕捉追踪。

（3）拉伸对象，如图5-15所示。单击【常用】选项卡【修改】面板上的拉伸按钮，AutoCAD提示：

```
命令: _stretch
以交叉窗口或交叉多边形选择要拉伸的对象...
选择对象: 指定对角点: 找到 3 个                    //利用交叉窗口选中线段 A、B、C
选择对象:                                          //按 Enter 键
指定基点或[位移(D)] <位移>:                        //在屏幕上单击一点
指定第二个点或 <使用第一个点作为位移>: 10           //向左追踪并输入追踪距离
命令: _STRETCH                                         //重复命令
以交叉窗口或交叉多边形选择要拉伸的对象...
选择对象: 指定对角点: 找到 3 个                    //利用交叉窗口选中直线 A、D、E
选择对象:                                          //按 Enter 键
指定基点或[位移(D)] <位移>:                        //在屏幕上单击一点
指定第二个点或 <使用第一个点作为位移>: 64           //向右追踪并输入追踪距离
```

再删除多余线条，结果如图5-15右图所示。

（4）放大圆 H，缩小圆 I，如图5-16所示。单击【常用】选项卡【修改】面板上的缩放按钮，AutoCAD提示：

```
命令: _scale
选择对象: 找到 1 个                                //选择圆 H
选择对象:                                          //按 Enter 键
指定基点:                                          //捕捉圆 H 的圆心
指定比例因子或[复制(C)/参照(R)] <1.0000>: 1.5            //输入缩放比例因子
命令:SCALE                                         //重复命令
选择对象: 指定对角点: 找到 3 个                    //选择圆 I 及两条中心线
选择对象:                                          //按 Enter 键
指定基点:                                          //捕捉圆 I 的圆心
指定比例因子或[复制(C)/参照(R)] <1.5000>:r //使用“参照(R)”选项
指定参照长度 <1.0000>: 15                          //输入参考长度
指定新的长度或[点(P)] <1.0000>: 12                  //输入缩放后的新长度
```

结果如图5-16右图所示。

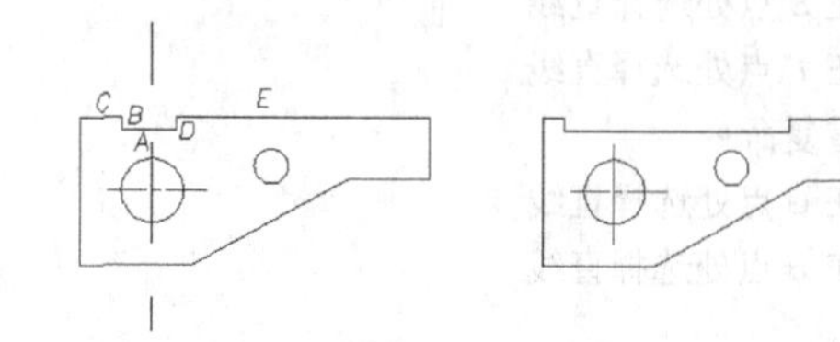

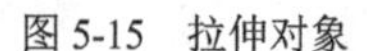
图5-15　拉伸对象

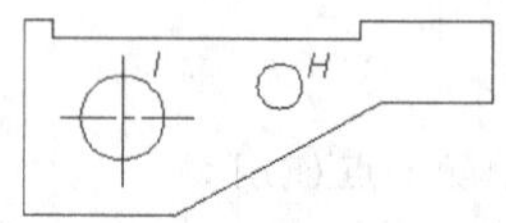

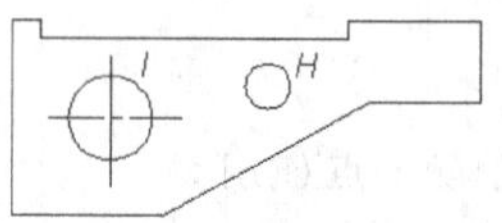

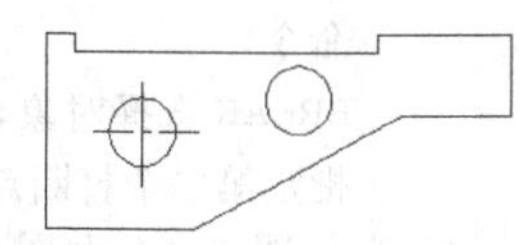

图5-16　缩放对象

5.2.2　打断对象

BREAK命令可以删除对象的一部分，常用于打断直线、圆、圆弧及椭圆等，此命令既可以在同一个点打断对象，也可以在指定的两点打断对象。

命令启动方法

- 功能区：单击【常用】选项卡【修改】面板底部的修改▾按钮，在打开下拉列表中单击按钮（在两点之间打断选定的对象）或按钮（在一点打断选定的对象）。

- 命令：BREAK 或简写 BR。

【例 5-7】 练习 BREAK 命令。

打开素材文件“dwg\第 05 章\5-7.dwg”，如图 5-17 左图所示。用 BREAK 命令将左图修改为右图。

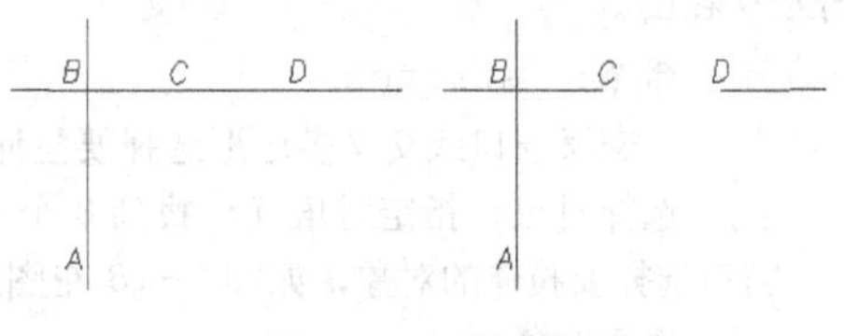

图 5-17 打断直线

```
命令：_break 选择对象：//在 C 点处选择对象，如图 5-17 左图所示
                                         //AutoCAD 将该点作为第一打断点
指定第二个打断点或[第一点(F)]：          //在 D 点处选择对象
命令：                                   //重复命令
BREAK 选择对象：                         //选择直线 A
指定第二个打断点或[第一点(F)]：f         //使用“第一点(F)”选项
指定第一个打断点：                       //捕捉交点 B
指定第二个打断点：@                      //第二打断点与第一打断点重合，直线 A 将在 B 点处断开
```

结果如图 5-17 右图所示。

在圆上选择两个打断点后，AutoCAD 沿逆时针方向将第一打断点与第二打断点间的那部分圆弧删除。

命令选项

- 指定第二个打断点：在图形对象上选取第二点后，AutoCAD 将第一打断点与第二打断点间的部分删除。
- 第一点（F）：该选项使用户可以重新指定第一打断点。

BREAK 命令还有以下操作方式。

（1）如果要删除直线、圆弧或多段线的一端，可在选择被打断的对象后，将第二打断点指定在要删除部分那端的外面。

（2）当 AutoCAD 提示输入第二打断点时，输入@，则 AutoCAD 将第一断点和第二断点视为同一点，这样就将一个对象拆分为二而没有删除其中的任何一部分。

5.2.3 拉伸对象

用户可使用 STRETCH 命令拉伸、缩短实体。该命令通过改变端点的位置来修改图形对象，编辑过程中除被伸长、缩短的对象外，其他图元的大小及相互间的几何关系将保持不变。

操作时，用户首先利用交叉窗口选择对象，如图 5-18 所示，然后指定一个基准点和另一个位移点，则 AutoCAD 将依据两点之间的距离和方向修改图形，凡在交叉窗口中的图元顶点都被移动，而与交叉窗口相交的图形元素将被延伸或缩短。此外，用户还可通过输入沿 x、y 轴的位移来拉伸图形，当 AutoCAD 提示“指定基点或位移:”时，直接输入位移值，当提示“指定位移的第二点”时，按 Enter 键完成操作。

如果图样沿 x 或 y 轴方向的尺寸有错误，或是想调整图形中某部分实体的位置，就可使用 STRETCH 命令。

命令启动方法

- 功能区：单击【常用】选项卡【修改】面板上的 拉伸 按钮。
- 命令：STRETCH 或简写 S。

【例 5-8】 练习 STRETCH 命令。

打开素材文件“dwg\第 05 章\5-8.dwg”，如图 5-18 左图所示。用 STRETCH 命令将左图

修改为右图。

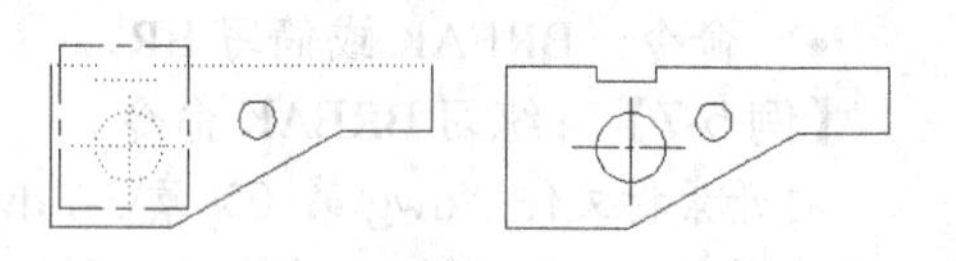

图 5-18　拉伸对象

```
命令: _stretch
以交叉窗口或交叉多边形选择要拉伸的对象
选择对象: 指定对角点: 找到 8 个　　//以交叉窗口选择要拉伸的对象，如图 5-18 左图所示
选择对象:                                   //按 Enter 键
指定基点或[位移(D)] <位移>:                  //在屏幕上单击一点
指定第二个点或 <使用第一个点作为位移>: 20      //向右追踪并输入追踪距离
```

结果如图 5-18 右图所示。

5.2.4 按比例缩放对象

用 SCALE 命令可将对象按指定的比例因子相对于基点放大或缩小。使用此命令时，用户可以用下面的两种方式缩放对象。

- 选择缩放对象的基点，然后输入缩放比例因子。在按比例变换图形的过程中，缩放基点在屏幕上的位置将保持不变，它周围的图元以此点为中心按给定的比例因子放大或缩小。
- 输入一个数值或拾取两点来指定一个参考长度（第一个数值），然后再输入新的数值或拾取另外一点（第二个数值），则 AutoCAD 会计算两个数值的比率并以此比率作为缩放比例因子。当用户想将某一对象放大到特定尺寸时，就可使用这种方法。

命令启动方法

- 功能区：单击【常用】选项卡【修改】面板上的缩放按钮。
- 命令：SCALE 或简写 SC。

【例 5-9】 练习 SCLAE 命令。

打开素材文件“dwg\第 05 章\5-9.dwg”，如图 5-19 左图所示。用 SCALE 命令将左图修改为右图。

```
命令: _scale
选择对象: 指定对角点: 找到 1 个          //选择矩形 A，如图 5-19 左图所示
选择对象:                              //按 Enter 键
指定基点:                              //捕捉交点 C
指定比例因子或[复制(C)/参照(R)] <1.0000>: 3        //输入缩放比例因子
命令:                                  //重复命令
SCALE
选择对象: 指定对角点: 找到 4 个          //选择线框 B
选择对象:                              //按 Enter 键
指定基点:                              //捕捉交点 D
指定比例因子或[复制(C)/参照(R)] <3.0000>: r    //使用“参照(R)”选项
指定参照长度 <1.0000>:                  //捕捉交点 D
指定第二点:                            //捕捉交点 E
指定新的长度或[点(P)] <1.0000>:          //捕捉交点 F
```

结果如图 5-19 右图所示。

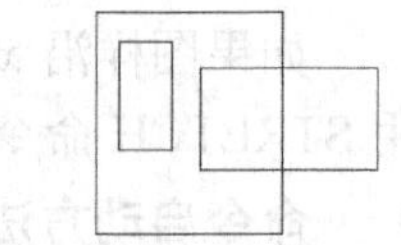

图 5-19　缩放图形

命令选项

- 指定比例因子：直接输入缩放比例因子，AutoCAD 根据此比例因子缩放图形。若比例因子小于 1，则缩小对象；否则放大对象。

- 参照（R）：以参照方式缩放图形。用户输入参考长度及新长度，AutoCAD 把新长度与参考长度的比值作为缩放比例因子进行缩放。

5.3 关键点编辑方式

关键点编辑方式是一种集成的编辑模式，该模式包含了下列 5 种编辑方法。

- 拉伸。
- 移动。
- 旋转。
- 比例缩放。
- 镜像。

缺省情况下，AutoCAD 的关键点编辑方式是开启的，当用户选择实体后，实体上将出现若干方框，这些方框被称为关键点。把十字光标靠近方框并单击左键，就激活关键点编辑状态，此时，AutoCAD 自动进入"拉伸"编辑方式，连续按 Enter 键，就可以在所有编辑方式间切换。此外，用户也可在激活关键点后，再单击鼠标右键，弹出快捷菜单，如图 5-20 所示，通过此菜单就能选择某种编辑方法。

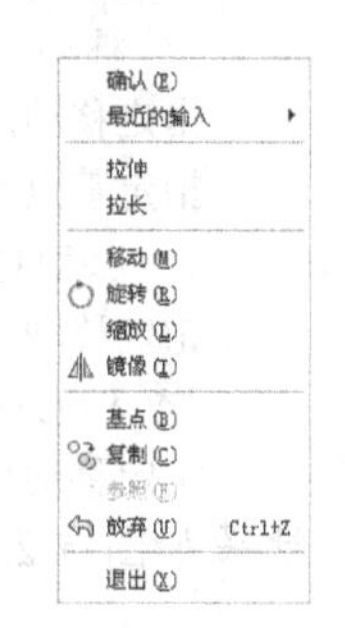

图 5-20 屏幕快捷菜单

在不同的编辑方式间切换时，用户可能已经观察到 AutoCAD 为每种编辑方法提供的选项基本相同，其中"基点（B）"和"复制（C）"选项是所有编辑方式所共有的。

- 基点（B）：该选项使用户可以拾取某一个点作为编辑过程的基点。例如，当进入了旋转编辑模式，并要指定一个点作为旋转中心时，就使用"基点（B）"选项。缺省情况下，编辑的基点是热关键点（选中的关键点）。
- 复制（C）：如果用户在编辑的同时还需复制对象，则选取此选项。

下面通过一些例子使读者熟悉关键点编辑方式。

5.3.1 利用关键点拉伸

在拉伸编辑模式下，当热关键点是线条的端点时，将有效地拉伸或缩短对象。如果热关键点是线条的中点、圆或圆弧的圆心或者它属于块、文字及尺寸数字等实体时，这种编辑方式就只移动对象。

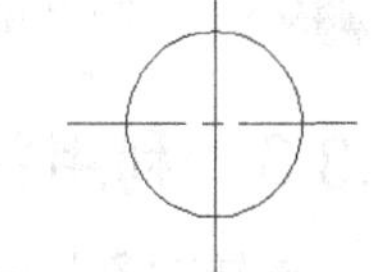

图 5-21 拉伸图元

【例 5-10】 利用关键点拉伸圆的中心线。

打开素材文件"例 5-10.dwg"，如图 5-21 左图所示。利用关键点拉伸模式将左图修改为右图。

```
命令: <正交 开>                              //打开正交
命令:                                         //选择直线 B
命令:                                         //选中关键点 A
** 拉伸 **                                    //进入拉伸模式
指定拉伸点或[基点(B)/复制(C)/放弃(U)/退出(X)]:       //向右移动光标拉伸直线 A
```

结果如图 5-21 右图所示。

小技巧

打开正交状态后就可利用关键点拉伸模式很方便地改变水平或竖直直线的长度。

5.3.2　利用关键点移动和复制对象

关键点移动模式可以编辑单一对象或一组对象，在此方式下使用“复制（C）”选项就能在移动实体的同时进行复制。这种编辑模式的使用与普通的 MOVE 命令很相似。

【例 5-11】　利用关键点复制对象。

打开素材文件“dwg\第 05 章\5-11.dwg”，如图 5-22 左图所示。利用关键点移动模式将左图修改为右图。

```
命令:                                                    //选择矩形 A
命令:                                                    //选中关键点 B
** 拉伸 **
指定拉伸点或[基点(B)/复制(C)/放弃(U)/退出(X)]:             //进入拉伸模式
** 移动 **                                               //按 Enter 键进入移动模式
指定移动点或[基点(B)/复制(C)/放弃(U)/退出(X)]: c           //利用选项“复制(C)”进行复制
** 移动(多重)**
指定移动点或[基点(B)/复制(C)/放弃(U)/退出(X)]: b           //使用选项“基点(B)”
指定基点:                                                //捕捉 C 点
** 移动(多重)**
指定移动点或[基点(B)/复制(C)/放弃(U)/退出(X)]:             //捕捉 D 点
** 移动(多重)**
指定移动点或[基点(B)/复制(C)/放弃(U)/退出(X)]:             //按 Enter 键结束
```

结果如图 5-22 右图所示。

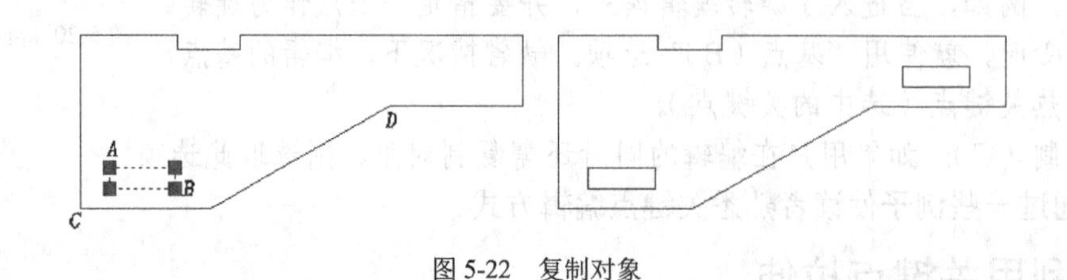

图 5-22　复制对象

处于关键点编辑模式下，按住 Shift 键，AutoCAD 将自动在编辑实体的同时复制对象。

5.3.3　利用关键点旋转对象

旋转对象是绕旋转中心进行的。当使用关键点编辑模式时，热关键点就是旋转中心，但用户可以指定其他点作为旋转中心。这种编辑方法与 ROTATE 命令相似，它的优点在于旋转对象的同时还可复制对象。

旋转操作中“参照（R）”选项有时非常有用，该选项可以使用户旋转图形实体使其与某个新位置对齐，下面的练习将演示此选项的用法。

【例 5-12】　利用关键点旋转对象。

打开素材文件“dwg\第 05 章\5-12.dwg”，如图 5-23 左图所示。利用关键点旋转模式将左图修改为右图。

```
命令:                                                    //选择线框 A，如图 5-23 左图所示
命令:                                                    //选中任意一个关键点
```

```
** 拉伸 **                                        //进入拉伸模式
指定拉伸点或[基点(B)/复制(C)/放弃(U)/退出(X)]:    //按Enter键进入移动模式
** 移动 **
指定移动点或[基点(B)/复制(C)/放弃(U)/退出(X)]:    //按Enter键进入旋转模式
** 旋转 **
指定旋转角度或[基点(B)/复制(C)/放弃(U)/参照(R)/退出(X)]: b
                                    //使用"基点(B)"选项指定旋转中心
指定基点:                            //捕捉圆心 O 作为旋转中心
** 旋转 **
指定旋转角度或[基点(B)/复制(C)/放弃(U)/参照(R)/退出(X)]: r
                              //使用"参照(R)"选项指定图形旋转到的位置
指定参照角 <0>:                //捕捉圆心 O
指定第二点:                    //捕捉端点 B
** 旋转 **
指定新角度或[基点(B)/复制(C)/放弃(U)/参照(R)/退出(X)]:
                               //捕捉端点 C
```

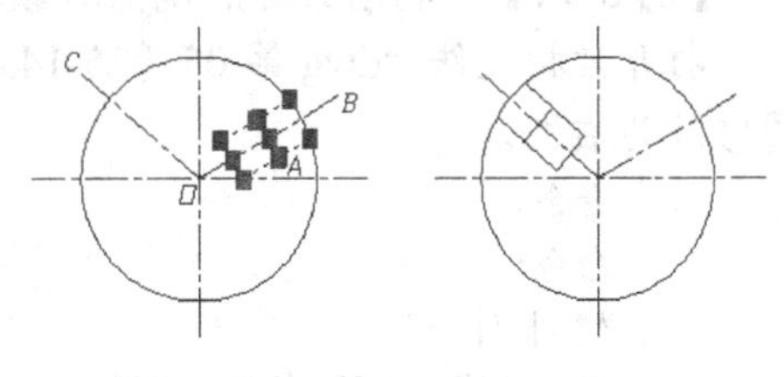

图 5-23　旋转图形

结果如图 5-23 右图所示。

5.3.4　利用关键点缩放对象

关键点编辑模式也提供了缩放对象的功能。当切换到缩放模式时，当前激活的热关键点是缩放的基点。用户可以输入比例系数对实体进行放大或缩小，也可利用“参照（R）”选项将实体缩放到某一尺寸。

【例 5-13】　利用关键点缩放模式缩放对象。

打开素材文件“dwg\第 05 章\5-13.dwg”，如图 5-24 左图所示。利用关键点缩放模式将左图修改为右图。

```
命令:                                             //选择线框 A，如图 5-24 左图所示
命令:                                             //选中任意一个关键点
** 拉伸 **                                        //进入拉伸模式
指定拉伸点或[基点(B)/复制(C)/放弃(U)/退出(X)]:    //按Enter键进入移动模式
** 移动 **
指定移动点或[基点(B)/复制(C)/放弃(U)/退出(X)]:    //按Enter键进入旋转模式
** 旋转 **
指定旋转角度或[基点(B)/复制(C)/放弃(U)/参照(R)/退出(X)]:
                                                  //按Enter键进入缩放模式
** 比例缩放 **
指定比例因子或[基点(B)/复制(C)/放弃(U)/参照(R)/退出(X)]: b
                                                  //使用"基点(B)"选项指定缩放基点
指定基点:                                         //捕捉交点 B
** 比例缩放 **
指定比例因子或[基点(B)/复制(C)/放弃(U)/参照(R)/退出(X)]: 2
                                                  //输入缩放比例值
```

结果如图 5-24 右图所示。

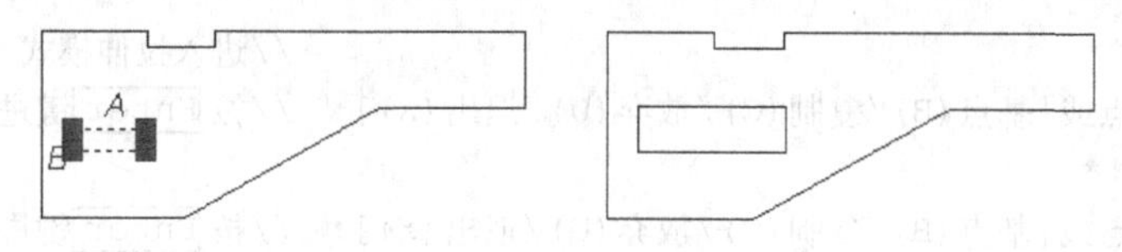

图 5-24　缩放对象

5.3.5　利用关键点镜像对象

进入镜像模式后，AutoCAD 直接提示“指定第二点”。缺省情况下，热关键点是镜像线的第一点，在拾取第二点后，此点便与第一点一起形成镜像线。如果用户要重新设定镜像线的第一点，就通过“基点（B）”选项。

【例 5-14】　利用关键点镜像对象。

打开素材文件“dwg\第 05 章\5-14.dwg”，如图 5-25 左图所示。利用关键点镜像模式将左图修改为右图。

```
命令:                                                     //选择要镜像的对象，如图 5-25 左图所示
命令:                                                     //选中关键点 A
** 拉伸 **                                                //进入拉伸模式
指定拉伸点或[基点(B)/复制(C)/放弃(U)/退出(X)]:              //按 Enter 键进入移动模式
** 移动 **
指定移动点或[基点(B)/复制(C)/放弃(U)/退出(X)]:              //按 Enter 键进入旋转模式
** 旋转 **
指定旋转角度或[基点(B)/复制(C)/放弃(U)/参照(R)/退出(X)]:     //按 Enter 键进入缩放模式
** 比例缩放 **
指定比例因子或[基点(B)/复制(C)/放弃(U)/参照(R)/退出(X)]://按 Enter 键进入镜像模式
** 镜像 **
指定第二点或[基点(B)/复制(C)/放弃(U)/退出(X)]: c             //镜像并复制
** 镜像(多重)**
指定第二点或[基点(B)/复制(C)/放弃(U)/退出(X)]:                //捕捉端点 B
** 镜像(多重)**
指定第二点或[基点(B)/复制(C)/放弃(U)/退出(X)]:                //按 Enter 键结束
```

结果如图 5-25 右图所示。

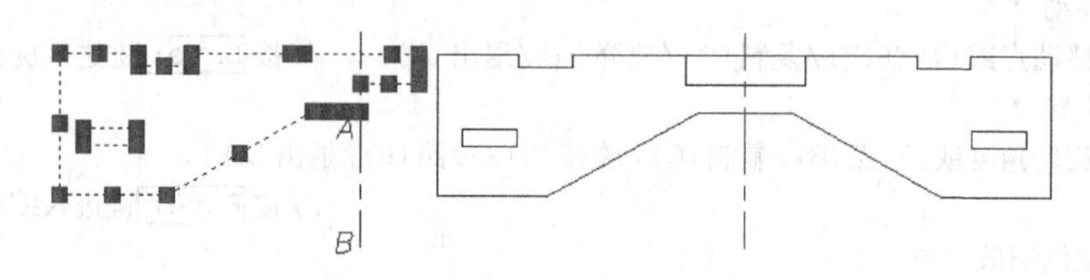

图 5-25　镜像对象

激活关键点编辑模式后，可通过输入下列字母直接进入某种编辑方式。

- MI　——镜像。
- MO　—— 移动。
- RO　—— 旋转。
- SC　—— 缩放。
- ST　—— 拉伸。

5.3.6 多功能夹点

AutoCAD2012 多功能夹点命令可支持直接操作，能够加速并简化编辑工作。相对以前的版本有很多优化和改进的地方，经扩充后，功能强大、效率出众的多功能夹点得以广泛应用于直线、弧线、椭圆弧、尺寸和多重引线，另外还可以用于多段线和影线物件上。在一个夹点上悬停即可查看相关命令和选项。

【例 5-15】 利用多功能夹点命令绘制图形。

（1）执行 LINE 命令，AutoCAD 提示：

命令：_line 指定第一点：

指定下一点或[放弃(U)]：50 //输入线段长度，指定下一点

指定下一点或[放弃(U)]： //按 ENTER 结束命令

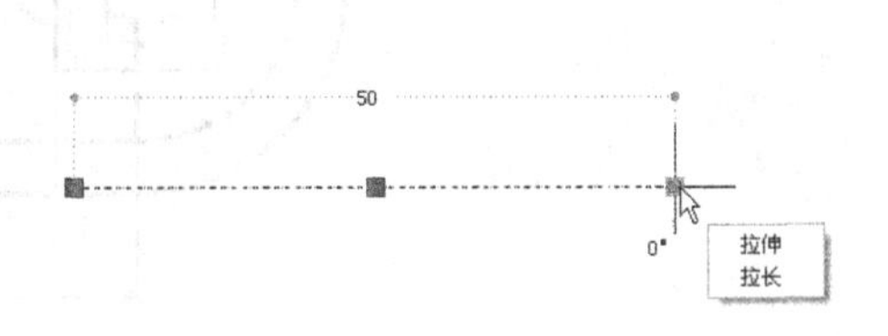

图 5-26 多功能夹点

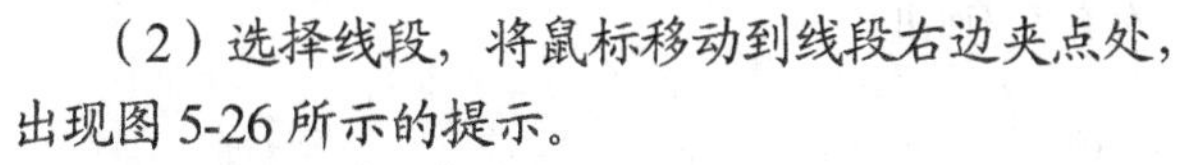

（2）选择线段，将鼠标移动到线段右边夹点处，出现图 5-26 所示的提示。

（3）选择“拉长”选项，AutoCAD 提示：

命令：

** 拉长 **

指定端点:20 //输入线段长度，指定端点

（4）执行 CIRCLE 命令，绘制半径为 30 的圆，结果如图 5-27 所示。

（5）利用关键点复制对象方式，绘制圆另一条中心线，如图 5-28 所示。

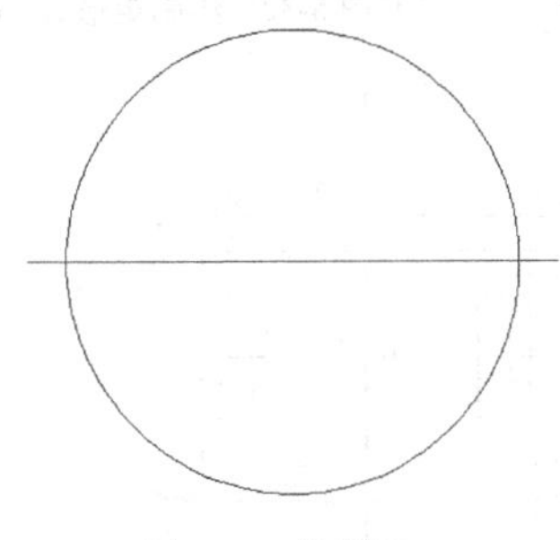

图 5-27 绘制圆

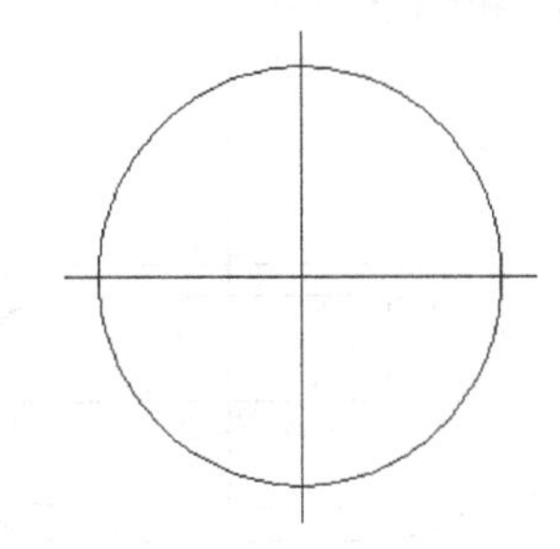

图 5-28 绘制圆另一条中心线

5.4 综合练习——绘制体育场平面图

【例 5-16】 绘制图 5-29 所示的某体育场平面图。

（1）打开极轴追踪、对象捕捉及捕捉追踪功能。设置极轴追踪角度增量为 90°，设定对象捕捉方式为端点、圆心及交点等，设置仅沿正交方向进行捕捉追踪。

（2）画两条绘图基准线 *A*、*B*，线段 *A* 的长度约为 210，线段 *B* 的长度约为 160，如图 5-30 所示。

（3）用 OFFSET、TRIM、CIRCLE 及 LINE 等命令形成线框 *C*、*D*，如图 5-31 所示。

（4）用 LINE、RECTANG 等命令绘制矩形 *E*、*F* 和线段 G，如图 5-32 所示。

（5）用 CIRCLE、TRIM 命令绘制圆 *O* 和半圆 *H*，如图 5-33 所示。

（6）用镜像命令绘制体育场的另一部分，结果如图 5-34 所示。

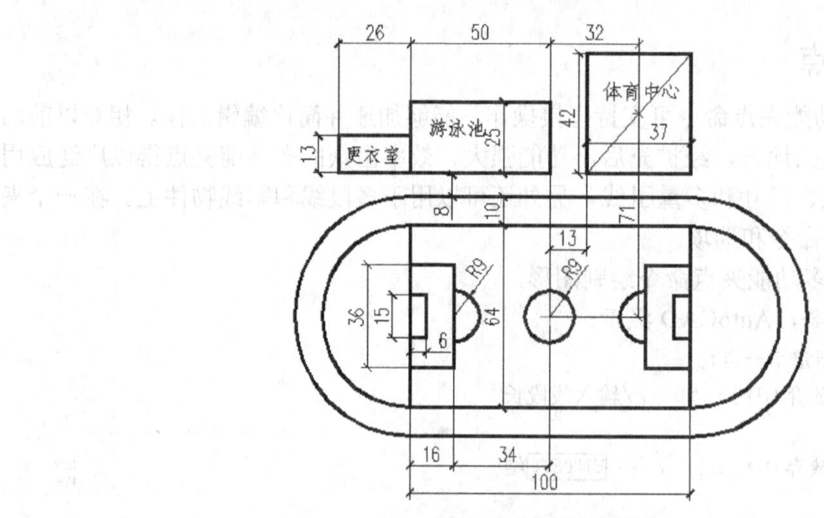

图 5-29　体育场平面图

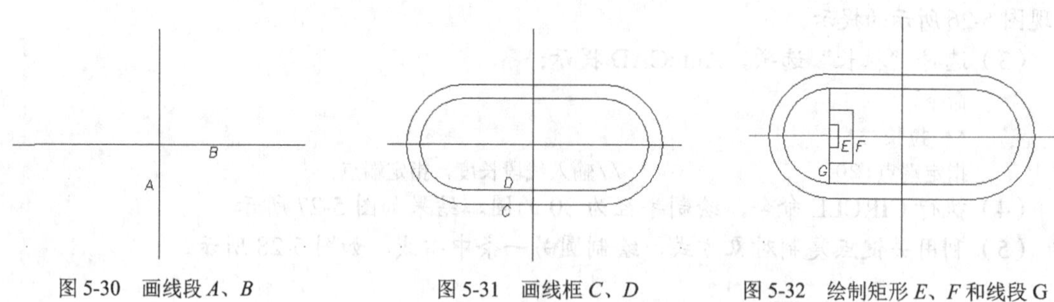

图 5-30　画线段 *A*、*B*　　图 5-31　画线框 *C*、*D*　　图 5-32　绘制矩形 *E*、*F* 和线段 G

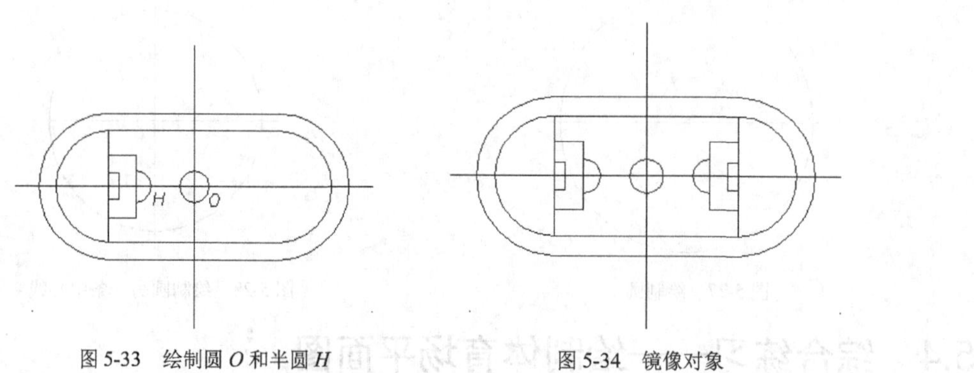

图 5-33　绘制圆 *O* 和半圆 *H*　　图 5-34　镜像对象

（7）用 RECTANG 命令绘制矩形 *I*，如图 5-35 所示。

（8）复制矩形 *I*，用 STRETCH 命令拉伸移动矩形，连接矩形的两顶点，结果如图 5-36 所示。

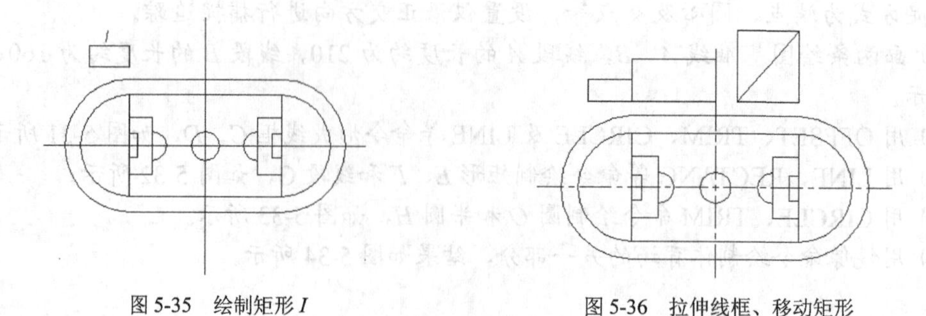

图 5-35　绘制矩形 *I*　　图 5-36　拉伸线框、移动矩形

5.5 习题

一、填空题

1. MOVE 命令的简写为________，COPY 命令的简写为________，ROTATE 命令的简写为________。

2. 使用 MOVE 命令移动对象时，若把对象沿 30°方向移动 100 个单位，则位移表示形式为________。

3. 使用 ROTATE 命令旋转对象，若把对象从 30°方向旋转到 150°方向，则旋转角为________。若把对象从 30°方向旋转到-60°方向，则旋转角为________。

4. 使用 ALIGN 命令对齐实体时，最多可指定________对对齐点。操作完成后，第________对对齐点将重合在一起。

5. 用 STRETCH 命令拉伸对象时，一般使用________窗口选择对象。

6. 关键点编辑模式提供了________种编辑方法，它们是________。

二、选择题

1. 复制对象的命令是（　　）。

A．C　　B．CO　　C．LEN　　D．RO

2. 拉伸对象的命令是（　　）。

A．LENGTHEN　　B．EXTEND　　C．STRETCH　　D．BREAK

3. BREAK 命令用于（　　）。

A．修剪对象　　B．延伸对象　　C．旋转对象　　D．打断对象

4. 用 SCALE 命令把对象缩小到原尺寸的 30%，则缩放比例因子为（　　）。

A．0.30　　B．1.3　　C．0.7　　D．1.5

5. 要使第二打断点与第一打断点重合，则第二打断点的输入方式为（　　）。

A．@1,0　　B．@1<90　　C．@0,1　　D．@

6. 已指定移动的基点，若输入第二点的相对坐标为@100<35，则对象移动的距离和方向为（　　）。

A．110,35°　　B．100,35°　　C．135,5°　　D．35,100°

三、问答题

1. 移动和复制对象时，可通过哪两种方式指定对象位移的距离和方向？
2. 如果要将图形对象从当前位置旋转到与另一位置对齐，应如何操作？
3. 当绘制有倾斜方向的图形对象时，一般应采取怎样的绘图方法才更方便一些？
4. 若要将直线在同一点打断，应怎样操作？
5. 使用 STRETCH 命令时，能利用矩形窗口选择对象吗？
6. 关键点编辑模式提供了哪几种编辑方法？
7. 如果想在旋转对象的同时复制对象，应如何操作？

四、实战题

1. 打开素材文件“dwg\第 05 章\习题 5-1.dwg”，请参考图 5-37 中的左图。用 ROTATE 和 COPY 命令将左图修改为右图。

2. 绘制图 5-38 所示的图形。

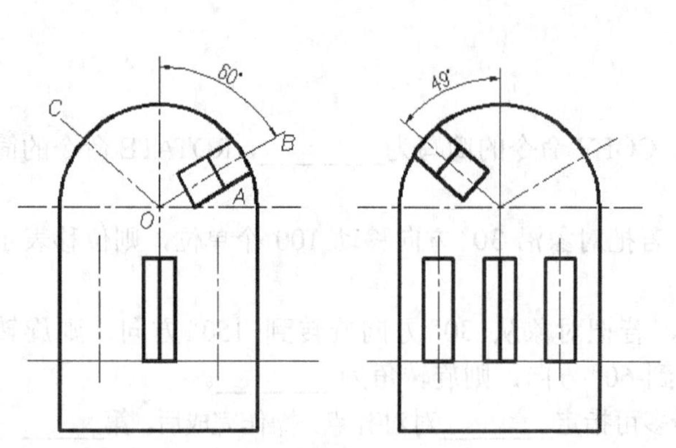

图 5-37　旋转和复制　　　　图 5-38　复制、拉伸及镜像

3．绘制图 5-39 所示的图形。

4．绘制图 5-40 所示的图形。

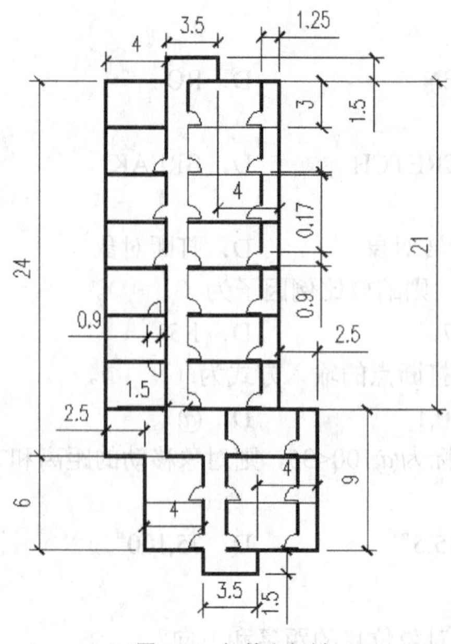

图 5-39　拉伸和复制

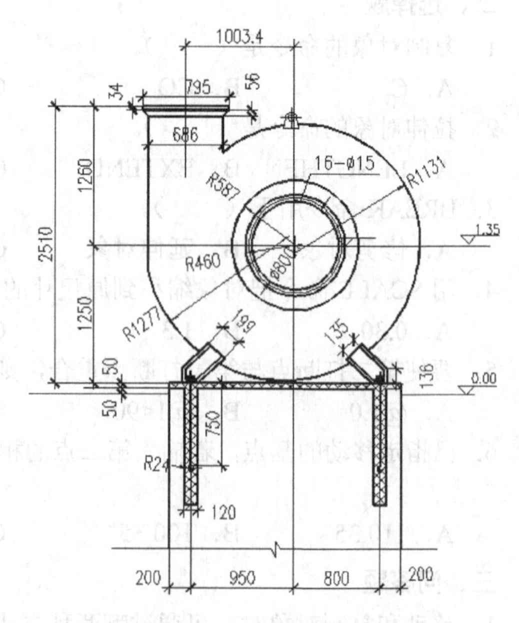

图 5-40　用 ALIGN 命令定位图形

5．绘制图 5-41 所示的建筑装饰图案。

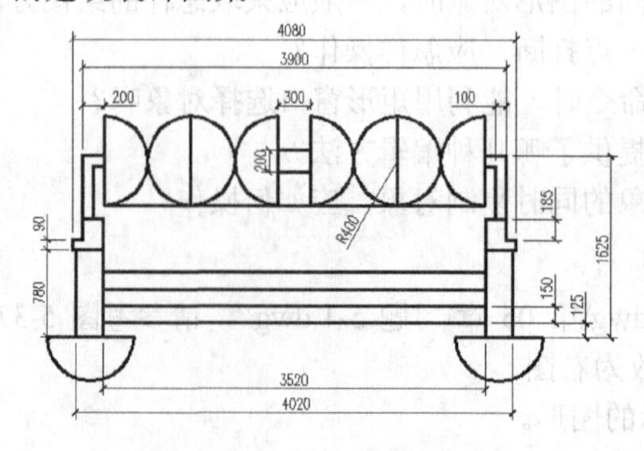

图 5-41　建筑装饰图案

第 6 章　参数化绘图

AutoCAD 2012 强大的参数化绘图功能可让读者通过基于设计意图的图形对象约束来大大提高生产力。几何和尺寸约束帮助确保在对象修改后还保持特定的关联及尺寸。

通过本章的学习，读者可以掌握参数化绘图的相关基本概念、方法与技巧。

【学习目标】

- 熟悉约束的概念及其使用、删除或释放。
- 掌握对对象进行的几何约束。
- 掌握约束对象之间的距离和角度。

6.1　约束概述

本节主要内容包括约束的概念及其类型。

6.1.1　绘图任务——参数化绘图方法绘制建筑平面图形

【例 6-1】　利用参数化绘图方法绘制图 6-1 所示的建筑平面图形。

（1）设置绘图环境。

① 设定对象捕捉方式为端点、中点，启用对象捕捉追踪和极轴追踪。

② 创建“图形”、“中心线”图层，并将“中心线”图层置为当前图层。

（2）利用极轴追踪绘制中心线。

（3）绘制圆及椭圆。

① 将“图形”图层置为当前图层。单击【常用】选项卡【绘图】面板上的按钮，AutoCAD 提示如下。

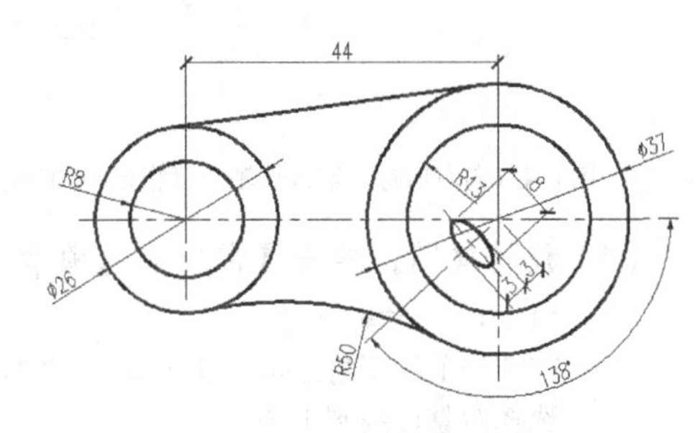

图 6-1　平面图形

```
命令: _circle 指定圆的圆心或[三点(3P)/两点(2P)/切点、切点、半径(T)]:
                                        //捕捉 A 点指定圆心，如图 6-2 所示
指定圆的半径或[直径(D)] <9.0000>: 8      //输入圆半径
命令:                                    //按 Enter 键重复执行命令
CIRCLE 指定圆的圆心或[三点(3P)/两点(2P)/切点、切点、半径(T)]:
                                        //捕捉 A 点指定圆心
指定圆的半径或[直径(D)] <8.0000>: 13     //输入圆半径
```

结果如图 6-2 所示。

② 复制圆。单击【常用】选项卡【修改】面板上的复制按钮，AutoCAD 提示如下。

```
命令: _copy
选择对象: 指定对角点: 找到 2 个          //选取绘制的两个圆
选择对象:                                //按 Enter 键结束选择
```

当前设置：　复制模式 = 多个
指定基点或[位移(D)/模式(O)] <位移>:　　　　　　//捕捉 A 点指定基点
指定第二个点或 <使用第一个点作为位移>:　　　　　//捕捉 B 点指定第二点
指定第二个点或[退出(E)/放弃(U)] <退出>:　　　　//按 Enter 键结束命令

结果如图 6-3 所示。

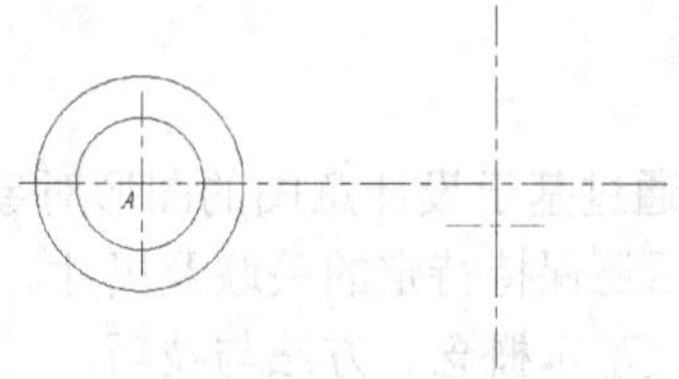

图 6-2　绘制圆　　　　图 6-3　复制圆

③ 绘制椭圆。单击【常用】选项卡【绘图】面板上的按钮，AutoCAD 提示如下。

命令：_ellipse
指定椭圆的轴端点或[圆弧(A)/中心点(C)]: _c
指定椭圆的中心点:　　　　　　//捕捉 C 点指定椭圆中心点，如图 6-4 所示
指定轴的端点：4　　　　　　　//向右追踪，输入长轴长度指定轴的端点，如图 6-4 所示
指定另一条半轴长度或[旋转(R)]: 1.5　//输入另一条半轴长度，结果如图 6-5 所示

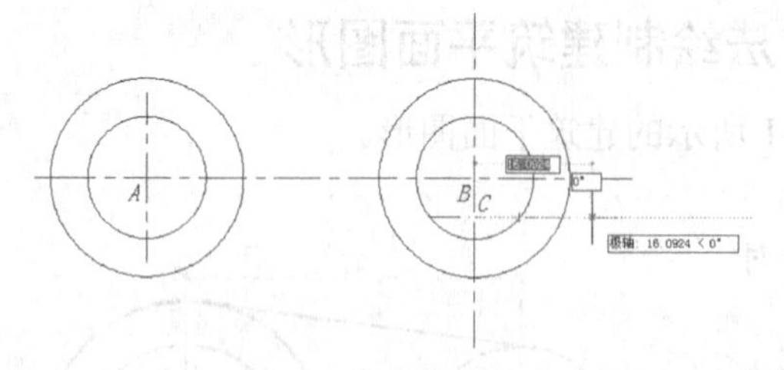

图 6-4　向右追踪，输入长轴长度指定轴的端点

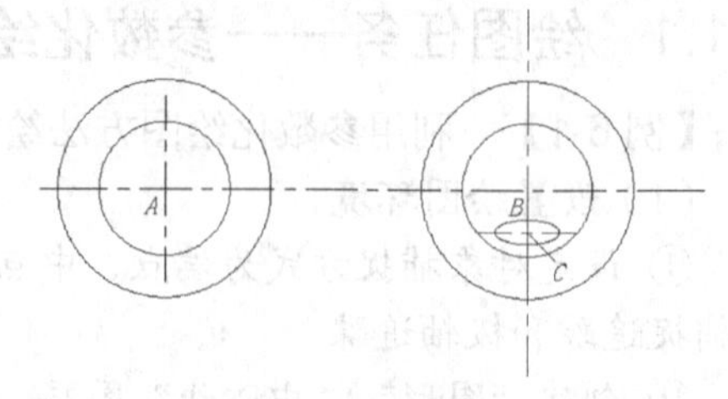

图 6-5　绘制椭圆

（4）旋转椭圆。单击【常用】选项卡【修改】面板上的 旋转 按钮，AutoCAD 提示如下。

命令：_rotate
UCS 当前的正角方向：　ANGDIR=逆时针　ANGBASE=0
选择对象：找到 1 个　　　　　　　　//依次选择椭圆及其两条中心线
选择对象：找到 1 个，总计 2 个
选择对象：找到 1 个，总计 3 个
选择对象:　　　　　　　　　　　　　//按 Enter 键结束选择
指定基点:　　　　　　　　　　　　　//捕捉 B 点指定基点，如图 6-5 所示
指定旋转角度，或[复制(C)/参照(R)] <0>:　-48　　//指定旋转角度

结果如图 6-6 所示。

（5）绘制切线及相切圆弧。

① 绘制切线。单击【常用】选项卡【绘图】面板上的按钮，AutoCAD 提示如下。

命令：_line 指定第一点：tan　　　　//输入 tan
到　　　　　　　　　　　　　　　　//在 A 圆上捕捉切点指定第一点，如图 6-7 所示
指定下一点或[放弃(U)]: tan　　　　//输入 tan
到　　　　　　　　　　　　　　　　//在 B 圆上捕捉切点指定第二点
指定下一点或[放弃(U)]:　　　　　　//按 Enter 键结束命令

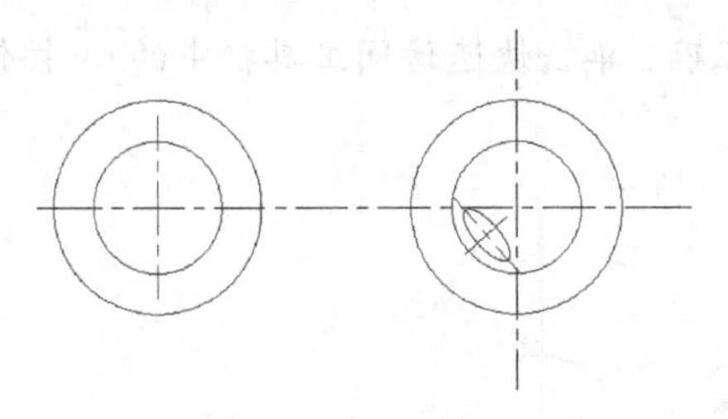

图 6-6　旋转椭圆

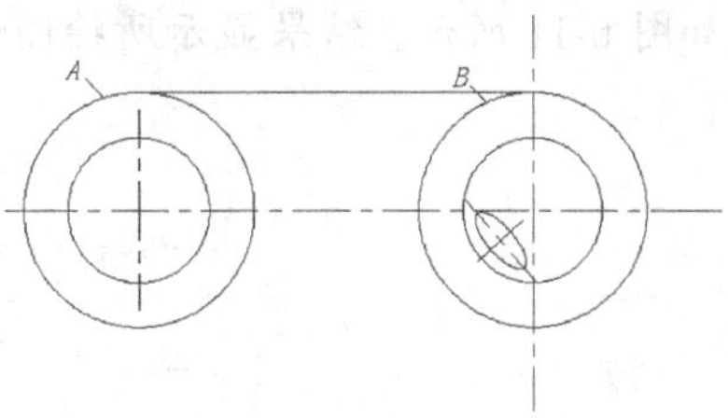

图 6-7　绘制切线

② 绘制相切圆弧。单击【常用】选项卡【绘图】面板上按钮后的按钮，在打开的列表中单击按钮，AutoCAD 提示如下。

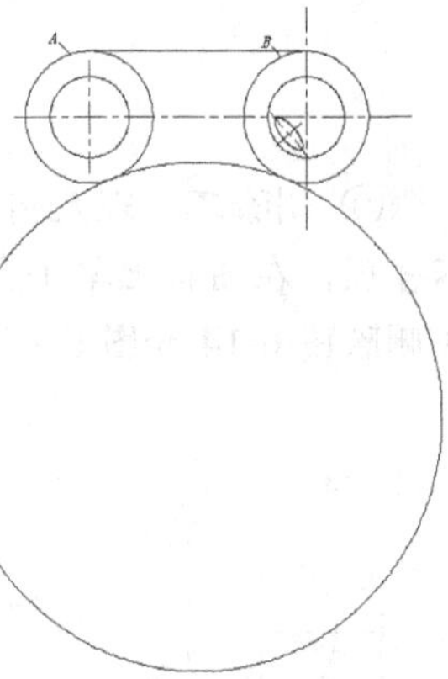

命令：_circle 指定圆的圆心或[三点(3P)/两点(2P)/切点、切点、半径(T)]：_ttr

指定对象与圆的第一个切点：　　　//指定与 A 圆切点

指定对象与圆的第二个切点：　　　//指定与 B 圆切点

指定圆的半径：50　　　//输入圆半径，结果如图 6-8 所示

图 6-8　绘制相切圆

③ 修剪图形，结果如图 6-9 所示。

（6）参数化绘图。

① 建立自动约束。单击【参数化】选项卡【几何】面板上的按钮，AutoCAD 提示如下。

命令：_AutoConstrain

选择对象或[设置(S)]:指定对角点：找到 12 个　　　// 框选全部图形

选择对象或[设置(S)]：　　　//按 Enter 键完成选择

已将 23 个约束应用于 12 个对象

结果如图 6-10 所示。

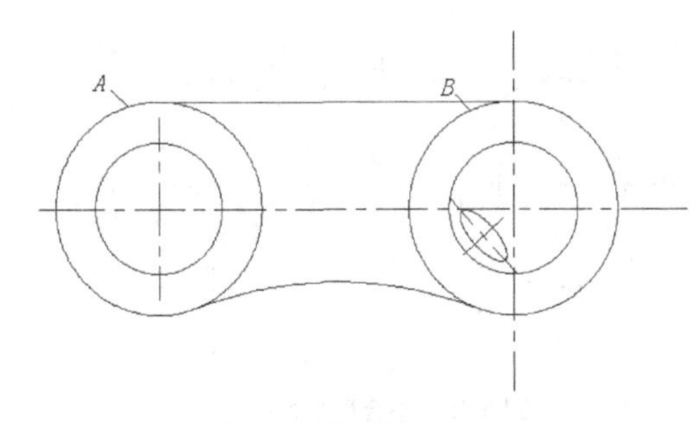

图 6-9　修剪图形

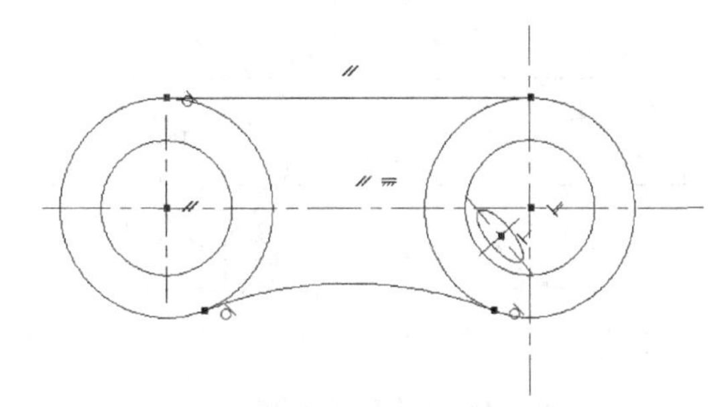

图 6-10　建立自动约束

② 建立直径标注约束。单击【参数化】选项卡【标注】面板上的按钮，AutoCAD 提示如下。

命令：_DimConstraint

当前设置：　约束形式 = 动态

选择要转换的关联标注或[线性(LI)/水平(H)/竖直(V)/对齐(A)/角度(AN)/半径(R)/直径(D)/形式(F)] <直径>:_Diameter

选择圆弧或圆：　　　//选择圆 B，如图 6-9 所示

标注文字 = 26　　　//按 Enter 键

指定尺寸线位置：　　　//输入直径 37

结果如图 6-11 所示。结果显示所绘图形不正确。单击快速访问工具栏中的按钮，放弃上述操作。

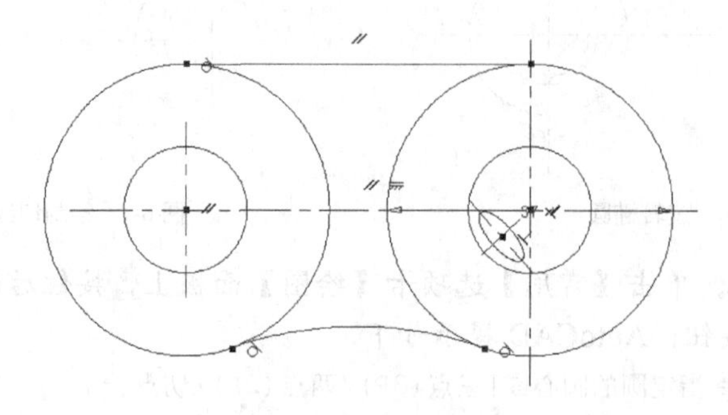

图 6-11　建立直径标注约束

③ 删除不合理几何约束。当鼠标指针移动到图 6-12 所示的位置时，显示所建重合约束不合理，在图标上单击鼠标右键，选择【删除】选项，如图 6-13 所示，删除该约束。同样方式删除图 6-14 和图 6-15 所示的重合约束、平行约束。

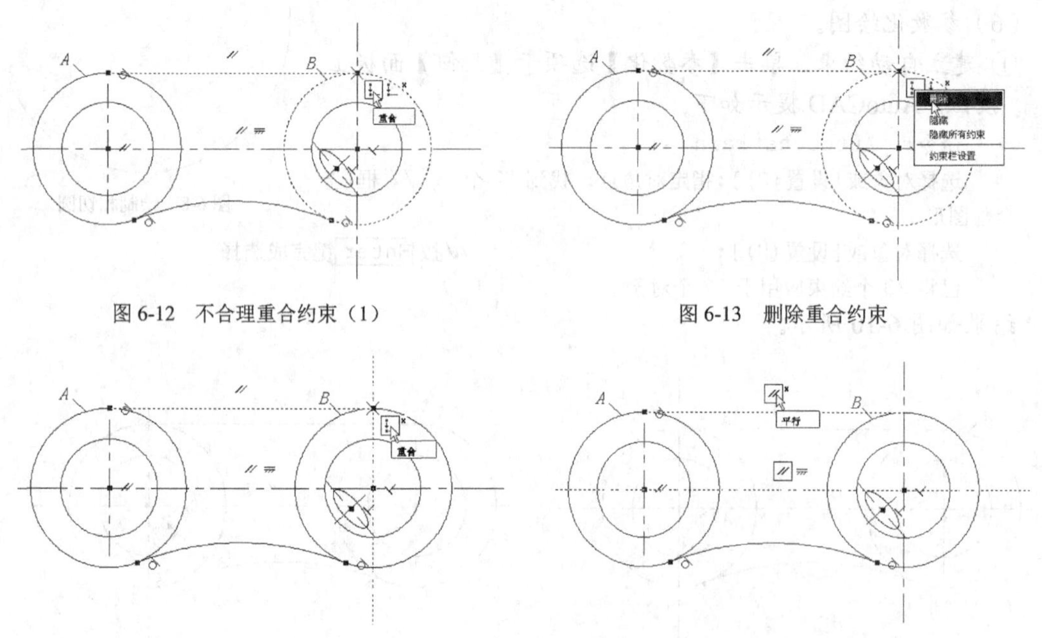

图 6-12　不合理重合约束（1）　　图 6-13　删除重合约束

图 6-14　不合理重合约束（2）　　图 6-15　不合理平行约束

④ 建立相切几何约束。单击【参数化】选项卡【几何】面板上的按钮，AutoCAD 提示如下。

```
命令: _GeomConstraint
输入约束类型[水平(H)/竖直(V)/垂直(P)/平行(PA)/相切(T)/平滑(SM)/重合(C)/同心(CON)/共线(COL)/对称(S)/相等(E)/固定(F)] <相切>:_Tangent
选择第一个对象:                         //选择线段 EF，如图 6-16 所示
选择第二个对象:                         //选择 B 圆
```

结果如图 6-16 所示。

⑤ 建立图 6-16 所示的圆 B 的直径标注约束，其约束直径为 37。

⑥ 建立图 6-16 所示的圆 *C* 的半径标注约束，其约束半径为 13，结果如图 6-17 所示。

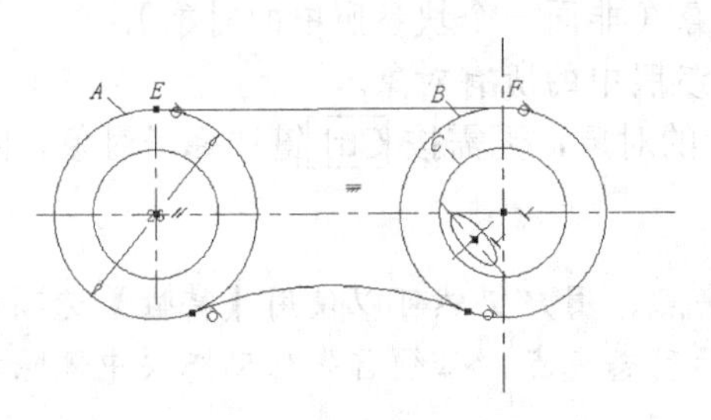

图 6-16 建立相切几何约束

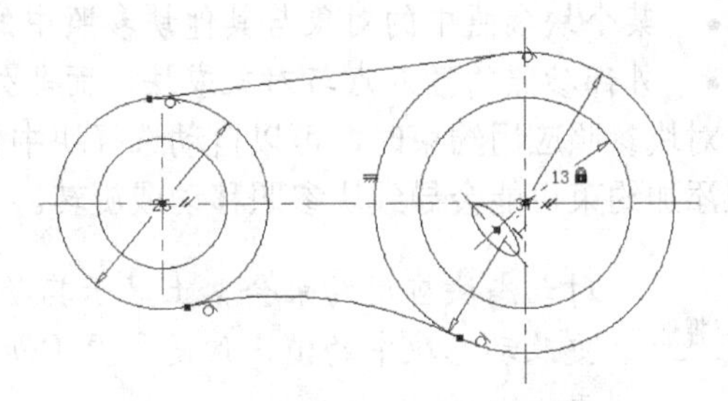

图 6-17 建立另一线性标注约束

（7）隐藏约束。单击【参数化】选项卡【几何】面板上的 全部隐藏 按钮和【标注】面板上的 按钮，隐藏几何约束和动态约束，结果如图 6-1 所示。

从实例中可以看出，通过约束可以做到以下几点。

- 通过约束图形中的几何图形来保持设计规范和要求。
- 立即将多个几何约束应用于对象。
- 在标注约束中增加公式和方程式。
- 通过修改变量值可快速进行设计修改。

在工程的设计阶段，通过约束可以在试验各种设计或进行更改时强制执行要求。对对象所做的更改可能会自动调整其他对象，并将更改限制为距离和角度值。

6.1.2 使用约束进行设计

参数化图形是一项具有约束的设计技术。约束是应用至二维几何图形的关联和限制。

常用的约束类型有 2 种：几何约束和标注约束。其中，几何约束用于控制对象的关系；标注约束控制对象的距离、长度、角度和半径值。

创建或更改设计时，图形会处于以下 3 种状态之一。

- 未约束：未将约束应用于任何几何图形。
- 欠约束：将某些约束应用于几何图形。
- 完全约束：将所有相关几何约束和标注约束应用于几何图形。完全约束的一组对象还需要包括至少一个固定约束以锁定几何图形的位置。

通过约束进行设计的方法有以下 2 种。

（1）用户可以在欠约束图形中进行操作，同时进行更改，方法是使用编辑命令和夹点的组合来添加或更改约束。

（2）用户可以先创建一个图形，并对其进行完全约束，然后以独占方式对设计进行控制，方法是释放并替换几何约束，更改标注约束中的值。

所选的方法取决于设计实践以及主题的要求。

如果出现过约束现象，AutoCAD 会给出提示，如图 6-18 所示，这样会有效防止应用任何会导致过约束情况的约束。

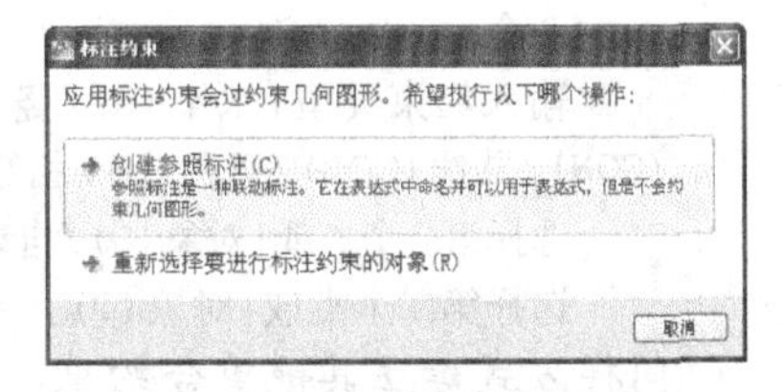

图 6-18 【标注约束】对话框

6.1.3 对块和参照使用约束

用户可以在以下对象之间应用约束。

- 图形中的对象与块参照中的对象。
- 某个块参照中的对象与其他块参照中的对象（非同一个块参照中的对象）。
- 外部参照的插入点与对象或块，而非外部参照中的所有对象。

对块参照应用约束时，可以自动选择块中包含的对象，无需按 Ctrl 键选择子对象。向块参照添加约束可能会导致块参照移动或旋转。

对动态块应用约束会禁止显示其动态夹点。用户仍然可以使用【特性】选项板更改动态块中的值，但是，要重新显示动态夹点，必须首先从动态块中删除约束。

用户可以在块定义中使用约束，从而生成动态块，也可以直接从图形内部控制动态块的大小和形状。

6.1.4　删除或释放约束

用户需要对设计进行更改时，有 2 种方法可取消约束效果。

- 单独删除约束，过后应用新约束。将鼠标指针悬停在几何约束图标上时，可以使用 Delete 键或快捷菜单删除该约束，参见案例 6-1。
- 临时释放选定对象上的约束以进行更改。已选定夹点或在编辑命令使用期间指定选项时，按 Ctrl 键以交替释放约束和保留约束。

进行编辑期间不保留已释放的约束。编辑过程完成后，约束会自动恢复，不再有效的约束将被删除。

DELCONSTRAINT 命令可以删除对象中的所有几何约束和标注约束。

6.2　对对象进行几何约束

本节主要讲述对对象进行几何约束的方法。

6.2.1　绘图任务——利用几何约束修改建筑平面地形图

【例 6-2】　利用几何约束修改建筑平面地形图。

（1）打开素材文件“dwg\第 06 章\6-2.dwg”，如图 6-19 所示。

（2）建立重合几何约束。单击【参数化】选项卡【几何】面板上的按钮，AutoCAD 提示如下。

```
命令: _GeomConstraint
输入约束类型[水平(H)/竖直(V)/垂直(P)/平行(PA)/相切(T)/平滑(SM)/重合(C)/同心(CON)/共线(COL)/对称(S)/相等(E)/固定(F)]<重合>:_Coincident
选择第一个点或[对象(O)/自动约束(A)] <对象>:    //捕捉线段 AB 的 B 点，如图 6-20 所示
选择第二个点或[对象(O)] <对象>:               //捕捉线段 BC 的 B 点
```

同样方式建立其他重合约束，结果如图 6-20 所示。

重合几何约束的约束对象为不同的两个对象上的第一个和第二个点，将第二个点置为与第一个点重合，其命令启动方式如下。

- 功能区：【参数化】选项卡【几何】面板上的按钮。
- 命令：GeomConstraint。

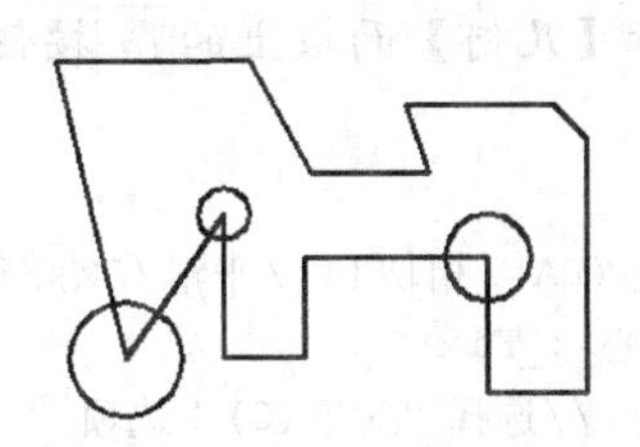

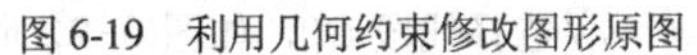

图 6-19 利用几何约束修改图形原图

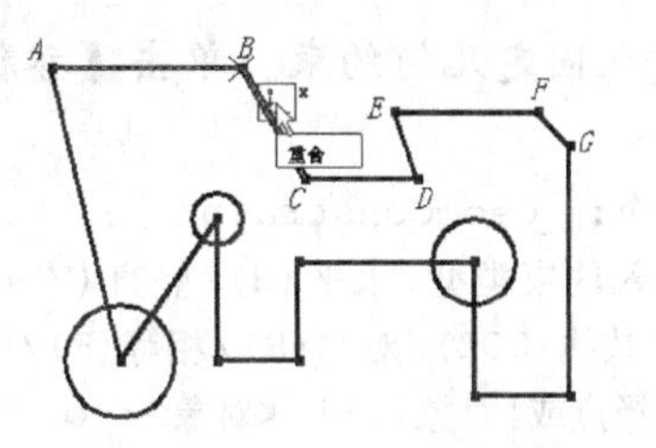

图 6-20 建立重合几何约束

- 下拉菜单：【参数】/【几何约束】/【重合】。

（3）建立共线几何约束。单击【参数化】选项卡【几何】面板上的按钮，AutoCAD 提示如下。

命令：_GeomConstraint

输入约束类型[水平(H)/竖直(V)/垂直(P)/平行(PA)/相切(T)/平滑(SM)/重合(C)/同心(CON)/共线(COL)/对称(S)/相等(E)/固定(F)]<重合>:_Collinear

选择第一个对象或[多个(M)]：　　//选择线段 *AB*，如图 6-20 所示

选择第二个对象：　　//选择线段 *EF*，结果如图 6-21 所示

共线几何约束选择第一个和第二个对象，将第二个对象置为与第一个对象共线。用户可以选择直线对象，也可以选择多段线子对象，其命令启动方式如下。

- 功能区：【参数化】选项卡【几何】面板上的按钮。
- 命令：GeomConstraint。
- 下拉菜单：【参数】/【几何约束】/【共线】。

（4）建立同心几何约束。单击【参数化】选项卡【几何】面板上的按钮，AutoCAD 提示如下。

命令：_GeomConstraint

输入约束类型[水平(H)/竖直(V)/垂直(P)/平行(PA)/相切(T)/平滑(SM)/重合(C)/同心(CON)/共线(COL)/对称(S)/相等(E)/固定(F)]<共线>:_Concentric

选择第一个对象：　　//选择圆 *R*，如图 6-21 所示

选择第二个对象：　　//选择圆 *S*，结果如图 6-22 所示

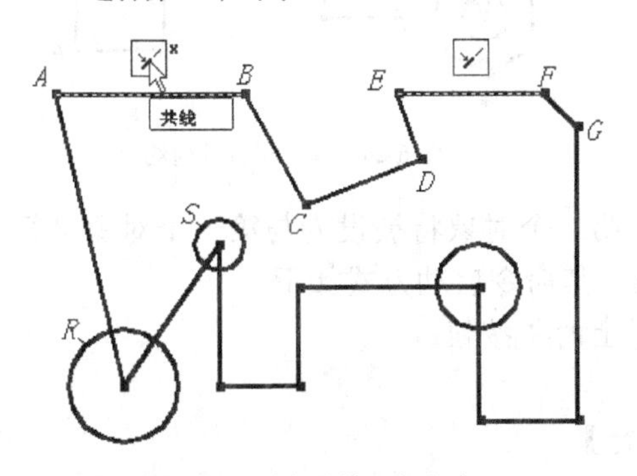

图 6-21 建立共线几何约束

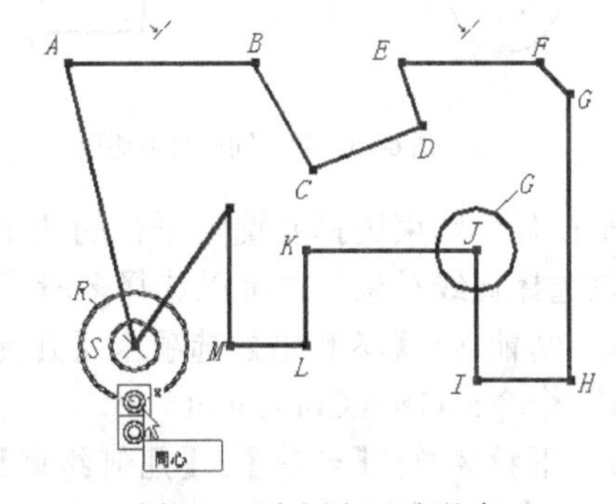

图 6-22 建立同心几何约束

同心几何约束选择第一个和第二个圆弧或圆对象，第二个圆弧或圆会进行移动，以与第一个对象具有同一个中心点，其命令启动方式如下。

- 功能区：【参数化】选项卡【几何】面板上的按钮。
- 命令：GeomConstraint。
- 下拉菜单：【参数】/【几何约束】/【同心】。

（5）建立固定几何约束。单击【参数化】选项卡【几何】面板上的按钮，AutoCAD提示如下。

命令：_GeomConstraint

输入约束类型[水平(H)/竖直(V)/垂直(P)/平行(PA)/相切(T)/平滑(SM)/重合(C)/同心(CON)/共线(COL)/对称(S)/相等(E)/固定(F)] <同心>:_Fix

选择点或[对象(O)] <对象>: o　　　　//选择“对象(O)”选项

选择对象:　　　　//选择线段 *GH*，如图 6-22 所示

结果如图 6-23 所示。

固定几何约束选择对象上的点或对象，对对象上的点或对象应用固定约束会将节点锁定，但仍然可以移动该对象，其命令启动方式如下。

- 功能区：【参数化】选项卡【几何】面板上的按钮。
- 命令：GeomConstraint。
- 下拉菜单：【参数】/【几何约束】/【固定】。

（6）建立平行几何约束。单击【参数化】选项卡【几何】面板上的按钮，AutoCAD提示如下。

命令：_GeomConstraint

输入约束类型[水平(H)/竖直(V)/垂直(P)/平行(PA)/相切(T)/平滑(SM)/重合(C)/同心(CON)/共线(COL)/对称(S)/相等(E)/固定(F)]<固定>:_Parallel

选择第一个对象:　　　　//选择线段 *FG*，如图 6-24 所示

选择第二个对象:　　　　//选择线段 *ED*

结果如图 6-24 所示。

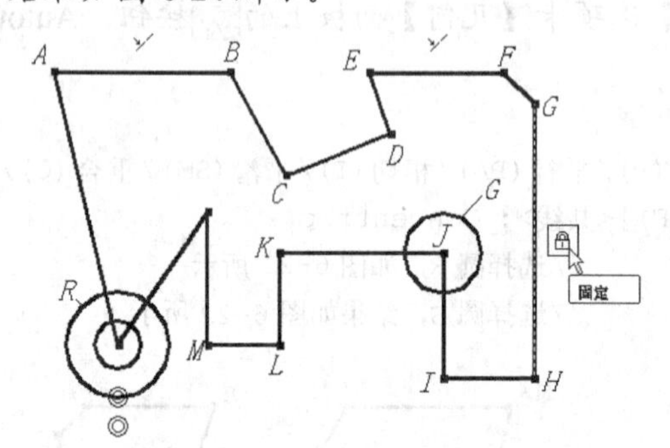

图6-23　建立同心几何约束

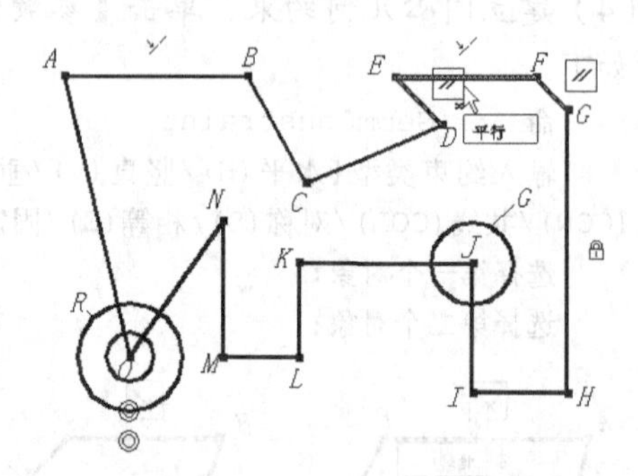

图6-24　建立平行几何约束

平行几何约束选择要置为平行的两个对象，第二个对象将被设为与第一个对象平行。用户可以选择直线对象，也可以选择多段线子对象，其命令启动方式如下。

- 功能区：【参数化】选项卡【几何】面板上的按钮。
- 命令：GeomConstraint。
- 下拉菜单：【参数】/【几何约束】/【平行】。

（7）建立垂直几何约束。单击【参数化】选项卡【几何】面板上的按钮，AutoCAD提示如下。

命令：_GeomConstraint

输入约束类型[水平(H)/竖直(V)/垂直(P)/平行(PA)/相切(T)/平滑(SM)/重合(C)/同心(CON)/共线(COL)/对称(S)/相等(E)/固定(F)]<平行>:_Perpendicular

选择第一个对象:　　　　//选择线段 *NO*，如图 6-24 所示

选择第二个对象:　　　　//选择线段 *MN*

结果如图 6-25 所示。

垂直几何约束选择要置为垂直的两个对象，第二个对象将置为与第一个对象垂直。用户可以选择直线对象，也可以选择多段线子对象，其命令启动方式如下。

- 功能区：【参数化】选项卡【几何】面板上的按钮。
- 命令：GeomConstraint。
- 下拉菜单：【参数】/【几何约束】/【垂直】。

（8）建立水平几何约束。单击【参数化】选项卡【几何】面板上的按钮，AutoCAD 提示如下。

```
命令：_GeomConstraint
输入约束类型
[水平(H)/竖直(V)/垂直(P)/平行(PA)/相切(T)/平滑(SM)/重合(C)/同心(CON)/共线(COL)/对称(S)/相等(E)/固定(F)]
<垂直>:_Horizontal
选择对象或[两点(2P)] <两点>:                    //选择线段 CD，如图 6-25 所示
```

结果如图 6-26 所示。

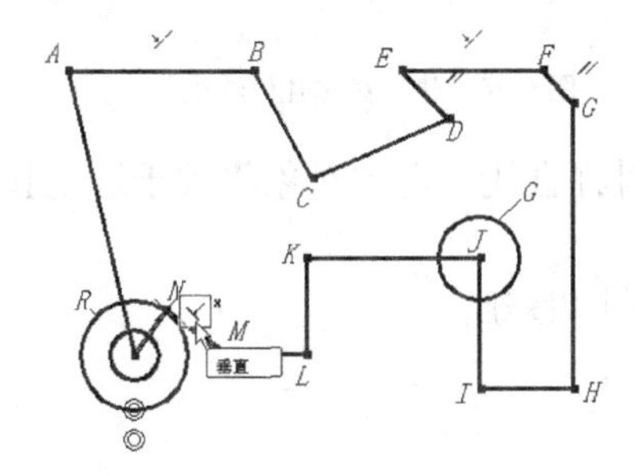

图 6-25　建立垂直几何约束

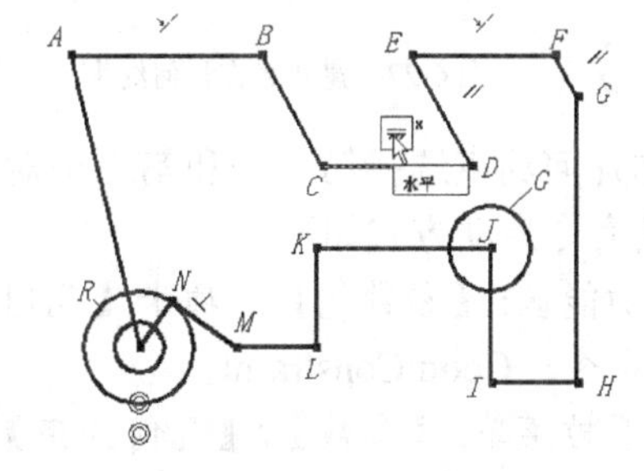

图 6-26　建立水平几何约束

水平几何约束选择要置为水平的直线对象或多段线子对象，其命令启动方式如下。

- 功能区：【参数化】选项卡【几何】面板上的按钮。
- 命令：GeomConstraint。
- 下拉菜单：【参数】/【几何约束】/【水平】。

（9）建立竖直几何约束。单击【参数化】选项卡【几何】面板上的按钮，AutoCAD 提示如下。

```
命令：_GeomConstraint
输入约束类型
[水平(H)/竖直(V)/垂直(P)/平行(PA)/相切(T)/平滑(SM)/重合(C)/同心(CON)/共线(COL)/对称(S)/相等(E)/固定(F)]
<水平>:_Vertical
选择对象或[两点(2P)] <两点>:                //选择线段 BC，如图 6-26 所示
```

结果如图 6-27 所示。

竖直几何约束选择要置为竖直的直线对象或多段线子对象。其命令启动方式如下。

- 功能区：【参数化】选项卡【几何】面板上的按钮。
- 命令：GeomConstraint。
- 下拉菜单：【参数】/【几何约束】/【竖直】。

（10）建立对称几何约束。单击【参数化】选项卡【几何】面板上的按钮，AutoCAD 提示如下。

命令: _GeomConstraint
输入约束类型
[水平(H)/竖直(V)/垂直(P)/平行(PA)/相切(T)/平滑(SM)/重合(C)/同心(CON)/共线(COL)/对称(S)/相等(E)/固定(F)]
<竖直>:_Symmetric
选择第一个对象或[两点(2P)] <两点>:　　　　//选择线段 *MN*，如图 6-27 所示
选择第二个对象:　　　　//选择线段 *IJ*
选择对称直线:　　　　//选择线段 *KL*

结果如图 6-28 所示。

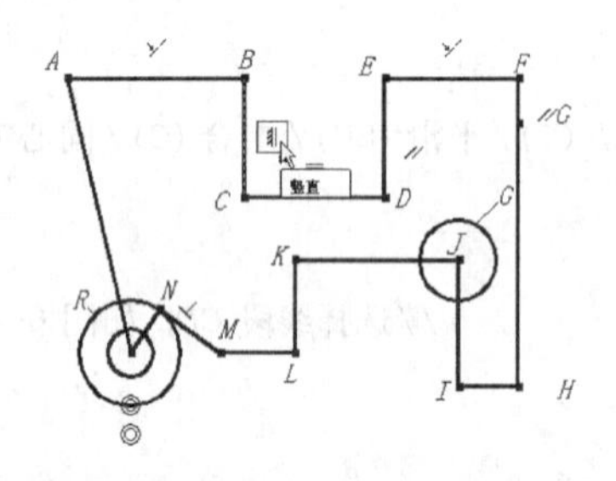

图 6-27　建立竖直几何约束

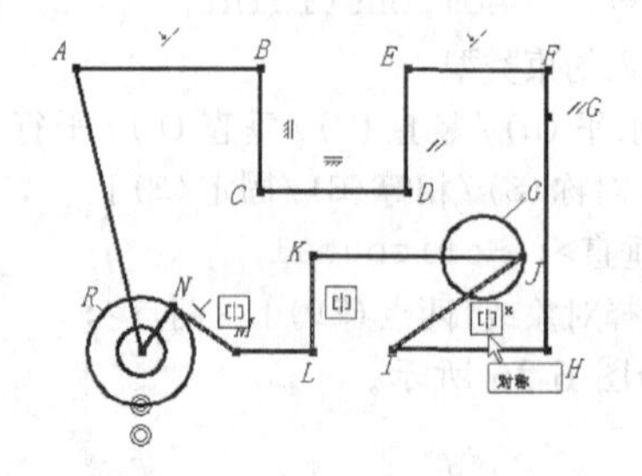

图 6-28　建立对称几何约束

对称几何约束选择第一个和第二个对象、选择对称直线，选定对象将关于选定直线对称约束，其命令启动方式如下。

- 功能区:【参数化】选项卡【几何】面板上的按钮。
- 命令: GeomConstraint。
- 下拉菜单:【参数】/【几何约束】/【对称】。

(11) 建立相等几何约束。单击【参数化】选项卡【几何】面板上的按钮，AutoCAD 提示如下。

命令: _GeomConstraint
输入约束类型
[水平(H)/竖直(V)/垂直(P)/平行(PA)/相切(T)/平滑(SM)/重合(C)/同心(CON)/共线(COL)/对称(S)/相等(E)/固定(F)]
<对称>:_Equal
选择第一个对象或[多个(M)]:　　　　//选择 *R* 圆，如图 6-28 所示
选择第二个对象:　　　　//选择 *G* 圆

结果如图 6-29 所示。

相等几何约束选择第一个和第二个对象，第二个对象将置为与第一个对象相等，其命令启动方式如下。

- 功能区:【参数化】选项卡【几何】面板上的按钮。
- 命令: GeomConstraint。
- 下拉菜单:【参数】/【几何约束】/【相等】。

(12) 删除所有几何约束。单击【参数化】选项卡【管理】面板上的按钮，AutoCAD 提示如下。

命令: _DelConstraint
将删除选定对象的所有约束...
选择对象: 指定对角点: 找到 35 个　　　　//框选全部图形

选择对象: //按Enter键结束选择
已删除 23 个约束

结果如图 6-30 所示。

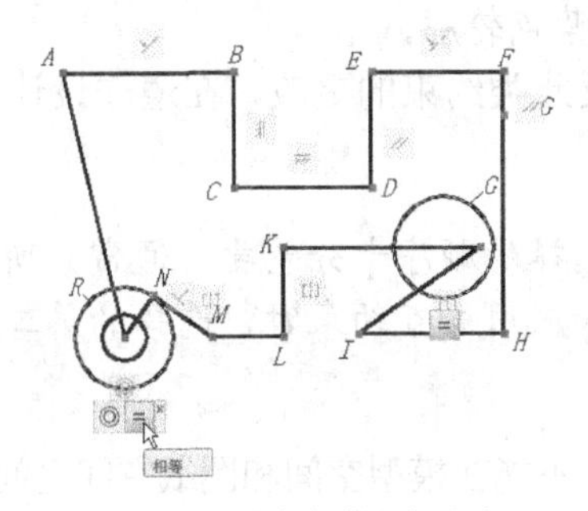

图 6-29 建立相等几何约束

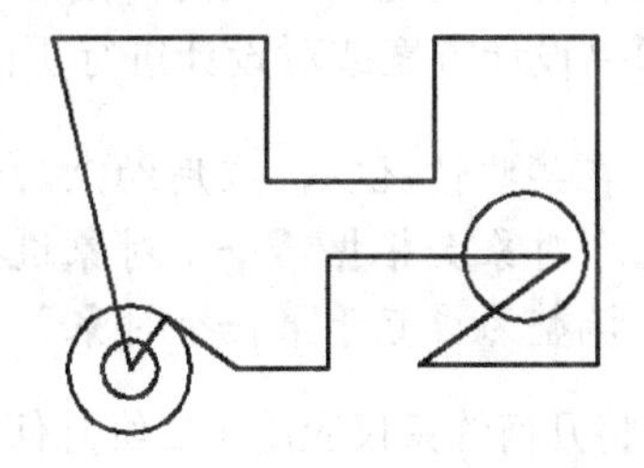
图 6-30 利用几何约束修改图形

几何约束无法修改，但可以删除并应用其他约束。其命令启动方式如下。

- 功能区:【参数化】选项卡【管理】面板上的按钮。
- 命令: DelConstraint。
- 下拉菜单:【参数】/【删除约束】。

其他几何约束类型如下。

（1）相切几何约束选择要置为相切的两个对象，第二个对象与第一个对象保持相切于一点。其命令启动方式如下。

- 功能区:【参数化】选项卡【几何】面板上的按钮。
- 命令: GeomConstraint。
- 下拉菜单:【参数】/【几何约束】/【相切】。

（2）平滑几何约束选择第一条样条曲线后，选择第二条样条曲线、直线、多段线（子对象）或圆弧对象，两个对象将更新为相互连续，其命令启动方式如下。

- 功能区:【参数化】选项卡【几何】面板上的按钮。
- 命令: GeomConstraint。
- 下拉菜单:【参数】/【几何约束】/【平滑】。

6.2.2 几何约束概述

几何约束用来确定二维几何对象之间或对象上的每个点之间的关系。用户可以从视觉上确定与任意几何约束关联的对象，也可以确定与任意对象关联的约束。用户可以通过以下方法编辑受约束的几何对象：使用夹点命令、编辑命令或释放及应用几何约束。还可指定二维对象或对象上的点之间的几何约束，之后编辑受约束的几何图形时，将保留约束。

如果几何图形并未被完全约束，通过夹点仍可以更改圆弧的半径、圆的直径、水平线的长度以及垂直线的长度。要指定这些距离，需要应用标注约束。

要点提示 用户可以向多段线中的线段添加约束，就像这些线段为独立的对象一样。

6.2.3 应用几何约束

几何约束可将几何对象关联在一起，或者指定固定的位置或角度。

应用约束时，会出现以下2种情况。

- 用户选择的对象将自动调整为符合指定约束。
- 默认情况下，灰色约束图标显示在受约束的对象旁边，且将鼠标指针移至受约束的对象上时，系统将随鼠标指针显示一个小型蓝色轮廓。

应用约束后，只允许对该几何图形进行不违反此类约束的更改，在遵守设计要求和规范的情况下探寻设计方案或对设计进行更改。

在某些情况下，应用约束时两个对象选择的顺序十分重要。通常，所选的第二个对象会根据第一个对象进行调整。如应用垂直约束时，选择的第二个对象将调整为垂直于第一个对象。

用户可将几何约束仅应用于二维几何图形对象。不能在模型空间和图纸空间之间约束对象。

1．指定约束点

对于某些约束，需在对象上指定约束点，而非选择对象。此行为与对象捕捉类似，但是位置限制为端点、中点、中心点以及插入点。

固定约束关联对象上的约束点，或将对象本身与相对于世界坐标系的固定位置关联。

通常建议为重要几何特征指定固定约束。此操作会锁定该点或对象的位置，使得用户在对设计进行更改时无需重新定位几何图形。固定对象的同时还会固定直线的角度或圆弧/圆的中心。

2．应用多个几何约束

用户可以手动或自动将多个几何参数应用于对象。

如果希望将所有必要的几何约束都自动应用于设计，用户可以对在图形中选择的对象使用AUTOCONSTRAIN命令。此操作可约束设计的几何形状——取决于设计，有时可能需要应用到其他几何约束。

AUTOCONSTRAIN还提供了一些设置，可以通过这些设置指定以下内容。

- 要应用何种几何约束。
- 以何种顺序应用几何约束。
- 使用哪种公差确定对象为水平、垂直还是相交。

要点提示 相等约束或固定约束不能与AUTOCONSTRAIN一起使用，必须单独应用。要完全约束设计的大小和比例后再去应用标注约束。

3．为对象应用多个几何约束的步骤

（1）单击【参数化】选项卡【几何】面板上的按钮。

（2）选择要约束的对象。

（3）选择要自动约束的对象后按Enter键。

命令提示行中将显示应用的约束的数量，命令启动方式如下。

- 功能区：【参数化】选项卡【几何】面板上的按钮。
- 命令：GeomConstraint。

4．设置将多个几何约束应用于对象的顺序的步骤

（1）单击【参数化】选项卡【几何】面板上的按钮。

（2）在命令提示下，输入“s”（设置），打开【约束设置】对话框，如图6-31所示。

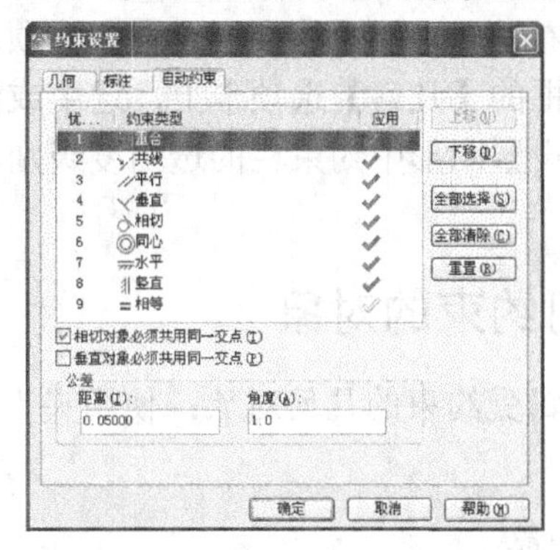

图6-31 【约束设置】对话框

（3）在【约束设置】对话框的【自动约束】选项卡中选择一种约束类型。

（4）单击[上移(U)]或[下移(D)]按钮。此操作会更改在对象上使用AUTOCONSTRAINT命令时约束的优先级。

（5）单击[确定]按钮。

6.2.4 显示和验证几何约束

约束栏是可以从视觉上确定与任意几何约束关联的对象，也可以确定与任意对象关联的约束。它提供了有关如何约束对象的信息。约束栏将显示一个或多个图标，这些图标表示已应用于对象的几何约束。

用户需要移走约束栏时，可以将其拖动，还可以控制约束栏是处于显示还是隐藏状态。

1．验证对象上的几何约束

用户可通过两种方式确认几何约束与对象的关联。

- 在约束栏上滚动浏览约束图标时，将亮显与该几何约束关联的对象。
- 将鼠标指针悬停在已应用几何约束的对象上时，系统会亮显与该对象关联的所有约束栏。

这些亮显特征简化了约束的使用，尤其是当图形中应用了多个约束时。

2．控制约束栏的显示

用户可单独或全局显示/隐藏几何约束和约束栏，操作方法如下。

- 显示（或隐藏）所有的几何约束。
- 显示（或隐藏）指定类型的几何约束。
- 显示（或隐藏）所有与选定对象相关的几何约束。

使用【约束设置】对话框可控制约束栏上显示或隐藏的几何约束类型。

对设计进行分析并希望过滤几何约束的显示时，隐藏几何约束则会非常有用。例如，用户可以选择仅显示平行约束图标，下一步可以选择只显示垂直约束的图标。

不使用几何约束时，建议全局隐藏几何约束。为减少混乱，重合约束应默认显示为蓝色小正方形。如果需要，用户可以使用【约束设置】对话框中【几何】选项卡【约束栏设置】关闭相应选项。

3．使用约束栏快捷菜单更改约束栏设置的步骤

（1）选择受约束对象。

（2）确保选定对象的约束栏可见。
（3）在约束栏上单击鼠标右键，选择【约束栏设置】选项。
（4）在【约束设置】对话框的【几何】选项卡上，选中或清除相应的复选框。
（5）使用滑块或输入值来设置图形中约束栏的透明度级别，默认值为 50。
（6）单击[确定]按钮。

6.2.5　修改应用了几何约束的对象

用户可以通过以下方法编辑受约束的几何对象：使用夹点命令或编辑命令、释放或应用几何约束。

1．使用夹点修改受约束对象

用户可以使用夹点编辑模式修改受约束的几何图形，几何图形会保留应用的所有约束。例如，如果某条线段对象被约束为与某圆保持相切，用户可以旋转该线段，并可以更改其长度和端点，但是该线段或其延长线会保持与该圆相切。如果不是圆而是圆弧，则该线段或其延长线会保持与该圆弧或其延长线相切。

修改欠约束对象最终产生的结果取决于已应用的约束以及涉及的对象类型。例如，如果尚未应用半径约束，则会修改圆的半径，而不修改直线的切点。

CONSTRAINTSOLVEMODE 系统变量被用来确定对象在应用约束或使用夹点对其进行编辑时的行为方式。

最佳经验可以通过应用其他几何约束或标注约束限制意外更改。常用选项包括重合约束和固定约束。

2．使用编辑命令修改受约束对象

用户可以使用编辑命令（例如 MOVE、COPY、ROTATE 和 SCALE）修改受约束的几何图形，结果会保留应用于对象的约束。

注意在某些情况下（例如使用 TRIM、EXTEND、BREAK 和 JOIN 命令），可以删除约束。

在默认情况下，如果编辑命令用来复制受约束对象，则也会复制应用于原始对象的约束。此行为由 PARAMETERCOPYMODE 系统变量控制。使用复制命令，可以利用多个对象实例、两侧对称或径向对称保存工作。

3．对受约束的几何图形进行夹点编辑的步骤

（1）选择受约束对象。
（2）单击夹点并拖动以编辑几何图形。

4．关闭约束的步骤

（1）单击受约束对象以选择该对象。
（2）将鼠标指针移至夹点上，夹点会显示为红色，以显示该对象处于选中状态。
（3）单击该夹点。
（4）按住 Ctrl 键后释放。
（5）移动该对象。该对象将自由移动，因为它已不再被约束。
（6）由于约束已关闭，因此将不再为该对象显示约束栏（如果之前已启用）。

课堂练习：利用参数化绘图方法绘图。

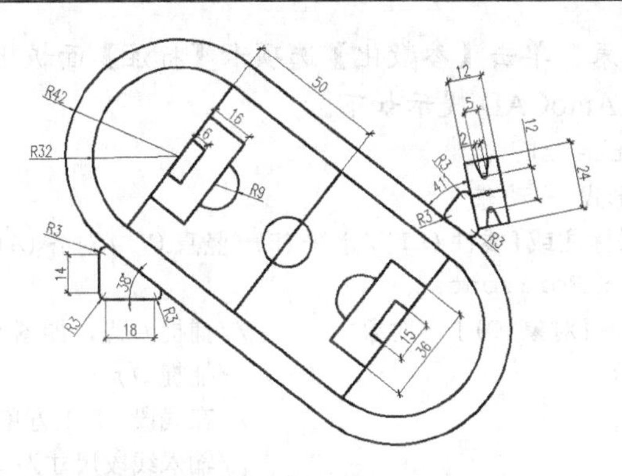

6.3 约束对象之间的距离和角度

本节主要讲述约束对象之间的距离和角度的方法。

6.3.1 绘图任务——利用标注约束修改建筑平面地形图

【例 6-3】 利用标注约束修改图形。

（1）打开素材文件“dwg\第 06 章\6-3.dwg”。

（2）建立自动几何约束。单击【参数化】选项卡【几何】面板上的按钮，AutoCAD 提示如下。

```
命令: _AutoConstrain
选择对象或[设置(S)]:指定对角点: 找到 24 个                //框选全部图形
选择对象或[设置(S)]:                                      //按 Enter 键结束选择
已将 49 个约束应用于 24 个对象
```

结果如图 6-32 所示。

（3）创建线性标注约束。单击【参数化】选项卡【标注】面板上的按钮，在展开的下拉列表中单击按钮，AutoCAD 提示如下。

```
命令: _DimConstraint
当前设置: 约束形式 = 动态
选择要转换的关联标注或[线性(LI)/水平(H)/竖直(V)/对齐(A)/角度(AN)/半径(R)/直径(D)/形式(F)] <对齐>:_Linear
指定第一个约束点或[对象(O)] <对象>:          //捕捉 A 点，如图 6-32 所示
指定第二个约束点:                             //捕捉 B 点
指定尺寸线位置:                               //在线段 AB 下方单击一点指定尺寸线位置
标注文字 = 10                                 //输入线段尺寸为 20
```

单击【参数化】选项卡【标注】面板上的按钮，结果如图 6-33 所示。

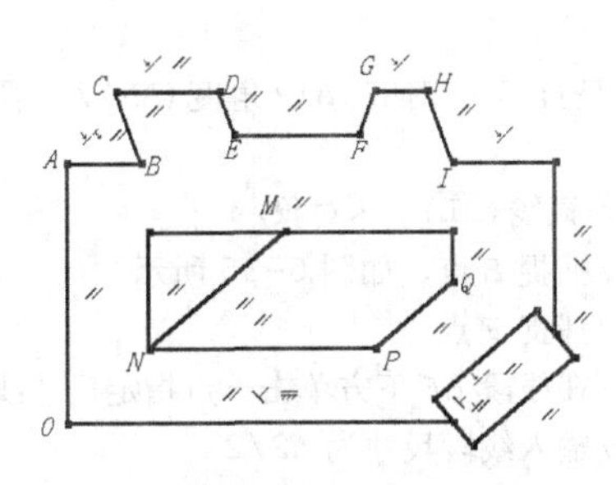

图 6-32 建立自动几何约束

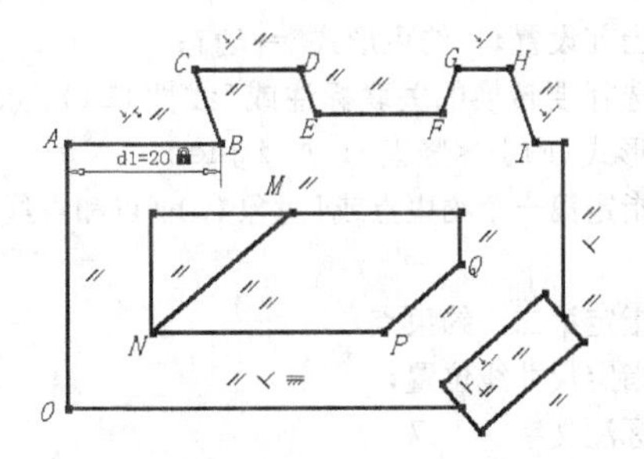

图 6-33 创建线性标注约束

（4）创建水平标注约束。单击【参数化】选项卡【标注】面板上的按钮，在展开的下拉列表中单击按钮，AutoCAD 提示如下。

命令：_DimConstraint
当前设置： 约束形式 = 动态
选择要转换的关联标注或[线性(LI)/水平(H)/竖直(V)/对齐(A)/角度(AN)/半径(R)/直径(D)/形式(F)] <线性>:_Horizontal
指定第一个约束点或[对象(O)] <对象>:　　//捕捉 C 点，如图 6-33 所示
指定第二个约束点:　　//捕捉 D 点
指定尺寸线位置:　　//在线段 CD 上方单击一点指定尺寸线位置
标注文字 = 14　　//输入线段尺寸为 20

结果如图 6-34 所示。

（5）创建竖直标注约束。单击【参数化】选项卡【标注】面板上的按钮，在展开的下拉列表中单击按钮，AutoCAD 提示如下。

命令：_DimConstraint
当前设置： 约束形式 = 动态
选择要转换的关联标注或[线性(LI)/水平(H)/竖直(V)/对齐(A)/角度(AN)/半径(R)/直径(D)/形式(F)] <水平>:_Vertical
指定第一个约束点或[对象(O)] <对象>:　　//捕捉 A 点，如图 6-34 所示
指定第二个约束点:　　//捕捉 O 点
指定尺寸线位置:　　//在线段 AO 左边单击一点指定尺寸线位置
标注文字 = 34　　//输入线段尺寸为 40

结果如图 6-35 所示。

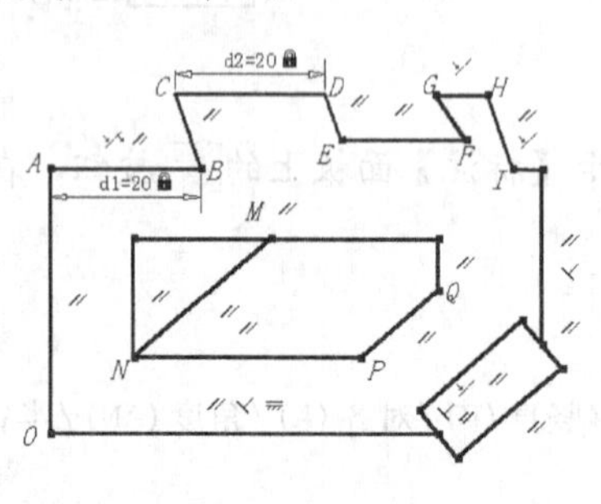

图 6-34　创建水平标注约束

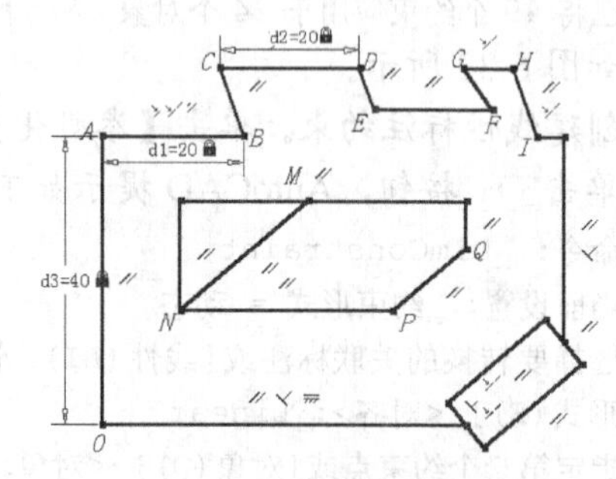

图 6-35　创建竖直标注约束

（6）创建对齐标注约束。单击【参数化】选项卡【标注】面板上的按钮，AutoCAD 提示如下。

命令：_DimConstraint
当前设置： 约束形式 = 动态
选择要转换的关联标注或[线性(LI)/水平(H)/竖直(V)/对齐(A)/角度(AN)/半径(R)/直径(D)/形式(F)] <竖直>:_Aligned
指定第一个约束点或[对象(O)/点和直线(P)/两条直线(2L)] <对象>:
　　//捕捉 E 点，如图 6-35 所示
指定第二个约束点:　　//捕捉 F 点
指定尺寸线位置:　　//在线段 EF 下方单击一点指定尺寸线位置
标注文字 = 17　　//输入线段尺寸为 d2/2

结果如图 6-36 所示。

（7）创建角度标注约束。单击【参数化】选项卡【标注】面板上的按钮，AutoCAD 提示如下。

```
命令: _DimConstraint
当前设置:  约束形式 = 动态
选择要转换的关联标注或[线性(LI)/水平(H)/竖直(V)/对齐(A)/角度(AN)/半径(R)/直径(D)/形式(F)] <对齐>:_Angular
选择第一条直线或圆弧或[三点(3P)] <三点>:            //选择线段 NP，如图 6-36 所示
选择第二条直线:                                      //选择线段 MN
指定尺寸线位置:                                      //在∠MNP 内单击一点
标注文字 = 40                                        //输入角度为 60
```

结果如图 6-37 所示。

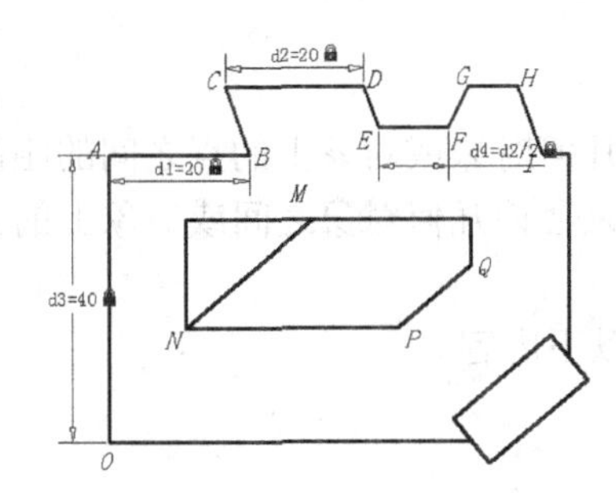

图 6-36　创建对齐标注约束

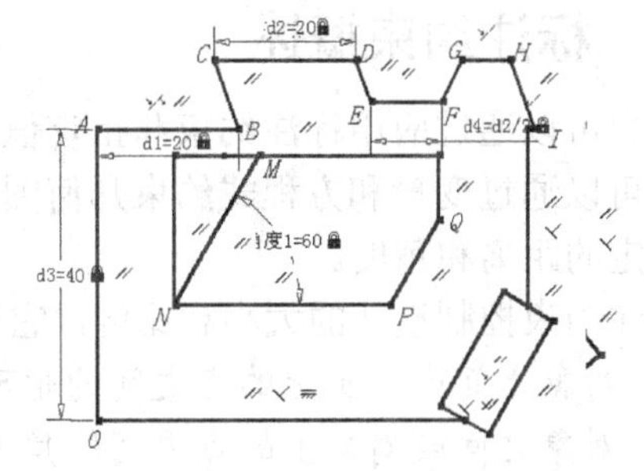

图 6-37　创建角度标注约束

（8）利用参数管理器修改图形。

① 单击【参数化】选项卡【管理】面板上的 *fx* 按钮，打开【参数管理器】对话框，如图 6-38 所示。

② 修改【参数管理器】对话框中的参数，结果如图 6-39 所示。

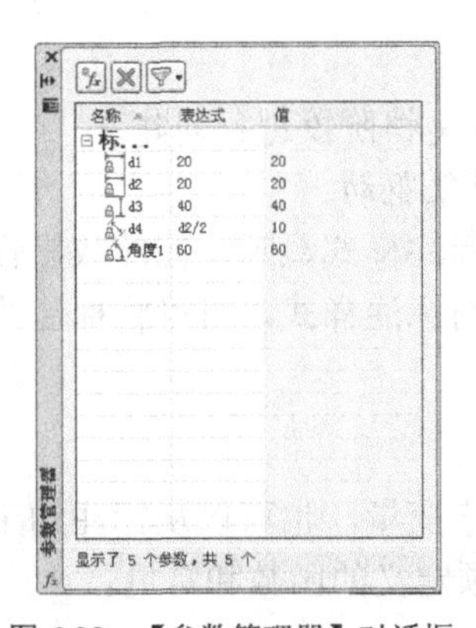

图 6-38　【参数管理器】对话框

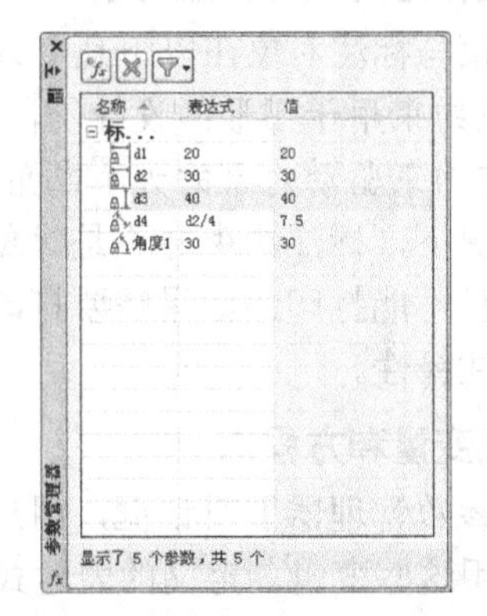

图 6-39　修改【参数管理器】对话框中的参数

要点提示　可以在【参数管理器】对话框中完成创建用户变量、参照表达式中的变量及在表达式中包括的函数、修改用户参数、删除用户参数和选择与用户参数关联的受约束对象等操作。

③ 单击【参数化】选项卡【几何】面板上的全部隐藏按钮，单击【参数化】选项卡【标注】面板上的按钮，结果如图 6-40 所示。

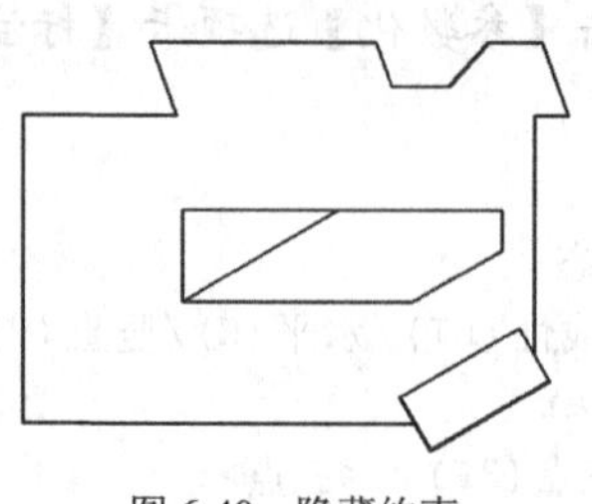

图 6-40　隐藏约束

更改约束值、使用夹点操作标注约束、更改与标注约束关联的用户变量或表达式，这些方法都可以控制对象的长度、距离和角度。

用户可以使用包含标注约束的名称、用户变量和函数的数学表达式来控制几何图形。

6.3.2　标注约束概述

用户可以通过应用标注约束和指定值来控制二维几何对象或对象上的点之间的距离或角度，也可以通过变量和方程式约束几何图形。标注约束会使几何对象之间或对象上的点之间保持指定的距离和角度。

标注约束控制设计的大小和比例，它们可以约束以下内容。

- 对象之间或对象上的点之间的距离。
- 对象之间或对象上的点之间的角度。
- 圆弧和圆的大小。

如果更改标注约束的值，系统会计算对象上的所有约束，并自动更新受影响的对象。

标注约束中显示的小数位数由 LUPREC 和 AUPREC 系统变量控制。

1. 比较标注约束与标注对象

标注约束与标注对象在以下几个方面有所不同。

- 标注约束用于图形的设计阶段，而标注通常在文档阶段进行创建。
- 标注约束驱动对象的大小或角度，而标注由对象驱动。

默认情况下，标注约束并不是对象，只是以一种标注样式显示，在缩放操作过程中保持大小相同，且不能打印。如果需要打印标注约束或使用标注样式，可以将标注约束的形式从动态更改为注释性。

2. 定义变量和方程式

通过【参数管理器】对话框，用户可以自定义用户变量，也可以从标注约束及其他用户变量内部引用这些变量。定义的表达式可以包括各种预定义的函数和常量。

6.3.3　应用标注约束

标注约束会使几何对象之间或对象上的点之间保持指定的距离和角度。

将标注约束应用于对象时，会自动创建一个约束变量以保留约束值。默认情况下，这些名称为指定的名称，当然也可在【参数管理器】对话框中对其进行重命名。

标注约束可以创建动态约束和注释性约束。两种形式用途不同。此外，用户可以将所有动态约束或注释性约束转换为参照约束。

1. 动态约束

默认情况下，标注约束是动态的，对于常规参数化图形和设计任务来说非常理想。

动态约束具有以下特征。

- 缩小或放大时保持大小不变。
- 可以在图形中全局打开或关闭。
- 使用固定的预定义标注样式进行显示。
- 自动放置文字信息，并提供三角形夹点，可使用这些夹点更改标注约束的值。
- 打印图形时不显示。

2. 注释性约束

如果标注约束具有以下特征时，注释性约束会非常有用。

- 缩小或放大时大小发生变化。
- 随图层单独显示。
- 使用当前标注样式显示。
- 提供与标注上的夹点具有类似功能的夹点功能。
- 打印图形时显示。

要点提示：如要以标注中使用的相同格式显示注释性约束中使用的文字，则将 CONSTRAINTNAMEFORMAT 系统变量设置为“1”。

打印后，用户可以使用【特性】对话框将注释性约束转换回动态约束。

3. 参照约束

参照约束是一种动态标注约束（动态或注释性），这表示它并不控制关联的几何图形，但是会将类似的测量报告给标注对象。

用户可以将参照约束用于显示可能要计算的测量。例如，插图中的宽度受直径约束和线性约束的约束，而参照约束会显示总宽度，但不对其进行约束。参照约束中的文字信息始终显示在括号中。

用户可将【特性】对话框中的【参照】特性设置为将动态或注释性约束转换为参照约束。但是无法将参照约束更改回标注约束。

4. 将动态约束转换为注释性约束的步骤

（1）选择动态约束。

（2）在命令行中输入 PROPERTIES。

（3）单击【约束形式】特性右侧的⌄，并选择【注释性】选项。

【特性】选项板将使用其他特性填充，因为约束此时为注释性约束。

5. 将动态约束或注释性约束转换为参照约束的步骤

（1）选择动态约束或注释性约束。

（2）在命令行中输入 PROPERTIES。

（3）单击【参照】特性右侧的⌄，并选择【是】选项。

【表达式】特性将着色，表示它不可编辑。

6. 更改标注名称格式的步骤

（1）选择注释性约束，在绘图区域中单击鼠标右键，弹出快捷菜单。

（2）在【标注名称格式】选项下选择【值】、【名称】或【名称和表达式】选项。【表达式】选项将反映选定的标注名称格式。

6.3.4　控制标注约束的显示

用户可以显示或隐藏图形内的动态约束和标注约束。

1．显示或隐藏动态约束

如果只使用几何约束，并需要继续在图形中执行其他操作时，可将所有动态约束全局隐藏在图形内，以减少混乱。可从功能区中或使用 DYNCONSTRAINTDISPLAY 系统变量打开动态约束的显示（如果需要）。

默认情况下，如果选择与隐藏的动态约束关联的对象，系统会显示与该对象关联的所有动态约束。

2．显示或隐藏注释性约束

用户可以控制注释性约束的显示，方法与控制标注对象的显示相同，即将注释性约束指定给图层，并根据需要打开或关闭该图层。还可以为注释性约束指定对象特性，例如标注样式、颜色和线宽。

6.3.5　修改应用了标注约束的对象

更改约束值，使用夹点操作标注约束，或更改与标注约束关联的用户变量或表达式，都可以控制对象的长度、距离和角度。

1．编辑标注约束的名称、值和表达式

编辑与标注约束关联的名称、值和表达式的方法有以下 4 种。

- 双击标注约束，选择标注约束，然后使用快捷菜单或 TEXTEDIT 命令。
- 打开【特性】选项板并选择标注约束。
- 打开【参数管理器】对话框，从列表或图形中选择标注约束。
- 将【快捷特性】选项板自定义为显示多种约束特性。

输入更改后，结果将立即跨图形扩展。

用户可以编辑参照约束的【表达式】特性和【值】特性。

2．使用标注约束的夹点修改标注约束

用户可以使用关联标注约束上的三角形夹点或正方形夹点修改受约束对象。标注约束上的三角形夹点提供了更改约束值同时保持约束的方法。例如，用户可以使用对齐标注约束上的三角形夹点更改对角线的长度，对角线保持其角度和其中一个端点的位置不变。

标注约束上的正方形夹点提供了更改文字及其他元素的位置的方法。

与注释性标注约束相比，动态标注约束在可以查找的文字中受到更多限制。

要点提示

三角形夹点不适用于参照了表达式中的其他约束变量的标注约束。

3．对标注约束进行夹点编辑的步骤

（1）选择受约束对象。

（2）单击夹点并拖动以编辑几何图形。

4．在位编辑标注约束的步骤

（1）双击标注约束以显示【在位文字编辑器】。

（2）输入新的名称、值或表达式（名称=值）。

（3）按Enter键确认更改。

5．使用【特性】选项板编辑标注约束的步骤

（1）选择标注约束，在绘图区域中单击鼠标右键，然后选择【特性】选项。

（2）在【名称】、【表达式】和【说明】文本框中输入新值。

6．关闭标注约束的步骤

（1）单击图形中的受约束对象以选择该对象。对象上将显示夹点，表示该对象处于选中状态。

（2）将鼠标指针移动到夹点上方，夹点颜色变为红色。

（3）单击该夹点。

（4）按Ctrl键。

（5）将对象移动到所需位置。

将为该对象释放约束，且应能够移动该对象。

7．使用【参数管理器】对话框编辑标注的步骤

（1）依次单击【参数化】选项卡【管理】面板中的【参数管理器】，打开【参数管理器】对话框。

（2）双击要编辑的变量。

（3）按Tab键在列中导航。

（4）更改相应列中的值。

（5）按Enter键。

用户可以只修改【名称】、【表达式】和【说明】列中相应值。

6.3.6 通过公式和方程式约束设计

用户可以使用包含标注约束的名称、用户变量和函数的数学表达式控制几何图形，也可以在标注约束内或通过定义用户变量将公式和方程式表示为表达式。

1．使用参数管理器

参数管理器显示标注约束（动态约束和注释性约束）、参照约束和用户变量。用户可以在参数管理器中轻松创建、修改和删除参数。

参数管理器支持以下操作。

- 单击标注约束的名称以亮显图形中的约束。
- 双击名称或表达式以进行编辑。
- 单击鼠标右键并选择【删除】选项以删除标注约束或用户变量。
- 单击列标题按名称、表达式或其数值对参数的列表进行排序。

标注约束和用户变量支持在表达式内使用表 6-1 中的运算符。

表 6-1　　　　标注约束和用户变量支持的运算符

运　算　符	说　　明	运　算　符	说　　明
+	加	/	除
-	减或取负值	^	求幂
%	浮点模数	()	圆括号或表达式分隔符
*	乘	.	小数分隔符

使用英制单位时，参数管理器将减号或破折号（-）当作单位分隔符而不是减法运算符。要指定减法，则在减号的前面或后面包含至少一个空格。

2. 了解表达式中的优先级顺序

表达式是根据以下标准数学优先级规则计算的。

- 括号中的表达式优先，最内层括号优先。
- 标准顺序的运算符为取负值优先，指数次之，乘除加减最后。
- 优先级相同的运算符从左至右计算。
- 表达式是使用表 6-1 中所述的标准优先级的规则按降序计算。

3. 表达式中支持的函数

表达式中可以使用表 6-2 中的函数。

表 6-2　　　　表达式中支持的函数

函　　数	语　　法	函　　数	语　　法
余弦	cos（表达式）	舍入到最接近的整数	round（表达式）
正弦	sin（表达式）	截取小数	trunc（表达式）
正切	tan（表达式）	下舍入	floor（表达式）
反余弦	acos（表达式）	上舍入	ceil（表达式）
反正弦	asin（表达式）	绝对值	abs（表达式）
反正切	atan（表达式）	阵列中的最大元素	max（表达式 1；表达式 2）
双曲余弦	cosh（表达式）	阵列中的最小元素	min（表达式 1；表达式 2）
双曲正弦	sinh（表达式）	将度转换为弧度	d2r（表达式）
双曲正切	tanh（表达式）	将弧度转换为度	r2d（表达式）
反双曲余弦	acosh（表达式）	对数，基数为 e	ln（表达式）
反双曲正弦	asinh（表达式）	对数，基数为 10	log（表达式）
反双曲正切	atanh（表达式）	指数函数，底数为 e	exp（表达式）
平方根	sqrt（表达式）	指数函数，底数为 10	exp10（表达式）
符号函数（-1,0,1）	sign（表达式）	幂函数	pow（表达式 1；表达式 2）

除上述函数外，表达式中还可以使用常量 Pi 和 e。

课堂练习：利用参数化方法绘制学校操场平面图。

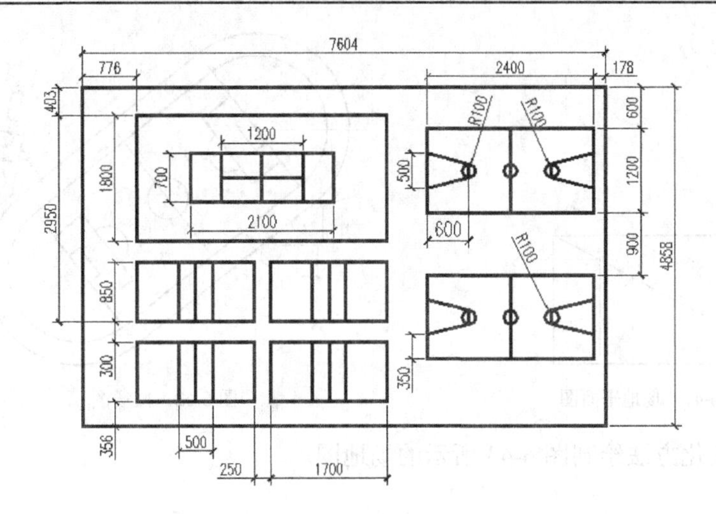

6.4 习题

一、填空题

1．约束是应用至________的关联和限制。

2．创建或更改设计时，图形会处于以下 3 种状态之一：________、________、________。

3．用户可以在块定义中使用约束，从而生成________。可以直接从图形内部控制其大小和形状。

4．如果几何图形并未被完全约束，通过夹点，仍可以更改圆弧的半径、圆的直径、水平线的长度以及垂直线的长度。要指定这些距离，需要应用________。

5．用户可以通过以下方法编辑受约束的几何对象：________、________或________。

6．标注________会使几何对象之间或对象上的点之间保持指定的距离和角度。

7．标注约束可以创建动态约束和注释性约束。此外，可以将所有动态约束或注释性约束转换为________。

二、选择题

1．单独删除约束，过后应用新约束。将鼠标指针悬停在几何约束图标上时，可以使用________键或快捷菜单删除该约束；临时释放选定对象上的约束以进行更改。

A．Shift　　B．Ctrl　　C．Enter　　D．Delete

2．已选定夹点或在编辑命令使用期间指定选项时，按________键以交替释放约束和保留约束。

A．Shift　　B．Ctrl　　C．Enter　　D．Delete

三、问答题

1．常用的约束类型有哪些？它们各有什么作用？

2．通过约束进行设计的方法有哪两种？

3．需要对设计进行更改时，有两种方法可取消约束效果？

4．如何更改约束值？

四、实战题

1．利用参数化绘图方法绘制图 6-41 所示的场地平面图。

2．利用参数化绘图方法绘制图 6-42 所示的操场图。

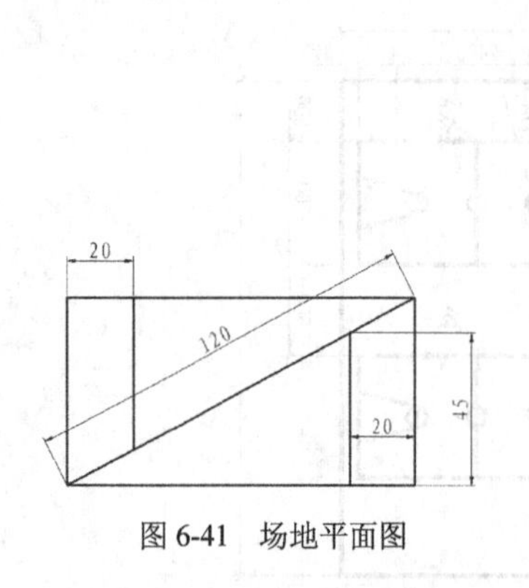

图 6-41　场地平面图

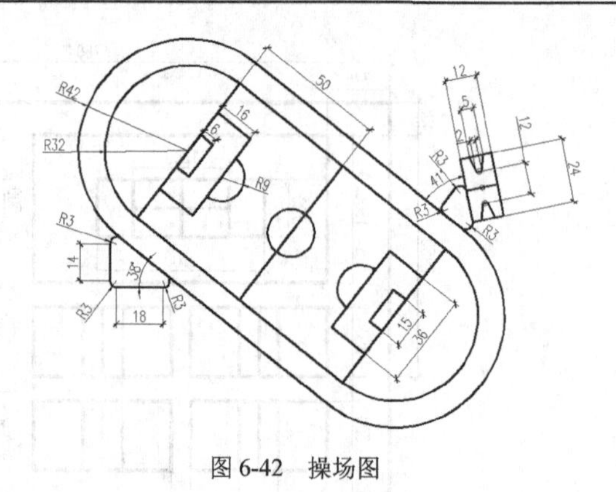

图 6-42　操场图

3．利用参数化方法绘制图 6-43 所示的场地图。

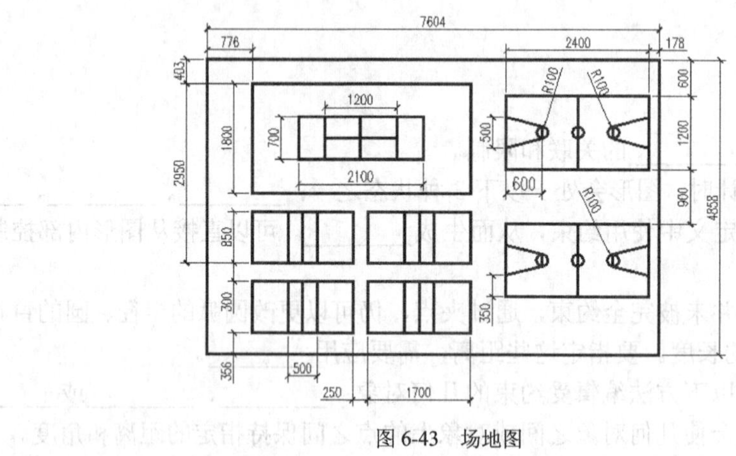

图 6-43　场地图

4．利用参数化绘图方法绘制图 6-44 所示的平面图形。

5．利用参数化绘图方法绘制图 6-45 所示的小便池。

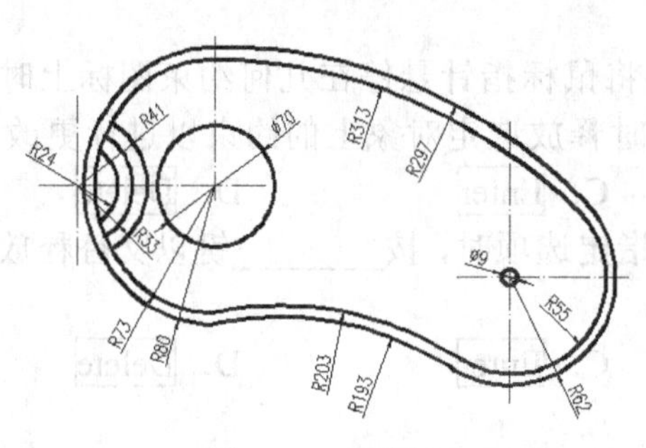

图 6-44　平面图形

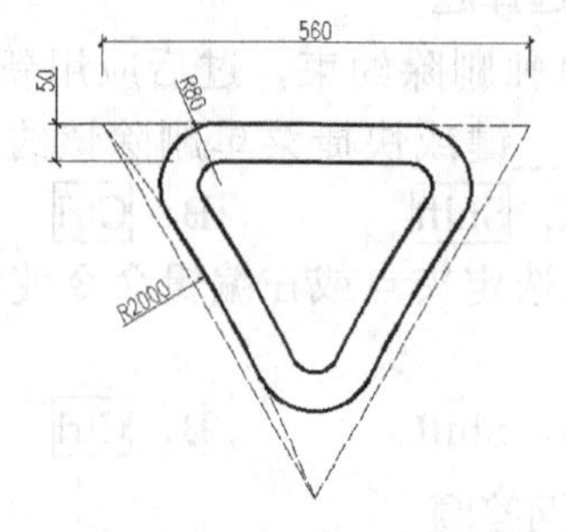

图 6-45　小便池

第 7 章　图块与动态块

使用块对于绘图有诸多益处，如提高绘图速度、节省存储空间、利于修改编辑等。另外，用户还可以对块进行文字说明。AutoCAD 2012 大大加强了动态块的功能，用户可以方便地创建和调用动态块。

通过本章的学习，读者可以掌握图块及动态块的相关知识，并利用它们加快自己的绘图速度、提高绘图质量。

【学习目标】

- 创建及插入块。
- 掌握使用几何约束与标注约束创建动态块。
- 掌握使用参数与动作创建动态块。
- 掌握使用查询表创建动态块。
- 通过实例掌握动态块的创建步骤。

7.1　创建及插入块

本节主要介绍图块的创建及插入。

7.1.1　绘图任务——创建“平开门 M09”图块

【例 7-1】　创建“平开门 M09”图块。

（1）打开素材文件“dwg\第 07 章\7-1.dwg”。

（2）单击【常用】选项卡【块】面板上的创建按钮，打开【块定义】对话框，在【名称】文本框中输入新建块的名称“平开门 M09”，如图 7-1 所示。

（3）单击按钮（选择对象），AutoCAD 返回绘图窗口，并提示“选择对象”，选择构成块的图形元素。

（4）按 Enter 键，回到【块定义】对话框。单击按钮（拾取点），AutoCAD 返回绘图窗口，并提示“指定插入基点”，如图 7-2 所示；拾取点 O，AutoCAD 返回【块定义】对话框。

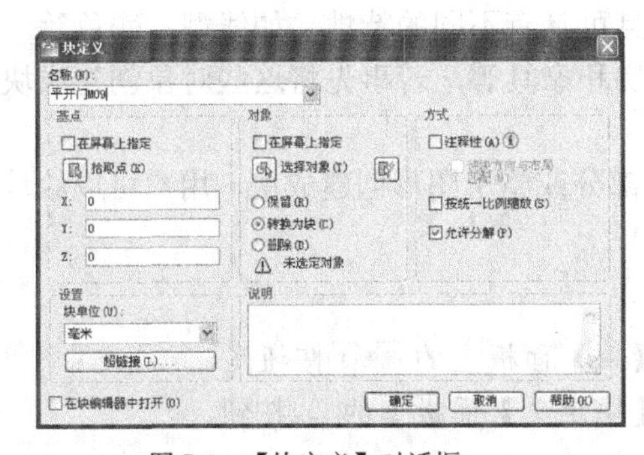

图 7-1　【块定义】对话框

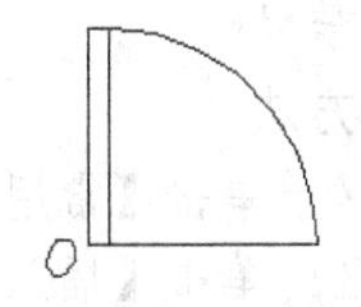

图 7-2　创建块

（5）单击[确定]按钮，AutoCAD生成块。

> **要点提示** 在定制符号块时，一般将块图形画在1×1的正方形中，这样就便于在插入块时确定图块沿 x、y 方向的缩放比例因子。

【块定义】对话框中的常用选项有如下含义。

- 【名称】：在此文本框中输入新建块的名称，最多可使用255个字符。单击文本框右边的按钮，打开的列表中显示了当前图形的所有块。
- 【在屏幕上指定】：关闭对话框时，将提示指定对象。
- 【拾取点】：单击此按钮，AutoCAD切换到绘图窗口，可直接在图形中拾取某点作为块的插入基点。
- 【X】、【Y】、【Z】文本框：在这3个框中分别输入插入基点的 x、y、z 坐标值。
- 【选择对象】：单击此按钮，AutoCAD切换到绘图窗口，在绘图区中选择构成块的图形对象。
- 【保留】：选中该选项，则AutoCAD生成块后，还保留构成块的源对象。
- 【转换为块】：选中该选项，则AutoCAD生成块后，把构成块的源对象也转化为块。
- 【删除】：该选项可以设置创建块后，是否删除构成块的源对象。
- 【选定的对象】：显示选定对象的数目。
- 【注释性】：指定块为注释性。单击信息图标以了解有关注释性对象的更多信息。
- 【使块方向与布局匹配】：指定在图纸空间视口中的块参照的方向与布局的方向匹配。如果未选择【注释性】选项，则该选项不可用。
- 【按统一比例缩放】：指定是否阻止块参照不按统一比例缩放。
- 【允许分解】：指定块参照是否可以被分解。
- 【块单位】：在该下拉列表中设置块的插入单位（也可以是无单位）。当将块从AutoCAD设计中心拖入当前图形文件中时，AutoCAD将根据插入单位及当前图形单位来缩放块。
- 【超链接】：打开【插入超链接】对话框，用户可以使用该对话框将某个超链接与块定义相关联。
- 【说明】：指定块的文字说明。

（6）在块编辑器中打开：单击[确定]按钮后，在块编辑器中打开当前的块定义。

7.1.2 创建块

块是一个或多个连接的对象，可以将块看作对象的集合，类似于其他图形软件中的群组，组成块的对象可位于不同的图层上，并且可具有不同的特性，如线型、颜色等。在建筑图中有许多反复使用的图形，如门、窗、楼梯和家具等，若事先将这些对象创建成块，那么使用时只需插入块即可。

使用BLOCK命令可以将图形的一部分或整个图形创建成块，用户可以给块命名，并且可以定义插入基点。

命令启动方法

- 功能区：单击【常用】选项卡【块】面板上的[创建]按钮。
- 功能区：单击【插入】选项卡【块定义】面板上的按钮。
- 命令：BLOCK或简写B。

把需要传送的图形用 WBLOCK 命令以块的方式产生新的图形文件，把新生成的图形文件作为传送或存档用，可以大幅减小文件的大小。

课堂练习：绘制图形并将它们创建成图块，然后存储图形文件，文件名为“室内设施图例.dwg”。

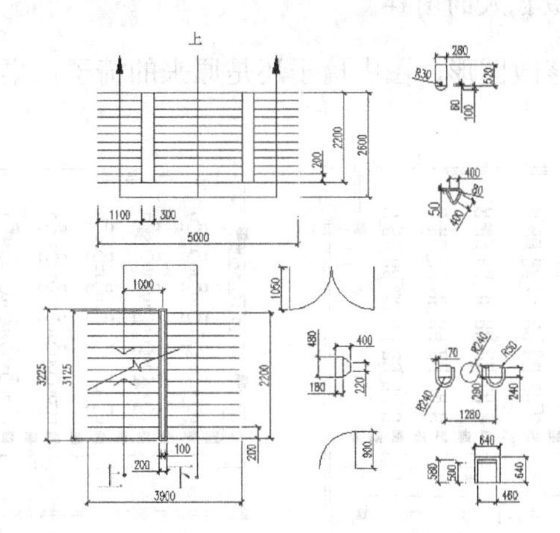

7.1.3 插入块——插入“平开门 M09”图块

无论块或被插入的图形多么复杂，AutoCAD 均可将它们作为一个单独的对象。

命令启动方法

- 功能区：单击【常用】选项卡【块】面板上的按钮。
- 功能区：单击【插入】选项卡【块】面板上的按钮。
- 命令：INSERT 或简写 I。

【例 7-2】 练习 INSERT 命令。

（1）打开素材文件“dwg\第 07 章\7-2.dwg”。

（2）启动 INSERT 命令后，AutoCAD 打开【插入】对话框，如图 7-3 所示。

（3）在【名称】下拉列表中选择所需块，或单击浏览(B)...按钮，选择要插入的图形文件。

（4）单击确定按钮完成。

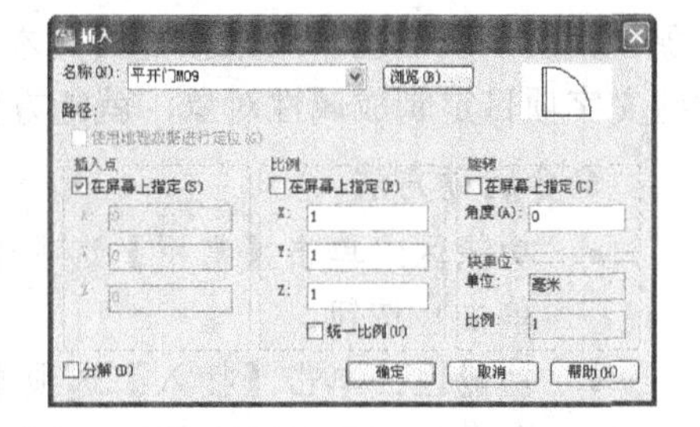

图 7-3 【插入】对话框

【插入】对话框中的常用选项有如下功能。

- 【名称】：该下拉列表中罗列了图样中的所有块，用户可以通过此列表选择要插入的块。如果要将“.dwg”文件插入到当前图形中，可直接单击浏览(B)...按钮选择要插入的文件。
- 【插入点】：确定块的插入点。用户可直接在【X】、【Y】及【Z】文本框中输入插入点的绝对坐标值，或选取【在屏幕上指定】复选项，然后在屏幕上指定插入点。
- 【比例】：确定块的缩放比例。用户可直接在【X】、【Y】及【Z】文本框中输入沿这 3 个方向上的缩放比例因子，也可选取【在屏幕上指定】复选项，然后在屏幕上指定缩放比例。块的缩放比例因子可正可负，若为负值，则插入的块将作镜像变换。
- 【统一比例】：选中该复选项，可使块沿 x、y 及 z 方向的缩放比例都相同。
- 【旋转】：指定插入块时的旋转角度。用户可在【角度】文本框中直接输入旋转角度值，也可选取【在屏幕上指定】复选项，在屏幕上指定旋转角度。

- 【分解】：若选中该复选项，系统在插入块的同时将分解块对象。

当把一个图形文件插入到当前图形中时，被插入图样的图层、线型、块及字体样式等也将被插入到当前图形中。如果两者中有重名的对象，那么当前图形中的定义优先于被插入的图样。

课堂练习：重新定义图块修改图形，图中椅子还是原来的椅子，桌子变为圆形，半径为原来方桌的宽度。

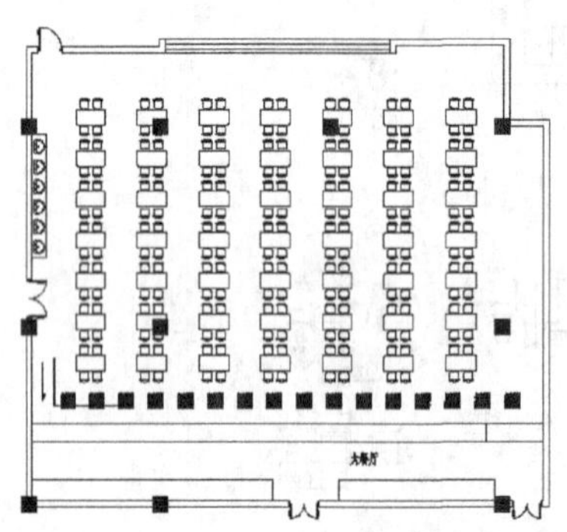

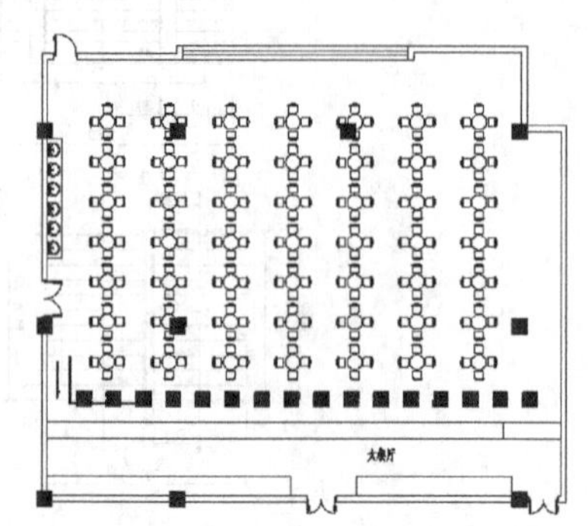

7.1.4　创建及使用“沙发与茶几”图块属性

在 AutoCAD 中，用户可以使块附带属性。属性类似于商品的标签，包含了块所不能表达的一些文字信息，如材料、型号、制造者等，存储在属性中的信息一般称为属性值。当用 BLOCK 命令创建块时，将已定义的属性与图形一起生成块，这样块中就包含属性了。当然，用户也能仅将属性本身创建成一个块。

属性有助于快速产生关于设计项目的信息报表，或者可以作为一些符号块的可变文字对象。其次，属性也常用来预定义文本位置、内容或提供文本缺省值等，例如把标题栏中的一些文字项目定制成属性对象，就能方便地填写或修改。

命令启动方法

- 功能区：单击【常用】选项卡【块】面板底部的 块 按钮，在打开的下拉列表中单击按钮。
- 功能区：单击【插入】选项卡【块定义】面板上的按钮。
- 命令：ATTDEF 或简写 ATT。

【例 7-3】　在下面的练习中，将演示定义“沙发与茶几”图块属性及使用属性的具体过程。

（1）打开素材文件“dwg\第 07 章\7-3.dwg”。

（2）执行 ATTDEF 命令，AutoCAD 打开【属性定义】对话框，在【属性】分组框中输入下列内容。

标记：　　　沙发与茶几
提示：　　　请输入位置：
值：　　　　客厅

结果如图 7-4 所示。

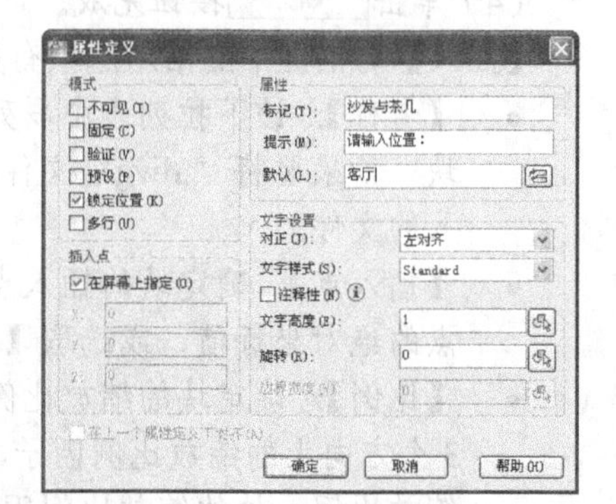

图 7-4　【属性定义】对话框

（3）在【文字样式】下拉列表中选择“Standard”；在【文字高度】文本框中输入数值“1”，然后单击 确定 按钮，AutoCAD 提示如下。

指定起点：　　//在沙发与茶几的下边拾取 A 点，如图 7-5 所示结果如图 7-5 所示。

（4）将属性与图形一起创建成块。单击【常用】选项卡【块】面板上的 创建 按钮，打开【块定义】对话框，如图 7-6 所示。

（5）在【名称】文本框中输入新建块的名称“沙发与茶几”；在【对象】分组框中选择【保留】单选项，如图 7-6 所示。

（6）单击按钮（选择对象），AutoCAD 返回绘图窗口，并提示“选择对象”，选择“沙发与茶几”及属性，如图 7-5 所示。

（7）按 Enter 键，回到【块定义】对话框。单击按钮（拾取点），AutoCAD 返回绘图窗口，并提示“指定插入基点”，拾取圆心 *B*，AutoCAD 返回【块定义】对话框。

（8）单击 确定 按钮，AutoCAD 生成块。

（9）插入带属性的块。单击【常用】选项卡【块】面板上的按钮，AutoCAD 打开【插入】对话框，在【名称】下拉列表中选择“沙发与茶几”，如图 7-7 所示。

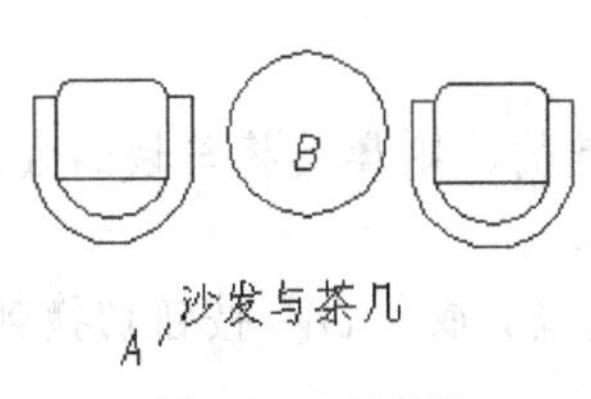

图 7-5　定义属性

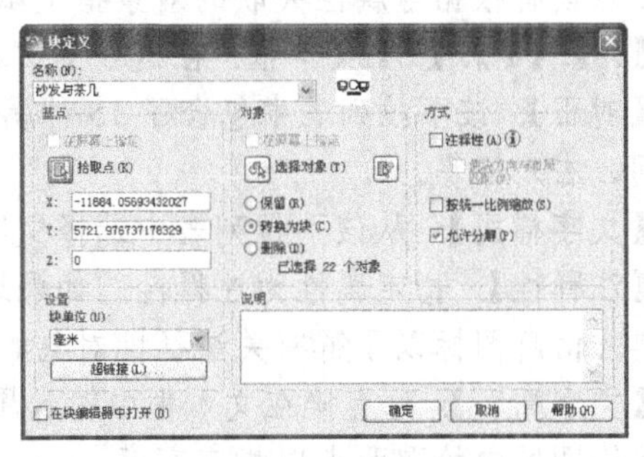

图 7-6　【块定义】对话框

（10）单击 确定 按钮，AutoCAD 提示如下。

命令：_insert

指定插入点或[基点(B)/比例(S)/旋转(R)]:

　　　　　　　　　　　　　　　　　　　　//在屏幕上的适当位置指定插入点

输入属性值

请输入位置：<客厅>：会议室　　　　　　　//输入属性值

结果如图 7-8 所示。

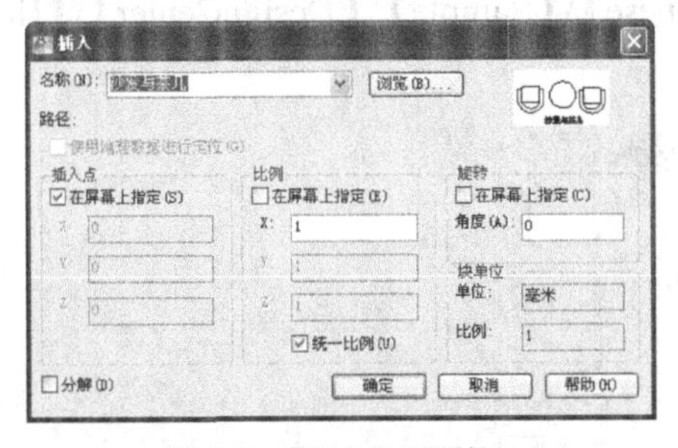

图 7-7　【插入】对话框

图 7-8　插入附带属性的块

【属性定义】对话框（见图 7-4）中的常用选项的功能如下。

- 【不可见】：控制属性值在图形中的可见性。如果要使图中包含属性信息，但又不使其在图形中显示出来，就选中该选项。有一些文字信息如零部件的成本、产地、存放仓库等，常不必在图样中显示出来，就可设定为不可见属性。

- 【固定】：选中该选项，属性值将为常量。
- 【验证】：设置是否对属性值进行校验。若选择此选项，则插入块并输入属性值后，AutoCAD 将再次给出提示，让用户校验输入值是否正确。
- 【预设】：该选项用于设定是否将实际属性值设置成默认值。若选中此选项，则插入块时，AutoCAD 将不再提示输入新属性值，实际属性值等于“值”框中的默认值。
- 【多行】：指定属性值可以包含多行文字。选定此选项后，用户可以指定属性的边界宽度。
- 【锁定位置】：锁定块参照中属性的位置。

要点提示 在动态块中，由于属性的位置包括在动作的选择集中，因此必须将其锁定。

- 【插入点】：指定属性位置。输入坐标值或者选择【在屏幕上指定】复选项，并使用定点设备根据与属性关联的对象指定属性的位置。
- 【X】、【Y】、【Z】文本框：在这 3 个文本框中分别输入属性插入点的 x、y、z 坐标值。
- 【对正】：该下拉列表中包含了 15 种属性文字的对齐方式，如对齐、布满、居中、中间、右对齐等。
- 【文字样式】：从该下拉列表中选择文字样式。
- 【注释性】：指定属性为注释性。如果块是注释性的，则属性将与块的方向相匹配。单击信息图标以了解有关注释性对象的详细信息。
- 【文字高度】：可直接在文本框中输入属性文字高度，或单击按钮切换到绘图窗口，在绘图区中拾取两点以指定高度。
- 【旋转】：设定属性文字旋转角度，或单击按钮切换到绘图窗口，在绘图区中指定旋转角度。
- 【边界宽度】：换行前，请指定多行文字属性中文字行的最大长度。值 0.000 表示对文字行的长度没有限制。此选项不适用于单行文字属性。
- 【在上一个属性定义下对齐】：将属性标记直接置于之前定义的属性的下面。如果之前没有创建属性定义，则此选项不可用。

课堂练习：利用 ADCENTER 命令插入 AutoCAD 自带图块“床-双人”和“餐桌椅-36×72 英寸”绘图。（图块在【AutoCAD 2012 - Simplified Chinese】\【Sample】\【DesignCenter】\【Home-Space Planner.dwg】中）。

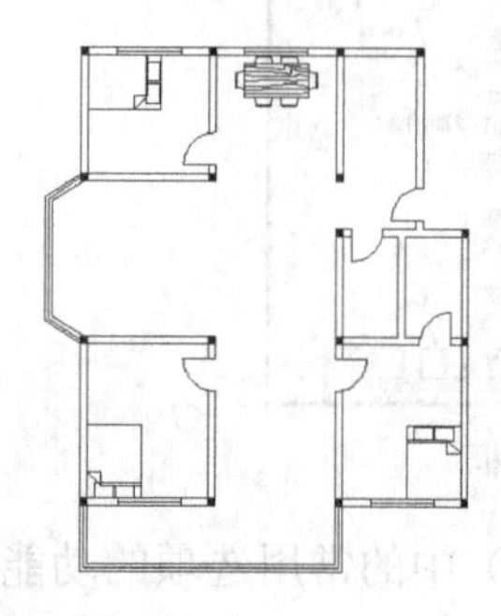

7.1.5　编辑块的属性

若属性已被创建成为块，则用户可用 EATTEDIT 命令来编辑属性值及属性的其他特性。

命令启动方法

- 功能区：单击【常用】选项卡【块】面板上的按钮。
- 功能区：单击【插入】选项卡【块】面板上的按钮。
- 命令：EATTEDIT。

【例 7-4】 练习 EATTEDIT 命令。

（1）打开素材文件“dwg\第 07 章\7-4.dwg”。

（2）启动 EATTEDIT 命令，AutoCAD 提示“选择块”，选择要编辑的块后，AutoCAD 打开【增强属性编辑器】对话框，如图 7-9 所示。在此对话框中可对块属性进行编辑。

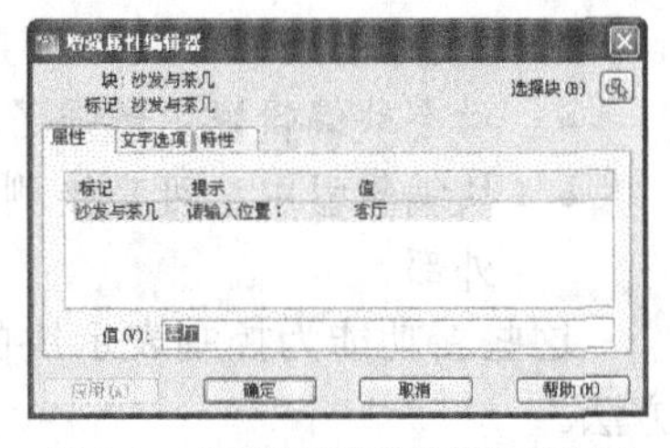

图 7-9 【增强属性编辑器】对话框

【增强属性编辑器】对话框中有 3 个选项卡：【属性】、【文字选项】和【特性】，其功能如下。

① 【属性】选项卡：在该选项卡中，AutoCAD 列出当前块对象中各个属性的标记、提示和值，如图 7-9 所示。选中某一属性，就可以在【值】框中修改属性的值。

② 【文字选项】选项卡：该选项卡用于修改属性文字的一些特性，如文字样式、字高等，如图 7-10 所示。

③ 【特性】选项卡：在该选项卡中可以修改属性文字的图层、线型、颜色等，如图 7-11 所示。

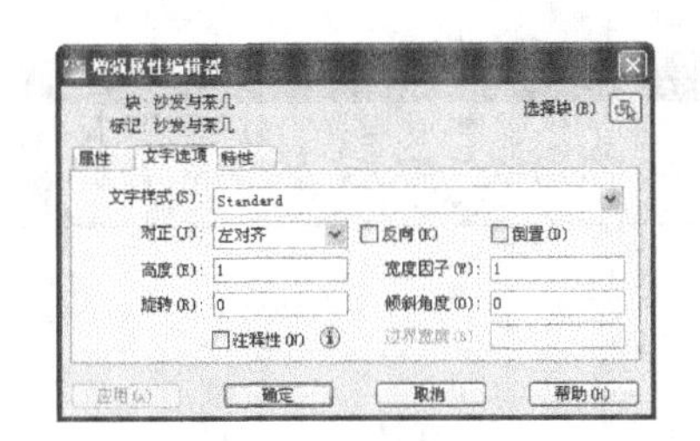

图 7-10 【文字选项】选项卡

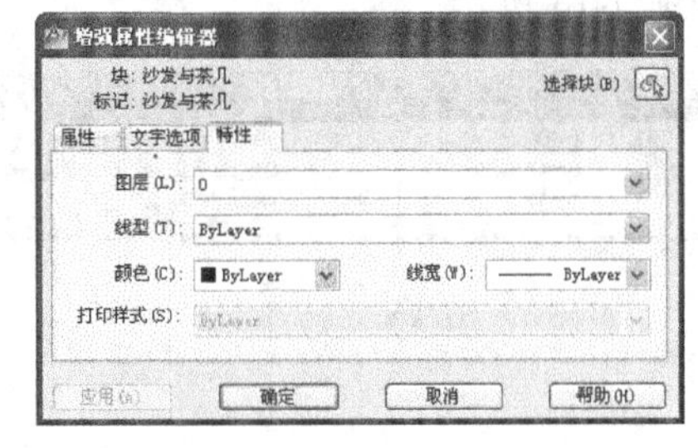

图 7-11 【特性】选项卡

课堂练习：绘制图形并将它们创建成图块，然后存储图形文件，文件名为“管道和空调布置图例.dwg”。

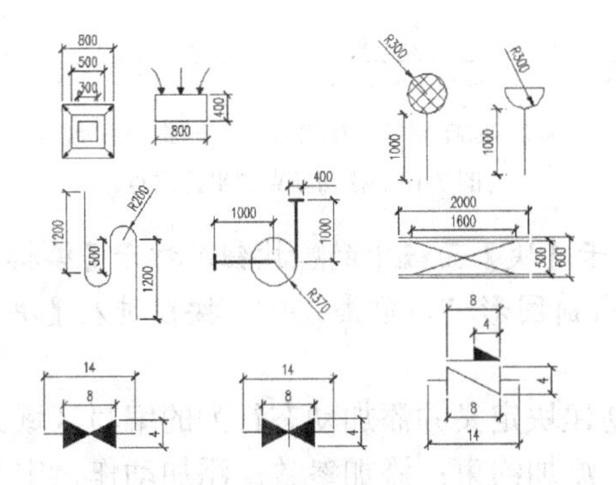

7.2 动态块

本节通过一个实例来学习利用几何约束和标注约束创建动态块的过程。该方式适合于创建族类零件的动态块。

7.2.1　创建动态块——创建“角钢”动态块

AutoCAD 2012 大大加强了动态块的功能，用户可以方便地创建和调用动态块，动态块有如下优势。

- 在动态块的编辑过程中可以使用几何约束和标注约束（尺寸约束）。
- 动态块编辑器中增强了动态参数管理和块属性表格。
- 块编辑器中，可直接测试块属性的效果而不需要退出块外部。

这些新功能为控制表示块的大小和形状提供了更为简便的方法。

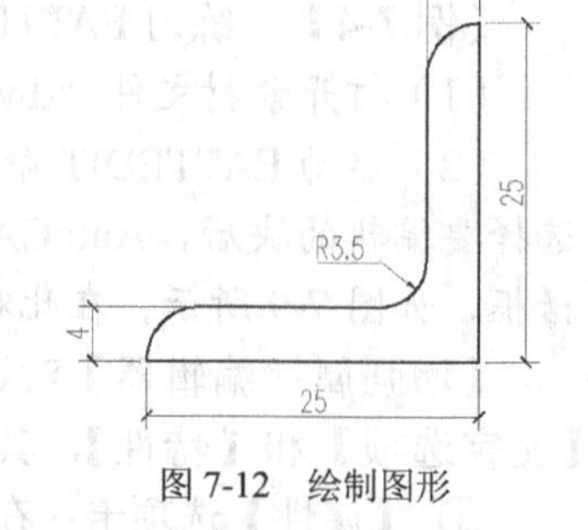

图 7-12　绘制图形

【例 7-5】　练习利用几何约束和标注约束创建动态块。

（1）绘制图 7-12 所示的图形。

（2）移动坐标原点。在命令行输入命令，AutoCAD 提示如下。

命令：UCS　　　　　　　　　　　　　　//输入 UCS 命令

当前 UCS 名称：*世界*

指定 UCS 的原点或[面(F)/命名(NA)/对象(OB)/上一个(P)/视图(V)/世界(W)/X/Y/Z/Z 轴(ZA)] <世界>:　　　　　　　　　　//如图 7-13 所示捕捉端点指定 UCS 的原点

指定 X 轴上的点或 <接受>:　　　　　　//按 ENTER 键

结果如图 7-13 所示。

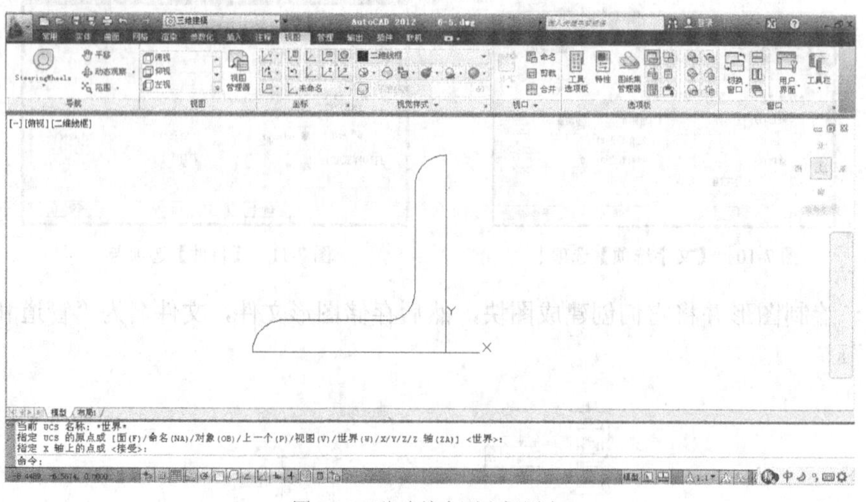
图 7-13　移动基点到坐标原点

（3）单击【常用】选项卡【块】面板中的按钮，打开【编辑块定义】对话框，如图 7-14 所示。在列表框中选择“<当前图形>”，单击 确定 按钮进入【块编辑器】选项卡，如图 7-15 所示。

块编辑器是专门用于创建块定义并添加动态行为的编写区域。其中的功能区选项卡和工具栏主要提供了以下功能：添加约束；添加参数；添加动作；定义属性；关闭块编辑器；管理可见性状态；保存块定义。

在块编辑器中选中任意参数、夹点、动作或几何对象时，用户可以在【特性】对话框中查看其特性。

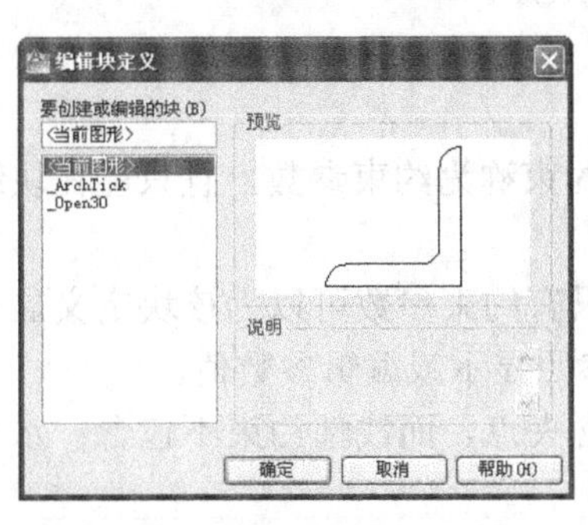

图 7-14 【编辑块定义】对话框

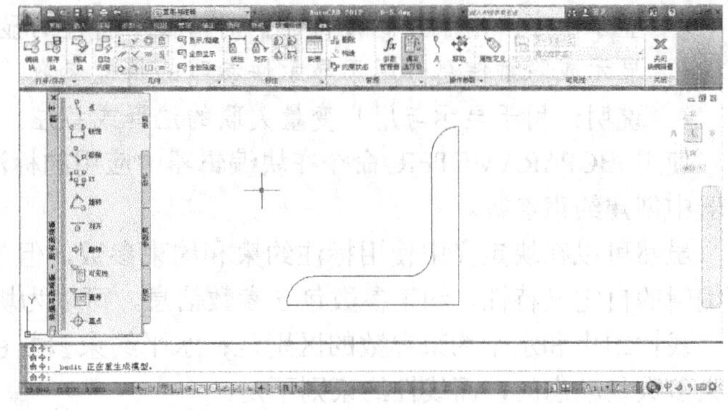
图 7-15 块编辑器

（4）添加自动约束，结果如图 7-16 所示。

几何约束用于定义两个对象之间或对象与坐标系之间的关系。在块编辑器中可以像在程序的主绘图区域中一样使用几何约束。

使用 Block 命令创建块时，在块编辑器中会保留图形编辑器中所建立的几何约束。

【块编辑器】选项卡【几何】面板选项及其功能等同于【参数化】选项卡【几何】面板选项，具体内容介绍见第 5 章。

（5）添加标注约束，结果如图 7-17 所示。

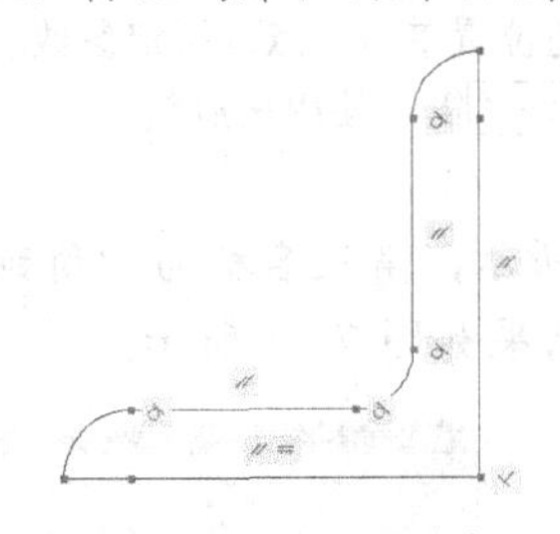
图 7-16 添加自动约束

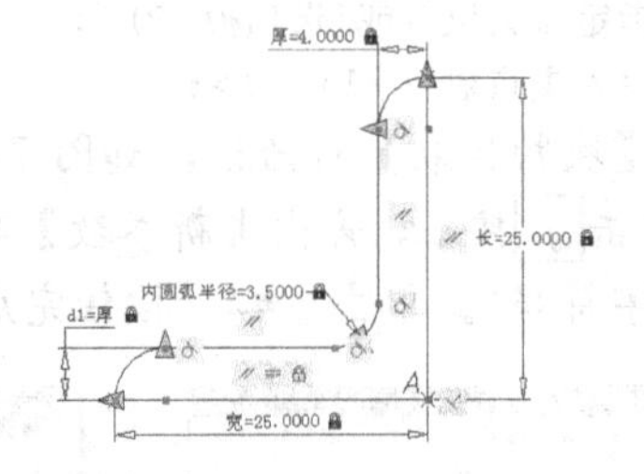

图 7-17 添加所有的标注约束

关于在块编辑器中添加尺寸约束的说明如下。

- 创建夹点数为 1 的标注约束时，应先选择固定约束点，再选择拉伸移动的约束点。
- 在创建标注约束“d1=厚”时，当命令行提示：“输入值，或者同时输入名称和值”时，直接输入名称“厚”就创建了约束“d1=厚”。
- 约束参数名称、表达式、参数值也可在参数管理器中进行设置，如图 7-18 所示。单击【块编辑器】选项卡【管理】面板中的 *fx* 按钮可调用【参数管理器】对话框。
- 默认情况下，【参数管理器】对话框包括一个三列（名称、表达式、值）栅格控件。用户可以在列上单击鼠标右键添加一个或多个其他列（类型、顺序、显示或说明）。也就是说，通过参数管理器可以从块编辑器中显示和编辑约束参数、用户参数、操作参数、标注约束与参照约束、用户变量及块属性。

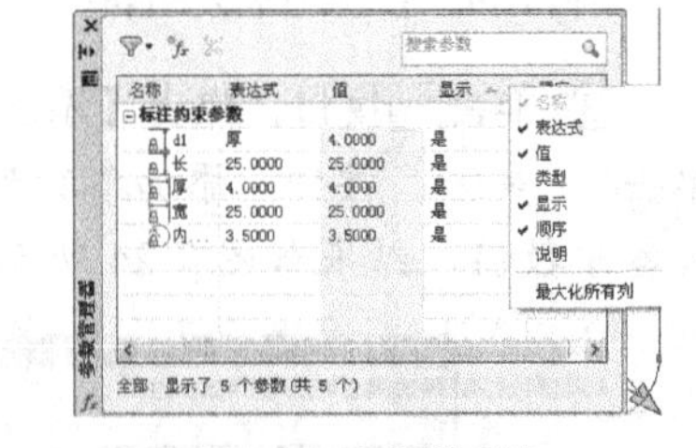

图 7-18 参数管理器

块编辑器中显示和编辑的类别可通过参数管理器显示和控制以下各项。

- 表达式：用于显示实数或方程式，例如 $d1+d2$。
- 值：用于显示表达式的值。
- 类型：用于显示标注约束类型或变量值类型。

- 显示次序：用于控制【特性】对话框中特性的显示顺序。
- 显示或隐藏信息：用于显示块参照的特性参数。
- 说明：用于显示与用户变量关联的注释或备注。

使用 BCPARAMETER 命令在块编辑器中应用的标注约束称为约束参数，且只能在块编辑器中创建约束参数。

虽然可以在块定义中使用标注约束和约束参数，但是只有约束参数可以为该块定义显示可编辑的自定义特性。约束参数包含参数信息，可以为块参照显示或编辑参数值。

线性约束和水平约束参数的区别是：水平约束参数包含夹点，而线性约束不包含；水平约束参数是动态的，而线性约束则不是。

【块编辑器】选项卡【标注】面板选项及其功能等同于【参数化】选项卡【标注】面板选项，具体内容介绍见第 6 章。

（1）添加固定约束。单击【块编辑器】选项卡【几何】面板上的按钮，AutoCAD 提示如下。

```
命令： _GcFix
选择点或[对象(O)] <对象>:                    //捕捉图 7-17 所示的 A 点
```

（2）创建块特性表。

① 单击【块编辑器】选项卡【标注】面板中的按钮，AutoCAD 提示如下。

```
命令： _btable
指定参数位置或[选项板(P)]:                   //在合适位置单击一点，指定参数表的位置
输入夹点数[0/1] <1>:                         //按 Enter 键，使用夹点数 1
```

打开【块特性表】对话框，如图 7-19 所示。

② 单击按钮，弹出【新参数】对话框，如图 7-20 所示，输入名称为“角钢型号”，类型选择“字符串”。单击 确定 按钮完成新参数的创建，结果如图 7-21 所示。

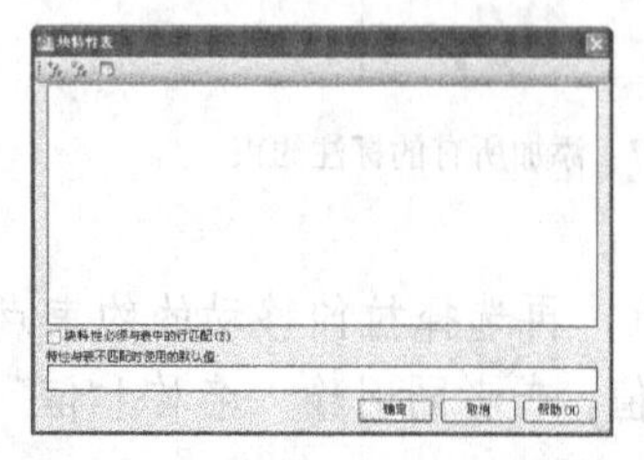

图 7-19　【块特性表】对话框

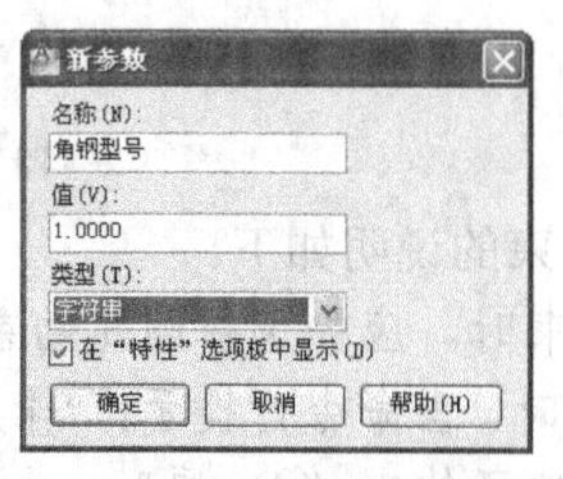

图 7-20　【新参数】对话框

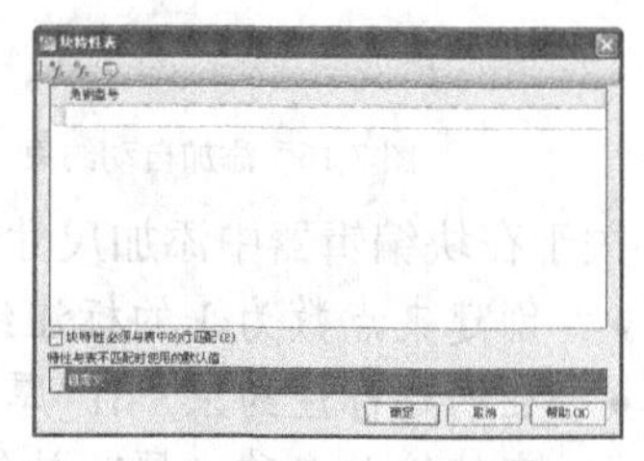

图 7-21　创建新参数

③ 单击按钮，弹出【添加参数特性】对话框，按住 Ctrl 键选择如图 7-22 所示的参数；单击 确定 按钮，添加参数到块特性表中，结果如图 7-23 所示。在特性表中根据国标输入各参数值，结果如图 7-24 所示。

图 7-22　【添加参数特性】对话框

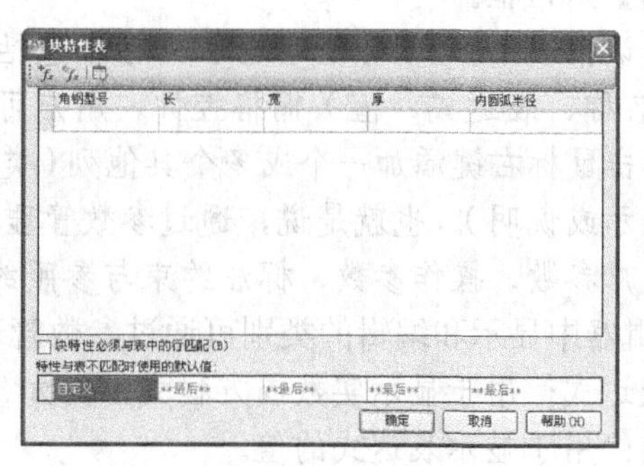

图 7-23　添加参数

④ 单击 确定 按钮完成块特性表的创建。

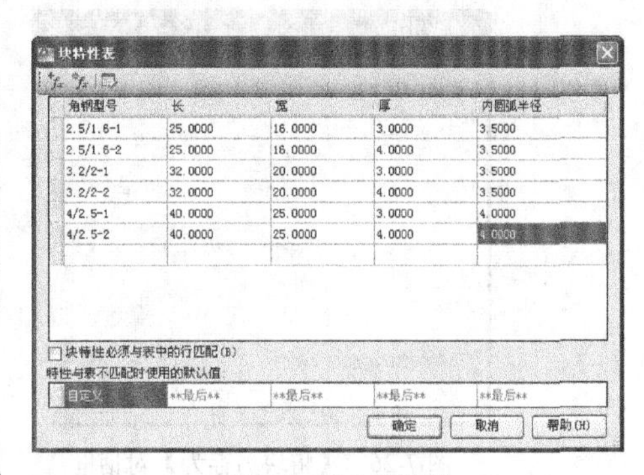

角钢型号	长	宽	厚	内圆弧半径
2.5/1.6-1	25.0000	16.0000	3.0000	3.5000
2.5/1.6-2	25.0000	16.0000	4.0000	3.5000
3.2/2-1	32.0000	20.0000	3.0000	3.5000
3.2/2-2	32.0000	20.0000	4.0000	3.5000
4/2.5-1	40.0000	25.0000	3.0000	4.0000
4/2.5-2	40.0000	25.0000	4.0000	4.0000

图 7-24 输入参数值

使用块特性表可以在块定义中定义及控制参数和特性的值。块特性表由栅格组成，其中包含用于定义列标题的参数和定义不同特性集值的行。选择块参照时，用户可以将其设置为由块特性表中的某一行定义的值。表格可以包含以下任意参数和特性：操作参数、用户参数、约束参数以及属性。

（3）测试动态块。

① 单击【块编辑器】选项卡【打开/保存】面板中的 按钮，进入块测试环境，结果如图 7-25 所示，分别在块特性表中选择角钢不同的型号，则图形随之自动改变。

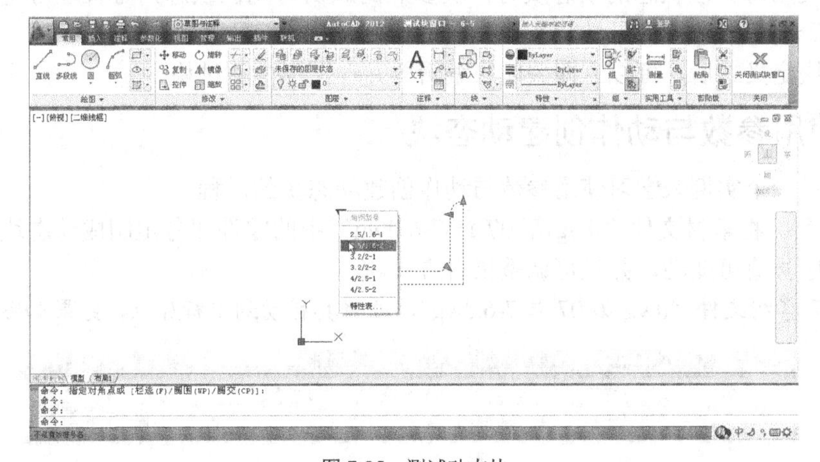

图 7-25 测试动态块

② 单击 按钮，关闭动态块的测试，返回到块编辑器环境中。

在测试窗口中无需保存块定义即可测试在块编辑器中所做的编辑，测试块窗口反映了块编辑器中当前的块定义。测试块窗口中，大多数 AutoCAD 命令都未改变，以下命令除外。

- BEDIT：在测试块窗口中禁用。
- SAVE、SAVEAS 和 QSAVE：在【保存】对话框中不显示默认文件名。如果从测试块窗口中进行保存，则将删除上下文相关选项卡，并创建新图形。此操作将关闭测试块窗口。
- CLOSE 和 QUIT：关闭测试块窗口时不提示保存。

（4）动态块的保存。

① 单击【块编辑器】选项卡【打开/保存】面板底部的 打开/保存 ▾ 选项板，展开命令按钮 ，选择【将块另存为】选项，打开【将块另存为】对话框，如图 7-26 所示。

② 输入块名“不等边角钢”，单击 确定 按钮，完成动态块的创建。

③ 单击【块编辑器】选项卡【关闭】面板上的 按钮，打开【块—未保存更改】对话框，如图 7-27 所示，单击 ➜ 将更改保存到 〈当前图形〉(S) 按钮退出块编辑器环境。

（5）动态块的调用与使用。在绘图环境中，动态块的调用与普通块的调用方法相同。

在块编辑器中，通过单击块编辑器上下文选项卡上的“保存块”按钮，或在命令提示下输入“bsave”，可以保存块定义，然后须保存图形，以确保将块定义保存在图形中。

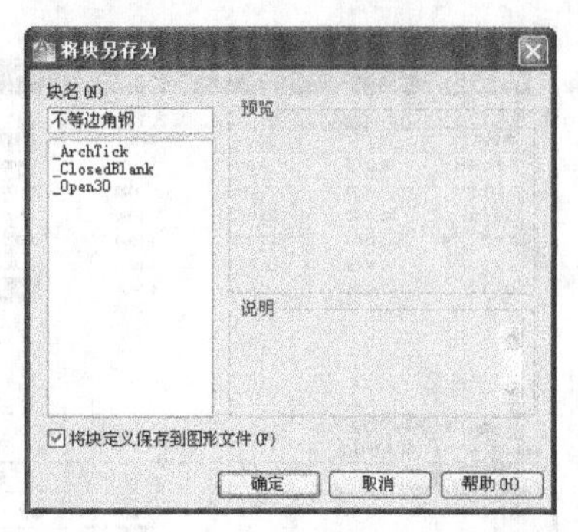

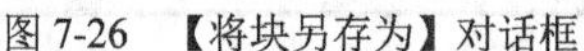

图 7-26　【将块另存为】对话框

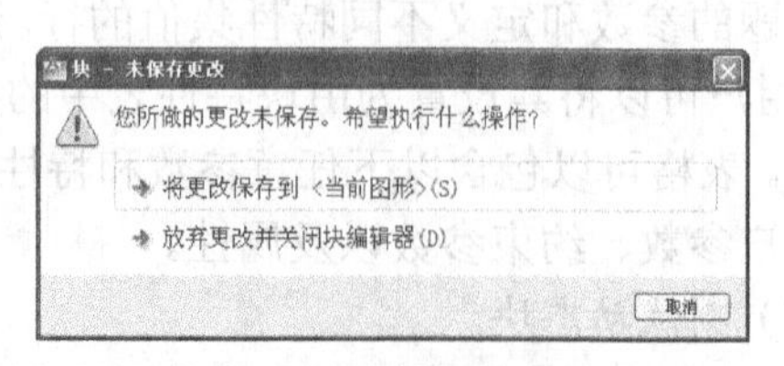

图 7-27　【块—未保存更改】对话框

在块编辑器中保存块定义后，该块中的几何图形和参数的当前值就被设置为块参照的默认值。创建使用可见性状态的动态块时，块参照的默认可见性状态为【管理可见性状态】对话框中的列表顶部的那个可见性状态。

保存了块定义之后，可以立即关闭块编辑器并在图形中测试块。

7.2.2　使用参数与动作创建动态块

本节通过一个实例来学习使用参数与动作创建动态块的过程。

【例 7-6】　将素材文件“dwg\第 07 章\7-6.dwg”中的零件序号定制成动态块。当使用该块时，要求序号值可变动，并且可调整指引方向。

（1）打开素材文件“dwg\第 07 章\7-6.dwg”，并将其移动到坐标原点，结果如图 7-28 所示。

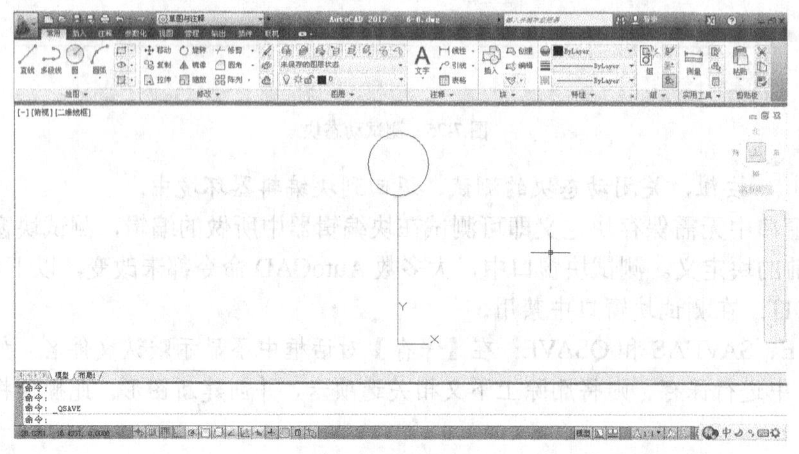

图 7-28　绘制图形

（2）进入【块编辑器】。单击【常用】选项卡【块】面板上的编辑按钮，打开【编辑块定义】对话框，如图 7-29 所示。在列表框中选择“<当前图形>”，单击确定按钮打开【块编辑器】选项卡，如图 7-30 所示。

（3）编辑块属性。

① 单击【块编辑器】选项卡【操作参数】面板上的属性定义按钮，打开【属性定义】对话框，如图 7-31 所示。

② 在【属性】分组框中的【标记】文本框输入“1”，在【提示】文本框中输入“请输入序号:”，在【默认】文本框中输入“1”，在【对正】下拉列表中选择【居中】选项，文字高度设为“5”，其余使用默认值。单击确定按钮，在图形中单击鼠标左键，结果如图 7-32 所示。

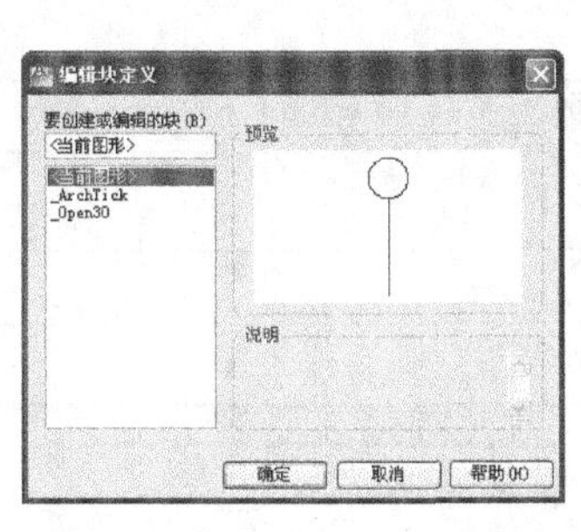

图 7-29 【编辑块定义】对话框

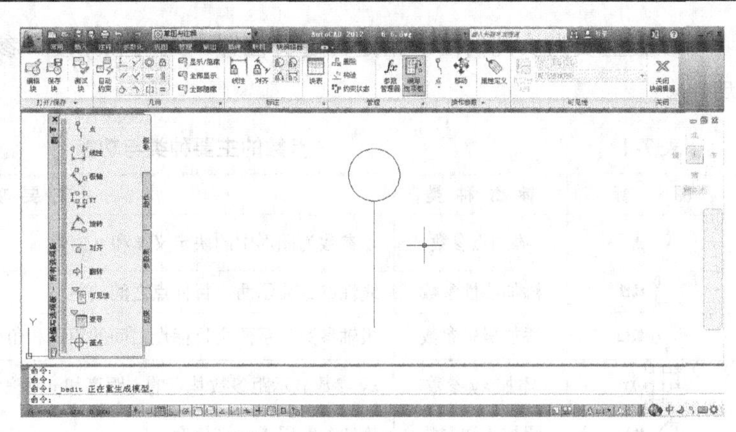

图 7-30 进入【块编辑器】

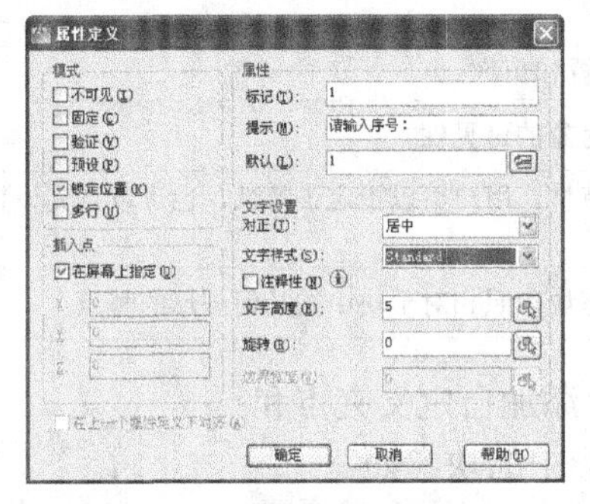

图 7-31 【属性定义】对话框

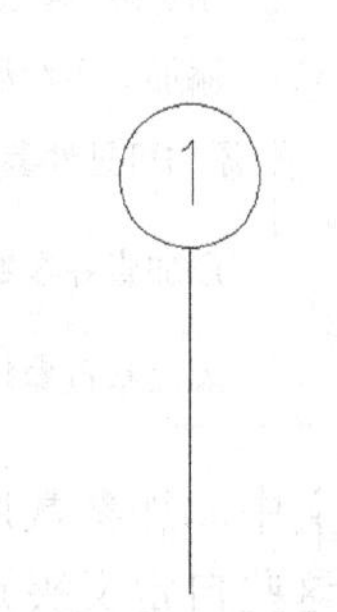

图 7-32 定义块属性

属性是将数据附着到块上的标签或标记。属性中可能包含的数据主要有零件编号、价格、注释和物主的名称等。标记相当于数据库表中的列名。

（4）添加参数。单击【块编写选项板—所有选项板】对话框中【参数】选项组中的极轴按钮，如图 7-33 所示，AutoCAD 提示如下。

命令：_Bparameter 极轴
指定基点或[名称(N)/标签(L)/链(C)/说明(D)/选项板(P)/值集(V)]://捕捉 A 点
指定端点： //捕捉 B 点
指定标签位置： //在合适位置单击鼠标左键

结果如图 7-34 所示。

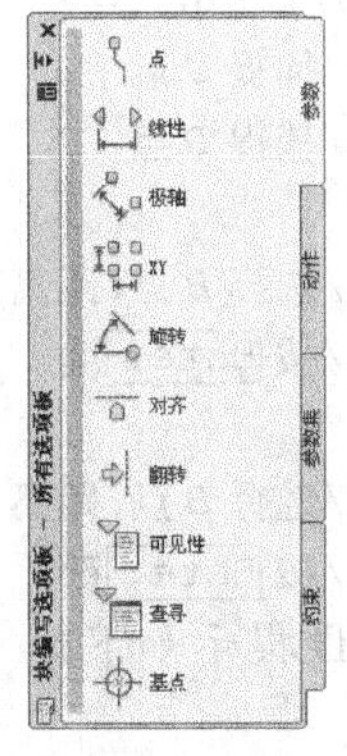

图 7-33 【块编写选项板—所有选项板】对话框

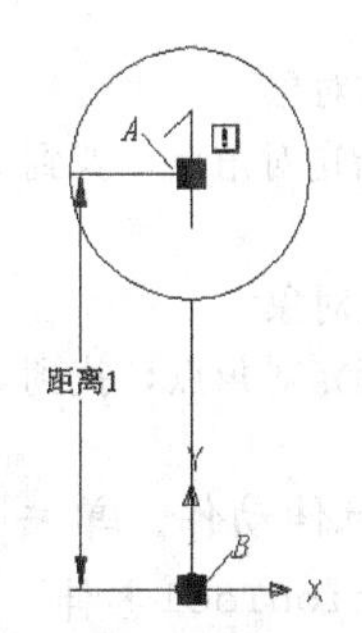

图 7-34 添加参数

参数主要为块几何图形指定自定义位置、距离和角度。参数的主要种类与功能如表 7-1 所示。

表 7-1　　参数的主要种类与功能

图　标	参 数 种 类	主 要 功 能
点	添加点参数	点参数为图形中的块定义 x 和 y 位置
线性	添加线性参数	线性参数显示两个目标点之间的距离
极轴	添加极轴参数	极轴参数显示两个目标点之间的距离和角度值
XY	添加 xy 参数	xy 参数显示距参数基点的 x 距离和 y 距离
旋转	添加旋转参数	旋转参数用于定义角度
翻转	添加翻转参数	翻转参数用于翻转对象
对齐	添加对齐参数	对齐参数定义 x、y 位置和角度
可见性	添加可见性参数	可见性参数控制块中对象的可见性
查寻	添加查寻参数	查寻参数定义自定义特性，用户可以指定该特性，也可以将其设置为从定义的列表或表格中计算值
基点	添加基点参数	基点参数用于定义动态块参照相对于块中的几何图形的基点

向块定义中添加参数后，系统会自动向块中添加自定义夹点和特性。使用这些自定义夹点和特性可以操作图形中的块参照。

参数添加到动态块定义中后，夹点将添加到该参数的关键点。关键点是用于操作块参照的参数部分。例如，线性参数在其基点和端点处具有关键点；可以从任一关键点操作参数距离，添加到动态块中的参数类型决定了添加的夹点类型，每种参数类型仅支持特定类型的动作。

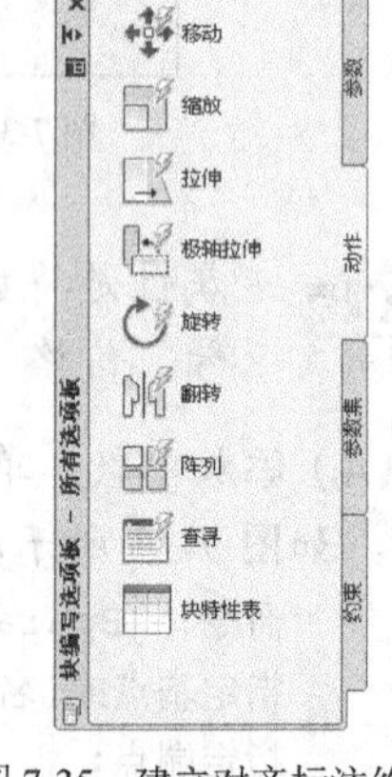

图 7-35　建立对齐标注约束

（5）添加动作。

① 为引线添加极轴拉伸动作。单击【块编写选项板-所有选项板】对话框中【动作】选项组中的极轴拉伸按钮，如图 7-35 所示，AutoCAD 提示如下。

```
命令：_BactionTool 极轴
选择参数：                                           //选择参数“距离 1”，如图 7-36 所示
指定要与动作关联的参数点或输入[起点(T)/第二点(S)] <第二点>        //捕捉 B 点
指定拉伸框架的第一个角点或[圈交(CP)]：                  //捕捉 C 点
指定对角点：                                         //捕捉 D 点
指定要拉伸的对象
选择对象：指定对角点：找到 3 个                        //选择 B 点、距离 1 和引线作为拉伸的对象
选择对象：                                           //按 Enter 键
指定仅旋转的对象
选择对象：指定对角点：找到 3 个                        //选择 B 点、距离 1 和引线作为旋转的对象
选择对象：                                           //按 Enter 键
```

② 为序号添加拉伸动作。单击拉伸按钮，AutoCAD 提示如下。

```
命令：_BactionTool 拉伸
选择参数：                                           //选择参数“距离 1”，如图 7-37 所示
```

指定要与动作关联的参数点或输入[起点(T)/第二点(S)] <起点>: //捕捉 A 点
指定拉伸框架的第一个角点或[圈交(CP)]: //捕捉 C 点
指定对角点: //捕捉 D 点
指定要拉伸的对象 //选择对象"1"
选择对象: 找到 1 个
选择对象: //按 Enter 键

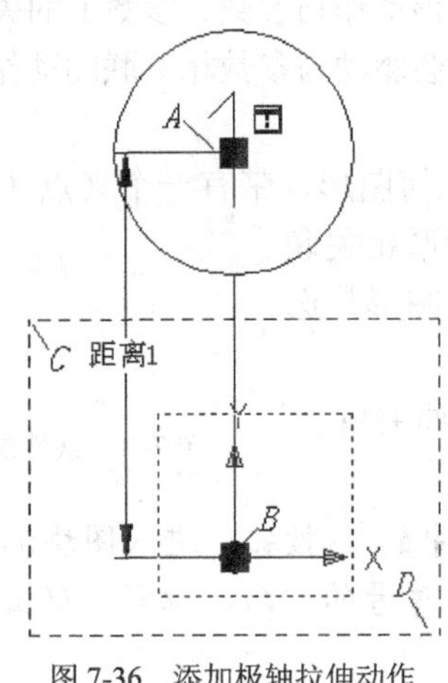

图 7-36 添加极轴拉伸动作

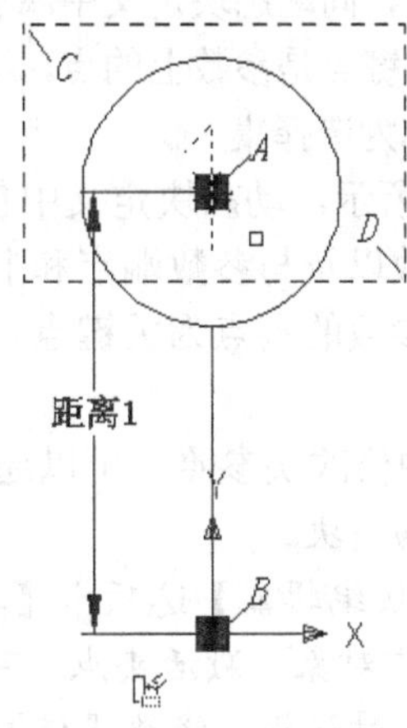

图 7-37 添加拉伸动作

③ 为符号添加极轴拉伸动作。单击按钮，AutoCAD 提示如下。

命令: _BactionTool 极轴
选择参数: //选择参数"距离 1"
指定要与动作关联的参数点或输入[起点(T)/第二点(S)] <第二点>://捕捉 A 点
指定拉伸框架的第一个角点或[圈交(CP)]: //捕捉 C 点
指定对角点: //捕捉 D 点
指定要拉伸的对象
选择对象: 指定对角点: 找到 4 个 //框选 DC 之间对象
选择对象: //按 Enter 键
指定仅旋转的对象
选择对象: 指定对角点: 找到 4 个 //框选 DC 之间对象
选择对象: //按 Enter 键

动作用于定义在图形中操作动态块参照的自定义特性时，该块参照的几何图形将如何移动或修改。动作的主要种类与功能如表 7-2 所示。

表 7-2 动作的主要种类与功能

图 标	参 数 种 类	主 要 功 能
移动	添加移动动作	移动动作使对象移动指定的距离和角度
拉伸	添加拉伸动作	拉伸动作将使对象在指定的位置移动和拉伸指定的距离
极轴拉伸	添加极轴拉伸动作	极轴拉伸动作将对象旋转、移动和拉伸指定角度和距离
缩放	添加缩放动作	缩放动作可以缩放块的选择集
旋转	添加旋转动作	旋转动作使其关联对象进行旋转
翻转	添加翻转动作	翻转动作允许用户围绕一条称为投影线的指定轴来翻转动态块参照

续表

图　标	参数种类	主要功能
阵列	添加阵列动作	阵列动作会复制关联对象并以矩形样式对其进行阵列
查寻	添加查寻动作	查寻动作将自定义特性和值指定给动态块

一般情况下，向动态块定义中添加动作后，必须将该动作与参数、参数上的关键点以及几何图形相关联。关键点是参数上的点，编辑参数时该点将会驱动与参数相关联的动作。与动作相关联的几何图形称为选择集。

如图7-38所示，动态块定义中包含表示书桌的几何图形、带有一个夹点（为其端点指定的）的线性参数以及与参数端点和书桌右侧的几何图形相关联的拉伸动作。参数的端点为关键点。书桌右侧的几何图形是选择集。

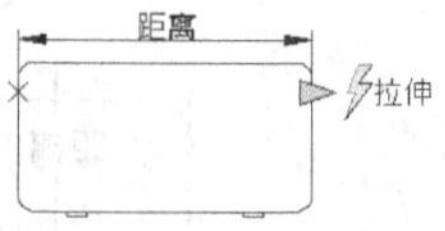

要在图形中修改块参照，可以通过移动夹点来拉伸书桌。

图7-38　线性参数与拉伸动作

（6）测试动态块。

① 单击【块编辑器】选项卡【打开/保存】面板中的按钮，进入图块测试环境，如图7-39所示。选中对象，激活夹点，可以调整引线或者序号的方向、位置。双击序号弹出【增强属性编辑器】对话框，修改【值】即可修改序号。

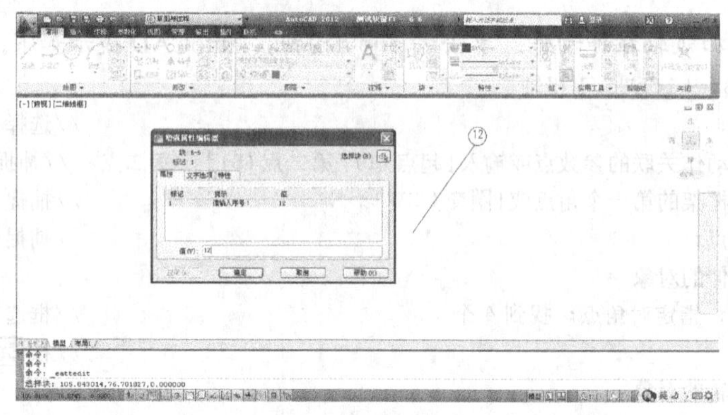

图7-39　测试动态块

② 单击按钮，关闭动态块的测试，返回到块编辑器环境中。

（7）动态块的保存。展开【打开/保存】面板，选择【将块另存为】选项，弹出【将块另存为】对话框，如图7-40所示。输入块名“序号标注1”，单击 确定 按钮，完成动态块的创建。单击按钮，弹出【块－未保存更改】对话框，如图7-41所示，单击 将更改保存到 <当前图形>(S) 按钮退出块编辑器环境。

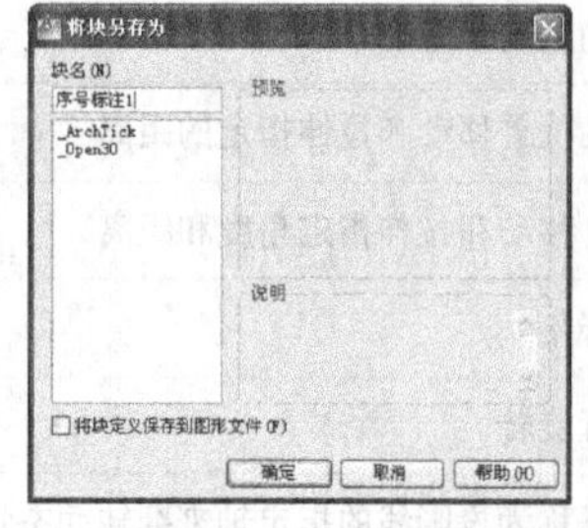

图7-40　【将块另存为】对话框

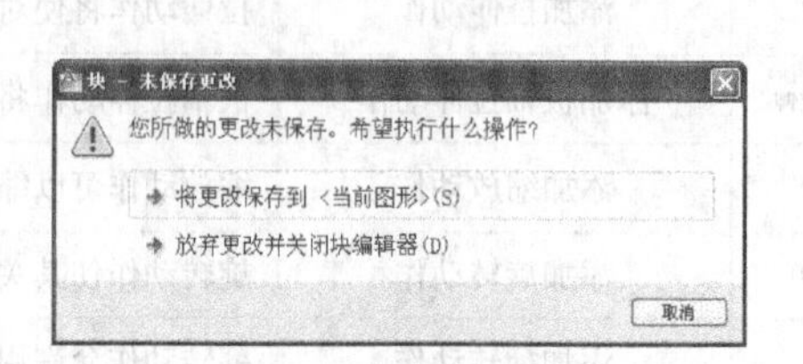

图7-41　【块—未保存更改】对话框

（8）动态块的调用与使用。

① 新建一个图形文件，单击按钮，弹出【插入】对话框，如图 7-42 所示。

② 单击 浏览(B)... 按钮，弹出【选择图形文件】对话框，如图 7-43 所示。选择“序号标注 1”，单击 打开(O) 按钮，返回到【插入】对话框，如图 7-44 所示。单击 确定 按钮，AutoCAD 提示如下。

```
命令: _insert
指定插入点或[基点(B)/比例(S)/X/Y/Z/旋转®]: //在屏幕上指定插入点，单击鼠标左键
输入属性值
请输入序号: <1>: 11                              //输入属性值“11”
```

结果如图 7-45 所示。

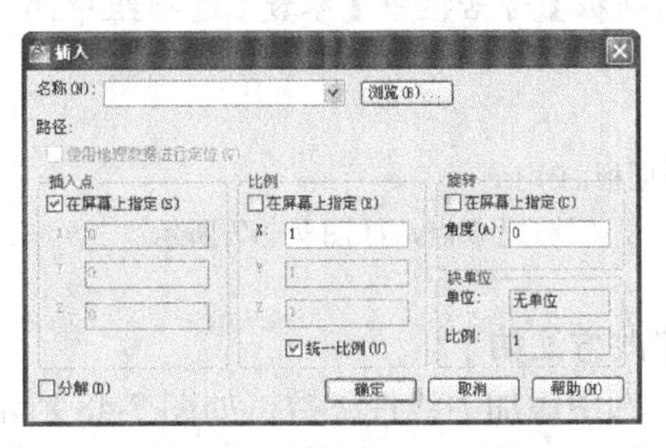

图 7-42 【插入】对话框（1）

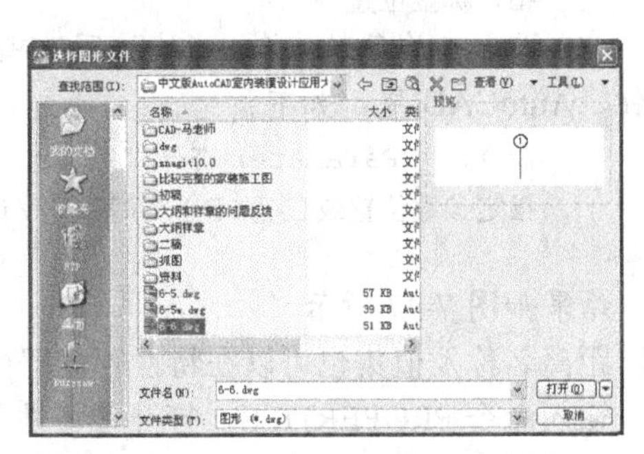

图 7-43 【选择图形文件】对话框

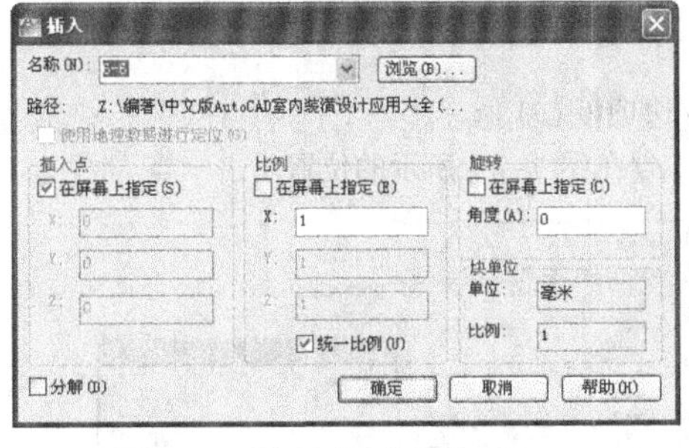

图 7-44 【插入】对话框（2）

图 7-45 动态块的调用与使用

课堂练习： 将标高定制成动态块。当使用该块时，要求序号值可变动。

7.2.3 使用查询表创建动态块

本节通过一个实例来学习使用查询表创建动态块的过程。

【例 7-7】 利用素材文件“dwg\第 07 章\7-7.dwg”创建 M8 六角头螺栓动态块，其中螺栓尺寸 *L* 是可变动的，可以通过查询参数的方式确定。尺寸 *L* 的系列值分别为 30、35、40、45 和 55。

（1）打开素材文件“dwg\第 07 章\7-7.dwg”，进入块编辑器中，并且将插入基点 *A* 移动到坐标原点，结果如图 7-46 所示。

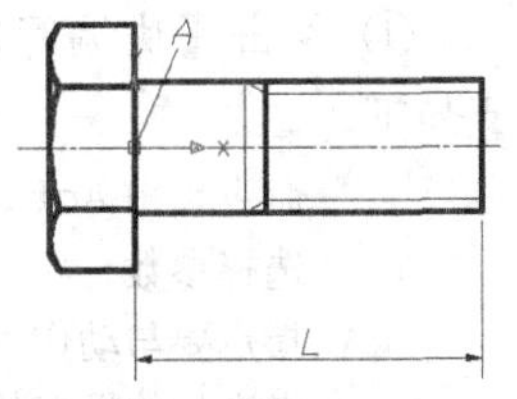

图 7-46 进入块编辑器

（2）添加线性参数。单击【块编写选项板-所有选项板】对话框中【参数】选项组中的 线性 按钮，AutoCAD 提示如下。

```
命令: _BParameter 线性
指定起点或[名称(N)/标签(L)/链(C)/说明(D)/基点(B)/选项板(P)/值集(V)]:L
```

//选择“标签(L)”选项

输入距离特性标签 <距离 1>: 公称长度　　　　//输入新的标签“公称长度”

指定起点或[名称(N)/标签(L)/链(C)/说明(D)/基点(B)/选项板(P)/值集(V)]: V

//选择“值集(V)”选项

输入距离值集合的类型[无(N)/列表(L)/增量(I)] <无>: L

//选择“列表(L)”选项

输入距离值列表(逗号分隔): 30,35,40,45,55　　　　//输入螺栓公称长度列表

指定起点或[名称(N)/标签(L)/链(C)/说明(D)/基点(B)/选项板(P)/值集(V)]:

//捕捉 A 点指定起点，如图 7-47 所示

指定端点:　　　　//捕捉 B 点指定端点

指定标签位置:　　　　//在 C 点处单击鼠标左键指定标签位置

(3) 添加查询参数。单击【块编写选项板-所有选项板】对话框中【参数】选项组中的查寻按钮，AutoCAD 提示如下。

命令: _BParameter 查寻

指定参数位置或[名称(N)/标签(L)/说明(D)/选项板(P)]:

//捕捉 B 点，如图 7-47 所示

结果如图 7-47 所示。

距离名称及值集也可以在特性管理器中修改，修改方法如下。

输入命令 PROPERTIES，打开【特性】对话框，选中添加的线性参数，如图 7-48 所示，可以通过图示内容进行修改。单击【块编写选项板—所有选项板】中【参数】选项板中的查寻按钮，AutoCAD 提示如下。

命令: _BParameter 查寻

指定参数位置或[名称(N)/标签(L)/说明(D)/选项板(P)]:

//在图 7-47 所示的位置单击一点

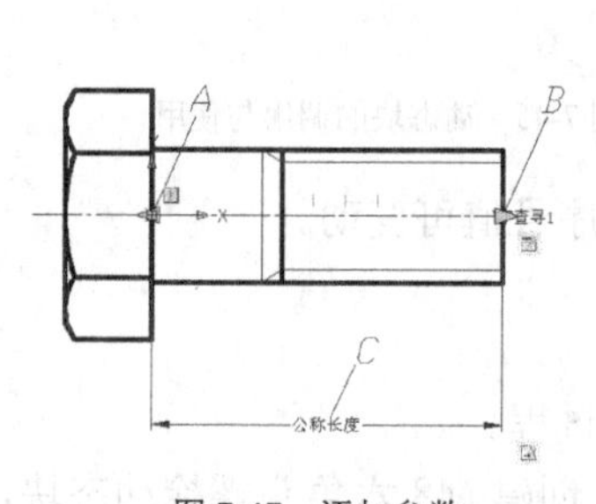

图 7-47　添加参数

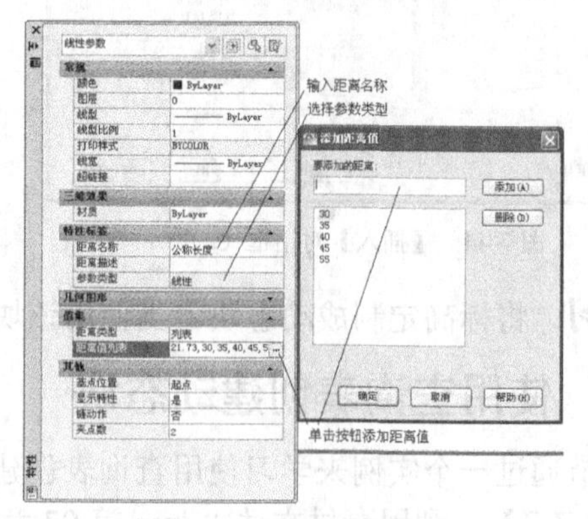

图 7-48　修改线性参数特性

(4) 添加拉伸动作与查询动作。

① 单击【块编写选项板—所有选项板】中【动作】选项板上的拉伸按钮，AutoCAD 提示如下。

命令: _BActionTool 拉伸

选择参数:　　　　//选择参数“公称长度”

指定要与动作关联的参数点或输入[起点(T)/第二点(S)] <起点>: //捕捉 B 点

指定拉伸框架的第一个角点或[圈交(CP)]:　　　　//捕捉 E 点

指定对角点:　　　　//捕捉 F 点

　　指定要拉伸的对象　　　　　　　　　　　　　　//选择对象需要拉伸的对象
　　选择对象：找到 12 个
　　选择对象：　　　　　　　　　　　　　　　　　//按 Enter 键

结果如图 7-49 所示。

② 单击【块编写选项板—所有选项板】中【动作】选项板上的 查寻 按钮，AutoCAD 提示如下。

　　命令：_BActionTool 查寻
　　选择参数：　　　　　　　　　　　　　　　　　//选择刚创建的查询参数

打开【特性查寻表】对话框，如图 7-50 所示。

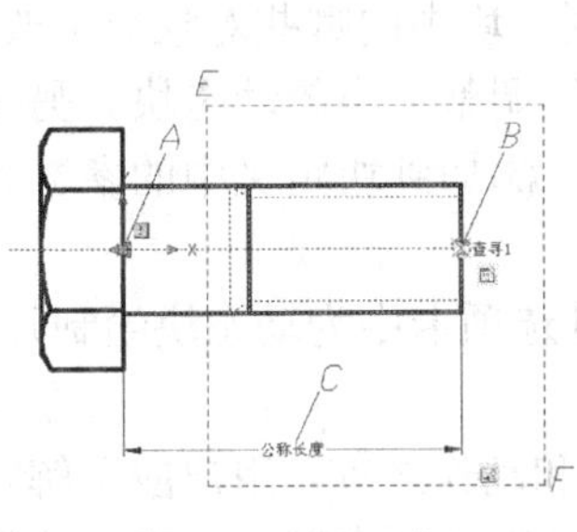

图 7-49　添加动作

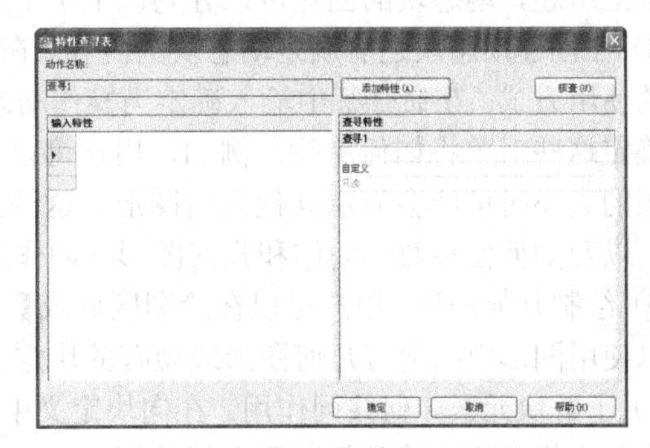

图 7-50　【特性查寻表】对话框

③ 单击 添加特性(A)... 按钮，打开【添加参数特性】对话框，如图 7-51 所示。选中“公称长度”，单击 确定 按钮，添加参数特性并返回到特性查询表，如图 7-52 所示。在左侧【输入特性】栏选择螺栓的公称长度，在右侧【查询特性】栏输入查询参数标签，单击 确定 按钮完成查询动作的添加。

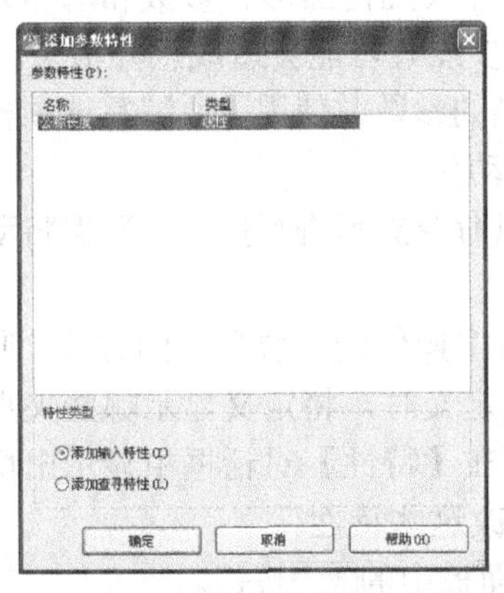

图 7-51　添加参数特性

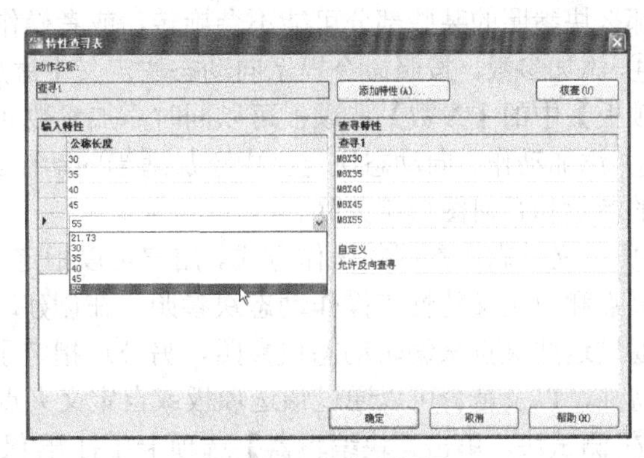

图 7-52　特性查询表

查寻表可以为动态块定义特性以及为其指定特性值。使用查寻表是将动态块参照的参数值与指定的其他数据（例如模型或零件号）相关联的有效方式。

> **要点提示**　不能将约束参数添加到查寻表，约束参数应使用块特性表。

（5）测试动态块。在查询夹点上单击鼠标右键，弹出查询列表，如果从显示的列表中选择一个尺寸，则块的几何图形将根据选择而改变，如图 7-53 所示。

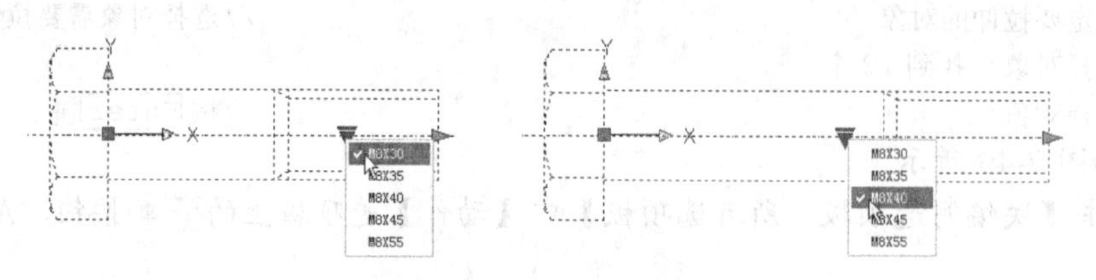

图 7-53　测试动态块

（6）保存动态块。

综上所述，动态块的创建可以分为以下 7 个主要步骤。

① 在创建动态块之前规划动态块的内容。在创建动态块之前，应当了解其外观以及在图形中的使用方式。在命令行中输入确定当操作动态块参照时，块中的哪些对象会更改或移动，还要确定这些对象将如何更改。例如，用户可以创建一个可调整大小的动态块。另外，调整块参照的大小时可能会显示其他几何图形。这些因素决定了添加到块定义中的参数和动作的类型，以及如何使参数、动作和几何图形共同作用。

② 绘制几何图形。用户可以在绘图区域或【块编辑器】选项卡中为动态块绘制几何图形，也可以使用图形中的现有几何图形或现有的块定义。

③ 了解块元素如何共同作用。在向块定义中添加参数和动作之前，用户应了解它们相互之间以及它们与块中的几何图形之间的相关性。在向块定义添加动作时，需要将动作与参数以及几何图形的选择集相关联。此操作将创建相关性。向动态块参照添加多个参数和动作时，需要设置正确的相关性，以便块参照在图形中正常工作。

例如，要创建一个包含若干对象的动态块，其中一些对象关联了拉伸动作。同时，用户还希望所有对象围绕同一基点旋转。在这种情况下，应当在添加其他所有参数和动作之后添加旋转动作。如果旋转动作并非与块定义中的其他所有对象（几何图形、参数和动作）相关联，那么块参照的某些部分可能不会旋转，或者操作该块参照时可能会造成意外结果。

④ 添加参数。按照命令提示向动态块定义中添加适当的参数。使用【块编写选项板—所有选项板】中的【参数】选项板可以同时添加参数和关联动作。

⑤ 添加动作。向动态块定义中添加适当的动作。按照命令提示进行操作，确保将动作与正确的参数和几何图形相关联。

⑥ 定义动态块参照的操作方式。用户可以指定在图形中操作动态块参照的方式，通过自定义夹点和自定义特性来操作动态块参照。在创建动态块定义时，将定义显示哪些夹点以及如何通过这些夹点来编辑动态块参照，另外还指定了是否在【特性】对话框中显示出块的自定义特性，以及是否可以通过该选项板或自定义夹点来更改这些特性。

⑦ 测试块。单击【块编辑器】选项卡【打开/保存】面板中的按钮。

课堂练习： 创建 M12 六角头螺栓动态块，其中螺栓尺寸 *L* 是可变动的，可以通过查寻参数的方式确定。尺寸 *L* 的系列值分别为 45、60、80、100 和 120。

7.3　习题

一、填空题

1. 块是一个或多个连接的对象，可以将块看作对象的集合，类似于其他图形软件中的群组，组成块的对象可位于不同的________上，并且可具有不同的特性，如线型、颜色等。

2．在建筑图中有许多反复使用的图形，如门、窗、楼梯和家具等，若事先将这些对象创建成块，那么使用时只需插入________即可。

二、选择题

1．若属性已被创建成为块，则可用________命令来编辑属性值及属性的其他特性。

A．EATTEDIT　　B．ETEDIT

C．EDIT　　D．ATETEDIT

2．使用________命令可以将图形的一部分或整个图形创建成块，可以给块命名，并且可以定义插入基点。

A．LOCK　　B．BLOCK

C．LOCKB　　D．NAME

3．一般情况下，向动态块定义中添加动作后，必须将该动作与参数、参数上的关键点以及几何图形相关联。关键点是参数上的点，编辑参数时该点将会驱动与参数相关联的动作。与动作相关联的几何图形称为________。

A．动作集　　B．关联集

C．几何图形集　　D．选择集

三、问答题

1．什么是属性值？

2．简述属性的作用。

3．AutoCAD 2012 大大加强了动态块的功能，可以方便地创建和调用动态块，简述其优势。

4．如何使用参数与动作创建动态块？

5．通过实例说明如何使用查询表创建动态块？

6．简述动态块创建的主要步骤。

四、实战题

1．打开素材文件“dwg\第 07 章\习题 7-1.dwg”，该文件中已包含了块“桌椅”，请重新定义此块，将图 7-54 中的左图修改为右图，图中椅子还是原来的椅子，桌子变为圆形，半径为原来方桌的宽度。

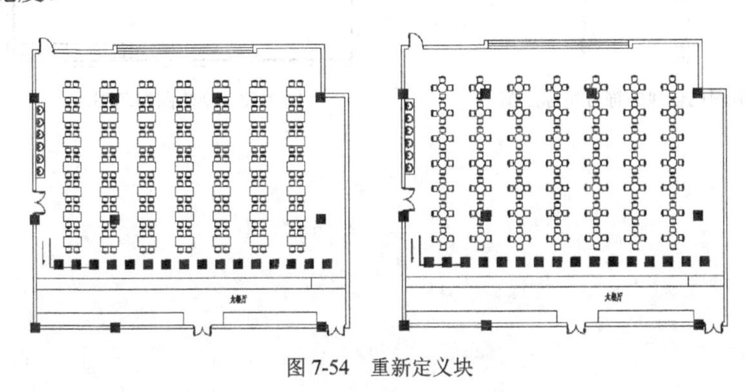

图 7-54　重新定义块

2．应用实体属性。

操作步骤提示

（1）建立新的图形文件，绘制图 7-55 所示的标高及定位轴线符号。

（2）创建属性 A、B，如图 7-56 所示，该属性包含的内容如表 7-3 所示。

图 7-55　标高及定位轴线符号　　　　图 7-56　创建属性 *A*、*B*

表 7-3　　属性项目包含的内容

项　目	标　记	提　示	值
属性 A	HIGN	标高	5.000
属性 B	N	定位轴线	5

（3）将高度符号与属性 *A* 一起生成图块“标高”，同样把编号符号与属性 *B* 一起生成图块“定位轴线”，两个图块的插入点分别是（1）、（2）点，然后保存素材文件为“习题 7-2 图块.dwg”。

（4）打开素材文件“习题 7-2.dwg”，利用已创建的符号图块标注该图形，结果如图 7-57 所示。

3．利用几何约束和标注约束创建图幅动态块，结果如图 7-58 所示。

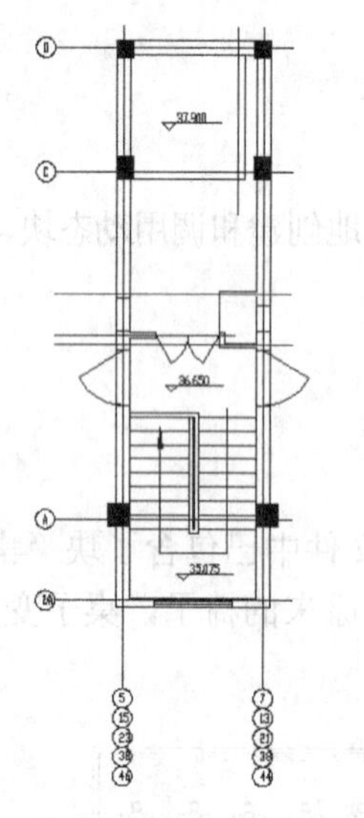

图 7-57　利用已创建的符号块标注图形

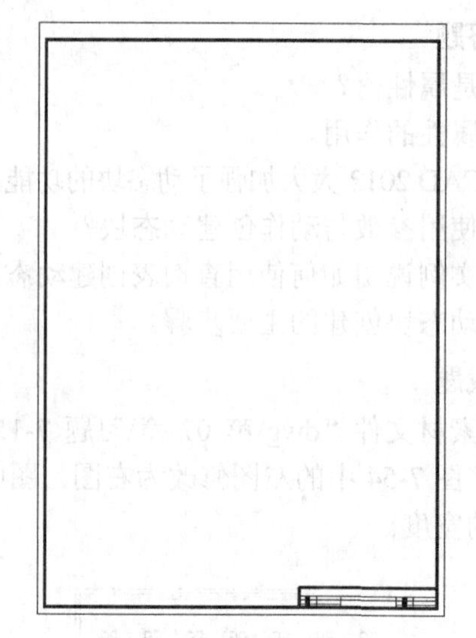

图 7-58　创建图幅动态块

第 8 章　二维高级绘图

本章讲述了偏移（OFFSET）、延伸（EXTEND）、修剪（TRIM）、对齐（ALIGN）和改变线段长度（LENGTHEN）、多线（MLINE）、多段线（PLINE）、射线（RAY）、构造线（XLINE）及云线（REVCLOUD）、QSELECT 等命令。还讲述了控制视图显示的各种方法等。

通过本章的学习，读者可以掌握一些绘图方法和技巧，平时积累一些绘图方法和技巧可以有效提高自己的绘图速度和效率。

【学习目标】

- 掌握偏移、延伸、对齐和改变线段长度等命令的绘图方法。
- 掌握多线、多段线、射线、构造线及云线等的绘制方法。
- 熟悉借助 QSELECT 命令绘图的方法。
- 观察图形的各种方法。

8.1　绘图技巧

本节主要讲述了一些可提高绘图效率的命令，主要包括偏移（OFFSET）、延伸（EXTEND）、修剪（TRIM）、对齐（ALIGN）和改变线段长度（LENGTHEN）等命令。

8.1.1　绘图任务——绘制平行线

【例 8-1】　练习使用 OFFSET 命令。

打开素材文件“dwg\第 08 章\8-1.dwg”，如图 8-1 左图所示。使用 OFFSET 命令将左图修改为右图。

```
命令: _offset                            //绘制与线段 AB 平行的线段 CD，如图 8-1 所示
当前设置: 删除源=否  图层=源  OFFSETGAPTYPE=0
指定偏移距离或[通过(T)/删除(E)/图层(L)] <通过>:40      //输入平行线间的距离
选择要偏移的对象，或[退出(E)/放弃(U)] <退出>:            //选择线段 AB
指定要偏移的那一侧上的点，或[退出(E)/多个(M)/放弃(U)] <退出>:
                                                    //在线段 AB 的右侧单击一点
选择要偏移的对象，或[退出(E)/放弃(U)] <退出>:            //按 Enter 键结束命令
命令:                                          //过 K 点绘制线段 EF 的平行线 GH
OFFSET
当前设置: 删除源=否  图层=源  OFFSETGAPTYPE=0
指定偏移距离或[通过(T)/删除(E)/图层(L)] <40.0000>:t      //选取“通过(T)”选项
选择要偏移的对象，或[退出(E)/放弃(U)] <退出>:            //选择线段 EF
指定通过点或[退出(E)/多个(M)/放弃(U)] <退出>: end 于 //捕捉平行线通过的点 K
选择要偏移的对象，或[退出(E)/放弃(U)] <退出>:            //按 Enter 键结束命令
```

结果如图 8-1 右图所示。

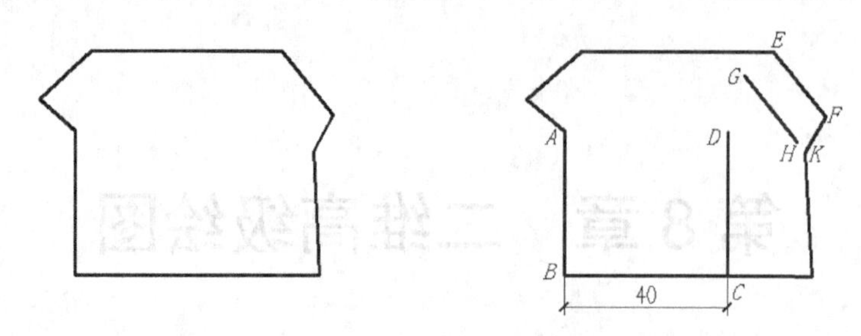

图 8-1　绘制平行线

8.1.2　偏移对象

执行 OFFSET 命令可以将对象偏移指定的距离，创建一个与源对象类似的新对象，其操作对象包括线段、圆、圆弧、多段线、椭圆、构造线和样条曲线等。

当偏移一个圆时，可创建同心圆；当偏移一条闭合的多段线时，可建立一个与源对象形状相同的闭合图形。

使用 OFFSET 命令，用户可以通过 2 种方式创建新线段，一种是输入平行线间的距离，另一种是指定新平行线通过的点。

1．命令启动方法

- 功能区：单击【常用】选项卡【修改】面板上的按钮。
- 命令：OFFSET 或简写 O。

2．命令选项

- 指定偏移距离：输入偏移距离值，系统将根据此数值偏移原始对象产生新对象。
- 通过（T）：通过指定点创建新的偏移对象。
- 删除（E）：偏移源对象后将其删除。
- 图层（L）：指定将偏移后的新对象放置在当前图层或源对象所在的图层上。
- 多个（M）：在要偏移的一侧单击多次，即可创建出多个等距对象。

课堂练习：执行 LINE、OFFSET 等命令绘制图形。

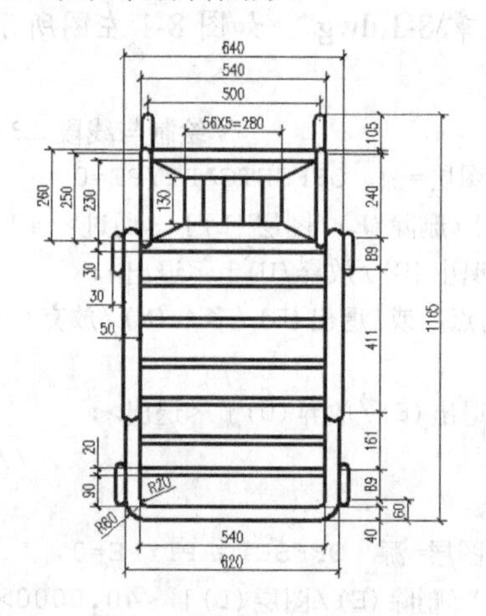

8.1.3　延伸线段

利用 EXTEND 命令可以将线段、曲线等对象延伸到一个边界对象上，使其与边界对象相交。有时边界对象可能是隐含边界，即延伸对象而形成的边界，这时对象延伸后并不与实体直接相交，而是与边界的隐含部分（延长线）相交。

1. 命令启动方法

- 功能区：单击【常用】选项卡【修改】面板上的延伸按钮。
- 命令：EXTEND 或简写 EX。

【例 8-2】 练习使用 EXTEND 命令。

打开素材文件“dwg\第 08 章\8-2.dwg”，如图 8-2 左图所示。使用 EXTEND 命令将左图修改为右图。

```
命令: _extend
当前设置:投影=UCS，边=无
选择边界的边...
选择对象或 <全部选择>:  找到 1 个              //选择边界线段 C，如图 8-2 左图所示
选择对象:                                       //按 Enter 键
选择要延伸的对象，或按住 Shift 键选择要修剪的对象，或
[栏选(F)/窗交(C)/投影(P)/边(E)/放弃(U)]:  //选择要延伸的线段 A
选择要延伸的对象，或按住 Shift 键选择要修剪的对象，或
[栏选(F)/窗交(C)/投影(P)/边(E)/放弃(U)]:  E
                                        //利用“边(E)”选项将线段 B 延伸到隐含边界
输入隐含边延伸模式[延伸(E)/不延伸(N)] <不延伸>: E    //选择“延伸(E)”选项
选择要延伸的对象，或按住 Shift 键选择要修剪的对象，或
[栏选(F)/窗交(C)/投影(P)/边(E)/放弃(U)]:              //选择线段 B
选择要延伸的对象，或按住 Shift 键选择要修剪的对象，或
[栏选(F)/窗交(C)/投影(P)/边(E)/放弃(U)]:              //按 Enter 键结束命令
```

结果如图 8-2 右图所示。

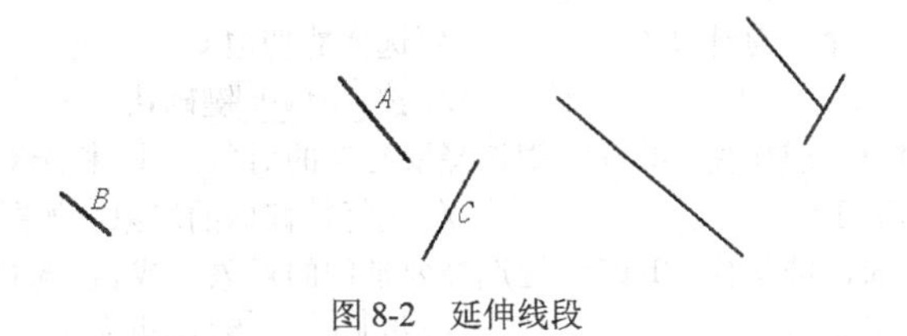

图 8-2 延伸线段

要点提示 在延伸操作中，一个对象可同时被用作边界线及延伸对象。

2. 命令选项

- 按住 Shift 键选择要修剪的对象：将选择的对象修剪到边界而不是将其延伸。
- 栏选（F）：绘制连续折线，与折线相交的对象将被延伸。
- 窗交（C）：利用交叉窗口选择对象。
- 投影（P）：通过该选项指定延伸操作的空间。对于二维绘图来说，延伸操作是在当前用户坐标平面（*xy* 平面）内进行的。在三维空间绘图时，可通过选择该选项将两个交叉对象投影到 *xy* 平面或当前视图平面内进行延伸操作。
- 边（E）：通过该选项控制是否把对象延伸到隐含边界。当边界边太短，延伸对象后不能与其直接相交（图 8-2 所示的边界边 *C*）时，打开该选项，此时系统假想将边界边延长，然后使延伸边伸长到与边界边相交的位置。

- 放弃（U）：取消上一次的操作。

课堂练习： 利用 OFFSET 和 EXTEND 命令修改图形。

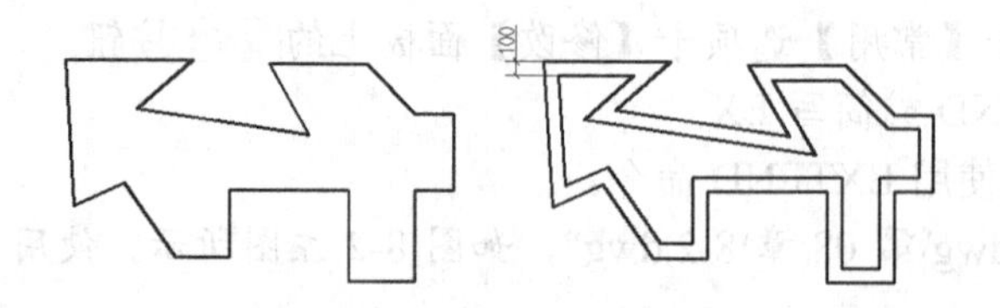

8.1.4　修剪线段

在绘图过程中常有许多线段交织在一起，若想将线段的某一部分修剪掉，可使用 TRIM 命令。执行该命令后，系统提示指定一个或几个对象作为剪切边（可以想象为剪刀），然后选择被剪掉的部分。剪切边可以是线段、圆弧和样条曲线等对象，剪切边本身也可作为被修剪的对象。

1．命令启动方法

- 功能区：单击【常用】选项卡【修改】面板上的 修剪 按钮。
- 命令：TRIM 或简写 TR。

【例 8-3】　练习使用 TRIM 命令。

打开素材文件 "dwg\第 08 章\8-3.dwg"，如图 8-3 左图所示。使用 TRIM 命令将左图修改为右图。

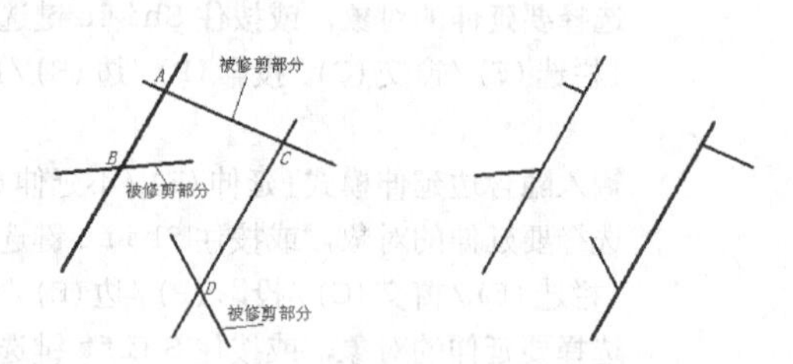

图 8-3　修剪线段

命令：_trim

当前设置:投影=UCS，边=延伸

选择剪切边...

选择对象或 <全部选择>：　找到 1 个　//选择剪切边 *AB*，如图 8-3 左图所示

选择对象：找到 1 个，总计 2 个　　　　//选择剪切边 *CD*

选择对象：　　　　　　　　　　　　　//按 Enter 键确认

选择要修剪的对象，或按住 Shift 键选择要延伸的对象，或[栏选(F)/窗交(C)/投影(P)/边(E)/删除(R)/放弃(U)]：　　　　//选择被修剪的对象，如图 8-3 左图所示

选择要修剪的对象，或按住 Shift 键选择要延伸的对象，或[栏选(F)/窗交(C)/投影(P)/边(E)/删除(R)/放弃(U)]：　　　　//按 Enter 键结束命令

结果如图 8-3 右图所示。

要点提示 当修剪图形中某一区域的线段时，用户可直接把这部分的所有图元都选中，这样可以使图元之间能够相互修剪，接下来的任务是仔细选择被剪切的对象。

2．命令选项

- 按住 Shift 键选择要延伸的对象：将选定的对象延伸至剪切边。
- 栏选（F）：绘制连续折线，与折线相交的对象将被修剪掉。
- 窗交（C）：利用交叉窗口选择对象。
- 投影（P）：通过该选项指定执行修剪的空间。例如三维空间中的两条线段呈交叉关系，那么就可以利用该选项假想将其投影到某一平面上进行修剪操作。
- 边（E）：选取此选项，AutoCAD 提示如下。

  输入隐含边延伸模式[延伸(E)/不延伸(N)] <不延伸>：

  延伸（E）：如果剪切边太短，没有与被修剪对象相交，那么系统会假想将剪切边延长，然后进行修剪操作，如图 8-4 所示。

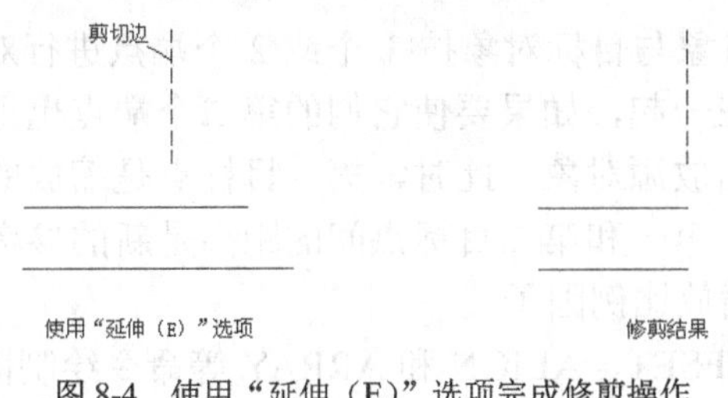

图 8-4　使用“延伸（E）”选项完成修剪操作

不延伸（N）：只有当剪切边与被剪切对象实际相交时才进行修剪。

- 删除（R）：不退出 TRIM 命令就能删除选定的对象。
- 放弃（U）：若修剪有误，可输入字母“U”撤销操作。

8.1.5　对齐对象

使用 ALIGN 命令可以同时移动、旋转一个对象使其与另一个对象对齐。例如，用户可以使图形对象中的某个点、某条直线或某一个面（三维实体）与另一个实体的点、线、面对齐。在操作过程中，用户只需按照 AutoCAD 的提示指定源对象与目标对象的 1 点、2 点或 3 点，即可完成对齐操作。

命令启动方法

- 功能区：单击【常用】选项卡【修改】面板底部的修改按钮，在打开下拉列表中单击按钮。
- 命令：ALIGN 或简写 AL。

【例 8-4】　练习使用 ALIGN 命令。

打开素材文件“dwg\第 08 章\8-4.dwg”，如图 8-5 左图所示。使用 ALIGN 命令将左图修改为右图。

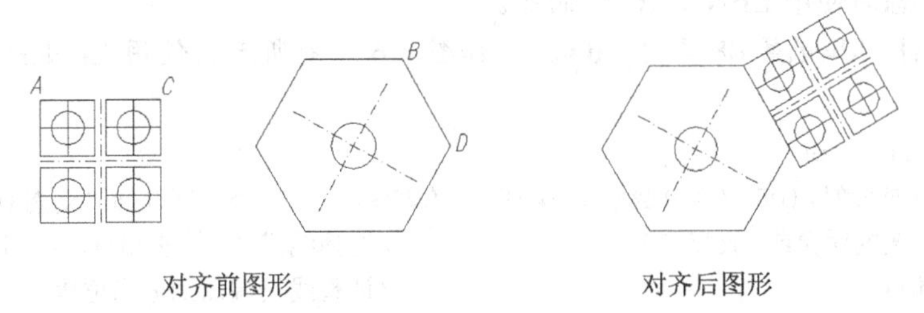

图 8-5　对齐对象

```
命令：align
选择对象：指定对角点：找到 26 个              //选择源对象，如图 8-5 左图所示
选择对象：                                    //按 Enter 键
指定第一个源点：int 于                        //捕捉第一个源点 A
指定第一个目标点：int 于                      //捕捉第一个目标点 B
指定第二个源点：int 于                        //捕捉第二个源点 C
指定第二个目标点：int 于                      //捕捉第二个目标点 D
指定第三个源点或 <继续>:                      //按 Enter 键
是否基于对齐点缩放对象？[是(Y)/否(N)] <否>:   //按 Enter 键不缩放源对象
```

结果如图 8-5 右图所示。

使用 ALIGN 命令时，可指定按照 1 个端点、2 个端点或 3 个端点来对齐实体。在二维平

面绘图中，一般需要将源对象与目标对象按 1 个或 2 个端点进行对正。操作完成，源对象与目标对象的第一点将重合在一起，如果要使它们的第二个端点也重合，就需要利用“是否基于对齐点缩放对象”选项缩放源对象。此时，第一目标点是缩放的基点，第一与第二源点间的距离是第一个参考长度，第一和第二目标点间的距离是新的参考长度，新的参考长度与第一个参考长度的比值就是缩放比例因子。

课堂练习：利用 LINE、OFFSET、ALIGN 和 ARRAY 等命令绘制图形。

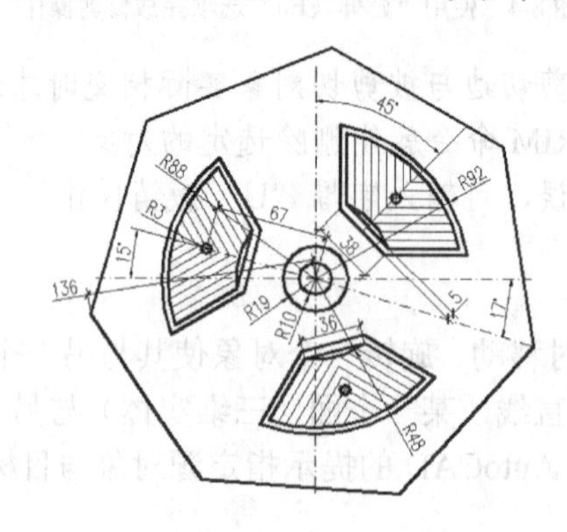

8.1.6　改变线段长度

使用 LENGTHEN 命令可以改变线段、圆弧和椭圆弧等对象的长度。使用此命令时，经常采用的选项是“动态（DY）”，即直观地拖动对象来改变其长度。

1．命令启动方法

- 功能区：单击【常用】选项卡【修改】面板底部的 修改▾ 按钮，在打开的下拉列表中单击 按钮。
- 命令：LENGTHEN 或简写 LEN。

【例 8-5】　练习使用 LENGTHEN 命令。

打开素材文件“dwg\第 08 章\8-5.dwg”，如图 8-6 左图所示。使用 LENGTHEN 命令将左图修改为右图。

```
命令: lengthen
选择对象或[增量(DE)/百分数(P)/全部(T)/动态(DY)]: dy//选择“动态(DY)”选项
选择要修改的对象或[放弃(U)]:              //选择线段 AB 的左端点，如图 8-6 左图所示
指定新端点:                              //调整线段端点到适当位置
选择要修改的对象或[放弃(U)]:              //选择线段 CD 的右端点
指定新端点:                              //调整线段端点到适当位置
选择要修改的对象或[放弃(U)]:              //按 Enter 键结束命令
```

结果如图 8-6 右图所示。

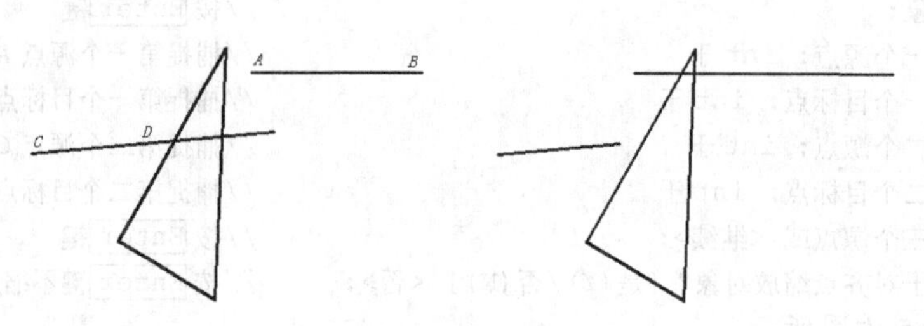

图 8-6　改变对象长度

2. 命令选项

- 增量（DE）：以指定的增量值改变线段或圆弧的长度。对于圆弧来说，用户还可以通过设定角度增量改变其长度。
- 百分数（P）：以对象总长度的百分比形式改变对象长度。
- 全部（T）：通过指定线段或圆弧的新长度来改变对象长度。
- 动态（DY）：通过拖动鼠标动态改变对象长度。

课堂练习：利用 LENGTHEN 命令修改图形。

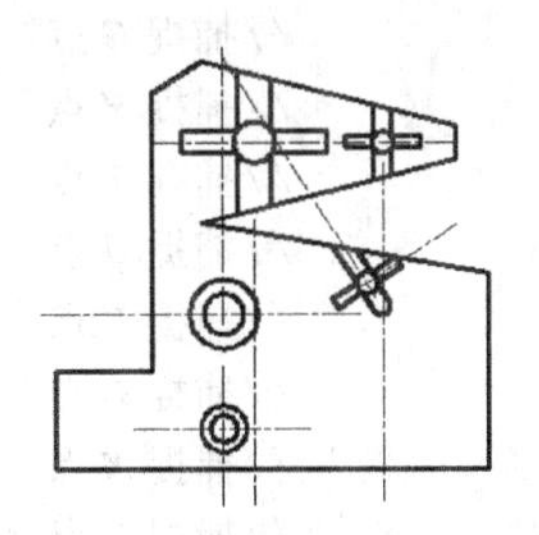

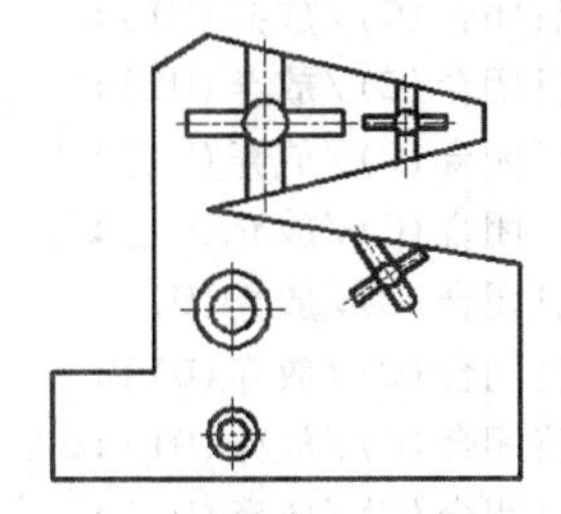

课堂练习：利用 LINE、OFFSET 及 TRIM 等命令绘图，图形右边与下面图形尺寸相同。

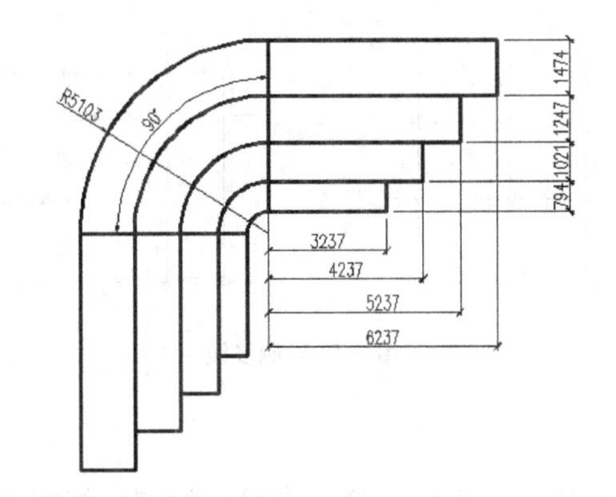

8.2 绘制多线、多段线

本节主要讲述多线、多段线的绘制方法。

8.2.1 绘图任务——绘制外墙体

【例 8-6】 练习使用 MLINE 命令。

（1）打开素材文件“dwg\第 08 章\8-6.dwg”，如图 8-7 左图所示。使用 MLINE 命令将左图修改为右图。

（2）激活对象捕捉功能，设定对象捕捉方式为交点。

（3）输入 MLINE 命令，AutoCAD 提示如下。

```
命令: mline
当前设置: 对正 = 上, 比例 = 1.00, 样式 = 墙体 24
指定起点或[对正(J)/比例(S)/样式(ST)]:  s          //选择“比例(S)”选项
输入多线比例 <1.00>:  5
当前设置: 对正 = 上, 比例 = 5.00, 样式 = 墙体 24
```

```
指定起点或[对正(J)/比例(S)/样式(ST)]: j              //选择"对正(J)"选项
输入对正类型[上(T)/无(Z)/下(B)] <上>: z              //设定对正方式为"无(Z)"
当前设置: 对正 = 无, 比例 = 5.00, 样式 = 墙体24
指定起点或[对正(J)/比例(S)/样式(ST)]:                //捕捉A点, 如图8-7左图所示
指定下一点:                                          //捕捉B点
指定下一点或[放弃(U)]:                               //捕捉C点
指定下一点或[闭合(C)/放弃(U)]:                       //捕捉D点
指定下一点或[闭合(C)/放弃(U)]:                       //捕捉E点
指定下一点或[闭合(C)/放弃(U)]:                       //捕捉F点
指定下一点或[闭合(C)/放弃(U)]:                       //捕捉G点
指定下一点或[闭合(C)/放弃(U)]:                       //捕捉H点
指定下一点或[闭合(C)/放弃(U)]:                       //捕捉I点
指定下一点或[闭合(C)/放弃(U)]:                       //捕捉J点
指定下一点或[闭合(C)/放弃(U)]:                       //捕捉K点
指定下一点或[闭合(C)/放弃(U)]:                       //捕捉L点
指定下一点或[闭合(C)/放弃(U)]:                       //捕捉M点
指定下一点或[闭合(C)/放弃(U)]:                       //捕捉N点
指定下一点或[闭合(C)/放弃(U)]:c                      //使多线闭合
```

结果如图 8-7 右图所示。

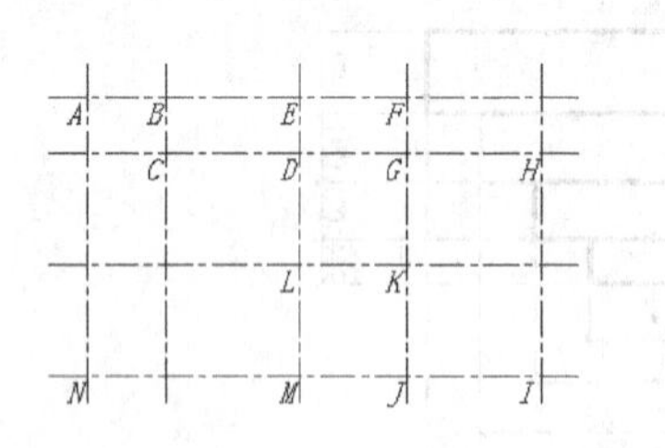

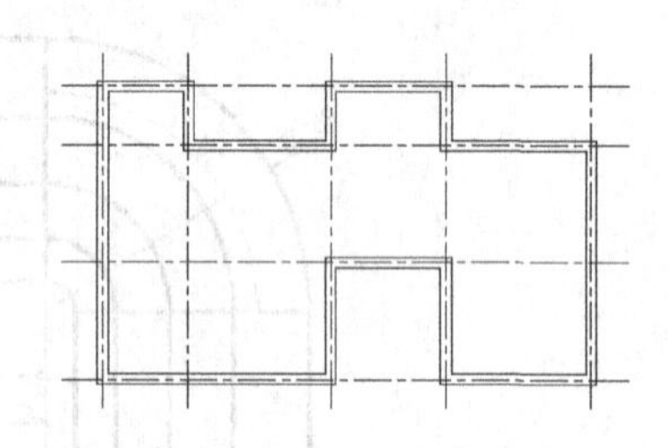

图 8-7 绘制多线

8.2.2 多线样式

多线的外观由多线样式决定，在多线样式中可以设定多线中线条的数量、每条线的颜色和线型以及线间的距离等，还能指定多线两个端头的样式，如弧形端头及平直端头等。

命令启动方法

命令：MLSTYLE。

【例 8-7】 创建新的多线样式。

（1）执行 MLSTYLE 命令，打开【多线样式】对话框，如图 8-8 所示。

（2）单击 新建(N)... 按钮，弹出【创建新的多线样式】对话框，如图 8-9 所示。在【新样式名】文本框中输入新样式名“墙体 36”，此时因为只有一个多线样式，所以【基础样式】下拉列表为灰色。

（3）单击 继续 按钮，打开【新建多线样式】对话框，如图 8-10 所示。

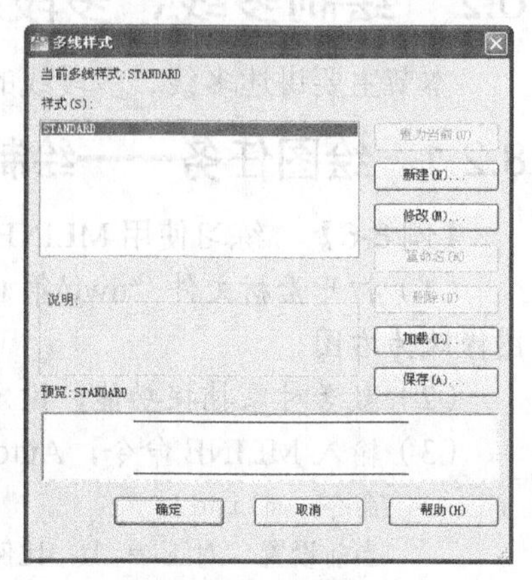

图 8-8 【多线样式】对话框

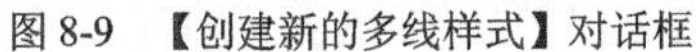
图 8-9　【创建新的多线样式】对话框

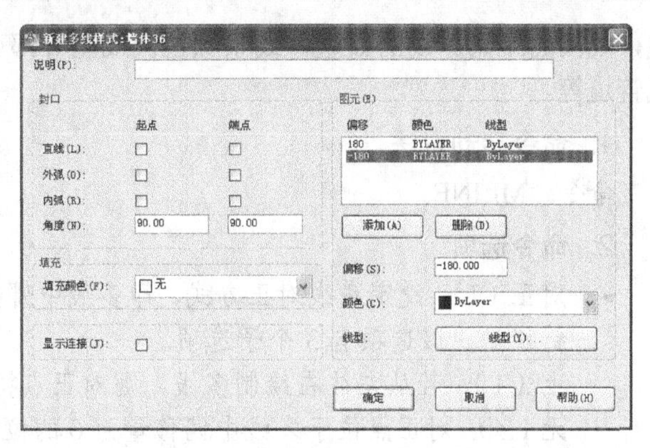

图 8-10　【新建多线样式】对话框

在该对话框中完成以下任务。

① 在【说明】文本框中输入关于多线样式的说明文字。

② 在【图元】列表框中选中“0.5”，然后在【偏移】文本框中输入数值“180”。

③ 在【图元】列表框中选中“- 0.5”，然后在【偏移】文本框中输入数值“- 180”。

（4）单击 确定 按钮，返回【多线样式】对话框，单击 置为当前(U) 按钮，使新样式成为当前样式。

【新建多线样式】对话框中常用选项的功能如下。

- 添加(A) 按钮：单击此按钮，系统将在多线中添加一条新线，该线的偏移量可在【偏移】文本框中设定。
- 删除(D) 按钮：删除【图元】列表框中选定的线元素。
- 【颜色】下拉列表：通过此下拉列表修改【图元】列表框中选定线元素的颜色。
- 线型(Y)... 按钮：指定【图元】列表框中选定线元素的线型。
- 【直线】：在多线的两端产生直线封口形式，如图 8-11 所示。
- 【外弧】：在多线的两端产生外圆弧封口形式，如图 8-11 所示。
- 【内弧】：在多线的两端产生内圆弧封口形式，如图 8-11 所示。
- 【角度】：该角度是指多线某一端的端口连线与多线的夹角，如图 8-11 所示。
- 【填充颜色】下拉列表：设置多线的填充色。
- 【显示连接】：选取该复选项后，系统在多线拐角处显示连接线，如图 8-11 所示。

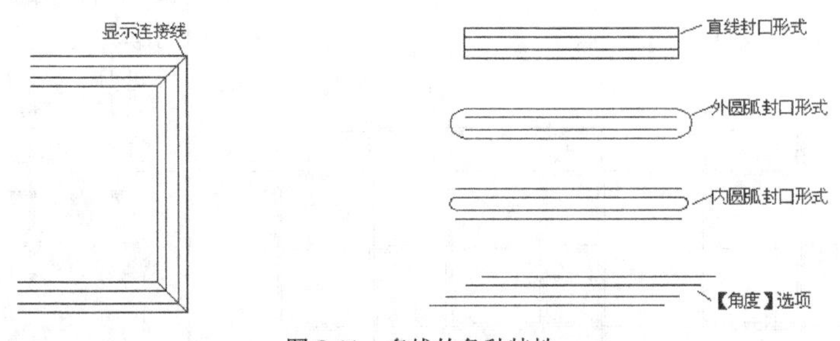

图 8-11　多线的各种特性

（5）单击 确定 按钮，关闭【多线样式】对话框。

8.2.3　绘制多线

MLINE 命令用于绘制多线。多线是由多条平行直线组成的对象，最多可包含 16 条平行线，线间的距离、线的数量、线条颜色及线型等都可以调整。该命令常用于绘制墙体、公路或管道等。

1．命令启动方法

命令：MLINE。

2．命令选项

- 对正（J）：设定多线对正方式，即多线中哪条线段的端点与鼠标指针重合并随鼠标指针移动。该选项有 3 个子选项。

  上（T）：若从左往右绘制多线，则对正点将在最顶端线段的端点处。

  无（Z）：对正点位于多线中偏移量为 0 的位置处。多线中线条的偏移量可在多线样式中设定。

  下（B）：若从左往右绘制多线，则对正点将在最底端线段的端点处。
- 比例（S）：指定多线宽度相对于定义宽度（在多线样式中定义）的比例因子，该比例不影响线型比例。
- 样式（ST）：通过该选项可以选择多线样式，默认样式是“STANDARD”。

8.2.4　编辑多线

MLEDIT 命令用于编辑多线，其主要功能如下。

- 改变两条多线的相交形式。例如，使它们相交成“十”字形或“T”字形。
- 在多线中加入控制顶点或删除顶点。
- 将多线中的线条切断或接合。

命令启动方法

命令：MLEDIT。

【例 8-8】　练习使用 MLEDIT 命令。

（1）打开素材文件“dwg\第 08 章\8-8.dwg”，如图 8-12 左图所示。使用 MLEDIT 命令将左图修改为右图。

（2）执行 MLEDIT 命令，打开【多线编辑工具】对话框，如图 8-13 所示。该对话框中的小型图片形象地表明了各种编辑工具的功能。

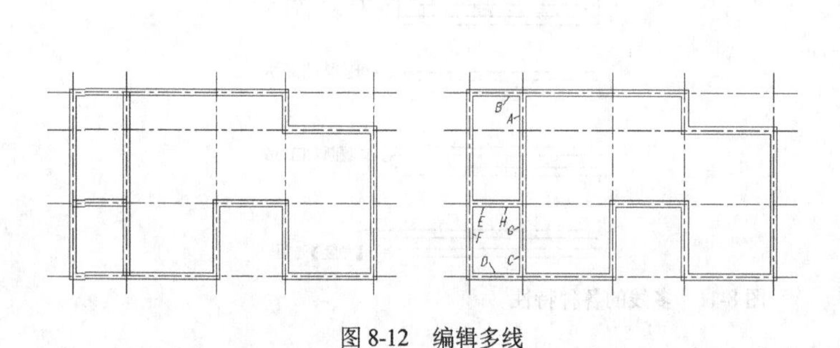

图 8-12　编辑多线

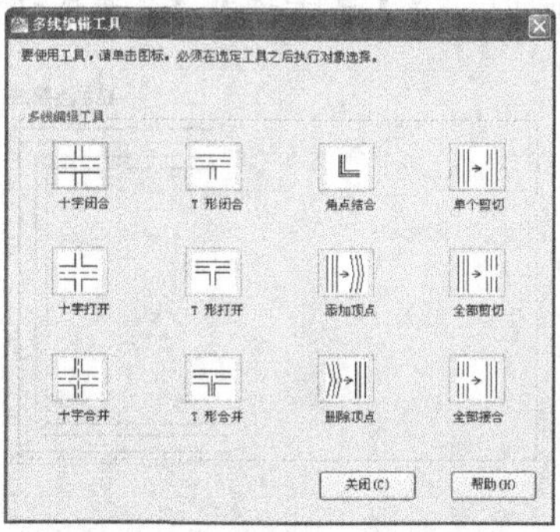

图 8-13　【多线编辑工具】对话框

（3）选取【T 形合并】选项，AutoCAD 提示如下。

```
命令： _mledit
选择第一条多线：                    //在 A 点处选择多线，如图 8-12 右图所示
```

```
选择第二条多线:                          //在 B 点处选择多线
选择第一条多线 或[放弃(U)]:              //在 C 点处选择多线
选择第二条多线:                          //在 D 点处选择多线
选择第一条多线 或[放弃(U)]:              //在 E 点处选择多线
选择第二条多线:                          //在 F 点处选择多线
选择第一条多线 或[放弃(U)]:              //在 H 点处选择多线
选择第二条多线:                          //在 G 点处选择多线
选择第一条多线 或[放弃(U)]:              //按 Enter 键结束命令
```

结果如图 8-12 右图所示。

课堂练习： 执行 LINE、MLINE 等命令绘图。

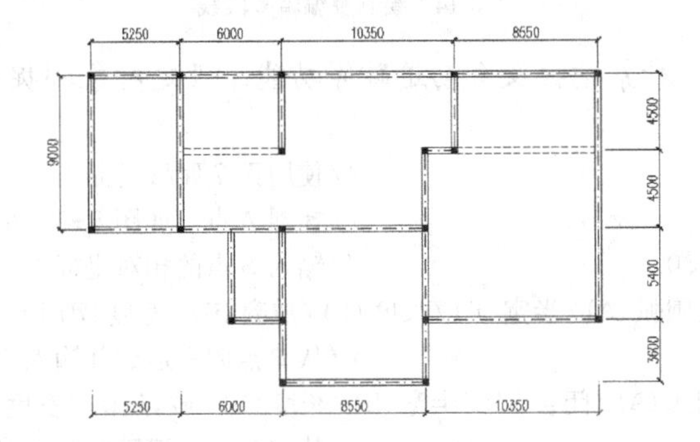

8.2.5 创建及编辑多段线

PLINE 命令用来创建二维多段线。多段线是由几段线段和圆弧构成的连续线条，它是一个单独的图形对象，具有以下特点。

（1）能够设定多段线中线段及圆弧的宽度。

（2）可以利用有宽度的多段线形成实心圆、圆环或带锥度的粗线等。

（3）能在指定的线段交点处或对整个多段线进行倒圆角、倒斜角处理。

1. PLINE 命令启动方法

- 功能区：单击【常用】选项卡【绘图】面板上的按钮。
- 命令：PLINE。

编辑多段线的命令是 PEDIT，该命令用于修改整个多段线的宽度值或分别控制各段的宽度值，此外，还能将线段、圆弧构成的连续线编辑成一条多段线。

用构造线绘制任一点的多段线的切线和法线：指定点时先用垂足捕捉，然后系统会提示指定通过点，这时在多段线上指定任意点，就可得到通过该点的法线。旋转绘制的法线就可以得到切线。

2. PEDIT 命令启动方法

- 功能区：单击【常用】选项卡【修改】面板底部的 修改 ▾ 按钮，在打开的下拉列表中单击按钮。
- 命令：PEDIT。

【例 8-9】 练习使用 PLINE 和 PEDIT 命令。

（1）打开素材文件“dwg\第 08 章\8-9.dwg”，如图 8-14 左图所示。使用 PLINE、PEDIT 及 OFFSET 等命令将左图修改为右图。

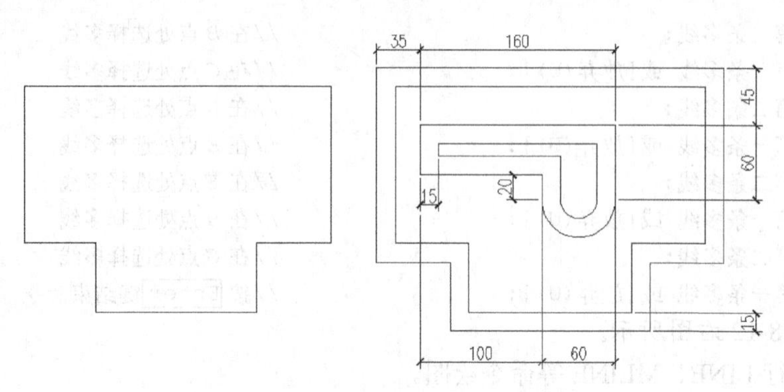

图 8-14　绘制及编辑多段线

（2）激活极轴追踪、对象捕捉及自动追踪等功能，设定对象捕捉方式为端点、交点。

命令：pline
指定起点：from　　　　　　　　　　　//使用正交偏移捕捉
基点：　　　　　　　　　　　　　　　//捕捉 *A* 点，如图 8-15 左图所示
<偏移>：@20,-30　　　　　　　　　　//输入 *B* 点的相对坐标
指定下一个点或[圆弧(A)/半宽(H)/长度(L)/放弃(U)/宽度(W)]：160
　　　　　　　　　　　　　　　　　　//从 *B* 点向右追踪并输入追踪距离
指定下一点或[圆弧(A)/闭合(C)/半宽(H)/长度(L)/放弃(U)/宽度(W)]：60
　　　　　　　　　　　　　　　　　　//从 *C* 点向下追踪并输入追踪距离
指定下一点或[圆弧(A)/闭合(C)/半宽(H)/长度(L)/放弃(U)/宽度(W)]：a
　　　　　　　　　　　　　　　　　　//使用"圆弧(A)"选项绘制圆弧
指定圆弧的端点或[角度(A)/圆心(CE)/闭合(CL)/方向(D)/半宽(H)/直线(L)/半径(R)/第二个点(S)/放弃(U)/宽度(W)]：60　　　　//从 *D* 点向左追踪并输入追踪距离
指定圆弧的端点或[角度(A)/圆心(CE)/闭合(CL)/方向(D)/半宽(H)/直线(L)/半径(R)/第二个点(S)/放弃(U)/宽度(W)]：l　　　　//使用"直线(L)"选项切换到画直线模式
指定下一点或[圆弧(A)/闭合(C)/半宽(H)/长度(L)/放弃(U)/宽度(W)]：20
　　　　　　　　　　　　　　　　　　//从 *E* 点向上追踪并输入追踪距离
指定下一点或[圆弧(A)/闭合(C)/半宽(H)/长度(L)/放弃(U)/宽度(W)]：
　　　　　　　　　　　　　　　　　　//从 *F* 点向左追踪，再以 *B* 点为追踪参考点确定 *G* 点
指定下一点或[圆弧(A)/闭合(C)/半宽(H)/长度(L)/放弃(U)/宽度(W)]：
　　　　　　　　　　　　　　　　　　//捕捉 *B* 点
指定下一点或[圆弧(A)/闭合(C)/半宽(H)/长度(L)/放弃(U)/宽度(W)]：
　　　　　　　　　　　　　　　　　　//按 Enter 键结束命令
命令：pedit
选择多段线或[多条(M)]：　　　　　　　//选择线段 *M*，如图 8-15 左图所示
选定的对象不是多段线
是否将其转换为多段线？<Y>　　　　　//按 Enter 键将线段 *M* 转换为多段线
输入选项[闭合(C)/合并(J)/宽度(W)/编辑顶点(E)/拟合(F)/样条曲线(S)/非曲线化(D)/线型生成(L)/反转(R)/放弃(U)]:j　　　//使用"合并(J)"选项
选择对象：　总计 7 个　　　　　　　　//选择线段 *H*、*I*、*J*、*K*、*L*、*N* 和 *O*
选择对象：　　　　　　　　　　　　　//按 Enter 键
输入选项[闭合(C)/合并(J)/宽度(W)/编辑顶点(E)/拟合(F)/样条曲线(S)/非曲线化(D)/线型生成(L)/反转(R)/放弃(U)]：　　　//按 Enter 键结束

（3）使用 OFFSET 命令偏移两个闭合线框，偏移距离为 15，结果如图 8-15 右图所示。

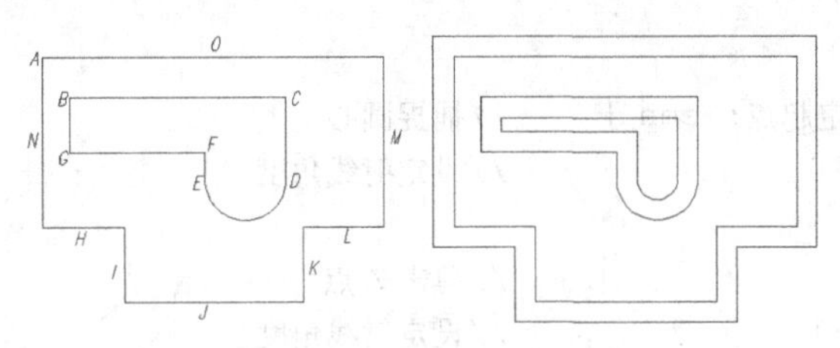

图 8-15 创建及编辑多段线

3. PLINE 命令选项

- 圆弧（A）：使用此选项可以绘制圆弧。
- 闭合（C）：选择此选项将使多段线闭合，它与 LINE 命令中的“闭合（C）”选项的作用相同。
- 半宽（H）：该选项用于指定本段多段线的半宽度，即线宽的一半。
- 长度（L）：指定本段多段线的长度，其方向与上一条线段相同或沿上一段圆弧的切线方向。
- 放弃（U）：删除多段线中最后一次绘制的线段或圆弧段。
- 宽度（W）：设置多段线的宽度，此时系统会提示“指定起点宽度:”和“指定端点宽度:”，用户可输入不同的起始宽度和终点宽度值，以绘制一条宽度逐渐变化的多段线。

4. PEDIT 命令选项

- 合并（J）：将线段、圆弧或多段线与所编辑的多段线连接，以形成一条新的多段线。
- 宽度（W）：修改整条多段线的宽度。

课堂练习：执行 PLINE 命令绘图。

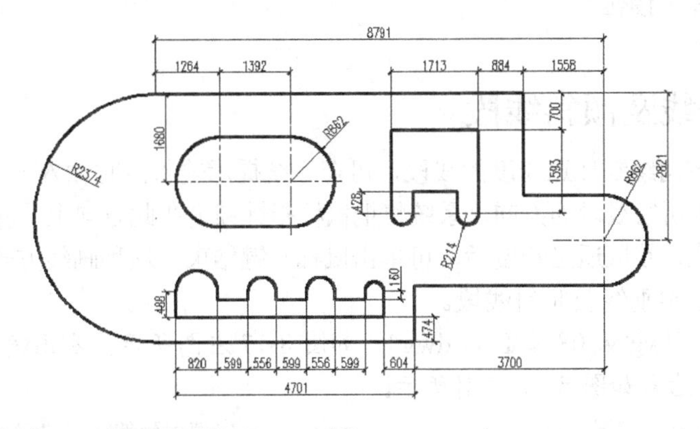

8.3 绘制射线、构造线及云线

本节主要讲述射线、构造线及云线的绘制方法。

为保证物体三视图之间“长对正、宽相等、高平齐”的对应关系，应选用 XLINE 和 RAY 命令绘出若干条辅助线，然后再用 TRIM 剪截掉多余的部分。

8.3.1 绘图任务——绘制射线

【例 8-10】 练习使用 RAY 命令。

打开素材文件“dwg\第 08 章\8-10.dwg”，如图 8-16 左图所示。使用 RAY 命令将左图修

改为右图。

```
命令: _ray 指定起点: cen 于          //捕捉圆心
指定通过点: <20                      //设定射线角度
角度替代: 20
指定通过点:                          //单击 A 点
指定通过点: <110                     //设定射线角度
角度替代: 110
指定通过点:                          //单击 B 点
指定通过点: <130                     //设定射线角度
角度替代: 130
指定通过点:                          //单击 C 点
指定通过点: <260                     //设定射线角度
角度替代: 260
指定通过点:                          //单击 D 点
指定通过点:                          //按 Enter 键结束命令
```

图 8-16　绘制射线

结果如图 8-16 右图所示。

8.3.2　绘制射线

RAY 命令用于创建射线。操作时，只需指定射线的起点及另一通过点即可。使用该命令可一次创建多条射线。

命令启动方法

- 功能区：单击【常用】选项卡【绘图】面板底部的 绘图 ▾ 按钮，在打开的下拉列表中单击按钮。
- 命令：RAY。

8.3.3　绘制垂线及倾斜线段

如果要沿某一方向绘制任意长度的线段，可在系统提示输入点时输入一个小于号“<”及角度值，该角度表明了所绘线段的方向，系统将把鼠标指针锁定在此方向上，移动鼠标光标，线段的长度就会发生变化，获取适当长度后，可单击鼠标左键结束。这种画线方式被称为角度覆盖。

【例 8-11】　绘制垂线及倾斜线段。

打开素材文件“dwg\第 08 章\8-11.dwg”，如图 8-17 左图所示。利用角度覆盖方式绘制垂线 *BC* 和斜线 *DE*，结果如图 8-17 右图所示。

```
命令: _line 指定第一点: ext 于           //使用延伸捕捉“EXT”
20                                       //输入 A 点到 B 点的距离
指定下一点或[放弃(U)]: <150              //指定线段 BC 的方向
角度替代: 150
指定下一点或[放弃(U)]:                   //在 C 点处单击一点
指定下一点或[放弃(U)]:                   //按 Enter 键结束命令
命令:                                    //重复命令
LINE 指定第一点: ext                     //使用延伸捕捉“EXT”
于 50                                    //输入 A 点到 D 点的距离
指定下一点或[放弃(U)]: <170              //指定线段 DE 的方向
角度替代: 170
指定下一点或[放弃(U)]:                   //在 E 点处单击一点
```

```
指定下一点或[放弃(U)]:                    //按 Enter 键结束命令
```

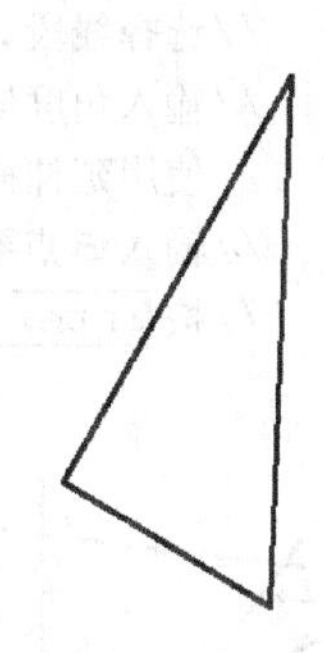

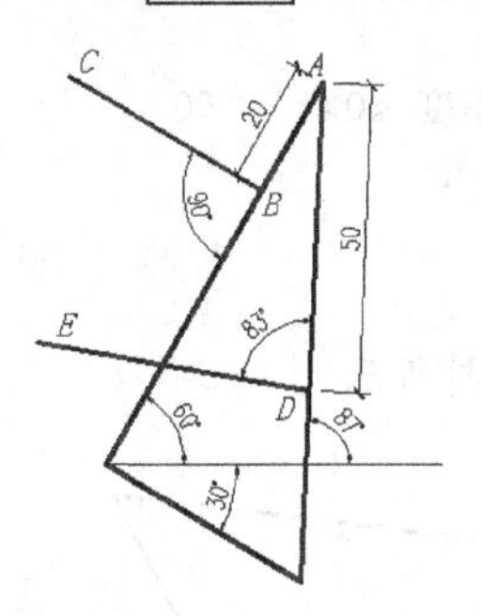

图 8-17 绘制垂线及斜线

课堂练习：绘制倾斜图形。

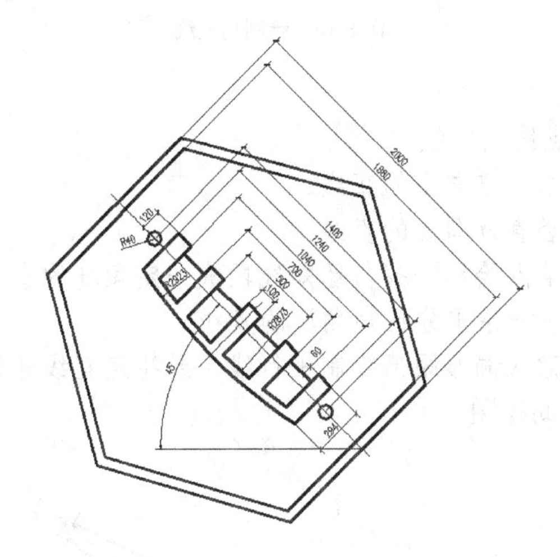

8.3.4 绘制构造线

使用 XLINE 命令可以绘制出无限长的构造线，利用它能直接绘制出水平、竖直、倾斜及平行的线段。在绘图过程中使用此命令绘制定位线或辅助线是很方便的。

1. 命令启动方法

- 功能区：单击【常用】选项卡【绘图】面板底部的 绘图 ▾ 按钮，在打开的下拉列表中单击 按钮。
- 命令：XLINE 或简写 XL。

【例 8-12】 练习使用 XLINE 命令。

打开素材文件“dwg\第 08 章\8-12.dwg”，如图 8-18 左图所示。使用 XLINE 命令将左图修改为右图。

```
命令: _xline 指定点或[水平(H)/垂直(V)/角度(A)/二等分(B)/偏移(O)]: v
                                          //选择“垂直(V)”选项
指定通过点: ext                           //使用延伸捕捉
于 30                                     //输入 D 点到 C 点的距离，如图 8-18 右图所示
指定通过点:                               //按 Enter 键结束命令
命令:                                     //重复命令
XLINE 指定点或[水平(H)/垂直(V)/角度(A)/二等分(B)/偏移(O)]: a
                                          //选择“角度(A)”选项
```

```
输入构造线的角度(0)或[参照(R)]: r              //选择“参照(R)”选项
选择直线对象:                                  //选择线段 AC
输入构造线的角度 <0>: - 60                      //输入角度值
指定通过点: ext                                //使用延伸捕捉
于 30                                          //输入 B 点到 A 点的距离
指定通过点:                                    //按 Enter 键结束命令
```

结果如图 8-18 右图所示。

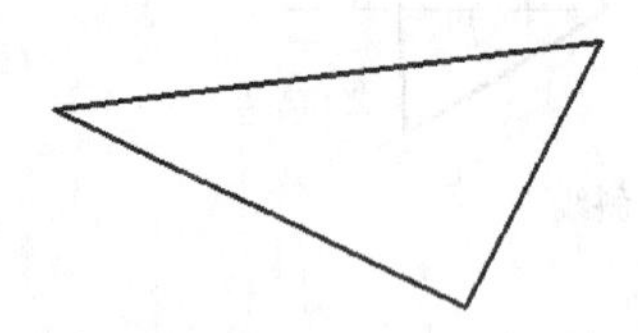

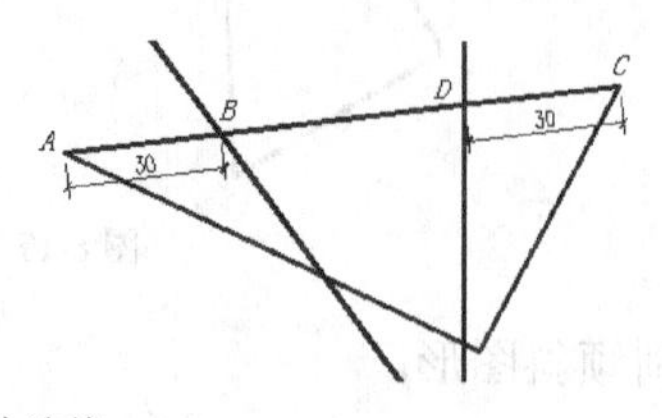

图 8-18 绘制构造线

2. 命令选项

- 指定点：通过两点绘制直线。
- 水平（H）：绘制水平方向上的直线。
- 垂直（V）：绘制竖直方向上的直线。
- 角度（A）：通过某点绘制一条与已知线段成一定角度的直线。
- 二等分（B）：绘制一条平分已知角度的直线。
- 偏移（O）：通过输入偏移距离绘制平行线，或指定直线通过的点来创建平行线。

课堂练习：利用构造线辅助绘图。

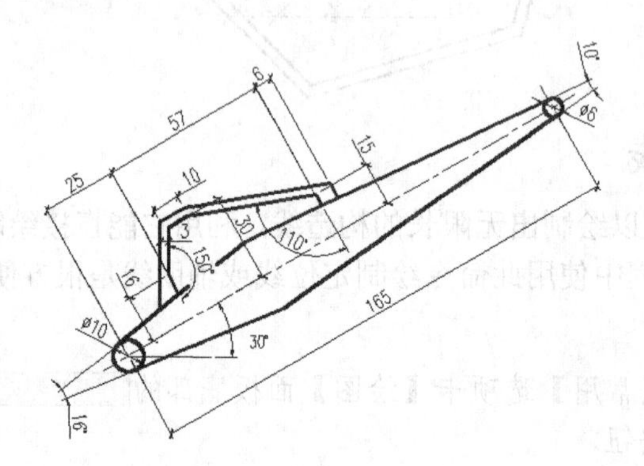

8.3.5 修订云线

云线是由连续圆弧组成的多段线，用户可以设定线中弧长的最大值及最小值。

1. 命令启动方法

- 功能区：单击【常用】选项卡【绘图】面板底部的 绘图 ▾ 按钮，在打开的下拉列表中单击 按钮。
- 命令：REVCLOUD。

【例 8-13】 练习使用 REVCLOUD 命令。

```
命令: _revcloud
最小弧长: 15.0000   最大弧长: 15.0000   样式: 普通
指定起点或[弧长(A)/对象(O)/ 样式(S)] <对象>: a
```

```
                                              //设定云线中弧长的最大值及最小值
指定最小弧长 <15.0000>: 30                    //输入弧长最小值
指定最大弧长 <30.0000>: 50                    //输入弧长最大值
指定起点或[弧长(A)/对象(O)/样式(S)] <对象>:   //单击一点以指定云线的起始点
沿云线路径引导十字光标...                     //拖动鼠标指针，画出云状线
修订云线完成。        //当鼠标指针移动到起始点时，系统将自动生成闭合的云线
```

结果如图 8-19 所示。

2. **命令选项**

- 弧长（A）：设定云线中弧线长度的最大值及最小值，最大弧长不能大于最小弧长的 3 倍。
- 对象（O）：将闭合对象（如矩形、圆及闭合多段线等）转化为云线，还能调整云状线中弧线的方向，如图 8-20 所示。

图 8-19　绘制云线

图 8-20　将闭合对象转化为云线

课堂练习：利用构造线等功能辅助绘图。

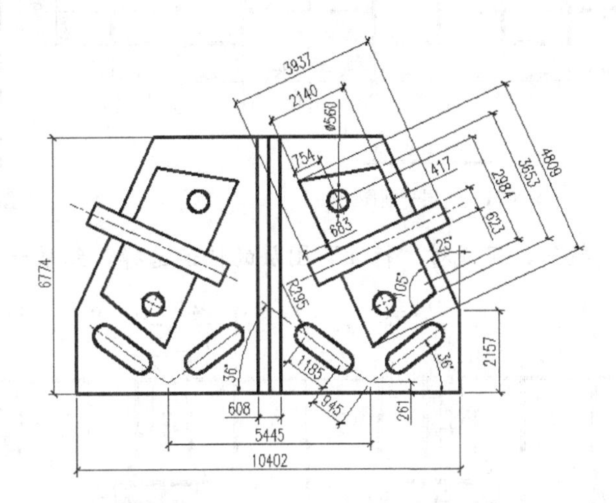

8.4　快速选择——快速删除一层建筑平面图中由图层“标注”绘制的图形

本节通过实例讲述快速选择对象的方法。

绘图过程中可以使用对象特性或对象类型来将对象包含在选择集中或排除对象。用户可以按特性（例如颜色）和对象类型过滤选择集。例如，只选择图形中所有红色的圆而不选择任何其他对象，或者选择除红色圆以外的所有其他对象。

命令启动方法

- 功能区：单击【常用】选项卡【实用工具】面板上的按钮（快速选择）。
- 命令：QSELECT（快速选择）或 FILTER（对象选择过滤器）。

使用快速选择功能可以根据指定的过滤条件快速定义选择集。如果使用 Autodesk 或第三方应用程序为对象添加特征分类，则可以按照分类特性选择对象。使用对象选择过滤器功能，可以命名和保存过滤器以供将来使用。

使用快速选择或对象选择过滤器功能，如果要根据颜色、线型或线宽过滤选择集，请首先确定是否已将图形中所有对象的这些特性设置为“BYLAYER”。例如，一个对象显示为红色，因为它的颜色被设置为“BYLAYER”，并且图层的颜色是红。

下面通过实例讲解利用 QSELECT 命令进行绘图的方法。

【例 8-14】　请按下列步骤操作，删除素材文件“dwg\第 08 章\8-14.dwg”中的由图层“标注”绘制的图形。

（1）打开素材文件“dwg\第 08 章\8-14.dwg”，如图 8-21 所示。

（2）执行 QSELECT 命令，打开【快速选择】对话框，具体设置如图 8-22 所示。

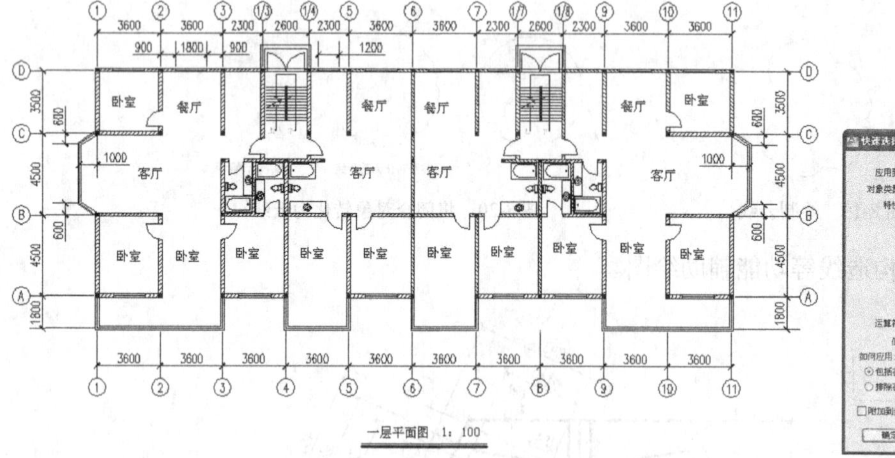

图 8-21　一层平面图

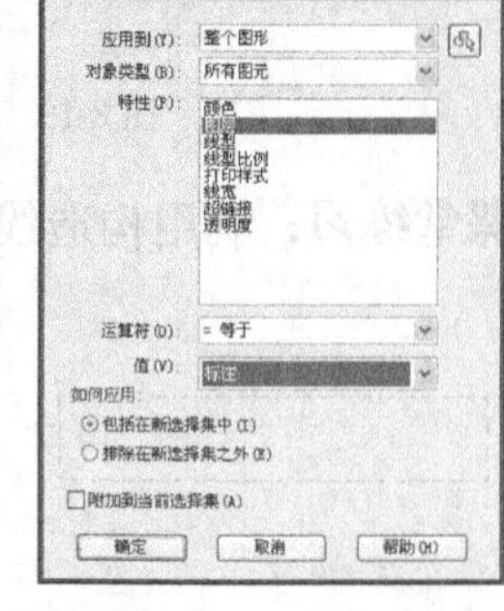

图 8-22　【快速选择】对话框

（3）单击 确定 按钮，完成对“标注”图层的快速选择，结果如图 8-23 所示。

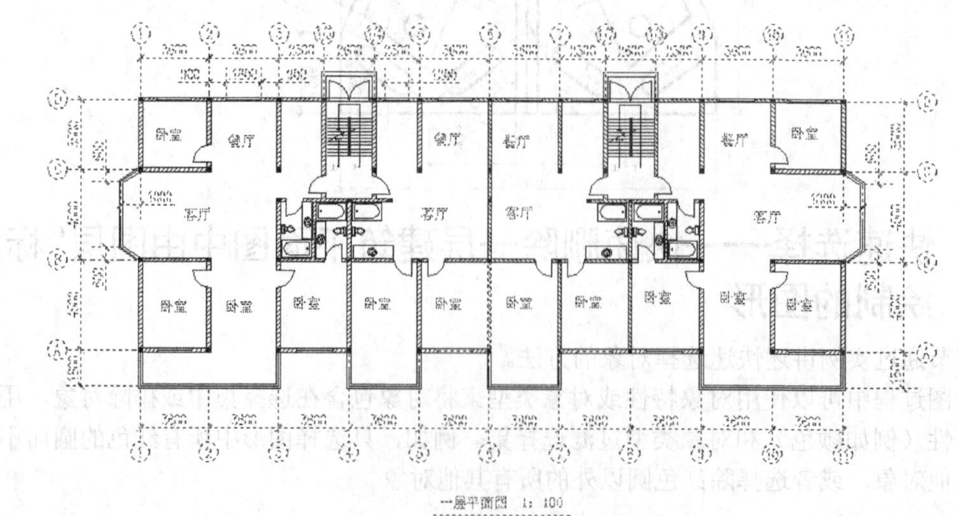

图 8-23　快速选择对象

（4）执行 ERASE 命令，完成删除，结果如图 8-24 所示。

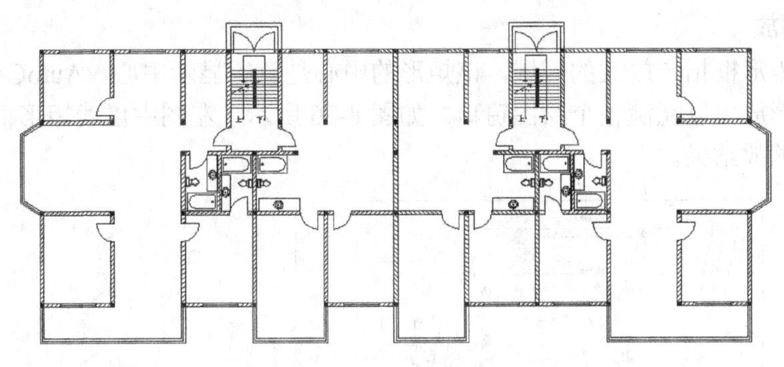

图 8-24 删除选择对象

8.5 二维视图显示

本节的内容主要包括二维图形的平移、缩放，以及鹰眼窗口、平铺视口和命名视图等二维视图功能。利用这些功能，用户可以灵活地观察图形的任何一个部分。

8.5.1 平移

在 3.2.6 小节中介绍了【实时平移】命令的操作，除此之外，还有【定点平移】命令，其启动方式是在命令行中输入“-PAN”命令，输入后，命令行提示如下。

```
命令：-PAN
指定基点或位移：          //指定基点，这是要平移的点
指定第二点：              //指定第二点，是要平移的目标点，这是第一个选定点的新位置
```

由此可见，【定点平移】命令需要用十字光标在绘图窗口中选择两个点或者通过键盘输入两个点的坐标值，以这两个点之间的距离和方向决定整个图形平移的位移和方向。

8.5.2 缩放——缩放建筑平面图

除了【实时缩放】命令外，【缩放】命令还包含其他控制图形显示的方式，单击【视图】选项卡【二维导航】面板上图 8-25 所示处，打开【缩放】下拉菜单，通过菜单中的按钮可以很方便地放大图形局部区域或是观察图形全貌。单击绘图区域右侧【导航栏】上的按钮，通过其中功能选项的选择也可完成相应的功能操作。

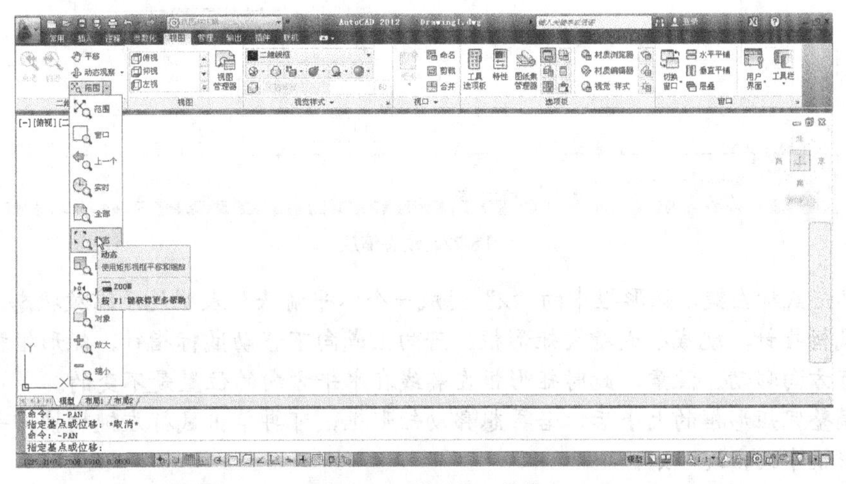

图 8-25 【缩放】工具栏

1．窗口缩放

通过一个矩形框指定放大的区域，该矩形的中心是新的显示中心，AutoCAD 将尽可能地将矩形内的图形放大以充满整个绘图窗口。如图 8-26 所示，左图中虚线矩形框是指定的缩放区域，右图是缩放结果。

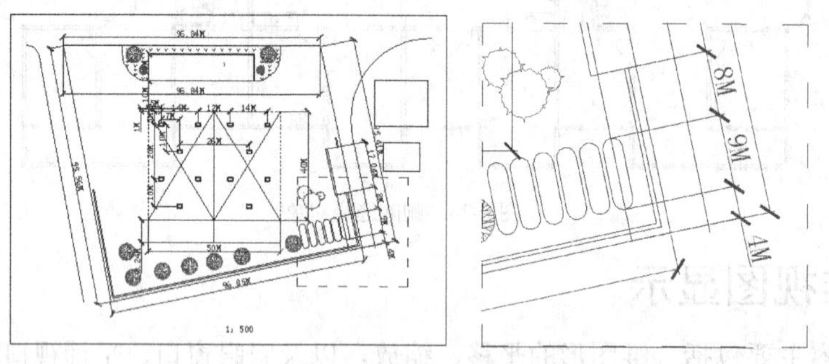

图 8-26　窗口缩放

2．动态缩放

利用一个可平移并能改变其大小的矩形框缩放图形。用户可首先将此矩形框移动到要缩放的位置，然后调整矩形框的大小，按 Enter 键后，AutoCAD 将当前矩形框中的图形布满整个视口。

【例 8-15】　练习动态缩放功能。

（1）打开素材文件“dwg\第 08 章\8-15.dwg”。

（2）启动动态缩放功能，AutoCAD 将图形界限（即栅格的显示范围，用 LIMITS 命令设定）及全部图形都显示在图形窗口中，并提供一个缩放矩形框，该框表示当前视口的大小，框中包含一个“×”，表明处于平移状态，如图 8-27 所示。此时，移动鼠标指针，矩形框将跟随移动。

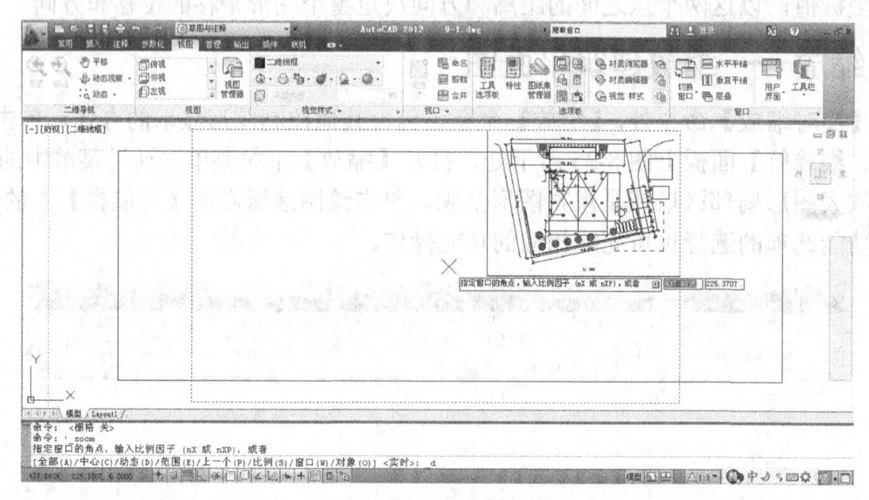

图 8-27　动态缩放

（3）单击鼠标左键，矩形框中的“×”变成一个水平箭头，表明处于缩放状态，再向左或向右移动鼠标指针，就减小或增大矩形框。若向上或向下移动鼠标指针，矩形框就随着鼠标指针沿竖直方向移动。注意，此时矩形框左端线在水平方向的位置是不变的。

（4）调整完矩形框的大小后，若再想移动矩形框，可再单击鼠标左键切换回平移状态，此时，矩形框中又出现“×”。

（5）将矩形框的大小及位置都确定后，如图 8-27 所示，按 Enter 键，则 AutoCAD 在整个绘图窗口显示矩形框中的图形。

3. 比例缩放

以输入的比例值缩放视图，输入缩放比例的方式有以下 3 种。

- 直接输入缩放比例数值，此时，AutoCAD 并不以当前视图为准来缩放图形，而是放大或缩小图形界限，从而使当前视图的显示比例发生变化。
- 如果要相对于当前视图进行缩放，则需在比例因子的后面加上字母“X”，例如，“0.5X”表示将当前视图缩小一半。
- 若要相对于图纸空间缩放图形，则需在比例因子后面加上字母“XP”。

4. 中心缩放

【例 8-16】　练习中心缩放功能。

启动中心缩放方式后，AutoCAD 提示如下。

```
命令: '_zoom
指定窗口的角点，输入比例因子(nX 或 nXP)，或者[全部(A)/中心(C)/动态(D)/范围(E)/上一个(P)/比例(S)/窗口(W)/对象(O)] <实时>: _c
指定中心点:                                  //指定中心点
输入比例或高度 <200.1670>:                    //输入缩放比例或视图高度值
```

AutoCAD 将以指定点为显示中心，并根据缩放比例因子或图形窗口的高度值显示一个新视图。缩放比例因子的输入方式是“nx”，*n* 表示放大倍数。

此外，还有以下控制图形显示的功能。

- 放大缩放：AutoCAD 将当前视图放大一倍。
- 缩小缩放：AutoCAD 将当前视图缩小 50%。
- 全部缩放：将全部图形及图形界限显示在图形窗口中。如果各图形对象均没有超出由 LIMITS 命令设置的绘图界限，AutoCAD 则按该图纸边界显示，即在绘图窗口中显示绘图界限中的内容；如果有图形对象画在了图纸范围之外，显示的范围则被扩大，以便将超出边界的部分也显示在屏幕上，如图 8-28 所示。

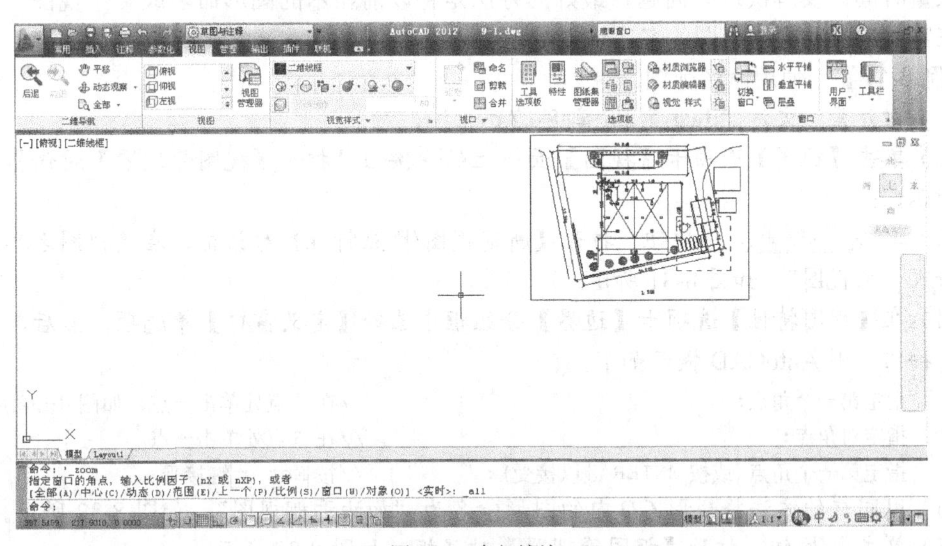

图 8-28　全部缩放

- 范围缩放：AutoCAD 将尽可能大地将整个图形显示在图形窗口中。与“全部缩放”

相比，“范围缩放”与图形界限无关，如图 8-29 所示。

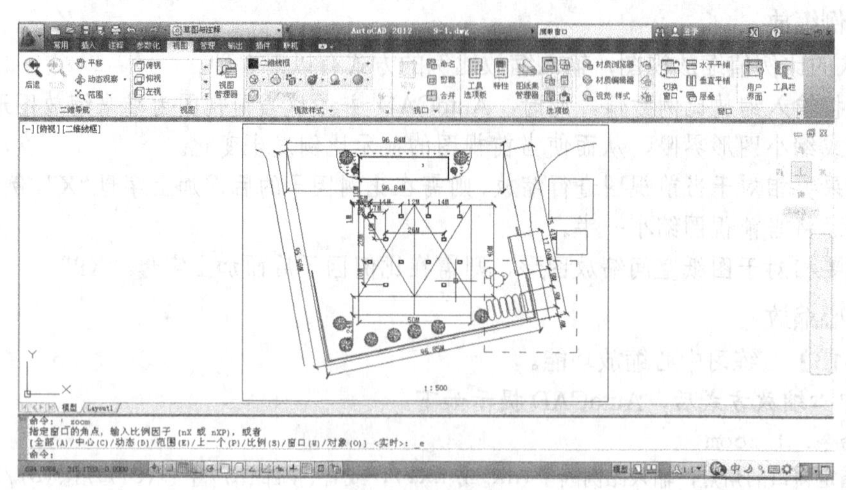

图 8-29　范围缩放

- 上一个缩放：在设计过程中，该操作使用频率是很高的。执行此操作，AutoCAD 将显示上一次的视图。若连续单击此按钮，则系统将恢复前几次显示过的图形（最多 10 次）。绘图时，常利用此功能返回到原来的某个视图。该操作还可以通过单击【视图】选项卡【视图】面板上的按钮。

8.5.3　命名视图——命名“加油雨棚视图”

在绘图的过程中，常常要返回到前面的显示状态，此时可以利用 ZOOM 命令的“上一个(P)”选项或单击【视图】选项卡【视图】面板上的按钮来实现，但如果要观察很早以前使用的视图，而且需要经常切换到这个视图时，这些操作就无能为力了。此外，若图形很复杂，使用 ZOOM 和 PAN 命令寻找想要显示的图形部分或经常返回图形的相同部分时，就要花费大量时间。要解决这些问题，最好的办法是将以前显示的图形命名成一个视图，这样就可以在需要的时候根据视图的名字恢复视图。

【例 8-17】　使用命名视图。

（1）打开素材文件“dwg\第 08 章\8-17.dwg”。

（2）单击【视图】选项卡【视图】面板上的按钮，打开【视图管理器】对话框，如图 8-30 所示。

（3）单击 新建(N)... 按钮，打开【新建视图/快照特性】对话框，在【视图名称】文本框中输入“主视图”，如图 8-31 所示。

（4）在【视图特性】选项卡【边界】分组框中选择【定义窗口】单选项，然后单击其右侧的按钮，则 AutoCAD 提示如下。

```
指定第一个角点:                              //在 A 点处单击一点，如图 8-32 所示
指定对角点:                                  //在 B 点处单击一点
指定第一个角点(或按 ENTER 键以接受):          //按 Enter 键接受
```

（5）用同样的方法将矩形 *CD* 内的图形命名为“加油雨棚视图”，如图 8-32 所示。

（6）单击按钮，打开【视图管理器】对话框，如图 8-33 所示。

（7）选择“加油雨棚视图”，然后单击 置为当前(C) 按钮，单击 确定 按钮，则屏幕显示“加油雨棚视图”的图形，如图 8-34 所示。

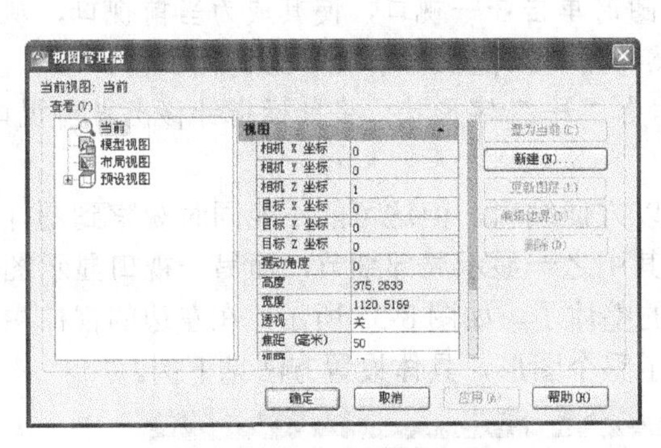

图 8-30 【视图管理器】对话框

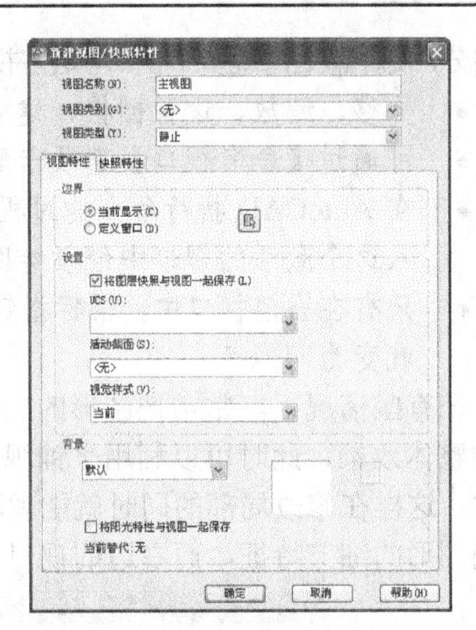

图 8-31 【新建视图/快照特性】对话框

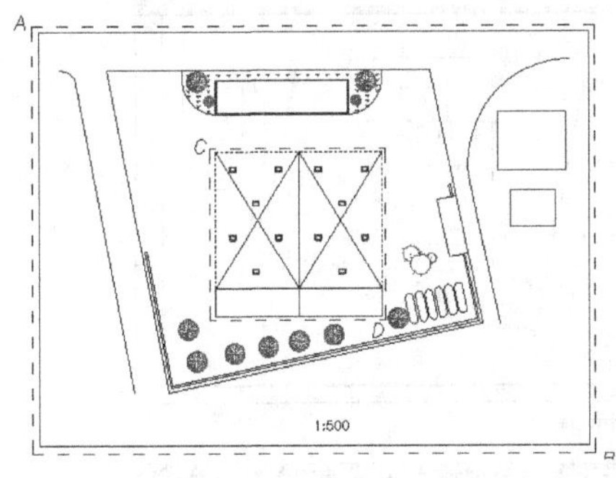

图 8-32 命名视图

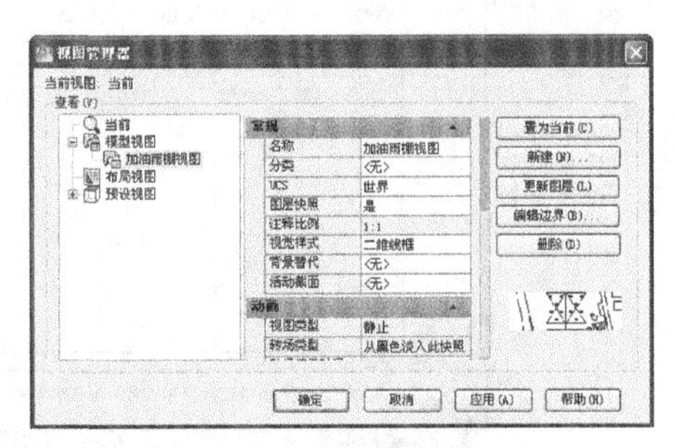

图 8-33 【视图管理器】对话框

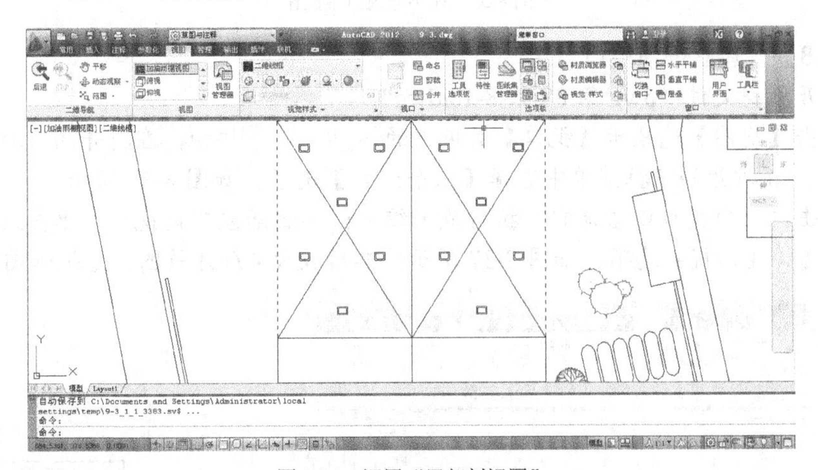

图 8-34 调用"局部剖视图"

调用命名视图时，AutoCAD 不再重新生成图形。命名视图是保存屏幕上某部分图形的好方法，对于大型复杂图样特别有用。

8.5.4 平铺视口——建立建筑平面图平铺视口

在模型空间绘图时，一般是在一个充满整个屏幕的单视口工作。用户也可将绘图区域划分成几

个部分，使屏幕上出现多个视口，这些视口称为平铺视口。对于每一个平铺视口都能进行以下操作。

- 平移、缩放、设置栅格、建立用户坐标等，且每个视口都可以有独立的坐标系统。
- 可通过【命名视口】选项卡配置在模型空间中恢复视口或者将它们应用到布局。
- 在 AutoCAD 执行命令的过程中，能随时单击任一视口，使其成为当前视口，从而进入这个激活的视口中继续绘图。当然，用户只能在当前视口里进行工作。
- 只有在当前视口中，鼠标指针才显示为“┼”字形状；将鼠标指针移出当前视口后，就变为“↖”。

在有些情况下，常常把图形的局部放大以方便编辑，但这可能不能同时观察到图样修改后的整体效果，此时可以利用平铺视口，让其中之一显示局部细节，而另一视口显示图样的整体，这样在修改局部的同时就能观察图形的整体了。如图 8-35 所示，在左边的视口中可以看到图形的细节特征，而右边的视口中显示了整个图形，具体设置方法见下例。

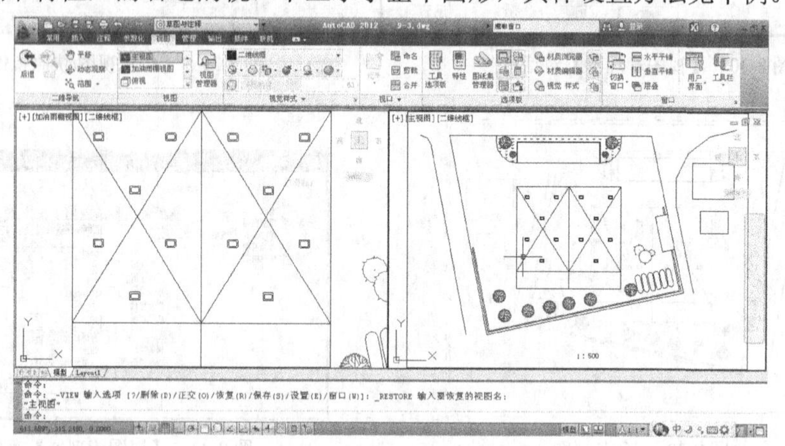

图 8-35　在不同视口中操作

【例 8-18】　建立平铺视口。

(1) 打开素材文件“dwg\第 08 章\8-18.dwg”。

(2) 单击【视图】选项卡【视口】面板上的 视口 ▾ 按钮，在打开的下拉菜单中单击 视口配置列表 ▾，在打开的下拉菜单中选择【三个：右】选项，如图 8-36 所示。

(3) 单击左上角视口以激活它，执行范围缩放；再激活左下角视口，单击绘图区左上角处的[前视]，选择【俯视】选项，如图 8-37 所示，然后放大 *CD* 建筑图，结果如图 8-38 所示。

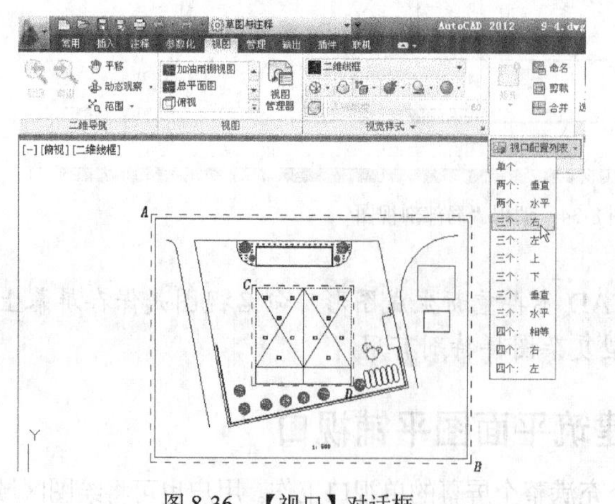

图 8-36　【视口】对话框

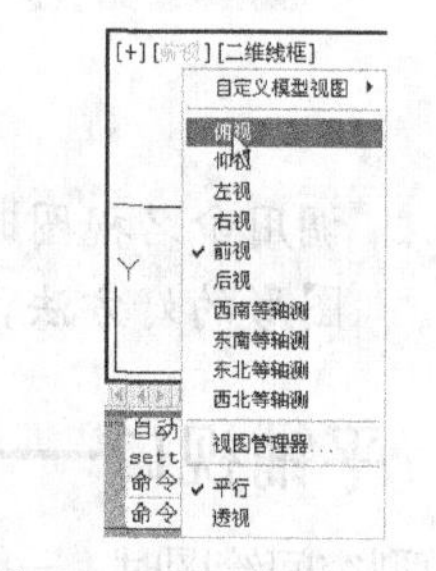

图 8-37　选择【俯视】选项

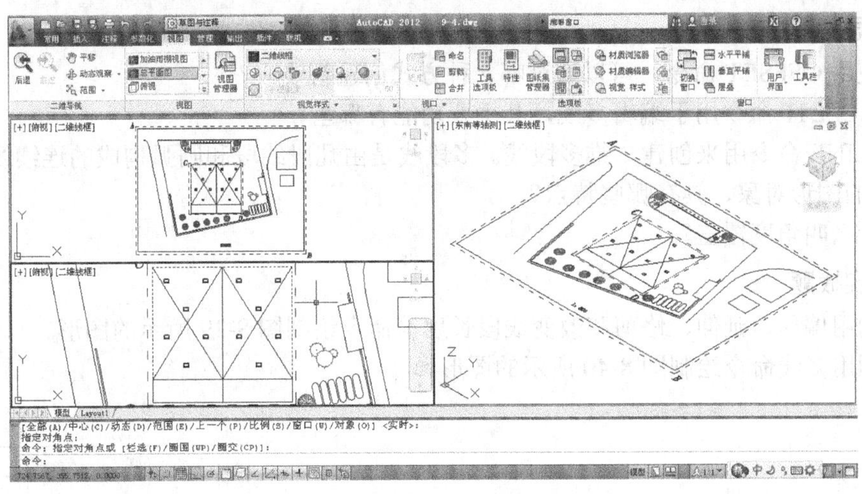

图 8-38 建立平铺视口

8.6 习题

一、填空题

1．执行________命令可以将对象偏移指定的距离，创建一个与源对象类似的新对象，其操作对象包括线段、圆、圆弧、多段线、椭圆、构造线和样条曲线等。

2．当偏移一个圆时，可创建________；当偏移一条闭合的多段线时，可建立一个与源对象形状相同的闭合图形。

3．利用________命令可以将线段、曲线等对象延伸到一个边界对象上，使其与边界对象相交。有时边界对象可能是隐含边界，即延伸对象而形成的边界，这时对象延伸后并不与实体直接相交，而是与边界的隐含部分（延长线）相交。

4．在绘图过程中常有许多线段交织在一起，若想将线段的某一部分修剪掉，可使用________命令。执行该命令后，系统提示指定一个或几个对象作为剪切边（可以想象为剪刀），然后选择被剪掉的部分。剪切边可以是线段、圆弧和样条曲线等对象，剪切边本身也可作为被修剪的对象。

5．使用________命令可以同时移动、旋转一个对象使其与另一个对象对齐。

6．MLINE 命令用于绘制多线。多线是由多条平行直线组成的对象，最多可包含________条平行线，线间的距离、线的数量、线条颜色及线型等都可以调整。该命令常用于绘制墙体、公路或管道等。

7．________命令用于创建射线。操作时，只需指定射线的起点及另一通过点即可。使用该命令可一次创建多条射线。

8．使用________命令可以绘制出无限长的构造线，利用它能直接绘制出水平、竖直、倾斜及平行的线段。在绘图过程中使用此命令绘制定位线或辅助线是很方便的。

9．云线是由连续圆弧组成的多段线，可以设定线中弧长的________。

10．绘图过程中可以使用________来将对象包含在选择集中或排除对象。可以按特性（例如颜色）和对象类型过滤选择集。例如，只选择图形中所有红色的圆而不选择任何其他对象，或者选择除红色圆以外的所有其他对象。

11．利用平移、缩放，以及________、________和命名视图等视图功能，可以灵活地观察图形的任何一个部分。

二、思考题

1．使用 OFFSET 命令，可以通过哪 2 种方式创建新线段？

2．MLEDIT 命令用于编辑多线，其主要功能有哪些？

3．PLINE 命令用来创建二维多段线。多段线是由几段线段和圆弧构成的连续线条，它是一个单独的图形对象，具有哪些特点？

4．什么叫角度覆盖？

三、实战题

1．利用偏移、延伸、修剪和改变线段长度等命令绘制图 8-39 所示的图形。

2．利用多线命令绘制图 8-40 所示的图形。

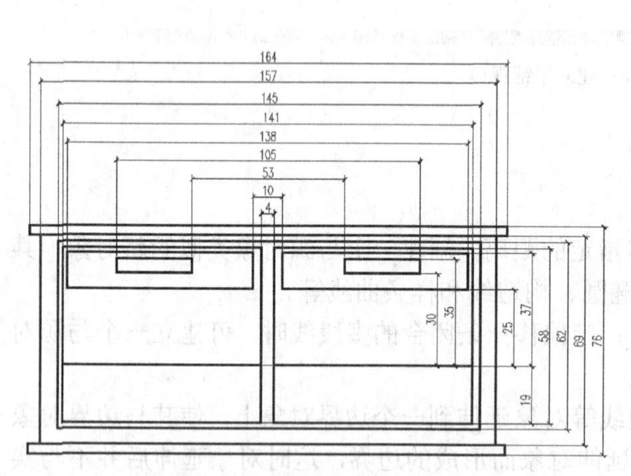

图 8-39　利用偏移、延伸、修剪和改变线段长度等命令绘图

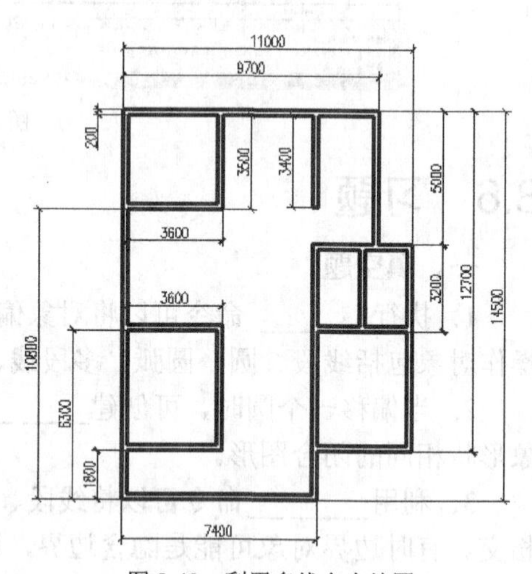

图 8-40　利用多线命令绘图

3．利用多段线、偏移等命令绘制图 8-41 所示的图形。

4．利用构造线等命令绘制图 8-42 所示的图形。

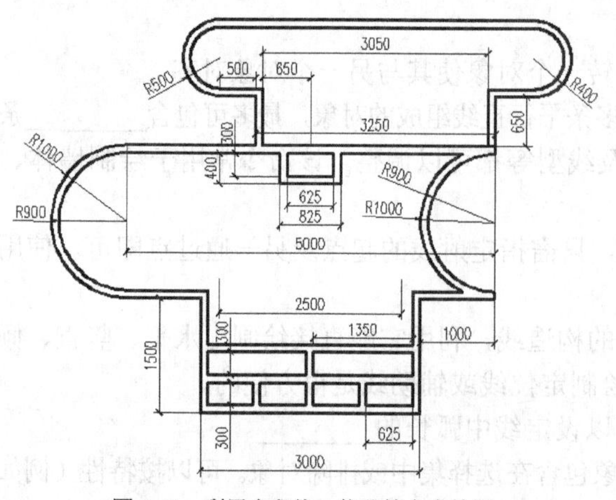

图 8-41　利用多段线、偏移等命令绘图

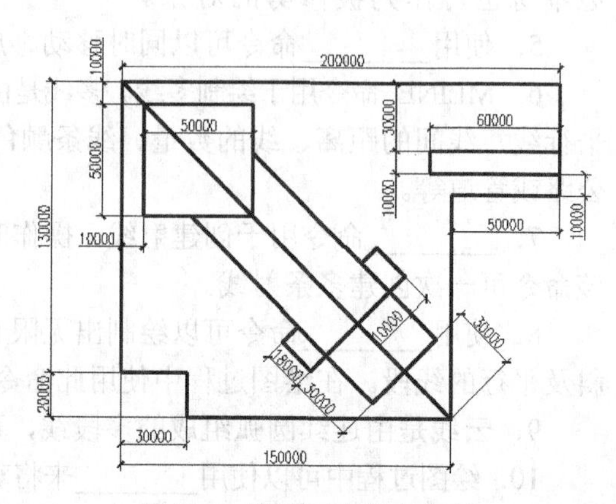

图 8-42　利用构造线等命令绘图

第 9 章　文字与尺寸标注

完备且布局适当的说明文字，不仅使图样能更好地表达设计思想，而且也会使图纸本身显得清晰整洁。具有正确尺寸标注的图纸可使生产顺利完成，而不良的尺寸标注则将导致生产次品甚至废品，给企业带来严重的经济损失。

通过本章的学习，读者可以了解文字样式和尺寸样式的基本概念，学会如何创建单行文字和多行文字，并掌握标注各类尺寸的方法。

【学习目标】

- 创建文字样式，标注单行及多行文字。
- 编辑文字内容及属性。
- 创建标注样式，并标注直线型、角度型、直径型及半径型尺寸。
- 标注尺寸公差及形位公差。
- 编辑尺寸文字及调整标注位置。

通过本章的学习，读者可以掌握图形文字和尺寸的标注方法，并能够灵活运用相应的命令。

9.1　文字标注

本节主要内容包括文字样式设置、单行文字与多行文字标注、文字编辑。

AutoCAD 生成的文字对象，其外观由与它关联的文字样式所决定。缺省情况下当前文字样式是“Standard”，当然用户也可根据需要创建新的文字样式。

有时候，当打开某幅工程图时，会出现如图 9-1 所示的情况，这是因为在图纸打开过程中，没有找到与它关联的文字样式的缘故，这时选择 为每个 SHX 文件指定替换文件 按钮，则打开【指定字体给样式 HZDX】对话框，如图 9-2 所示，指定【大字体】列表框中一个字体，单击 确定 按钮即可。

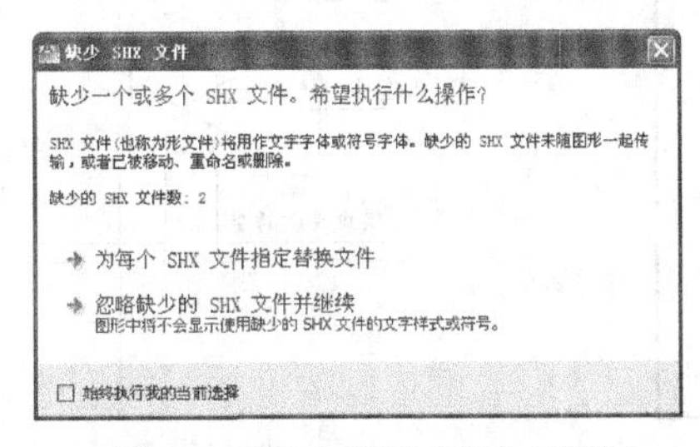

图 9-1　【缺少 SHX 文件】对话框

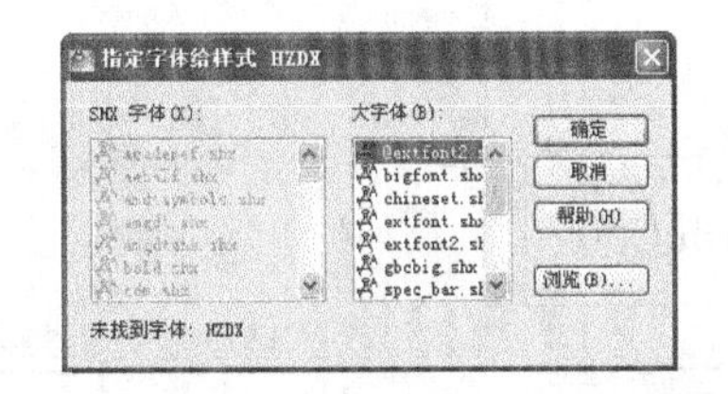

图 9-2　【指定字体给样式 HZDX】对话框

9.1.1　绘图任务——防雨罩文字说明

【例 9-1】　按以下操作步骤，在图中填写单行及多行文字，如图 9-3 所示。

（1）打开文件“dwg\第 09 章\9-1.dwg”。

（2）创建文字样式。执行 STYLE 命令，打开【文字样式】对话框。再单击新建(N)...按钮，打开【新建文字样式】对话框，在【样式名】文本框中输入文字样式的名称“防雨罩”，如图 9-4 所示。

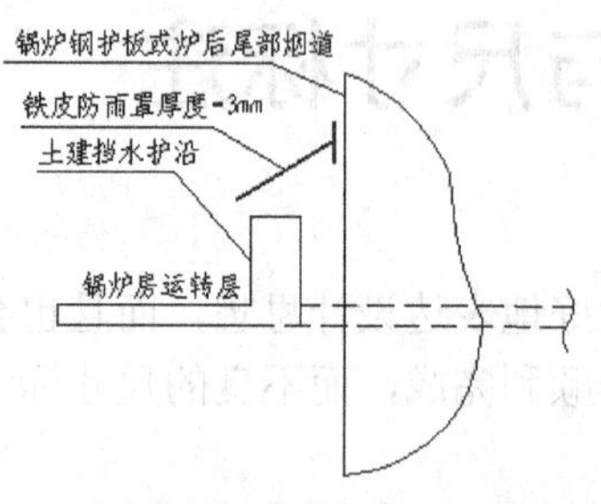

图 9-3　标注防雨罩文字说明

图 9-4　【新建文字样式】对话框

（3）单击确定按钮，返回【文字样式】对话框，在【字体名】下拉列表框中选择“楷体”，单击置为当前(C)按钮，单击关闭(C)按钮，关闭【文字样式】对话框，如图 9-5 所示。

（4）书写单行文字。执行 DTEXT 命令，AutoCAD 提示：

命令：DTEXT
当前文字样式：“防雨罩”　文字高度：2.5000　注释性：否
指定文字的起点或[对正(J)/样式(S)]：
指定高度 <2.5000>：5
指定文字的旋转角度 <0>：
单击 *A* 点，如图 9-6 所示，输入文字：锅炉钢护板或炉后尾部烟道
单击 *B* 点，输入文字：铁皮防雨罩厚度=3mm
单击 *C* 点，输入文字：土建挡水护沿
单击 *D* 点，输入文字：锅炉房运转层
命令：　　　　　　　　　　　　　　　　　　//按 Enter 键结束

结果如图 9-6 所示。

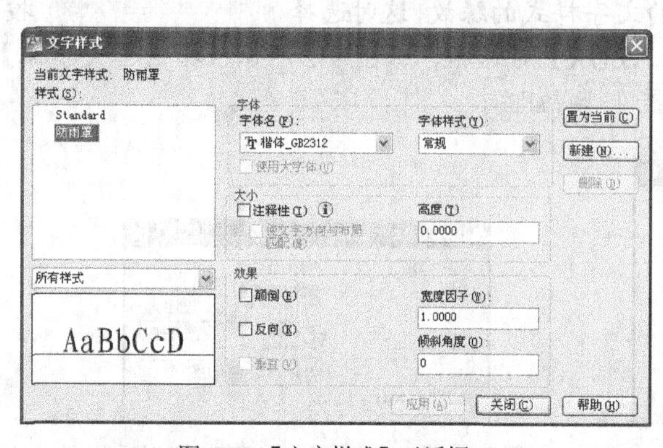

图 9-5　【文字样式】对话框

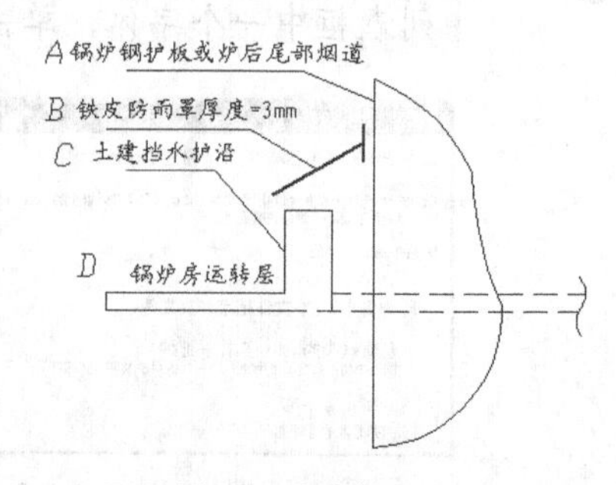

图 9-6　文字标注

（5）书写多行文字。执行 MTEXT 命令，AutoCAD 提示：

命令：_MTEXT
当前文字样式："防雨罩"　文字高度：5　注释性：否

指定第一角点： //在 E 点处单击一点，如图 9-7 所示
指定对角点或[高度(H)/对正(J)/行距(L)/旋转(R)/样式(S)/宽度(W)/栏(C)]：
//在 E 点右下方处单击一点

（6）AutoCAD 进入【文字编辑器】选项卡，在【字体】下拉列表框中选择“仿宋_GB2312”，在【字体高度】文本框中输入“5”，然后输入文字，如图 9-7 所示。

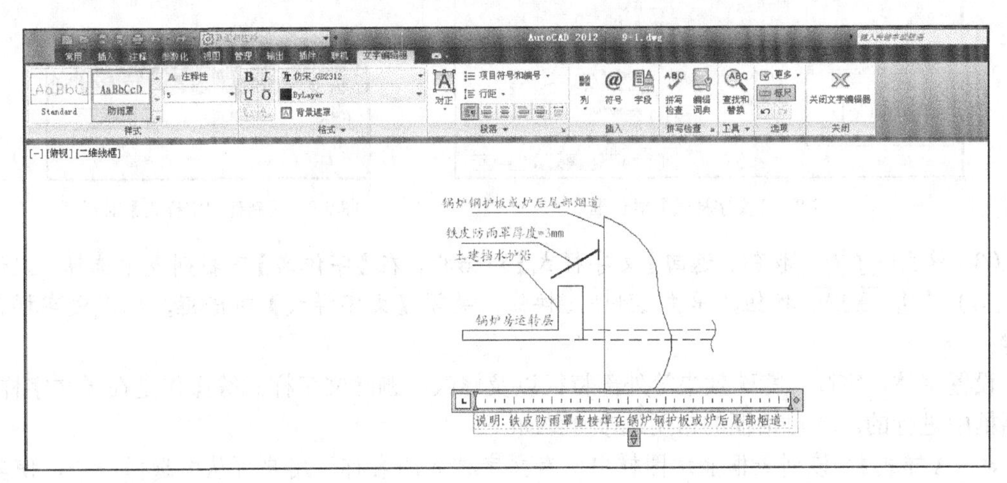

图 9-7 输入文字

（7）单击【文字编辑器】选项卡【关闭】面板上按钮，关闭【文字编辑器】选项卡，最终结果如图 9-3 所示。

9.1.2 文字样式

在 AutoCAD 中有 2 类文字对象，一类称为单行文字，另一类是多行文字，它们分别由 DTEXT 和 MTEXT 命令来创建。一般来讲，一些比较简短的文字项目，如标题栏信息、尺寸标注说明等，常常采用单行文字；而对带有段落格式的信息，如建筑设计说明、技术条件等，则常使用多行文字。

文字样式主要控制与文本关联的字体文件、字符宽度、文字倾斜角度及高度等项目，另外，用户还可通过它设计出相反的、颠倒的以及竖直方向的文本。

针对每一种不同风格的文字应创建对应的文字样式，这样在输入文本时就可用相应的文字样式来控制文本的外观。例如，用户可建立专门用于控制尺寸标注文字及技术说明文字外观的文字样式。

1. 命令启动方式

- 功能区：单击【常用】选项卡【注释】面板底部的 注释 按钮，在打开的下拉列表中单击按钮。
- 功能区：单击【注释】选项卡【文字】面板底部 文字 按钮右边的按钮。
- 命令：STYLE。

【例 9-2】 创建文字样式。

（1）执行 STYLE 命令，打开【文字样式】对话框，如图 9-8 所示。

（2）单击 新建(N)... 按钮，打开【新建文字样式】对话框，在【样式名】文本框中输入文字

样式的名称“文字样式”，如图 9-9 所示。

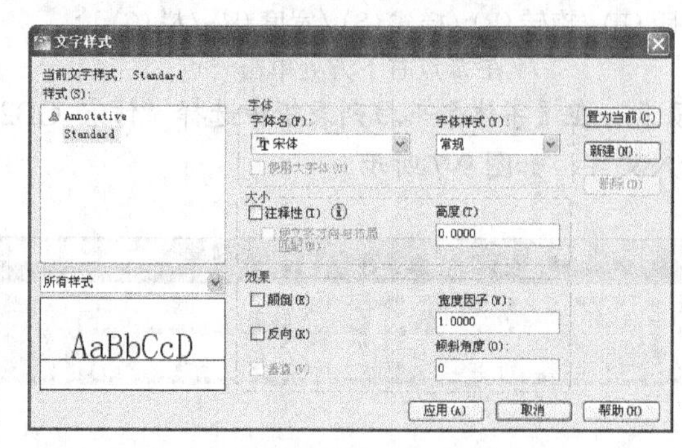

图 9-8　【文字样式】对话框

图 9-9　【新建文字样式】对话框

(3) 单击 确定 按钮，返回【文字样式】对话框，在【字体名】下拉列表中选择“宋体”。

(4) 单击 应用(A) 按钮，单击 关闭(C) 按钮，关闭【文字样式】对话框，完成文字样式的创建。

设置字体、字高、特殊效果等外部特征以及修改、删除文字样式等操作是在【文字样式】对话框中进行的。该对话框的常用选项介绍如下。

- 【样式】：该列表框显示图样中所有文字样式的名称，用户可从中选择一个，使其成为当前样式。
- 新建(N)... 按钮：单击此按钮，就可以创建新文字样式。
- 删除(D) 按钮：在【样式】列表框中选择一个文字样式，再单击此按钮就删除它。当前样式以及正在使用的文字样式不能被删除。
- 【字体名】：在此下拉列表中罗列了所有字体的清单。带有双“T”标志的字体是 TrueType 字体，其他字体是 AutoCAD 自己的字体。
- 【字体样式】：如果用户选择的字体支持不同的样式，如粗体或斜体等，就可在【字体样式】下拉列表中选择。
- 【高度】：输入字体的高度。如果在文本框中指定了文本高度，则当使用 DTEXT（单行文字）命令时，AutoCAD 将不提示“指定高度”。
- 【颠倒】：选中此选项，文字将上下颠倒显示，该选项仅影响单行文字，如图 9-10 所示。

AutoCAD　　　　ᗡ∀Ɔo⊥nⱯ

关闭【颠倒】选项　　　　打开【颠倒】选项

图 9-10　关闭或打开【颠倒】选项

- 【反向】：选中此选项，文字将首尾反向显示，该选项仅影响单行文字，如图 9-11 所示。

AutoCAD　　　　DAƆotuA

关闭【反向】选项　　　　打开【反向】选项

图 9-11　关闭或打开【反向】选项

- 【垂直】：选中此选项，文字将沿竖直方向排列，该选项仅影响单行文字，如图 9-12 所示。

A
u
t
o
C
A
D

AutoCAD

关闭【垂直】选项　　打开【垂直】选项

图 9-12 关闭或打开【垂直】选项

- 【宽度因子】: 默认的宽度因子为 1。若输入小于 1 的数值，则文本将变窄，否则，文本变宽，如图 9-13 所示。

AutoCAD　　AutoCAD

宽度比例因子为 1.0　　宽度比例因子为 0.5

图 9-13 调整宽度比例因子

- 【倾斜角度】: 该选项指定文本的倾斜角度，角度值为正时向右倾斜，为负时向左倾斜，如图 9-14 所示。

AutoCAD　　AutoCAD

倾斜角度为 30°　　倾斜角度为-30°

图 9-14 设置文字倾斜角度

2. 修改文字样式

修改文字样式也是在【文字样式】对话框中进行的，其过程与创建文字样式相似，这里不再重复。

修改文字样式时，应注意以下两点。

（1）修改完成后，单击【文字样式】对话框中的 应用(A) 按钮，则修改生效，AutoCAD 立即更新图样中与此文字样式关联的文字。

（2）当修改文字样式关联的字体及文字的“颠倒”、“反向”、“垂直”等特性时，AutoCAD 将改变文字外观，而修改文字高度、宽度比例及倾斜角时，则不会引起原有文字外观的改变，但将影响此后创建的文字对象。

要点提示 打开图纸后，如果发现文字是乱码，这是因为字体样式不匹配的缘故，可尝试着在【文字样式】对话框中修改一下，有可能就把乱码纠正过来了。

9.1.3 单行文字

用 DTEXT 命令可以非常灵活地创建文字项目。执行此命令，不仅可以设定文本的对齐方式及文字的倾斜角度，而且还能用十字光标在不同的地方选取点以定位文本的位置，该特性只发出一次命令就能在图形的任何区域放置文本。另外，DTEXT 命令还提供了屏幕预演的功能，即在输入文字的同时该文字也将在屏幕上显示出来，这样就能很容易地发现文本输入的错误，以便及时修改。

用 DTEXT 命令可连续输入多行文字，每行按 Enter 键结束，但不能控制各行的间距。DTEXT 命令的优点是文字对象的每一行都是一个单独的实体，因而对每行进行重新定位或编辑都很容易。

默认情况下，单行文字关联的文字样式是“Standard”。如果要输入中文，应修改当前文字样式，使其与中文字体相关联。此外，用户也可创建一个采用中文字体的新文字样式。

1. 命令启动方法

- 功能区：单击【常用】选项卡【注释】面板上的 按钮，在打开的下拉列表中单击 单行文字 按钮。
- 功能区：单击【注释】选项卡【文字】面板上的 按钮，在打开的下拉列表中单击 单行文字 按钮。
- 命令：DTEXT 或 DT。

【例 9-3】 练习 DTEXT 命令。

执行 DTEXT 命令，AutoCAD 提示如下。

```
命令： _dtext
当前文字样式： “说明”  文字高度： 3.0000  注释性： 是
指定文字的起点或[对正(J)/样式(S)]：
                                  //拾取 A 点作为单行文字的起始位置，如图 9-15 所示
指定文字的旋转角度 <0.00>：       //输入文字的倾斜角或按 Enter 键接受默认值
输入文字： AutoCAD 单行文字       //输入一行文字
                                  //按两次 Enter 键结束
```

结果如图 9-15 所示。

2. 命令选项

- 样式（S）：指定当前文字样式。
- 对正（J）：设定文字的对齐方式。

3. 单行文字的对齐方式

执行 DTEXT 命令后，AutoCAD 提示指定文本的起点，此点与实际字符的位置关系由对齐方式“对正（J）”所决定。对于单行文字，AutoCAD 提供了 14 种对正选项，默认情况下，文本是左对齐的，即指定的插入点是文字的左基线点，如图 9-16 所示。

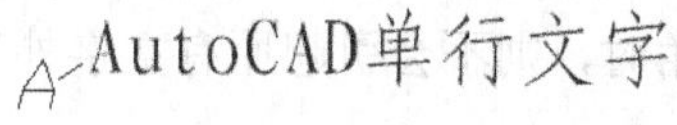

A AutoCAD单行文字

图 9-15 创建单行文字

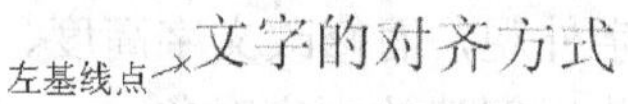

左基线点 文字的对齐方式

图 9-16 左对齐方式

如果要改变单行文字的对齐方式，就使用“对正（J）”选项。在“指定文字的起点或[对正（J）/样式（S）]：”提示下，输入“j”，则 AutoCAD 提示如下。

```
[对齐(A)/布满(F)/居中(C)/中间(M)/右对齐(R)/左上(TL)/中上(TC)/右上(TR)/左中(ML)/正中(MC)/右中(MR)/左下(BL)/中下(BC)/右下(BR)]：
```

下面对以上选项给出详细的说明。

- 对齐（A）：使用这个选项时，AutoCAD 提示指定文本分布的起始点和结束点。当用户选定两点并输入文本后，AutoCAD 把文字压缩或扩展使其充满指定的宽度范围，而文字的高度则按适当比例进行变化。
- 布满（F）：与选项“对齐（A）”相比，利用此选项时，AutoCAD 增加了“指定高度:”提示（需将“Standard”文字样式置为当前样式）。“布满（F）”也将压缩或扩展文字使其充满指定的宽度范围，但保持文字的高度值等于指定的数值。

分别利用“对齐（A）”和“布满（F）”选项在矩形框中填写文字，结果如图 9-17 所示。

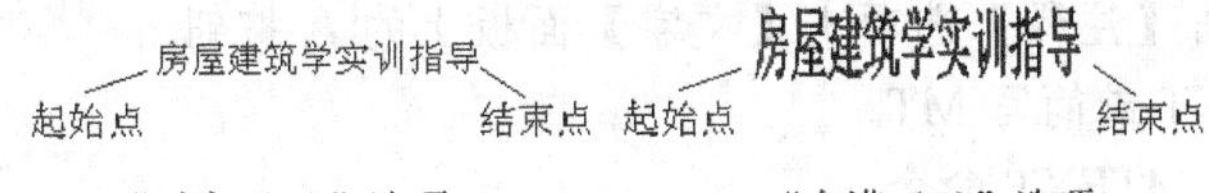

“对齐（A）”选项　　　　“布满（F）”选项

图 9-17　利用“对齐（A）”及“布满（F）”选项

居中（C）/中间（M）/右对齐（R）/左上（TL）/中上（TC）/右上（TR）/左中（ML）/正中（MC）/右中（MR）/左下（BL）/中下（BC）/右下（BR）：通过这些选项设置文字的插入点，各插入点位置如图 9-18 所示。

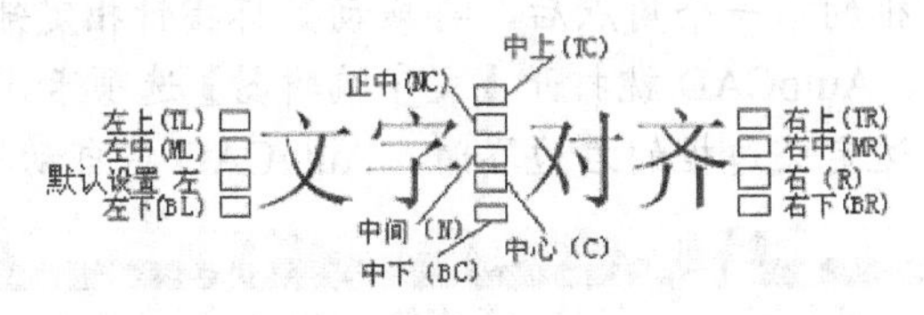

图 9-18　设置插入点

4. 在单行文字中加入特殊符号

工程图中用到的许多符号都不能通过标准键盘直接输入，如文字的下画线、直径代号等。当用户利用 DTEXT 命令创建文字注释时，必须输入特殊的代码来产生特定的字符，这些代码及对应的特殊符号如表 9-1 所示。

表 9-1　　特殊字符的代码

代　码	字　符
%%o	文字的上画线
%%u	文字的下画线
%%d	角度的度符号
%%p	表示“±”
%%c	直径代号

使用表中代码生成特殊字符的样例如图 9-19 所示。

代码	添加特殊字符
%%c	⌀120
%%d	90°

图 9-19　创建特殊字符

9.1.4 多行文字

MTEXT 命令可以创建复杂的文字说明。用 MTEXT 命令生成的文字段落称为多行文字，它可由任意数目的文字行组成，所有的文字构成一个单独的实体。使用 MTEXT 命令时，首先要指定一个文本边框，此边框限定了段落文字的左右边界，但文字沿竖直方向可无限延伸。另外，多行文字中单个字符或某一部分文字的属性（包括文本的字体、倾斜角度和高度等）也能进行设定。

要创建多行文字，首先要了解多行文字编辑器，以下先介绍多行文字编辑器的使用方法及常用选项的功能。

命令启动方法

- 功能区：单击【常用】选项卡【注释】面板上的 A 按钮。

- 功能区：单击【注释】选项卡【文字】面板上的A按钮。
- 命令：MTEXT或简写MT。

【例9-4】 练习MTEXT命令。

（1）单击【常用】选项卡【注释】面板上的A按钮，AutoCAD提示如下。

```
命令：_mtext 当前文字样式： "说明"  文字高度： 3.0000  注释性： 是
指定第一角点：                          //在左边处单击一点，如图9-20所示
指定对角点或[高度(H)/对正(J)/行距(L)/旋转(R)/样式(S)/宽度(W)/栏(C)]：
                                        //指定文本边框的对角点
```

（2）当指定了文本边框的第一个角点后，再拖动鼠标指针指定矩形分布区域的另一个角点。一旦建立了文本边框，AutoCAD就打开【文字编辑器】选项卡，如图9-20所示。按默认设置输入文字，当文字到达定义边框的右边界时，AutoCAD将自动换行。

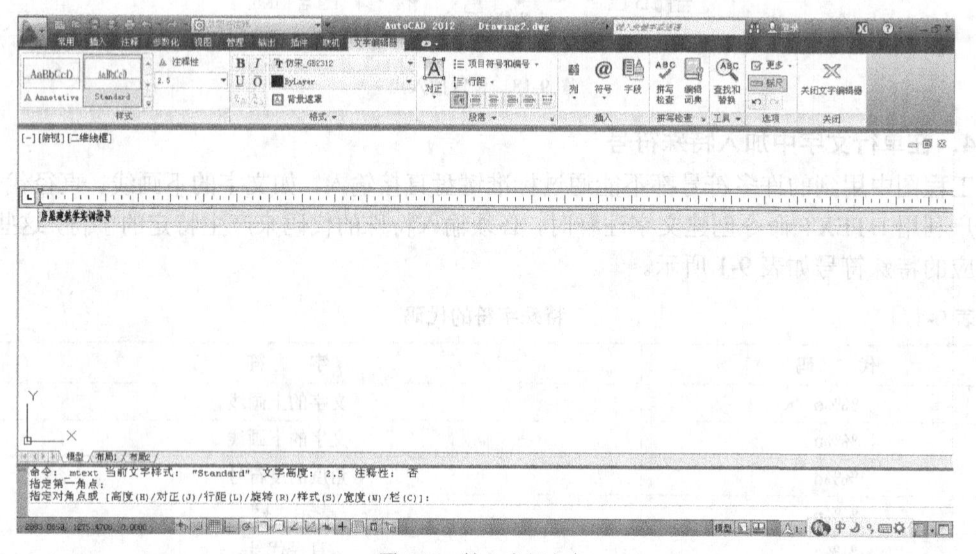

图9-20 输入多行文字

（3）文字输入结束后，单击【文字编辑器】选项卡【关闭】面板上的×按钮，鼠标中键缩放图形，结果如图9-21所示。

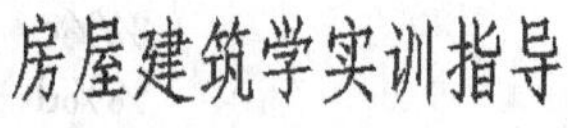

房屋建筑学实训指导

图9-21 创建多行文字

【文字编辑器】选项卡中主要选项的功能如下。

①【样式】面板。

- ▲或▼按钮：单击它们可以选择文字样式。
- ▼按钮：单击它可以打开所有文字样式列表框，从中可以选取相应文字样式。
- 4▼：从该下拉列表中选择或输入文字高度。

②【格式】面板。

- 【字体】下拉列表：从该列表中选择需要的字体。
- B按钮：如果所用字体支持粗体，就可通过此按钮将文本修改为粗体形式，按下按钮为打开状态。
- I按钮：如果所用字体支持斜体，就可通过此按钮将文本修改为斜体形式，按下按钮为打开状态。
- U按钮：可利用此按钮将文字修改为下划线形式。
- O按钮：可利用此按钮将文字修改为上划线形式。

- ByLayer 按钮：从这个下拉列表中选择字体的颜色。
- 单击【格式】面板底部的 格式 按钮，打开下拉列表。
- 0/ 列表：从该列表中选择或输入文字的倾斜角度。
- o 列表：从该列表中选择或输入文字的宽度因子。

③ 【插入】面板。

@ 按钮：单击此按钮可以打开字符列表，如图 9-22 所示。选择【其他】选项，则打开【字符映射表】对话框，如图 9-23 所示，从中可以设置字体，通过复制、粘贴方式输入选择的字符。

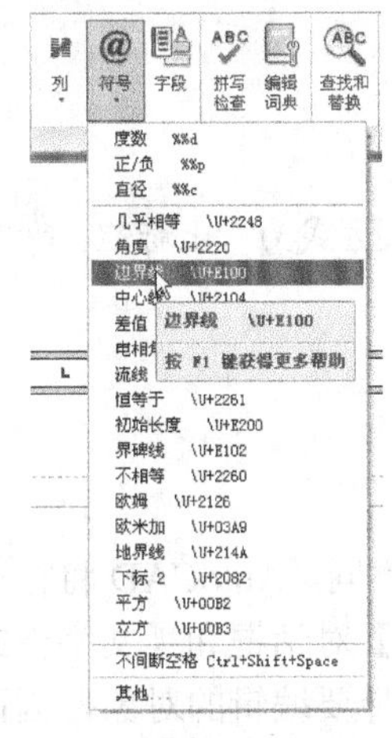

图 9-22 字符列表

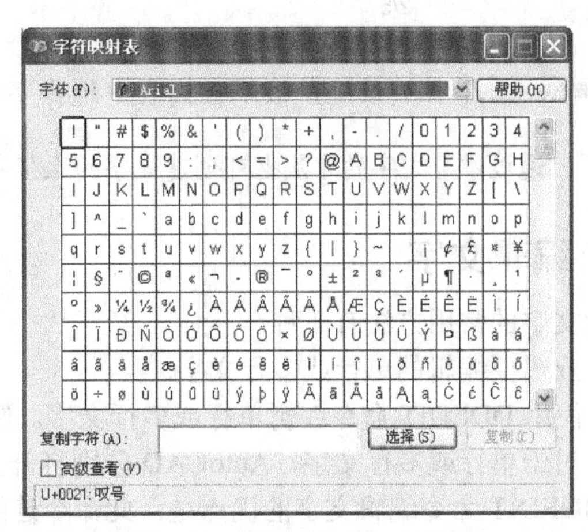

图 9-23 【字符映射表】对话框

④ 【选项】面板。

单击 按钮，在打开的下拉列表中依次选择【编辑器设置】/【显示工具栏】，如图 9-24 所示，则打开【文字格式】工具栏，如图 9-25 所示。如要关闭该工具栏，类似重复该操作。

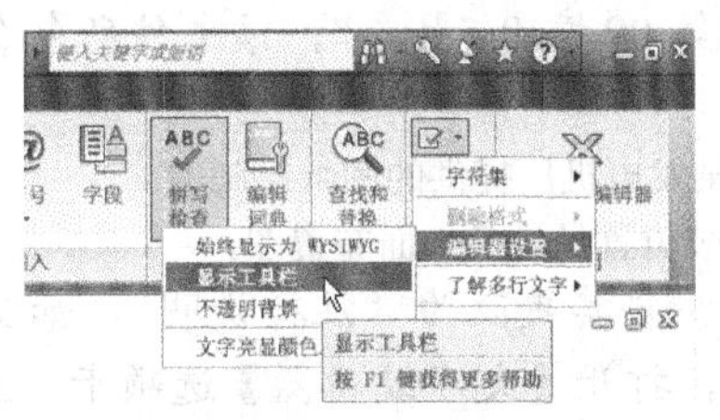

图 9-24 下拉列表

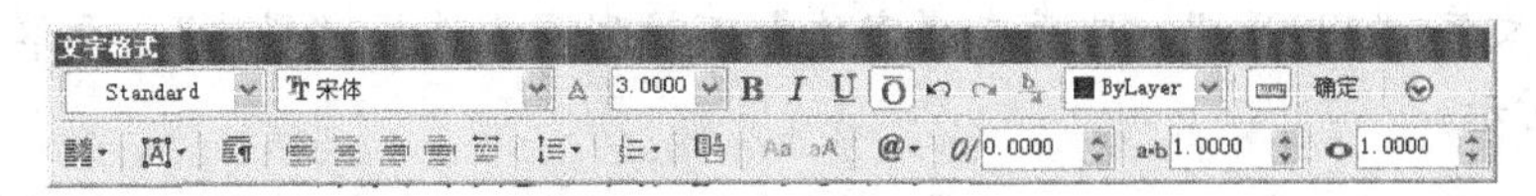

图 9-25 【文字格式】工具栏

【文字格式】工具栏中主要选项的功能如下。

- Standard 下拉列表：从该下拉列表中选择文字样式。
- 【字体】下拉列表：从该下拉列表中选择需要的字体。
- 【字体高度】下拉列表：从该下拉列表中选择或输入文字高度。
- B 按钮：如果所用字体支持粗体，就可通过此按钮将文本修改为粗体形式，按下按钮为打开状态。

- I 按钮：如果所用字体支持斜体，就可通过此按钮将文本修改为斜体形式，按下按钮为打开状态。
- U 按钮：可利用此按钮将文字修改为下划线形式。
- 按钮：按下此按钮就使可层叠的文字堆叠起来，如图 9-26 所示，这对创建分数及公差形式的文字很有用。AutoCAD 通过特殊字符“/”及“^”表明多行文字是可层叠的。输入层叠文字的方式为：左边文字+特殊字符+右边文字，堆叠后，左面文字被放在右边文字的上面。

输入	堆叠结果
2/5	$\frac{2}{5}$

图 9-26　堆叠文字

- ByLayer 下拉列表：从该下拉列表中选择字体的颜色。

要点提示　通过堆叠文字的方法也可创建文字的上标或下标，输入方式为“上标^”、“^下标”。

9.1.5　编辑文字

编辑文字的常用方法有 3 种。

（1）双击要编辑的单行或多行文字。

（2）使用 DDEDIT 命令编辑单行或多行文字。选择的对象不同，AutoCAD 将打开不同的对话框。对于单行或多行文字，AutoCAD 分别打开【编辑文字】对话框和【文字格式】工具栏。用 DDEDIT 命令编辑文字的优点是：此命令连续地提示选择要编辑的对象，因而只要发出 DDEDIT 命令就能一次修改许多文字对象。

（3）用 PROPERTIES 命令修改文字。选择要修改的文字后，执行 PROPERTIES 命令，AutoCAD 打开【特性】对话框，在这个对话框中，不仅能修改文字的内容，还能编辑文字的其他许多属性，如倾斜角度、对齐方式、高度及文字样式等。

【例 9-5】　修改单行及多行文字。

（1）打开素材文件“dwg\第 09 章\9-5.dwg”，该文件所包含的文字内容如下。

说明

1.该设备安装图是根据某发电机厂提供的图纸绘制的。

2.设备重:5200kg，安装位置见设备平面布置图。

（2）双击“说明”文字处，将其更改为“注释说明”，如图 9-27 所示。

（3）单击下面多行文字处，打开【文字编辑器】选项卡，选中文字“5200”，将其修改为“4800”。

（4）选中文字“4800kg”，然后在【字体】下拉列表中选择“黑体”，再单击 U 按钮，结果如图 9-28 所示。

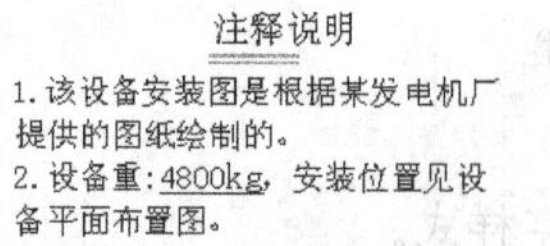

注释说明

1. 该设备安装图是根据某发电机厂提供的图纸绘制的。

2. 设备重：4800kg，安装位置见设备平面布置图。

图 9-27　修改单行及多行文字

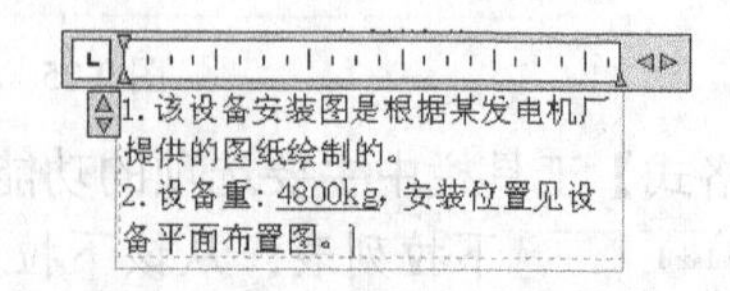

图 9-28　修改字体及加上下划线

要点提示　用户可以使用 MATCHPROP（属性匹配）命令将某些文字的字体、字高等属性传递给另一些文字。

（5）单击【文字编辑器】选项卡【关闭】面板上的按钮，结果如图 9-27 所示。

建立多行文字时，如果在文字中连接了多个字体文件，那么当把段落文字的文字样式修改为其他样式时，只有一部分文字的字体将发生变化，而其他文字的字体保持不变，前者在创建时使用了旧样式中指定的字体。

9.2 标注尺寸

本节主要讲述图形的尺寸标注。

9.2.1 绘图任务——高压加热器安装剖面图

【例 9-6】 按以下操作步骤，标注图 9-29 所示的图形。

（1）打开素材文件“dwg\第 09 章\9-6.dwg”。

（2）创建一个名为“标注层”的图层，并将其设置为当前层。

（3）新建一个标注样式。单击【注释】选项卡【文字】面板底部 标注 按钮右边的按钮，打开【标注样式管理器】对话框，单击对话框中的 新建(N)... 按钮，打开【创建新标注样式】对话框，在该对话框的【新样式名】文本框中输入新的样式名称“标注样式”，如图 9-30 所示。

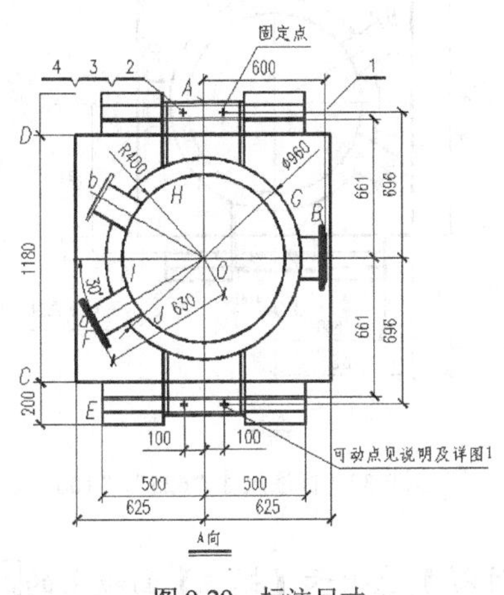

图 9-29 标注尺寸

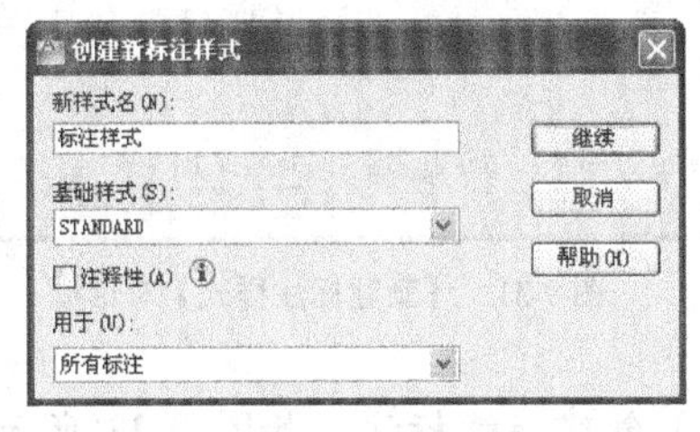

图 9-30 【创建新标注样式】对话框

（4）单击 继续 按钮，打开【新建标注样式】对话框，如图 9-31 所示。在该对话框中进行以下设置。

① 在【文字】选项卡设置如图 9-31 所示。

② 在【线】选项卡的【起点偏移量】和【超出尺寸线】数据框中均输入“30”。

③ 在【符号和箭头】选项卡【箭头大小】输入“60”。在【箭头】选项组的【第一个】、【第二个】及【引线】下拉列表框中均选择“建筑标记”。

④ 在【主单位】选项卡的【精度】下拉列表框中选择“0”。

（5）单击 确定 按钮就得到一个新的尺寸样式，再单击 置为当前(U) 按钮使新样式成为当前样式。

（6）再次在【创建新标注样式】对话框中单击 新建(N)... 按钮，打开【创建新标注样式】对话框，在该对话框的【用于】下拉列表框中选择“角度标注”，单击 继续 按钮，打开【修

改标注样式】对话框，在该对话框中【直线与箭头】选项卡的【箭头】选项组中的【第一个】、【第二个】及【引线】下拉列表框中均选择“实心闭合”。

（7）同样设置【用于】下拉列表框中的“半径标注”和“直径标注”。

（8）单击 关闭(C) 按钮，关闭【标注样式管理器】对话框。

（9）打开自动捕捉功能，设置捕捉类型为端点、交点。

（10）标注直线型尺寸，如图9-32所示。单击【标注】工具栏上的按钮，AutoCAD提示：

```
命令：_dimlinear
指定第一个尺寸界线原点或 <选择对象>:                //捕捉交点 A，如图 9-32 所示
指定第二条尺寸界线原点:                            //捕捉交点 B
指定尺寸线位置或[多行文字(M)/文字(T)/角度(A)/水平(H)/垂直(V)/旋转(R)]:
                                                  //移动鼠标指定尺寸线的位置
标注文字 = 600
```

继续标注尺寸“625”、“100”、“500”、“661”和“696”等，结果如图9-32所示。

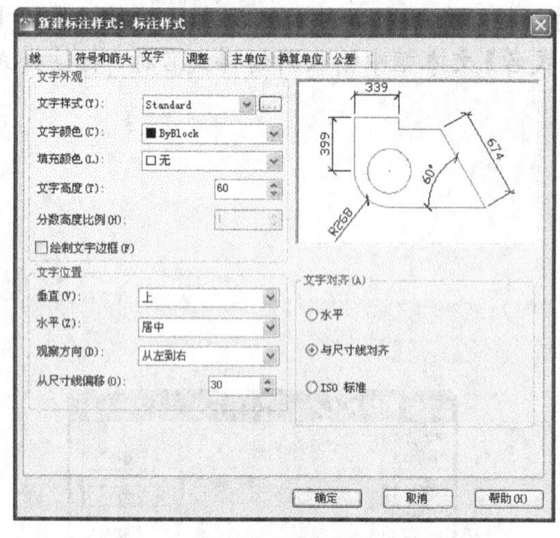

图9-31　【新建标注样式】对话框

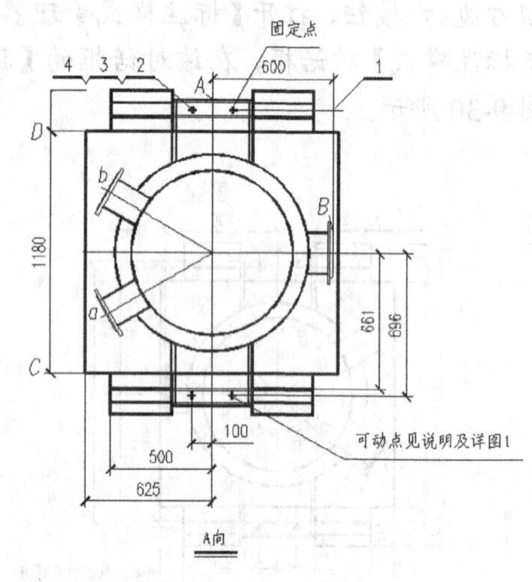

图9-32　标注尺寸“625”、“100”等

（11）创建连续标注，如图9-33所示。单击【注释】选项卡【标注】面板上的按钮，AutoCAD提示：

```
命令：_dimcontinue                                        //建立连续标注
指定第二条尺寸界线原点或[放弃(U)/选择(S)] <选择>:          //按Enter键
选择连续标注:                                          //选择尺寸界限 C，如图 9-33 所示
指定第二条尺寸界线原点或[放弃(U)/选择(S)]<选择>:           //捕捉交点 D
标注文字 =1180
指定第二条尺寸界线原点或[放弃(U)/选择(S)] <选择>:          //按Enter键
选择连续标注:                                             //按Enter键结束
继续标注尺寸“625”、“100”、“500”、“200”、“661”、“696”等，结果如图 9-33 所示
```

结果如图9-33所示。

（12）激活尺寸“100”的关键点，利用关键点拉伸模式调整尺寸线位置，结果如图9-34所示。

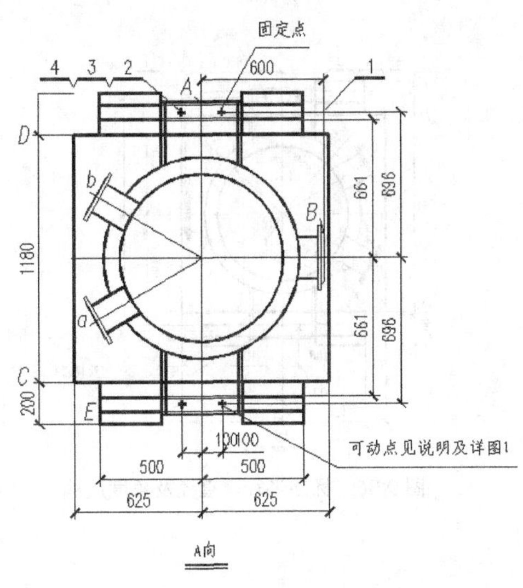

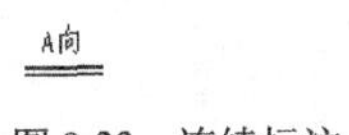

图 9-33 连续标注

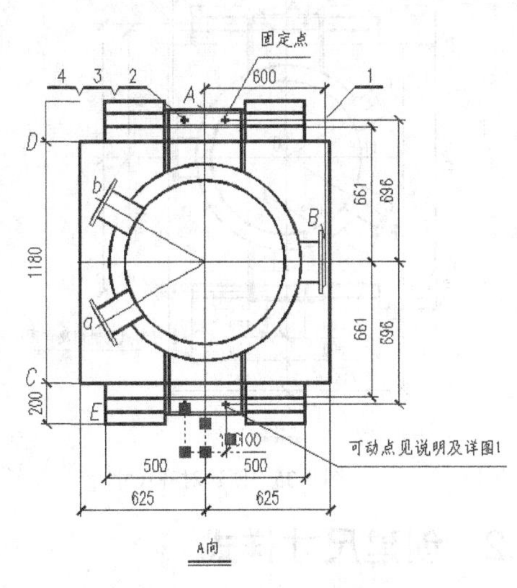

图 9-34 调整尺寸线位置

（13）创建对齐尺寸"630"，如图 9-35 所示。单击【常用】选项卡【注释】面板上的 对齐 按钮，AutoCAD 提示：

```
命令: _dimaligned
指定第一个尺寸界线原点或 <选择对象>:                    //捕捉交点 O，如图 9-35 所示
指定第二条尺寸界线原点:                                 //捕捉交点 F
指定尺寸线位置或[多行文字(M)/文字(T)/角度(A)]:          //移动鼠标指定尺寸线的位置
标注文字=630
```

结果如图 9-35 所示。

（14）返回绘图窗口，利用当前样式的覆盖方式标注半径、直径及角度尺寸，如图 9-36 所示。

```
命令: _dimradius                    //单击【常用】选项卡【注释】面板上的 半径 按钮
选择圆弧或圆:                                           //选择圆 G，如图 9-36 所示
标注文字 =960
指定尺寸线位置或[多行文字(M)/文字(T)/角度(A)]:          //移动鼠标指定标注文字位置
命令: _dimdiameter          //单击【常用】选项卡【注释】面板上的 半径 按钮
选择圆弧或圆:                                           //选择小圆
标注文字 =400
指定尺寸线位置或[多行文字(M)/文字(T)/角度(A)]:          //移动鼠标指定标注文字位置
命令: _dimangular
选择圆弧、圆、直线或 <指定顶点>:
选择第二条直线:
指定标注弧线位置或[多行文字(M)/文字(T)/角度(A)/象限点(Q)]:     //移动鼠标指定标注
文字位置
标注文字 = 30
```

结果如图 9-36 所示。

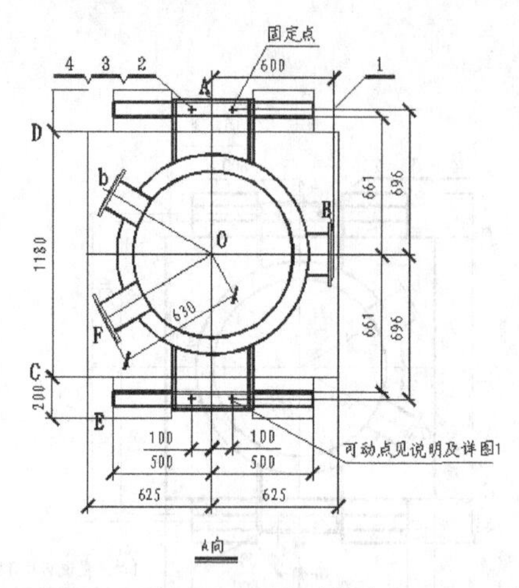

图 9-35　创建对齐尺寸

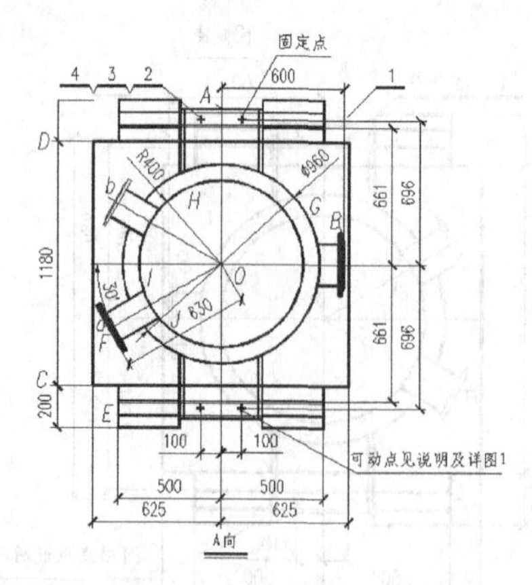

图 9-36　标注半径、直径及角度尺寸

9.2.2　创建尺寸样式

AutoCAD 的尺寸标注命令很丰富，用户可以轻松地创建出各种类型的尺寸。所有尺寸与尺寸样式关联，通过调整尺寸样式，就能控制与该样式关联的尺寸标注的外观。以下介绍创建尺寸样式的方法及 AutoCAD 的尺寸标注命令。

尺寸标注是一个复合体，它以块的形式存储在图形中，其组成部分包括尺寸线、延伸线、标注文字和箭头等，如图 9-37 所示，所有这些组成部分的格式都由尺寸样式来控制。

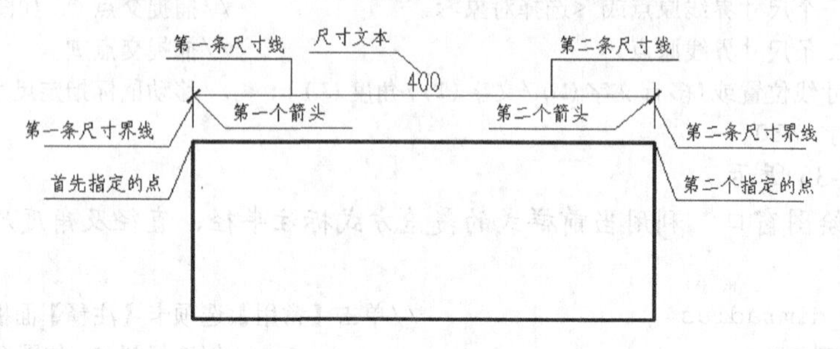

图 9-37　标注组成

命令启动方法

- 功能区：单击【常用】选项卡【注释】面板底部的 注释 ▾ 按钮，在打开的下拉列表中单击按钮。
- 功能区：单击【注释】选项卡【文字】面板底部 标注 ▾ 按钮右边的按钮。

在标注尺寸前，一般都要创建尺寸样式，否则，AutoCAD 将使用默认样式 ISO-25 生成尺寸标注。AutoCAD 中可以定义多种不同的标注样式并为之命名，标注时，只需指定某个样式为当前样式，就能创建相应的标注样式。

【例 9-7】　建立新的尺寸样式。

（1）创建一个新文件。

（2）单击【注释】选项卡【文字】面板底部 标注 ▾ 按钮右边的按钮，打开【标注样式管理器】对话框，如图 9-38 所示。通过这个对话框可以命名新的尺寸样式或修改样式中的尺寸变量。

（3）单击新建(N)...按钮，打开【创建新标注样式】对话框，如图 9-39 所示。在该对话框的【新样式名】文本框中输入新的样式名称。在【基础样式】下拉列表中指定某个尺寸样式作为新样式的副本，则新样式将包含副本样式的所有设置。此外，还可在【用于】下拉列表中设定新样式对某一种类尺寸的特殊控制，如可以创建用于角度、半径、直径等的标注样式。默认情况下，【用于】下拉列表的选项是【所有标注】，意思是指新样式将控制所有类型尺寸。

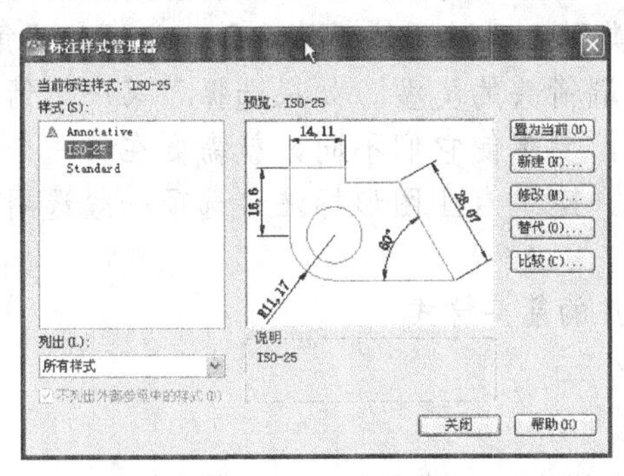

图 9-38 【标注样式管理器】对话框

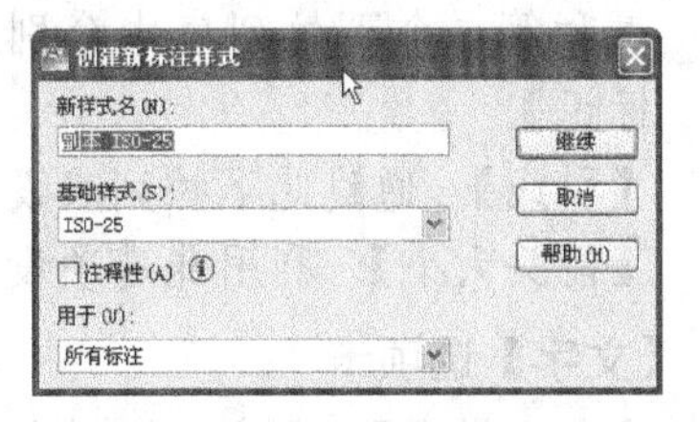

图 9-39 【创建新标注样式】对话框

（4）单击继续按钮，打开【新建标注样式】对话框，如图 9-40 所示。该对话框有 7 个选项卡，在这些选项卡中可设置各个尺寸变量。设置完成后，单击确定按钮就得到一个新的尺寸样式。

（5）在【标注样式管理器】对话框的列表框中选择新样式，然后单击置为当前(U)按钮使其成为当前样式。

【新建标注样式】对话框中常用选项的功能如下。

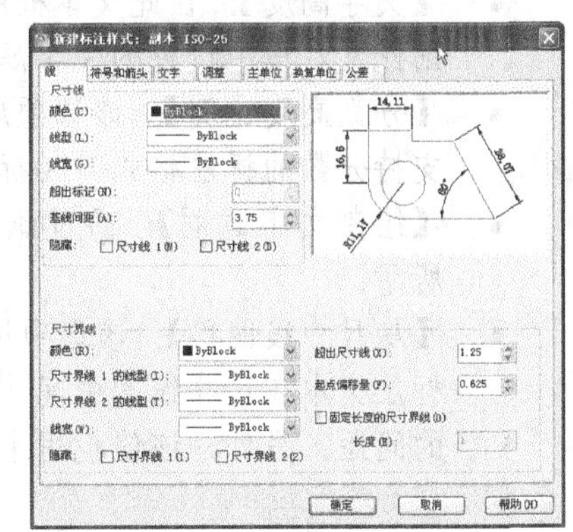

图 9-40 【新建标注样式】对话框

1. 【线】选项卡

- 【超出标记】：该选项决定了尺寸线超过延伸线的长度。若尺寸线两端是箭头，则此选项无效，但若在【符号和箭头】选项卡的【箭头】分组框中设定了箭头的形式是“倾斜”或“建筑标记”时，该选项是有效的。在建筑图的尺寸标注中经常用到这两个选项，如图 9-41 所示。
- 【基线间距】：此选项决定了平行尺寸线间的距离。例如，当创建基线型尺寸标注时，相邻尺寸线间的距离由该选项控制，如图 9-42 所示。

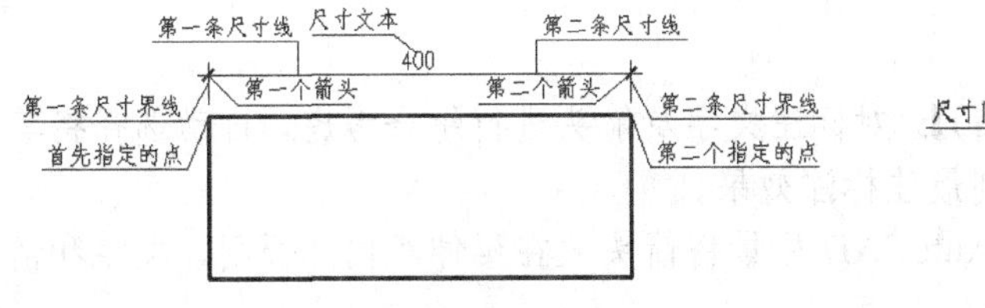

图 9-41 尺寸线超出延伸线

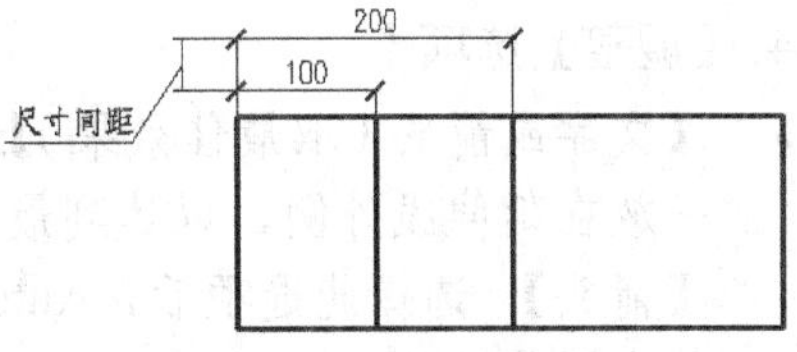

图 9-42 控制尺寸线间的距离

- 【超出尺寸线】：控制延伸线超出尺寸线的距离。国标中规定，延伸线一般超出尺寸线 2～3mm，如果准备使用 1∶1 比例出图则延伸值要输入 2 或 3。
- 【起点偏移量】：控制延伸线起点与标注对象端点间的距离。通常应使延伸线与标注对象不发生接触，这样才能较容易地区分尺寸标注和被标注的对象。

AutoCAD 绘制的剖面线、尺寸标注都可以具有线型属性。如果当前的线型不是连续线型，那么绘制的剖面线和尺寸标注就不会是连续线。

2.【符号和箭头】选项卡

- 【第一个箭头及第二个箭头】：这是两个用于选择尺寸线两端箭头样式的选项。AutoCAD 中提供了 20 种标准的箭头类型，通过调整【箭头】分组框的【第一个】或【第二个】选项就可控制尺寸线两端箭头的类型。如果选择了第一个箭头的形式，第二个箭头也将采用相同的形式，要想使它们不同，就需要在第一个下拉列表和第二个下拉列表中分别进行定制。建筑专业图形标注该选项一般选用【建筑标记】。
- 【引线】：通过此下拉列表设置引线标注的箭头样式。
- 【箭头大小】：利用此选项设定箭头大小。

3.【文字】选项卡

- 【文字样式】：在该下拉列表中选择文字样式，或单击其右侧的[...]按钮，打开【文字样式】对话框，创建新的文字样式。
- 【文字高度】：在此文本框中指定文字的高度。若在文本样式中已设定了文字高度，则此文本框中设置的文字高度将是无效的。
- 【分数高度比例】：该选项用于设定分数形式字符与其他字符的比例。只有当选择了支持分数的标注格式时（标注单位为“分数”），此选项才可用。
- 【绘制文字边框】：通过此选项用户可以给标注文字添加一个矩形边框，如图 9-43 所示。
- 【从尺寸线偏移】：该选项用于设定标注文字与尺寸线间的距离，如图 9-44 所示。若标注文本在尺寸线的中间（尺寸线断开），则其值表示断开处尺寸线端点与尺寸文字的间距。另外，该值也用来控制文字边框与其中文字的距离。

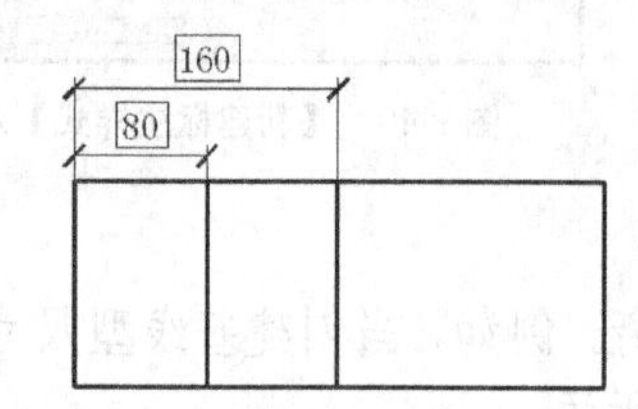

图 9-43　给标注文字添加矩形框

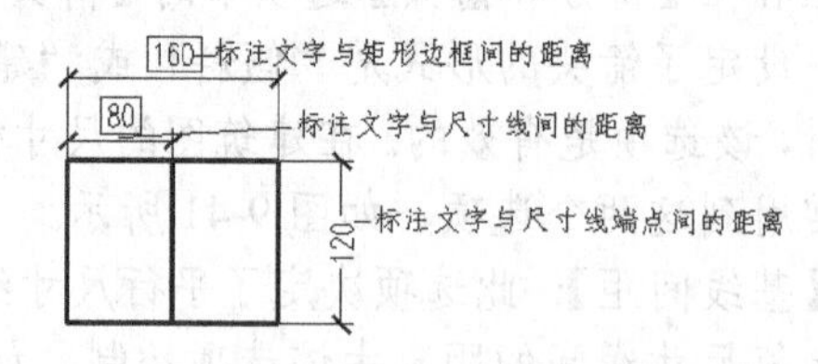

图 9-44　控制文字相对于尺寸线的偏移量

4.【调整】选项卡

- 【文字或箭头（取最佳效果）】：对标注文字及箭头进行综合考虑，自动选择将其中之一放在延伸线外侧，以达到最佳标注效果。
- 【箭头】：选择此选项后，AutoCAD 尽量将箭头放在延伸线内，否则，文字和箭头都放在延伸线外。
- 【文字】：选择此选项后，AutoCAD 尽量将文字放在延伸线内，否则，文字和箭头都放在延伸线外。
- 【箭头和文字】：当延伸线间不能同时放下文字和箭头时，就将文字及箭头都放在延伸线外。

- 【文字始终保持在延伸线之间】：选择此选项后，AutoCAD 总是把文字放置在延伸线内。
- 【使用全局比例】：全局比例值将影响尺寸标注所有组成元素的大小，如标注文字、尺寸箭头等，如图 9-45 所示。

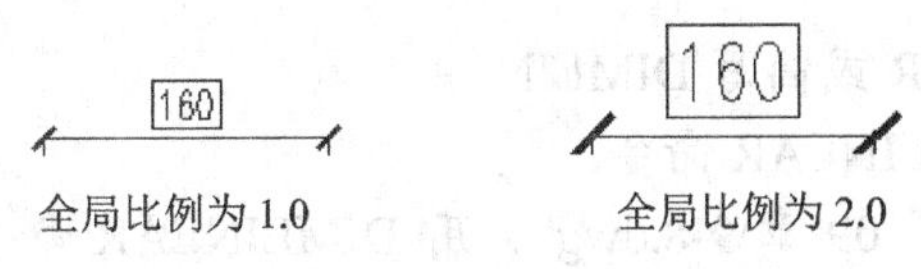

图 9-45 全局比例对尺寸标注的影响

5.【主单位】选项卡

- 线性标注的【单位格式】：在此下拉列表中选择所需的长度单位类型。
- 线性标注的【精度】：设定长度型尺寸数字的精度（小数点后显示的位数）。
- 【比例因子】：可输入尺寸数字的缩放比例因子。当标注尺寸时，AutoCAD 用此比例因子乘以真实的测量数值，然后将结果作为标注数值。
- 角度标注的【单位格式】：在此下拉列表中选择角度的单位类型。
- 角度标注的【精度】：设置角度型尺寸数字的精度（小数点后显示的位数）。

6.【公差】选项卡

（1）【方式】下拉列表中包含 5 个选项。

- 无：只显示基本尺寸。
- 对称：如果选择“对称”选项，则只能在【上偏差】文本框中输入数值，标注时 AutoCAD 自动加入“±”符号。
- 极限偏差：利用此选项可以在【上偏差】和【下偏差】文本框中分别输入尺寸的上、下偏差值，默认情况下，AutoCAD 将自动在上偏差前面添加“+”号，在下偏差前面添加“-”号。若在输入偏差值时加上“+”或“-”号，则最终显示的符号将是默认符号与输入符号相乘的结果。
- 极限尺寸：同时显示最大极限尺寸和最小极限尺寸。
- 基本尺寸：将尺寸标注值放置在一个长方形的框中（理想尺寸标注形式）。

（2）【精度】：设置上、下偏差值的精度（小数点后显示的位数）。

（3）【上偏差】：在此文本框中输入上偏差数值。

（4）【下偏差】：在此文本框中输入下偏差数值。

（5）【高度比例】：该选项能调整偏差文字相对于尺寸文字的高度，默认值是 1，此时偏差文字与尺寸文字高度相同。在标注机械图时，建议将此数值设定为 0.7 左右，但若使用【对称】选项，则“高度”值仍选为 1。

（6）【垂直位置】：在此下拉列表中可指定偏差文字相对于基本尺寸的位置关系。当标注机械图时，建议选择【中】选项。

（7）【前导】：隐藏偏差数字中前面的 0。

（8）【后续】：隐藏偏差数字中后面的 0。

9.2.3 标注水平、竖直及倾斜方向尺寸

DIMLINEAR 命令可以标注水平、竖直及倾斜方向尺寸。标注时，若要使尺寸线倾斜，则输入“R”选项，然后输入尺寸线倾角即可。

1. 命令启动方法

- 功能区：【常用】选项卡【注释】面板上的线性按钮。
- 功能区：【注释】选项卡【标注】面板上的标注按钮，在打开的下拉列表中单击线性按钮。
- 命令：DIMLINEAR或简写DIMLIN。

【例9-8】　练习DIMLINEAR命令。

打开素材文件“dwg\第09章\9-8.dwg”，用DIMLINEAR命令创建尺寸标注，如图9-46所示。

```
命令: _dimlinear
指定第一条延伸线原点或 <选择对象>:
                  //指定第一条延伸线的起始点，或按Enter键，选择要标注的对象
指定第二条延伸线原点:                        //选取第二条延伸线的起始点
指定尺寸线位置或[多行文字(M)/文字(T)/角度(A)/水平(H)/垂直(V)/旋转(R)]:
                  //拖动鼠标指针将尺寸线放置在适当位置，然后单击一点，完成操作
```

2. 命令选项

- 多行文字（M）：使用该选项则打开【文字编辑器】选项卡。
- 文字（T）：此选项可以在命令行上输入新的尺寸文字。

绘图技巧

> 标注出现尾巴时，例如用户标注为100mm，但实际在图形当中标出的100.00或100.000等这样的情况，将系统变量DIMZIN设定为8即可解决。

- 角度（A）：通过该选项设置文字的放置角度。
- 水平（H）/垂直（V）：创建水平或垂直型尺寸。用户也可通过移动鼠标指针指定创建何种类型的尺寸。若左右移动鼠标指针，将生成垂直尺寸；上下移动鼠标指针，则生成水平尺寸。
- 旋转（R）：使用DIMLINEAR命令时，AutoCAD自动将尺寸线调整成水平或竖直方向。“旋转（R）”选项可使尺寸线倾斜一个角度，因此可利用这个选项标注倾斜对象，如图9-47所示。

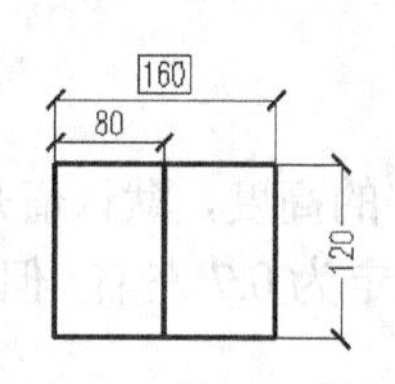

图9-46　标注水平方向尺寸

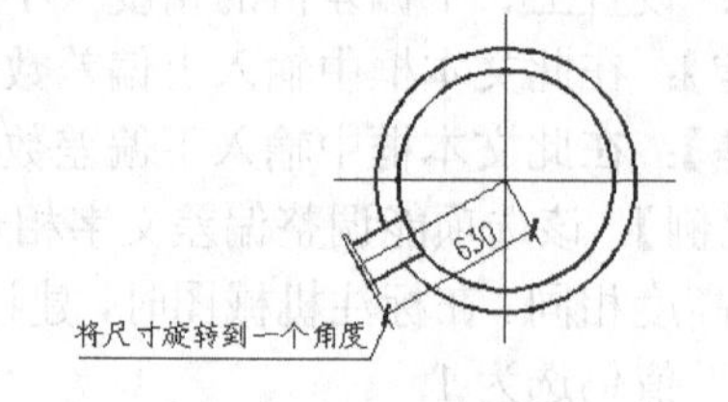

图9-47　标注倾斜对象

3. 利用对齐尺寸标注倾斜对象

要标注倾斜对象的真实长度可使用对齐尺寸，对齐尺寸的尺寸线平行于倾斜的标注对象。如果选择两个点来创建对齐尺寸，则尺寸线与两点的连线平行。

命令启动方法

- 功能区：【常用】选项卡【注释】面板上的对齐按钮。
- 功能区：【注释】选项卡【标注】面板上的标注按钮，在打开的下拉列表中单击对齐按钮。

- 命令：DIMALIGNED 或简写 DIMALI。

【例 9-9】 练习 DIMALIGNED 命令。

打开素材文件“dwg\第 09 章\9-9.dwg”，利用 DIMALIGNED 命令创建尺寸标注，如图 9-48 所示。

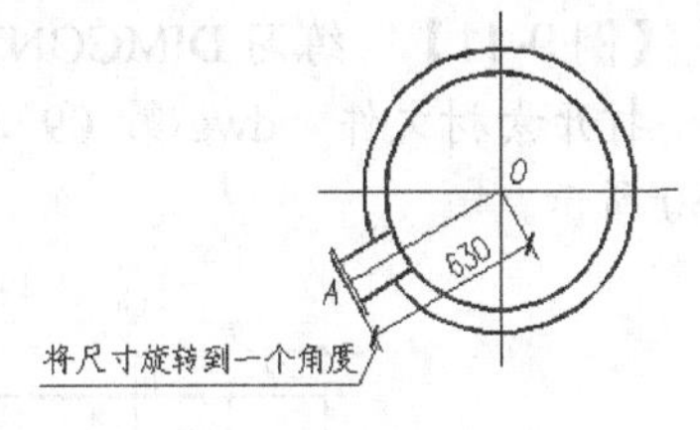

图 9-48 标注对齐尺寸

```
命令: _dimaligned
指定第一条延伸线原点或 <选择对象>:
//捕捉交点 A，或按 Enter 键选择要标注的对象，如图 9-48 所示
指定第二条延伸线原点:                                   //捕捉交点 O
指定尺寸线位置或[多行文字(M)/文字(T)/角度(A)]:   //移动鼠标指针指定尺寸线的位置
```

9.2.4 连续型及基线型尺寸标注

连续型尺寸标注是一系列首尾相连的标注形式，而基线型尺寸标注是指所有的尺寸都从同一点开始标注，即它们公用一条延伸线。连续型和基线型尺寸的标注方法是类似的，在创建这两种形式的尺寸时，应首先建立一个尺寸标注，然后发出标注命令，当 AutoCAD 提示“指定第二条延伸线起点或[放弃（U）/选择（S）] <选择>:”时，可以采取下面的某种操作方式。

- 直接拾取对象上的点。由于已事先建立了一个尺寸，因此 AutoCAD 将以该尺寸的第一条延伸线为基准线生成基线型尺寸，或者以该尺寸的第二条延伸线为基准线建立连续型尺寸。
- 若不想在前一个尺寸的基础上生成连续型或基线型尺寸，则按 Enter 键，AutoCAD 提示“选择连续标注:”或“选择基准标注:”，此时，可选择某条延伸线作为建立新尺寸的基准线。

1. 基线标注

命令启动方法如下。

- 功能区：【注释】选项卡【标注】面板上的按钮。
- 命令：DIMBASELINE 或简写 DIMBASE。

【例 9-10】 练习 DIMBASELINE 命令。

打开素材文件“dwg\第 09 章\9-10.dwg”，用 DIMBASELINE 命令创建尺寸标注，如图 9-49 所示。

```
命令: _dimbaseline
                //AutoCAD 以最后一次创建尺寸标注的起始点 A 作为基点，如图 9-49 所示
指定第二条延伸线原点或[放弃(U)/选择(S)] <选择>:     //指定基线标注第二点 B
标注文字 = 160
指定第二条延伸线原点或[放弃(U)/选择(S)] <选择>:     //指定基线标注第三点 C
标注文字 = 320
指定第二条延伸线原点或[放弃(U)/选择(S)] <选择>:     //按 Enter 键
选择基准标注:                                         //按 Enter 键结束
```

2. 连续标注

命令启动方法如下。

- 功能区：【注释】选项卡【标注】面板上的按钮。
- 命令：DIMCONTINUE 或简写 DIMCONT。

【例 9-11】 练习 DIMCONTINUE 命令。

打开素材文件“dwg\第 09 章\9-11.dwg”，用 DIMCONTINUE 命令创建尺寸标注，如图 9-50 所示。

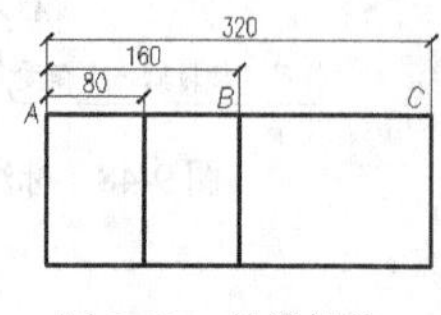

图 9-49 基线标注

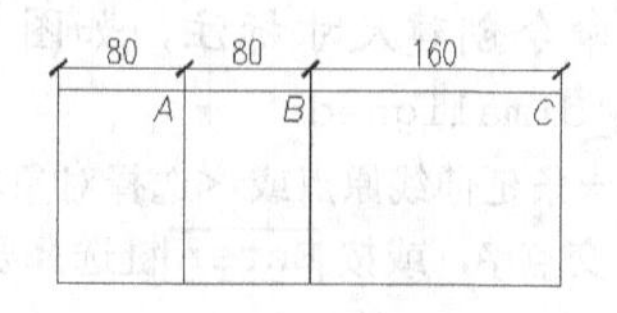

图 9-50 连续标注

命令: _dimcontinue

//AutoCAD 以最后一次创建尺寸标注的终止点 A 作为基点，如图 9-50 所示

指定第二条延伸线原点或[放弃(U)/选择(S)] <选择>: //指定连续标注第二点 B

标注文字 = 80

指定第二条延伸线原点或[放弃(U)/选择(S)] <选择>: //指定连续标注第三点 C

标注文字 = 160

指定第二条延伸线原点或[放弃(U)/选择(S)] <选择>: //按 Enter 键

选择连续标注: //按 Enter 键结束

用户可以对角度型尺寸使用 DIMBASELINE 和 DIMCONTINUE 命令。

9.2.5 标注角度尺寸

设置方法见【例 9-6】，标注角度时，通过拾取两条边线、三个点或一段圆弧来创建角度尺寸。

命令启动方法

- 功能区:【常用】选项卡【注释】面板上的 角度 按钮。
- 功能区:【注释】选项卡【标注】面板上的 标注 按钮，在打开的下拉列表中单击 角度 按钮。
- 命令: DIMANGULAR 或简写 DIMANG。

【例 9-12】 练习 DIMANGULAR 命令。

打开素材文件“dwg\第 09 章\9-12.dwg”，用 DIMANGULAR 命令创建尺寸标注，如图 9-51 所示。

命令: _dimangular

选择圆弧、圆、直线或 <指定顶点>: //选择角的第一条边，如图 9-51 所示

选择第二条直线: //选择角的第二条边

指定标注弧线位置或[多行文字(M)/文字(T)/角度(A)]://移动鼠标指针指定尺寸线的位置

标注文字 = 37

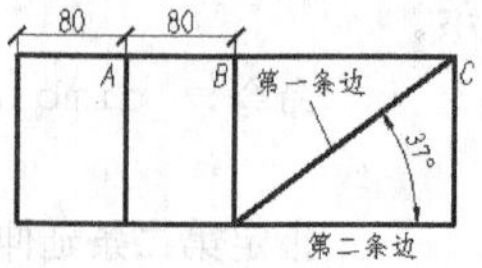

图 9-51 指定角边标注角度

DIMANGULAR 命令各选项的功能请参见 9.2.3 小节。

以下两个练习演示了圆上两点或某一圆弧对应圆心角的标注方法。

【例 9-13】 标注圆弧所对应的圆心角。

命令: _dimangular

选择圆弧、圆、直线或 <指定顶点>: //选择圆弧，如图 9-52 左图所示

指定标注弧线位置或[多行文字(M)/文字(T)/角度(A)]: //移动鼠标指针指定尺寸线位置

选择圆弧时，AutoCAD 直接标注圆弧所对应的圆心角，移动鼠标指针到圆心的不同侧时标注数值不同。

【例 9-14】 标注圆上两点所对应圆心角。

```
命令: _dimangular
选择圆弧、圆、直线或 <指定顶点>:                //在 A 点处拾取圆，如图 9-52 右图所示
指定角的第二个端点:                            //在 B 点处拾取圆
指定标注弧线位置或[多行文字(M)/文字(T)/角度(A)]: //移动鼠标指针指定尺寸线位置
标注文字 = 126
```

在圆上选择的第一个点是角度起始点，选择的第二个点是角度终止点，AutoCAD 标出这两点间圆弧所对应的圆心角。当移动鼠标指针到圆心的不同侧时，标注数值不同。

DIMANGULAR 命令具有一个选项，允许用户利用 3 个点标注角度。当 AutoCAD 提示"选择圆弧、圆、直线或 <指定顶点>:"时，直接按 Enter 键，AutoCAD 继续提示。

```
指定角的顶点:                                  //指定角的顶点，如图 9-53 所示
指定角的第一个端点:                            //拾取角的第一个端点
指定角的第二个端点:                            //拾取角的第二个端点
指定标注弧线位置或[多行文字(M)/文字(T)/角度(A)]://移动鼠标指针指定尺寸线位置
标注文字 = 37
```

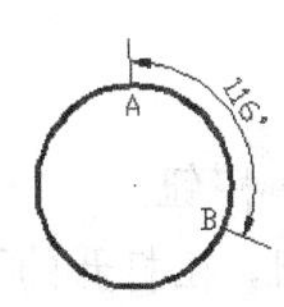

图 9-52 标注圆弧和圆

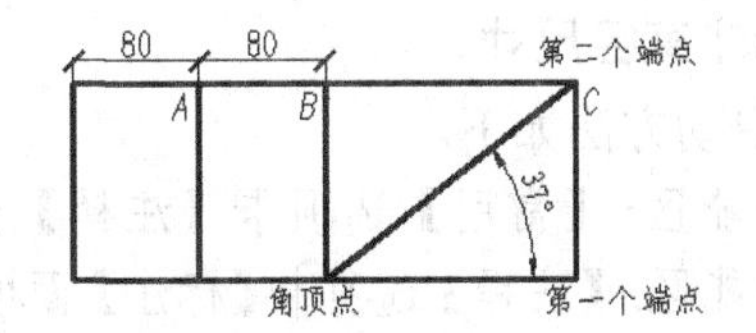

图 9-53 通过 3 点标注角度

当鼠标指针移动到角顶点的不同侧时，标注值将不同。用户可以使用角度尺寸或长度尺寸的标注命令来查询角度值和长度值。当发出命令并选择对象后，就能看到标注文本，此时按 Esc 键取消正在执行的命令，就不会将尺寸标注出来。

国标中对于角度标注有规定，角度数值一律水平书写，一般注写在尺寸线的中断处，必要时可注写在尺寸线上方或外面，也可画引线标注，如图 9-54 所示。显然角度文本的注写方式与线性尺寸文本是不同的。

为使角度数值的放置形式符合国标规定，用户可采用当前样式覆盖方式标注角度。

【例 9-15】 用当前样式覆盖方式标注角度。

（1）单击【注释】选项卡【文字】面板底部 标注 ▾ 按钮右侧的 ↘ 按钮，打开【标注样式管理器】对话框。

（2）单击 替代(O)... 按钮（注意不要使用 修改(M)... 按钮），打开【替代当前样式】对话框。进入【文字】选项卡，在【文字对齐】分组框中选择【水平】单选项，如图 9-55 所示。

（3）返回 AutoCAD 主窗口，标注角度尺寸，角度数值将水平放置。

（4）角度标注完成后，若要恢复原来的尺寸样式，就进入【标注样式管理器】对话框，在此对话框的列表栏中选择尺寸样式，然后单击 置为当前(U) 按钮，此时，AutoCAD 打开一个提示性对话框，继续单击 确定 按钮完成。

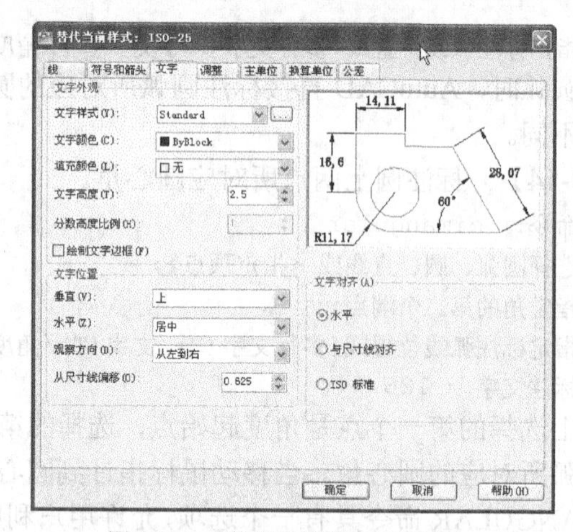

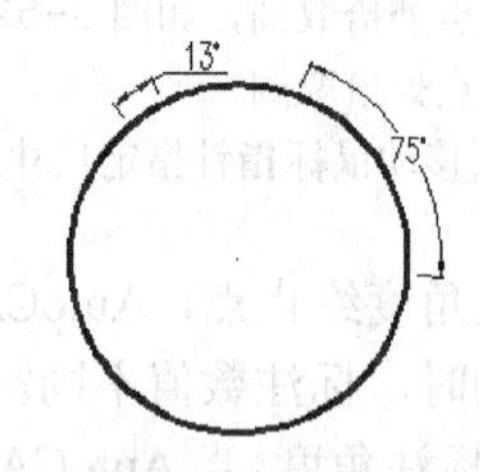

图 9-54　角度文本注写规则

图 9-55　【替代当前样式】对话框

9.2.6　直径和半径型尺寸

在标注直径和半径型尺寸时，AutoCAD 自动在标注文字前面加入“∅”或“R”符号。实际标注中，直径和半径型尺寸的标注形式多种多样，若通过当前样式的覆盖方式进行标注就非常方便。

1．标注直径尺寸

命令启动方法如下。

- 功能区：【常用】选项卡【注释】面板上的直径按钮。
- 功能区：【注释】选项卡【标注】面板上的标注按钮，在打开的下拉列表中单击直径按钮。
- 命令：DIMDIAMETER 或简写 DIMDIA。

【例 9-16】　标注直径尺寸。

打开素材文件“dwg\第 09 章\9-16.dwg”，利用 DIMDIAMETER 命令创建尺寸标注，如图 9-56 所示。

```
命令：_dimdiameter
选择圆弧或圆：                                        //选择要标注的圆，如图 9-56 所示
标注文字 = 24
指定尺寸线位置或[多行文字(M)/文字(T)/角度(A)]：     //移动光标指定标注文字的位置
```

DIMDIAMETER 命令各选项的功能参见 9.2.3 小节。

2．标注半径尺寸

命令启动方法如下。

- 功能区：【常用】选项卡【注释】面板上的半径按钮。
- 功能区：【注释】选项卡【标注】面板上的标注按钮，在打开的下拉列表中单击半径按钮。
- 命令：DIMRADIUS 或简写 DIMRAD。

【例 9-17】　标注半径尺寸。

打开素材文件“dwg\第 09 章\9-17.dwg”，用 DIMRADIUS 命令创建尺寸标注，如图 9-57 所示。

```
命令：_dimradius
选择圆弧或圆：                                    //选择要标注的圆弧，如图 9-57 所示
标注文字 = 12
```

指定尺寸线位置或[多行文字（M）/文字（T）/角度（A）]：　//移动光标指定标注文字的位置

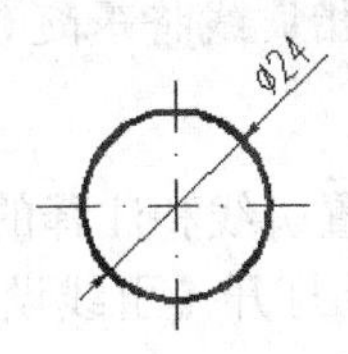

图 9-56　标注直径

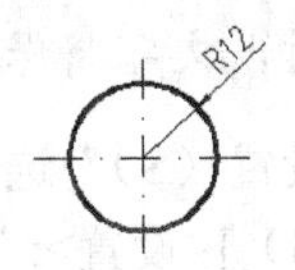

图 9-57　标注半径

DIMRADIUS 命令各选项的功能参见 9.2.3 小节。

9.2.7　引线标注

QLEADER 命令可以绘制出一条引线来标注对象，在引线末端可输入文字、添加形位公差框格和图形元素等。此外，在操作中还能设置引线的形式（直线或曲线）、控制箭头外观及注释文字的对齐方式。该命令在标注孔、形位公差及生成装配图的零件编号时特别有用。

命令启动方法

命令：QLEADER 或简写 LE。

【例 9-18】　创建引线标注。

打开素材文件“dwg\第 09 章\9-18.dwg”，利用 QLEADER 命令创建尺寸标注，如图 9-58 所示。

命令：_qleader
指定第一个引线点或[设置(S)]<设置>：　//指定引线起始点 A，如图 9-58 所示
指定下一点：　//指定引线下一个点 B
指定下一点：　//指定引线下一个点 C
指定下一点：　//按 Enter 键
指定文字宽度 <0>：42　//输入文字宽度
输入注释文字的第一行 <多行文字(M)>：　//按 Enter 键，进入【文字编辑器】选项卡，然后输入标注文字，如图 9-58 所示。也可在此提示下直接输入文字

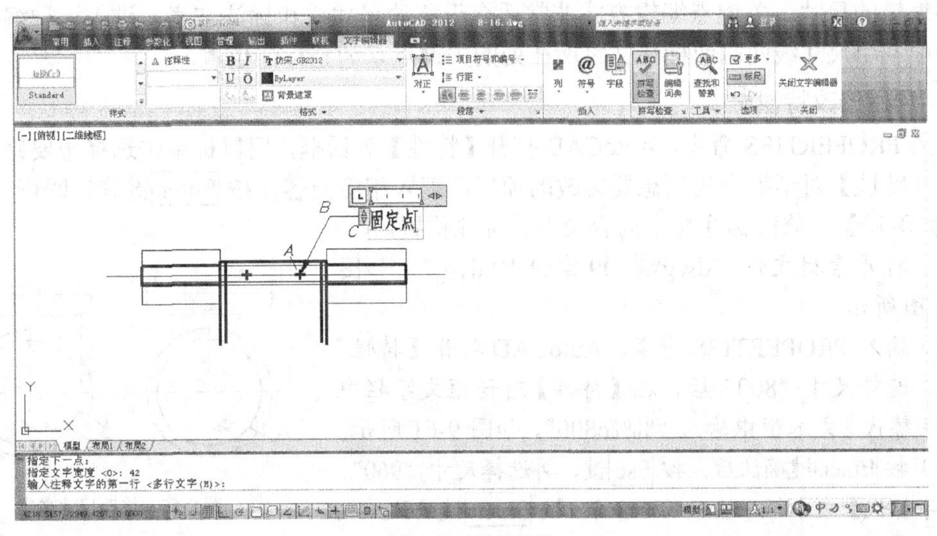

图 9-58　引线标注

创建引线标注时，若文本或指引线的位置不合适，可利用关键点编辑方式进行调整。激活标注文字的关键点并移动时，指引线将跟随移动，而通过关键点移动指引线时，文字将保持不动。

该命令有一个“设置（S）”选项，此选项用于设置引线和注释的特性。当提示“指定第一条引线点或[设置（S）]<设置>:”时，按 Enter 键，打开【引线设置】对话框，如图 9-59 所示。该对话框包含以下 3 个选项卡。

- 【注释】选项卡：主要用于设置引线注释的类型。
- 【引线和箭头】选项卡：用于控制引线及箭头的外观特征。
- 【附着】选项卡：当指定引线注释为多行文字时才显示出来，通过此选项卡可设置多行文本附着于引线末端的位置。

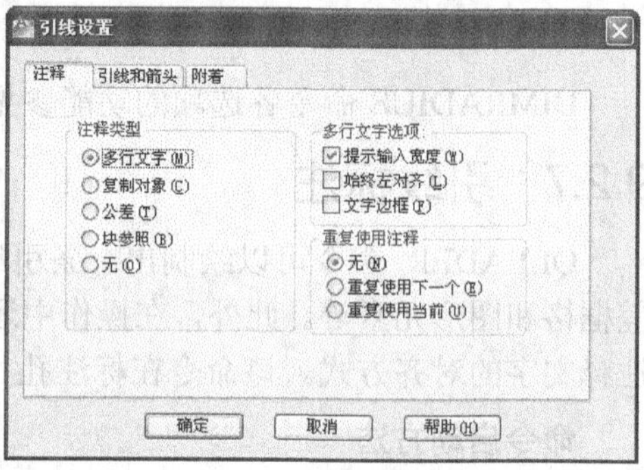

图 9-59　【引线设置】对话框

以下说明【注释】选项卡中常用选项的功能。

- 多行文字：该选项使用户能够在引线的末端加入多行文字。
- 复制对象：将其他图形对象复制到引线的末端。
- 公差：打开【形位公差】对话框，可以方便地标注形位公差。
- 块参照：在引线末端插入图块。
- 无：引线末端不加入任何图形对象。

9.2.8　修改标注文字及调整标注位置

使用 DDEDIT 命令和利用修改特性栏均可实现修改标注文字及调整标注位置的目的。

1．使用 DDEDIT 命令

修改尺寸标注文字的最佳方法是使用 DDEDIT 命令，发出该命令后，用户可以连续地修改想要编辑的尺寸。关键点编辑方式非常适合于移动尺寸线和标注文字，进入这种编辑模式后，一般利用尺寸线两端或标注文字所在处的关键点来调整标注位置。

2．利用修改特性栏

输入 PROPERTIES 命令，AutoCAD 打开【特性】对话框，用鼠标单击选择想要修改的尺寸，在【特性】对话框中找到想要修改的项后，填入相应内容，按 Enter 键确认即可。

【例 9-19】　修改标注文字内容及调整标注位置。

（1）打开素材文件“dwg\第 09 章\9-19.dwg”，如图 9-60 左图所示。

（2）输入 PROPERTIES 命令，AutoCAD 打开【特性】对话框，选择尺寸“800”后，在【特性】对话框文字栏中的【文字替代】文本框中输入“%%c800”，如图 9-61 所示。

（3）按 Enter 键确认后，按 Esc 键，再选择尺寸“960”，在【文字替代】文本框中输入%%c960，按 Enter 键确认。编辑结果如图 9-60 右图所示。

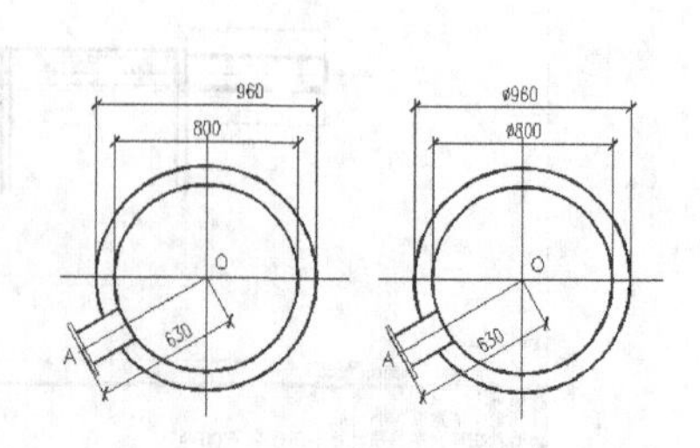

图 9-60　修改尺寸文字

（4）选择尺寸“ϕ960”，并激活文字所在处的关键点，AutoCAD 自动进入拉伸编辑模式。

（5）向下移动鼠标指针调整文字的位置，结果如图 9-62 所示。按 Esc 键完成标注文字的修改。

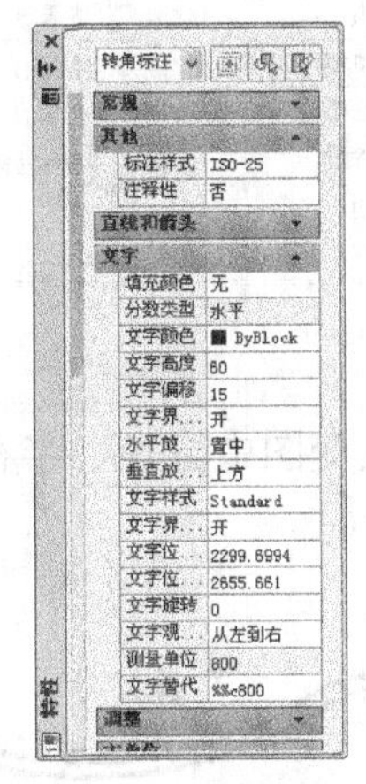

图 9-61 标注圆弧和圆

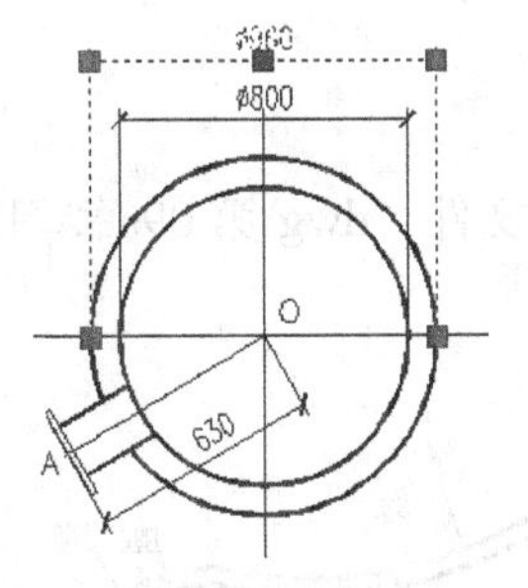

图 9-62 调整文字的位置

9.2.9 尺寸及形位公差标注

创建尺寸公差的方法有 2 种。

- 在【替代当前样式】对话框的【公差】选项卡中设置尺寸上、下偏差。
- 标注时，利用“多行文字（M）”选项打开多行文字编辑器，然后采用堆叠文字方式标注公差。

标注形位公差可使用 TOLERANCE 命令及 QLEADER 命令，前者只能产生公差框格，而后者既能形成公差框格又能形成标注指引线。

9.3 习题

1. 打开素材文件“dwg\第 09 章\习题 9-1.dwg”，添加单行文字。文字高度为“500”，宽度比例为“0.7”，字体为“仿宋_GB2312”，结果如图 9-63 所示。

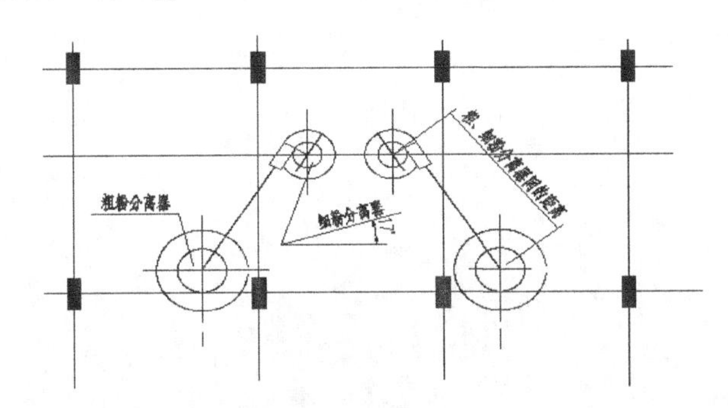

图 9-63 添加单行文字

2. 打开素材文件“dwg\第 09 章\习题 9-2.dwg”，如图 9-64 左图所示。请用 PROPERTIES 命令把图形中的文字字体修改为“仿宋_GB2312”，字宽比例修改为“0.7”，结果如图 9-64 右图所示。

图例一览表			
符　号	名　　称	符　号	名　　称
	冷热风管道		滤 网
	原煤管道		大 小 头
	人 孔 门		方 圆 节
	风机入口自动导向装置		手动风门
	电动截止阀		防 爆 门
	自动调节风门		手动式插板门
	电动风门		

图例一览表			
符　号	名　　称	符　号	名　　称
	冷热风管道		滤 网
	原煤管道		大 小 头
	人 孔 门		方 圆 节
	风机入口自动导向装置		手动风门
	电动截止阀		防 爆 门
	自动调节风门		手动式插板门
	电动风门		

图 9-64　修改文字

3．打开素材文件“dwg\第 09 章\习题 9-3.dwg”，请改变图中直径、半径的标注样式，如图 9-65 所示。

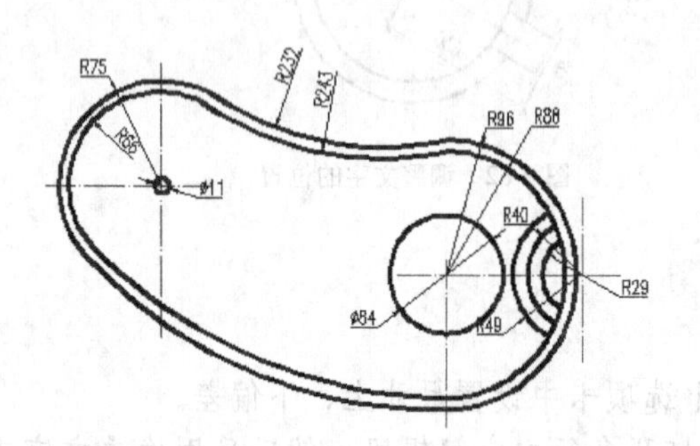

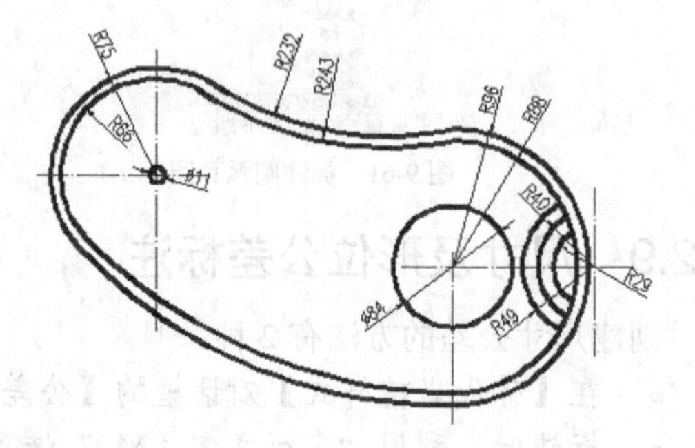

图 9-65　标注图样

第 10 章　绘制曲面模型和三维实体

沿 z 轴方向具有厚度和标高的对象，称为三维对象。虽然三维模型的创建要比二维对象困难，但它具有很多优势，例如，用户可以从任何位置查看模型、自动生成可靠的标准或辅助二维视图、创建二维轮廓以及消除隐藏线并进行真实感着色等。

曲面模型和实体模型是 AutoCAD 2012 常用的三维模型。本章将介绍如何创建这两种类型的三维对象以及相应地显示控制、编辑操作等内容。

通过本章的学习，读者可以掌握曲面模型和三维实体的绘制方法与常用编辑操作。

【学习目标】

- 设置观察视点。
- 基本三维曲面的种类和绘制。
- 特殊曲面的种类和绘制。
- 绘制基本三维实体。
- 利用二维对象绘制实体。
- 实体的压印、清除、分割、抽壳与检查等。

10.1　设置观察视点

本节主要讲述观察视点的设置方法。

10.1.1　上机练习——设置观察视点

【例 10-1】　使用 DDVPOINT 命令设置观察视点。

（1）打开素材文件“dwg\第 10 章\10-1.dwg”，执行 HIDE 命令，结果如图 10-1 左图所示。

（2）执行 DDVPOINT 命令，打开【视点预设】对话框，在【X 轴】文本框中输入“45”，在【XY 平面】文本框中输入“-60”，如图 10-2 所示。

（3）单击 确定 按钮，关闭对话框，执行消隐命令，结果如图 10-1 右图所示。

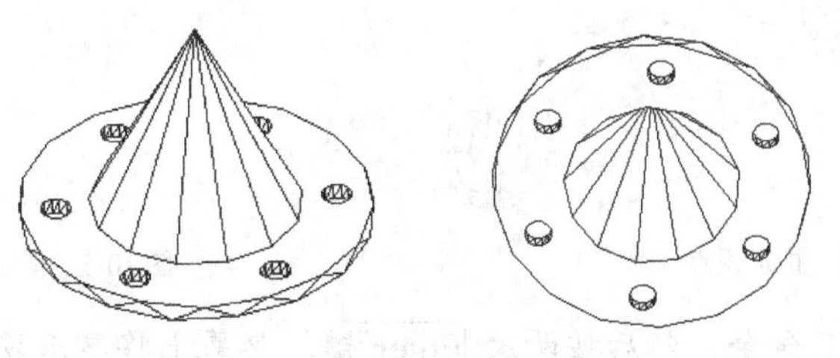

图 10-1　设置视点

（4）重复 DDVPOINT 命令，打开【视点预设】对话框，单击 设置为平面视图(V) 按钮，

然后单击［确定］按钮，关闭对话框，执行消隐命令，结果如图 10-3 所示。

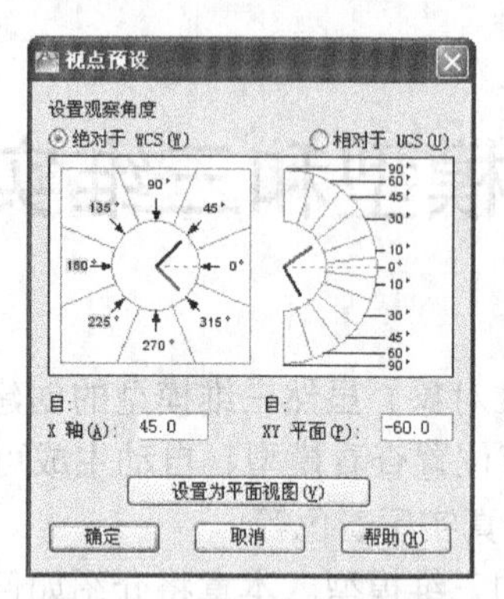

图 10-2　【视点预设】对话框

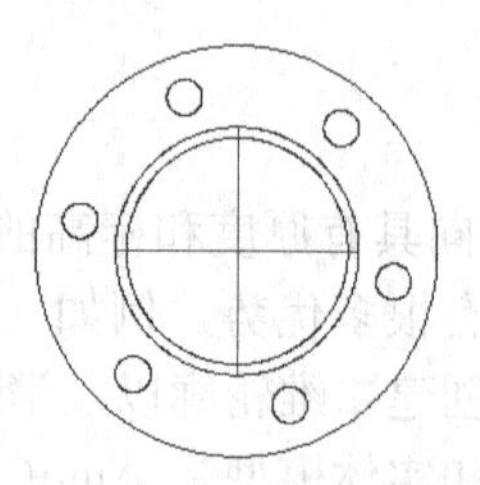

图 10-3　生成平面视图

【例 10-2】　使用 VPOINT 命令设置观察视点。

（1）打开素材文件“dwg\第 10 章\10-2.dwg”，执行消隐命令，结果如图 10-4 左图所示。

（2）执行 VPOINT 命令，AutoCAD 提示如下。

```
命令:_vpoint
当前视图方向:  VIEWDIR=1.0000,-1.0000,1.0000
指定视点或[旋转(R)] <显示指南针和三轴架>: 10,10,10    //指定视点位置
正在重生成模型。
命令:_hide                                           //输入消隐命令以便于观察
正在重生成模型。
```

结果如图 10-4 右图所示。

```
命令:_vpoint
当前视图方向:  VIEWDIR=10.0000,10.0000,10.0000
指定视点或[旋转(R)] <显示指南针和三轴架>: r          //选择“旋转(R)”选项
输入 XY 平面中与 X 轴的夹角 <45>: 225
                                //指定观察方向在 xy 平面的投影与 x 轴的夹角
输入与 XY 平面的夹角 <35>: 45    //指定观察方向在 xy 平面的夹角
正在重生成模型。
命令:_hide                      //输入消隐命令以便于观察
正在重生成模型。
```

结果如图 10-5 所示。

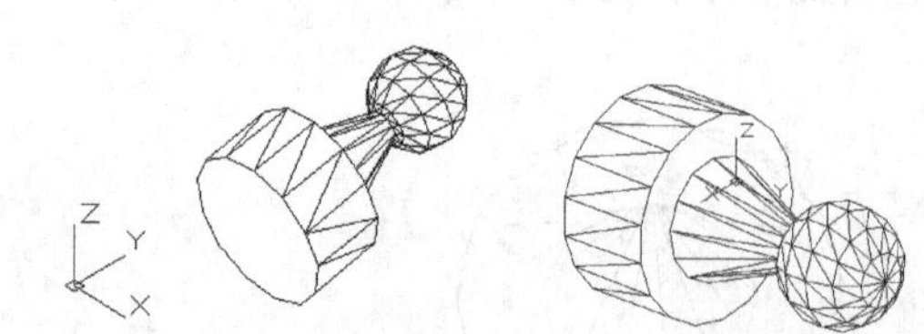

图 10-4　指定视点

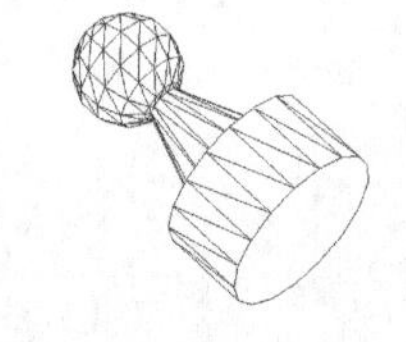

图 10-5　使用“旋转（R）”选项

（3）执行 VPOINT 命令，然后按两次 Enter 键，屏幕上将显示罗盘及三轴架。在罗盘中移动十字光标到图 10-6 所示的位置，三轴架也相应变化。在图示位置单击鼠标左键，然后执行消隐命令，结果如图 10-7 所示。

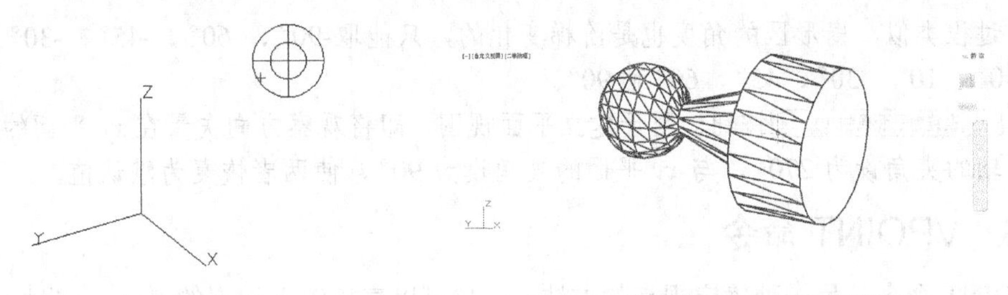

图 10-6 罗盘及三脚架　　　　图 10-7 使用罗盘及三轴架调整视点

10.1.2 DDVPOINT 命令

视点是指三维空间中观察图形时的观察位置。AutoCAD 有 2 种设置观察视点的方法：一是使用 DDVPOINT 命令的【视点预设】对话框设置视点；二是使用 VPOINT 命令设置当前视点。

DDVPOINT 命令采用两个角度确定观察方向，如图 10-8 所示，*OR* 代表观察方向，∠*ROT* 与∠*XOT* 确定 *OR* 矢量，它们可以确定空间中任意的观察方向。

命令启动方法

命令：DDVPOINT。

启动 DDVPOINT 命令，AutoCAD 弹出【视点预设】对话框，如图 10-9 所示。

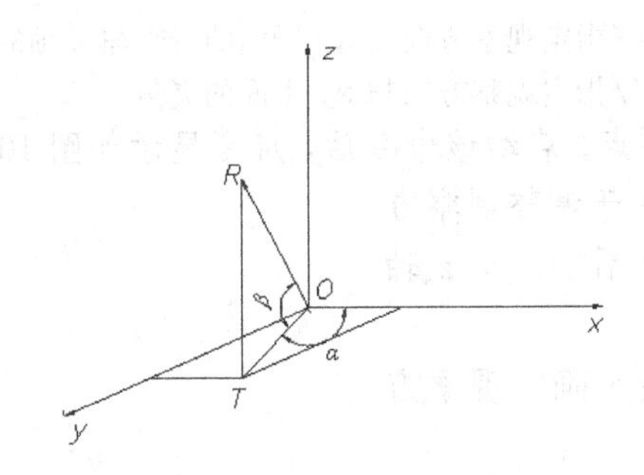

图 10-8 DDVPOINT 命令确定视点原理图

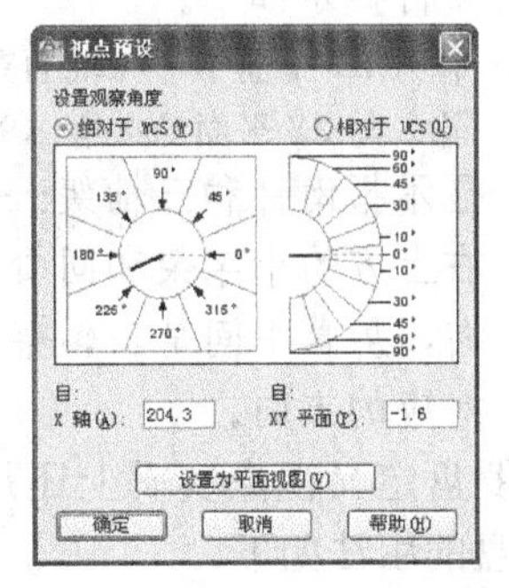

图 10-9 【视点预设】对话框

【视点预设】对话框中各选项功能如下。

- 【绝对于 WCS】/【相对于 UCS】：前者指设置的角度以 WCS 为参照系，后者指设置的角度以 UCS 为参照系，两者互锁，默认选项为【绝对于 WCS】。
- 【X 轴】：指定观察方向矢量在 *xy* 平面内的投影与 *x* 轴的夹角，即图 10-8 中的∠*XOT*，默认值为 270°，用户可在文本框中修改。对话框左边还给出了俯视示意图，可认为图片的圆心代表原点，虚线代表 *x* 轴，两条粗黑线代表观察方向在 *xy* 平面内的投影，其中随着鼠标左键单击而移动的粗黑线代表当前角度值，保持不动的粗黑线代表调整前的角度值，角度以逆时针为正。用户可以用鼠标左键单击方框区域调整角度大小，在圆圈内单击鼠标左键可以指定 0°～360°任意的角度值，在圆圈外单击只能指定从 0°开始以 45°为步长阶梯变化的值，即 0°、45°、90°、135°、180°、225°、270°和 315°。
- 【XY 平面】：指定观察方向与 *xy* 平面的夹角，即图 10-8 中的∠*ROT*，默认值为 90°，在对话框右边用半圆图形表示观察方向与 *xy* 平面的夹角，角度的范围为-90°～90°，角度为负时观察方向从 *xy* 平面下方指向 *xy* 平面上方，圆内和扇形区调整方法与上述过程类似，扇形区的角度也是阶梯变化的，只能取-90°、-60°、-45°、-30°、-10°、0°、10°、30°、45°、60°和 90°。

- 设置为平面视图(V) 按钮：用于建立平面视图，即将观察方向矢量在 *xy* 平面的投影与 *x* 轴的夹角设为 270°，与 *xy* 平面的夹角设为 90°，使两者恢复为默认值。

10.1.3　VPOINT 命令

VPOINT 命令是另一种确定视点的方法，用户可以直接输入视点的 *x*、*y*、*z* 坐标，观察方向矢量指向的另一点是原点。还可以使用指定两个角度来确定观察方向，原理与 DDVPOINT 命令相同。此外，用户还可以使用罗盘工具指定视点。

命令启动方法

命令：VPOINT。

启动 VPOINT 命令后，命令行提示如下。

```
当前视图方向: VIEWDIR=0.0000,0.0000,1.0000
指定视点或[旋转(R)] <显示指南针和三轴架>:
```

可见 VPOINT 命令有 3 个选项。

- 指定视点：直接输入视点的坐标，观察方向从输入点指向原点。
- 旋转（R）：采用两个角度确定观察方向，原理与 DDVPOINT 相同。选取该项后，命令行提示如下。

```
输入 XY 平面中与 X 轴的夹角 <270>:        //指定观察方向在 xy 平面的投影与 x 轴的夹角
输入与 XY 平面的夹角 <90>:               //指定观察方向与 xy 平面的夹角
```

- 显示指南针和三轴架：采用罗盘确定视点。启动该命令后，屏幕显示如图 10-10 所示，右上方的十字架和同心圆成为罗盘，用于调整观察方向，屏幕中间是三轴架，用来显示调整后 *x*、*y*、*z* 轴对应的方向。

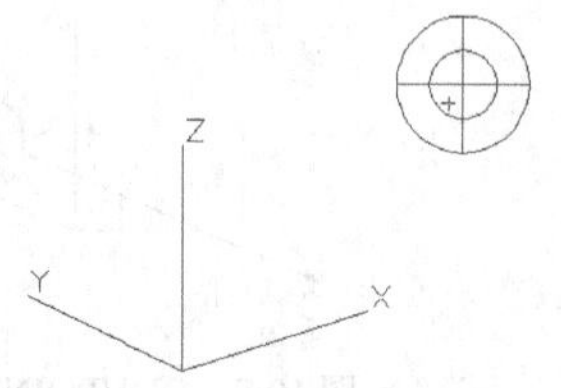

图 10-10　罗盘及三轴架

用罗盘定义视点实质上还是指定两个角度来确定观察方向，罗盘的用法如下。

- 罗盘的十字架代表 *x* 轴和 *y* 轴，其中横线代表 *x* 轴，竖线代表 *y* 轴，与传统的二维坐标类似。在罗盘内移动十字光标拾取点，拾取点与圆心的连线和 *x* 轴的夹角代表观察方向在 *xy* 平面内的投影与 *x* 轴的夹角。
- 罗盘内环代表观察方向与 *xy* 平面的夹角，角度取值在 0°～90°之间，圆心代表夹角为 90°，内圆上的点夹角为 0°。
- 罗盘外环代表观察方向与 *xy* 平面的夹角，角度取值在−90°～0°之间，外圆线上的点代表夹角为−90°。

在罗盘中移动十字光标，三轴架将动态显示当前坐标系的状态，可见采用罗盘虽然不能精确地指定确定观察方向的两个角度，但是可以方便地调整观察方向。

10.2　网格建模

AutoCAD 2012 加强了网格建模的功能，增加了【网格建模】选项卡，用户通过它可以轻松完成网格长方体、网格圆锥体、网格圆柱体、网格棱锥体、网格球体、网格楔体和网格圆环体等基本表面图形的绘制，并可对它们进行镶嵌、编辑、转换、截面等操作。

利用 3DMESH 和 PFACE 命令可以创建任意形状的三维多边形网格对象。

10.2.1 创建网格长方体

1. 命令启动方法

- 功能区：单击【网格建模】选项卡【图元】面板上的按钮，如果没有，单击该处下方按钮处，在打开的下拉列表中单击网格长方体按钮。
- 命令：MESH（按Enter键后选择需要绘制的基本图元）。

2. 绘图任务

【例 10-3】 在三维视图下绘制一网格长方体。

（1）单击【视图】选项卡【视图】面板上的按钮，在打开的下拉菜单中单击西南等轴测按钮，设置为西南等轴测视点。

（2）单击【网格建模】选项卡【图元】面板上的按钮，AutoCAD 提示如下。

```
命令: _.mesh
当前平滑度设置为: 0
输入选项[长方体(B)/圆锥体(C)/圆柱体(CY)/棱锥体(P)/球体(S)/楔体(W)/圆环体(T)/设置(SE)] <长方体>: _BOX
指定第一个角点或[中心(C)]: 1300,300,0          //指定网格长方体的第一个角点
指定其他角点或[立方体(C)/长度(L)]: L           //选择“长度(L)”选项
指定长度: 500                                  //指定网格长方体的长度
指定宽度: 300                                  //指定网格长方体的宽度
指定高度或[两点(2P)] <0.0001>: 200            //指定网格长方体的高度
命令: z                                        //缩放图形
ZOOM
指定窗口的角点,输入比例因子(nX 或 nXP),或者[全部(A)/中心(C)/动态(D)/范围(E)/上一个(P)/比例(S)/窗口(W)/对象(O)] <实时>: a
正在重生成模型。
```

执行 HIDE 命令，结果如图 10-11 所示。

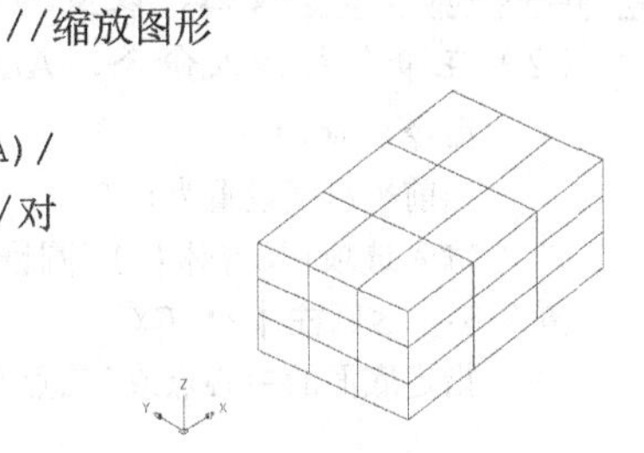

图 10-11 绘制网格长方体

10.2.2 创建网格圆锥体

1. 命令启动方法

- 功能区：单击【网格建模】选项卡【图元】面板上的按钮，如果没有，单击该处下方按钮处，在打开下拉列表中单击网格圆锥体按钮。
- 命令：MESH（按Enter键后选择需要绘制的基本图元）。

2. 绘图任务

【例 10-4】 在三维视图下绘制一网格圆锥体。

（1）单击【视图】选项卡【视图】面板上的按钮，在打开的下拉菜单中单击西南等轴测按钮，设置为西南等轴测视点。

（2）在命令行输入命令，AutoCAD 提示如下。

```
命令:_mesh
当前平滑度设置为: 0
输入选项[长方体(B)/圆锥体(C)/圆柱体(CY)/棱锥体(P)/球体(S)/楔体(W)/圆环体(T)/设
```

置(SE)] <圆锥体>: C　　　　　　　　　　　　　　//选取“圆锥体(C)”选项

指定底面的中心点或[三点(3P)/两点(2P)/切点、切点、半径(T)/椭圆(E)]:

　　　　　　　　　　　　　　　　　　　　　　//单击一点，指定网格圆锥体底面的中心点

指定底面半径或[直径(D)]: 250　　　　　　　//指定网格圆锥体的底面半径

指定高度或[两点(2P)/轴端点(A)/顶面半径(T)] <-200.0000>: 300

　　　　　　　　　　　　//指定网格圆锥体的高度

缩放图形并执行 HIDE 命令，结果如图 10-12 所示。

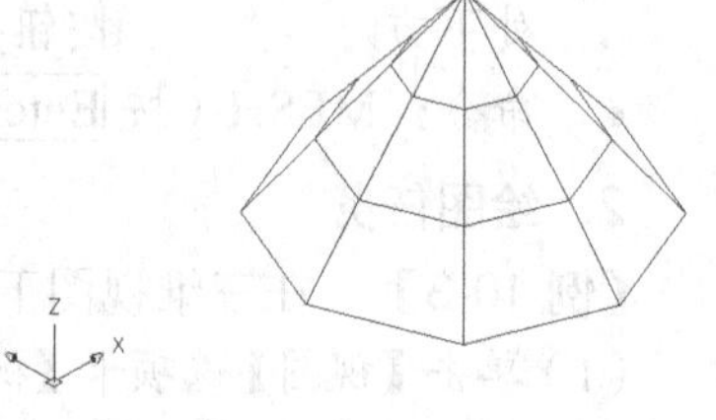

图 10-12　绘制网格圆锥体

3．命令选项

（1）选取“椭圆（E)”选项，则网格圆锥体底面为椭圆。

（2）选取“顶面半径（T)”选项，则可创建网格圆台。

10.2.3　创建网格圆柱体

1．命令启动方法

- 功能区：单击【网格建模】选项卡【图元】面板上的按钮，如果没有，单击该处下方按钮处，在打开下拉列表中单击网格圆柱体按钮。
- 命令：MESH（按 Enter 键后选择需要绘制的基本图元)。

2．绘图任务

【例 10-5】　在三维视图下绘制一网格圆柱体。

（1）单击【视图】选项卡【视图】面板上的按钮，在打开的下拉菜单中单击西南等轴测按钮，设置为西南等轴测视点。

（2）在命令行输入命令，AutoCAD 提示如下。

命令:_mesh

当前平滑度设置为: 0

输入选项[长方体(B)/圆锥体(C)/圆柱体(CY)/棱锥体(P)/球体(S)/楔体(W)/圆环体(T)/设置(SE)] <圆柱体>: CY　　　　　　　　//选取“圆柱体(CY)”选项

指定底面的中心点或[三点(3P)/两点(2P)/切点、切点、半径(T)/椭圆(E)]:

　　　　　　　　　　　　　　　　　　　　　　//单击一点指定底面的中心点

指定底面半径或[直径(D)] <300.0000>: 300　　//指定底面半径

指定高度或[两点(2P)/轴端点(A)] <424.6563>:a　//选取“轴端点(A)”选项

指定轴端点: 300　　　　　　　　　　//利用向上极轴追踪输入长度指定轴端点

缩放图形并执行 HIDE 命令，结果如图 10-13 所示。

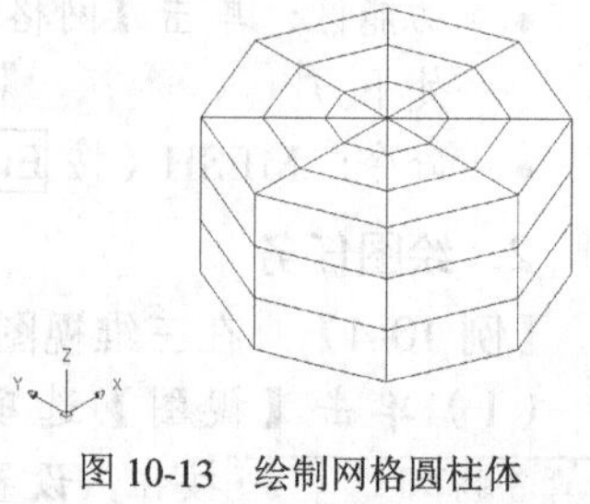

图 10-13　绘制网格圆柱体

3．命令说明

- “指定底面的中心点”为默认选项。
- 选取“椭圆（E)”选项，则网格圆柱体底面为椭圆。

10.2.4　创建网格棱锥体

1．命令启动方法

- 功能区：单击【网格建模】选项卡【图元】面板上的按钮，如果没有，单击该处下方按钮处，在打开下拉列表中单击网格棱锥体按钮。
- 命令：MESH（按 Enter 键后选择需要绘制的基本图元)。

2. 绘图任务

【例 10-6】　在三维视图下绘制一网格棱锥体。

（1）单击【视图】选项卡【视图】面板上的按钮，在打开的下拉菜单中单击西南等轴测按钮，设置为西南等轴测视点。

（2）在命令行输入命令，AutoCAD 提示如下。

命令:_mesh

当前平滑度设置为: 0

输入选项[长方体(B)/圆锥体(C)/圆柱体(CY)/棱锥体(P)/球体(S)/楔体(W)/圆环体(T)/设置(SE)] <圆柱体>: P　　//选取“棱锥体(P)”选项

4 个侧面　外切

指定底面的中心点或[边(E)/侧面(S)]: s　　//选取“侧面(S)”选项

输入侧面数 <4>: 5　　//输入侧面数

指定底面的中心点或[边(E)/侧面(S)]: e　　//选取“边(E)”选项

指定边的第一个端点:　　//单击一点指定边的第一个端点

指定边的第二个端点: 220　　//利用极轴追踪输入长度指定边的第二个端点

指定高度或[两点(2P)/轴端点(A)/顶面半径(T)] <300.0000>: 360

//利用向上极轴追踪输入长度指定高度

缩放图形并执行 HIDE 命令，结果如图 10-14 所示。

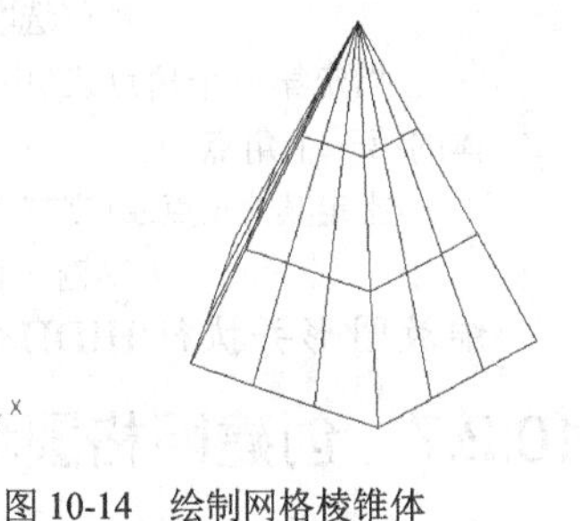

图 10-14　绘制网格棱锥体

3. 命令说明

- “指定底面的中心点”为默认选项。
- 选取“顶面半径（T）”选项，则可创建网格椎台。

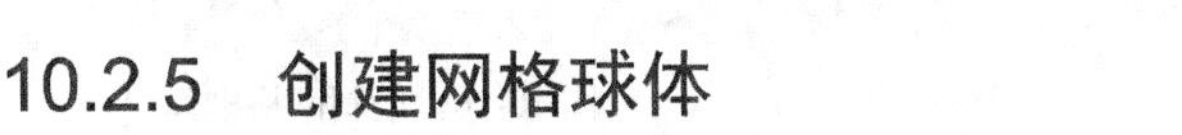

10.2.5　创建网格球体

1. 命令启动方法

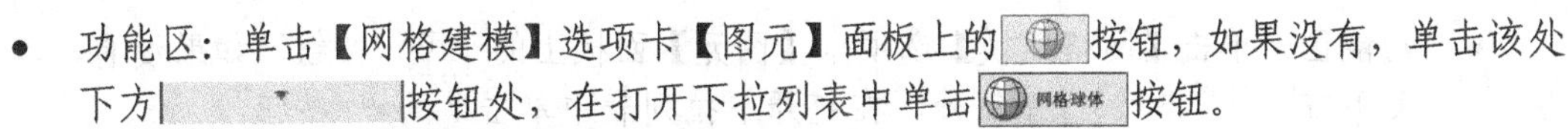

- 功能区：单击【网格建模】选项卡【图元】面板上的按钮，如果没有，单击该处下方按钮处，在打开下拉列表中单击网格球体按钮。
- 命令：MESH（按 Enter 键后选择需要绘制的基本图元）。

2. 绘图任务

【例 10-7】　在三维视图下绘制一网格球体。

（1）单击【视图】选项卡【视图】面板上的按钮，在打开的下拉菜单中单击西南等轴测按钮，设置为西南等轴测视点。

（2）在命令行中输入命令，AutoCAD 提示如下。

命令:_mesh

当前平滑度设置为: 0

输入选项[长方体(B)/圆锥体(C)/圆柱体(CY)/棱锥体(P)/球体(S)/楔体(W)/圆环体(T)/设置(SE)] <棱锥体>: S　　//选取“球体(S)”选项

指定中心点或[三点(3P)/两点(2P)/切点、切点、半径(T)]:

//单击一点指定中心点

指定半径或[直径(D)] <300.0000>: 320

//指定网格球体的半径

缩放图形并执行 HIDE 命令，结果如图 10-15 所示。

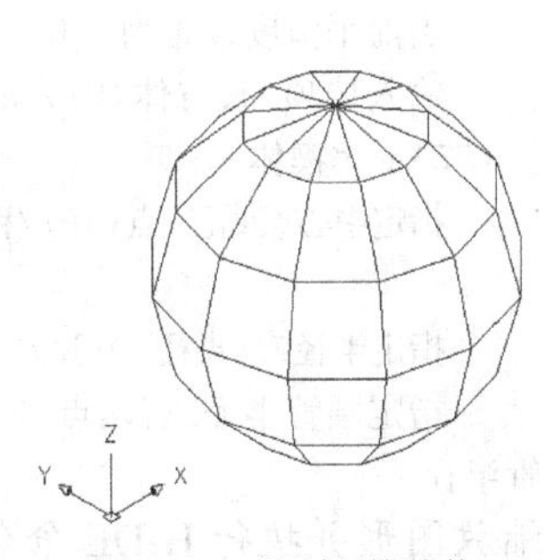

图 10-15　绘制网格球体

10.2.6　创建网格楔体

1．命令启动方法

- 功能区：单击【网格建模】选项卡【图元】面板上的 按钮，如果没有，单击该处下方 按钮处，在打开下拉列表中单击 网格楔体 按钮。
- 命令：MESH（按 Enter 键后选择需要绘制的基本图元）。

2．绘图任务

【例 10-8】　在三维视图下绘制一网格楔体。

（1）单击【视图】选项卡【视图】面板上的 按钮，在打开的下拉菜单中单击 西南等轴测 按钮，设置为西南等轴测视点。

（2）在命令行中输入命令，AutoCAD 提示如下。

命令：_mesh

当前平滑度设置为：0

输入选项[长方体(B)/圆锥体(C)/圆柱体(CY)/棱锥体(P)/球体(S)/楔体(W)/圆环体(T)/设置(SE)] <圆锥体>：w

//选取"楔体(W)"选项

指定第一个角点或[中心(C)]：//单击一点指定网格楔体的第一个角点

指定其他角点或[立方体(C)/长度(L)]：@500,300,600

//输入相对坐标指定网格楔体的其他角点

缩放图形并执行 HIDE 命令，结果如图 10-16 所示。

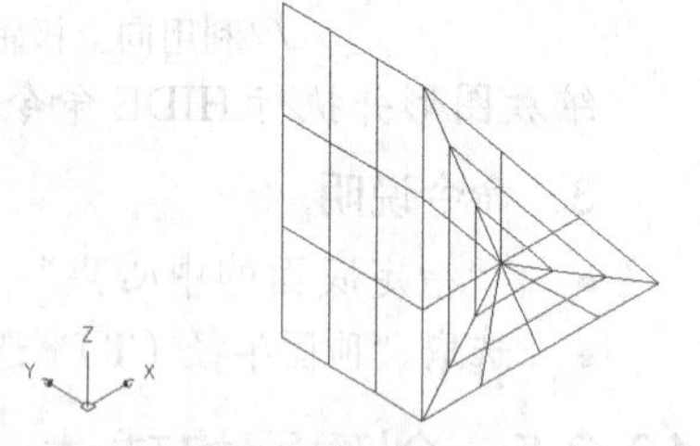

图 10-16　绘制网格楔体

10.2.7　创建网格圆环体

1．命令启动方法

- 功能区：单击【网格建模】选项卡【图元】面板上的 按钮，如果没有，单击该处下方 按钮处，在打开下拉列表中单击 网格圆环体 按钮。
- 命令：MESH（按 Enter 键后选择需要绘制的基本图元）。

2．绘图任务

【例 10-9】　在三维视图下绘制一网格圆环体。

（1）单击【视图】选项卡【视图】面板上的 按钮，在打开的下拉菜单中单击 西南等轴测 按钮，设置为西南等轴测视点。

（2）在命令行中输入命令，AutoCAD 提示如下。

命令：_mesh

当前平滑度设置为：0

输入选项[长方体(B)/圆锥体(C)/圆柱体(CY)/棱锥体(P)/球体(S)/楔体(W)/圆环体(T)/设置(SE)] <楔体>：T　　//选取"圆环体(T)"选项

指定中心点或[三点(3P)/两点(2P)/切点、切点、半径(T)]：

//单击一点指定中心点

指定半径或[直径(D)] <300.0000>：260 //指定半径

指定圆管半径或[两点(2P)/直径(D)]：35　//指定圆管半径

缩放图形并执行 HIDE 命令，结果如图 10-17 所示。

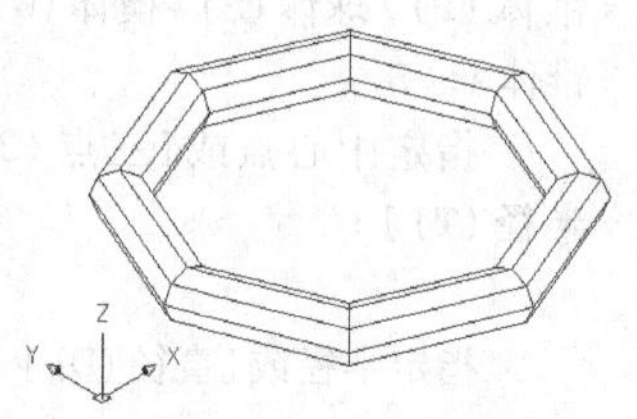

图 10-17　绘制网格圆环体

只要根据提示输入相应的数值，即可得到相应的网格圆环体。

10.3　创建网格

1．命令启动方法

- 命令：AI_MESH。
- 命令：3D（按Enter键后选择需要绘制的基本表面，该命令还可以创建长方体表面、圆锥体、下半球面、上半球面、棱锥体、球体、圆环体和楔体表面等三维多边形网格，方法同前面 MESH 命令）。

2．绘图任务

【例 10-10】　在三维视图下绘制一网格。

（1）单击【视图】选项卡【视图】面板上的按钮，在打开的下拉菜单中单击 西南等轴测 按钮，设置为西南等轴测视点。

（2）在命令行中输入命令，AutoCAD 提示如下。

命令：ai_mesh

正在初始化...　已加载三维对象。

指定网格的第一角点：　　//用鼠标单击适当位置，指定网格的第一角点

指定网格的第二角点：　　//用鼠标单击适当位置，指定网格的第二角点

指定网格的第三角点：　　//用鼠标单击适当位置，指定网格的第三角点

指定网格的第四角点：　　//用鼠标单击适当位置，指定网格的第四角点

输入 M 方向上的网格数量：15　　//输入 *M* 方向上的网格数量

输入 N 方向上的网格数量：10　　//输入 *N* 方向上的网格数量，按Enter键确认

结果如图 10-18 所示。

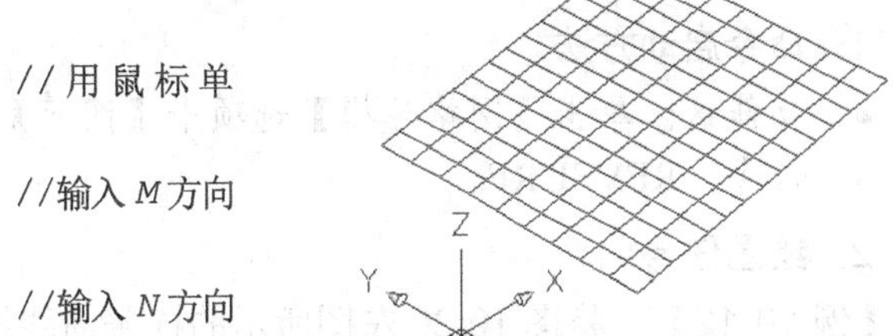

图 10-18　绘制网格

要点提示　用户也可在命令提示之后指定精确的数值，即可得到网格面。

3．创建三维网格的命令启动方法

命令：3DMESH。

【例 10-11】　在三维视图下绘制三维网格。

（1）单击【视图】选项卡【视图】面板上的按钮，在打开的下拉菜单中单击 西南等轴测 按钮，设置为西南等轴测视点。

（2）执行 3DMESH 命令，AutoCAD 提示如下。

命令：_3dmesh

输入 M 方向上的网格数量：3　　//输入 *M* 方向上的网格数量

输入 N 方向上的网格数量：3　　//输入 *N* 方向上的网格数量

指定顶点(0,0)的位置：

　　//单击适当位置 *A*，指定顶点(0,0)位置，当然，也可根据实际需要输入具体数值，下同

指定顶点(0,1)的位置：

```
指定顶点(0,2)的位置:
指定顶点(1,0)的位置:
指定顶点(1,1)的位置:
指定顶点(1,2)的位置:
指定顶点(2,0)的位置:
指定顶点(2,1)的位置:
指定顶点(2,2)的位置:
```

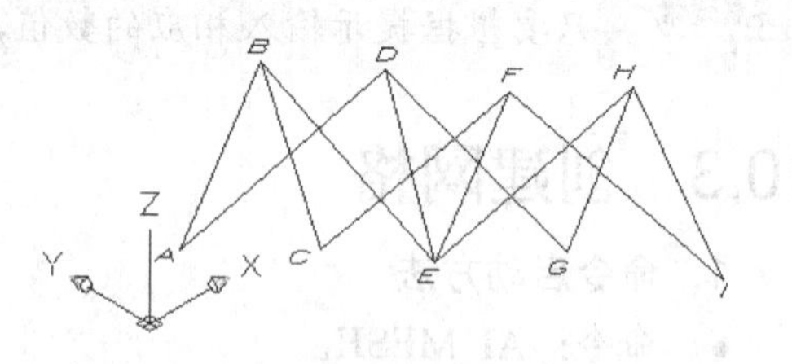

图 10-19　绘制三维网格

结果如图 10-19 所示。

要点提示 AutoCAD 使用矩形阵列来定义多边形网格，其大小由 M 向和 N 向网格数决定，$M×N$ 所得即为顶点的数量。

10.4　绘制特殊网格

除了前面所介绍的几种常规曲面以外，系统还提供了几种特殊的曲面，如旋转网格、平移网格等。

10.4.1　绘制旋转网格

旋转网格是通过将路径曲线或轮廓（直线、圆、圆弧、椭圆、椭圆弧、闭合多段线、多边形、闭合样条曲线或圆环）绕指定的轴旋转来创建一个近似于旋转曲面的多边形网格。

1．命令启动方法

- 功能区：单击【网格建模】选项卡【图元】面板上的按钮。
- 命令：REVSURF。

2．绘图任务

【例 10-12】　将图 10-20 左图所示的样条曲线绕线段旋转 360°得到其旋转曲面，设置 SURFTAB1=30，SURFTAB2=30。

（1）打开素材文件“dwg\第 10 章\10-12.dwg”。

（2）设置 SURFTAB1=30，SURFTAB2=30。

```
命令: SURFTAB1
输入 SURFTAB1 的新值 <6>: 30                  //设置 SURFTAB1=30
命令: SURFTAB2
输入 SURFTAB2 的新值 <6>: 30                  //设置 SURFTAB2=30
```

（3）单击【网格建模】选项卡【图元】面板上的按钮，AutoCAD 提示如下。

```
命令: _revsurf
当前线框密度: SURFTAB1=30  SURFTAB2=30
选择要旋转的对象:                              //选择要旋转的样条曲线
选择定义旋转轴的对象:                          //选择旋转轴
指定起点角度 <0>:                              //按 Enter 键确认，按默认值设定
指定包含角(+=逆时针，-=顺时针)<360>:           //按 Enter 键确认，按默认值设定
```

结果如图 10-20 右图所示。

3．命令选项

（1）用户可以指定路径曲线，以定义网格的 N 方向，所选对象可以是直线、圆或椭圆、

圆弧或椭圆弧、样条曲线、二维或三维多段线。当选择圆、闭合椭圆或闭合多线段时，则AutoCAD将在*N*方向上闭合网格。

（2）直线、开放的二维或三维多段线都可以作为旋转轴。如果选择多段线，将从第一个顶点到最后一个顶点的矢量作为旋转轴，AutoCAD将忽略中间的所有顶点。旋转轴将确定网格的*M*方向。

（3）如果指定的起点角度不为零，AutoCAD将在与路径曲线偏移该角度的位置生成网格，包含角指定曲面沿旋转轴的延伸程度。图10-21所示为上例中起点角度为30°，包含角为180°时绘制的图形。

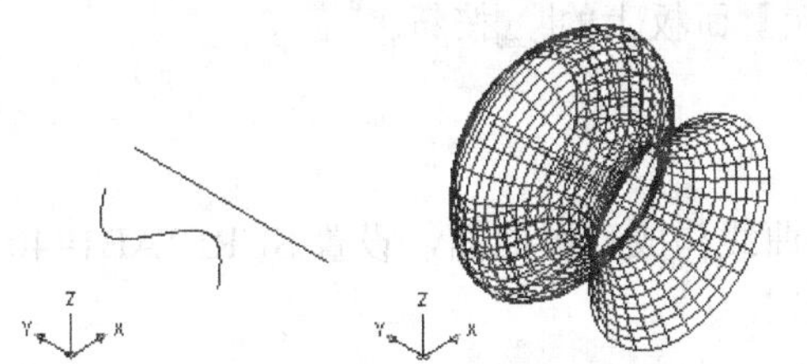

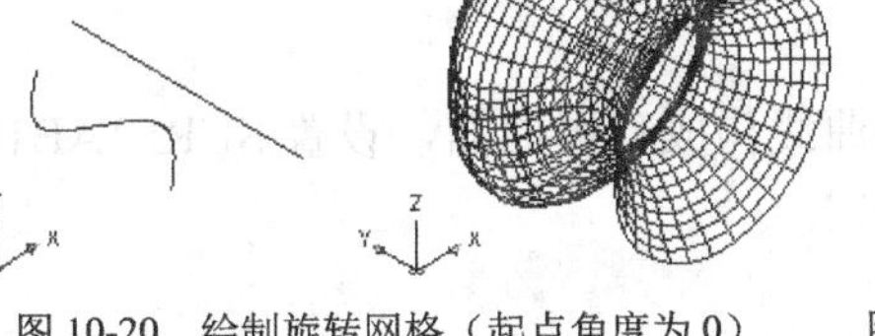

图10-20　绘制旋转网格（起点角度为0）

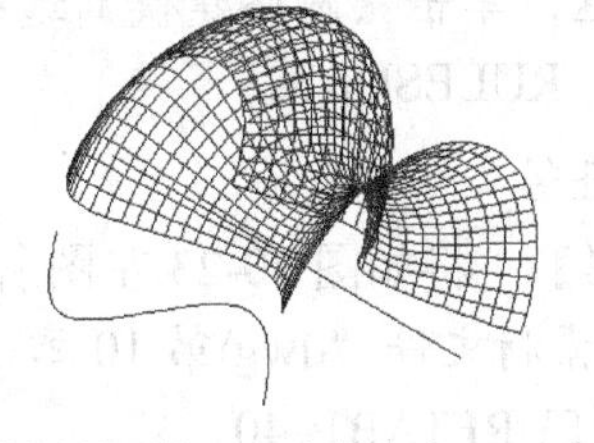

图10-21　绘制旋转网格（起点角度为30°，包含角为180°）

10.4.2　绘制平移网格

平移网格是指通过指定的方向和距离（称为方向矢量）拉伸直线或曲线（称为路径曲线）而得到的常规平移曲面。

1．命令启动方法

- 功能区：单击【网格建模】选项卡【图元】面板上的按钮。
- 命令：TABSURF。

2．绘图任务

【例10-13】　将如图10-22左图所示的样条曲线沿直线方向平移得到其平移曲面，设置SURFTAB1=60。

（1）打开素材文件“dwg\第10章\10-13.dwg”。

（2）设置SURFTAB1=60。

```
命令: SURFTAB1
输入 SURFTAB1 的新值 <6>: 60                    //设置 SURFTAB1=60
```

（3）单击【网格建模】选项卡【图元】面板上的按钮，AutoCAD提示如下。

```
命令: _tabsurf
当前线框密度: SURFTAB1=60
选择用作轮廓曲线的对象:                         //选择用作轮廓曲线的样条曲线
选择用作方向矢量的对象:                         //选择用作方向矢量的直线
```

结果如图10-22右图所示。

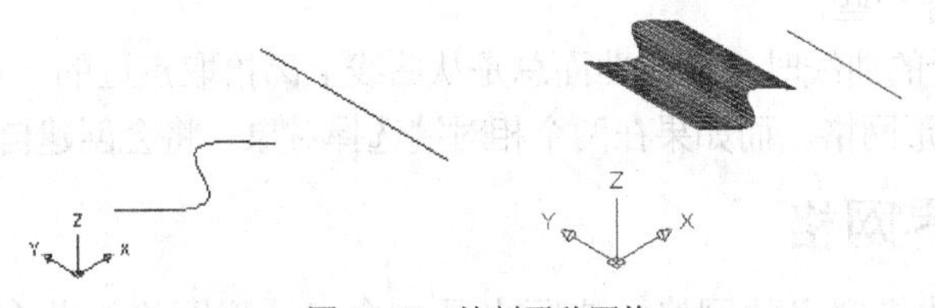

图10-22　绘制平移网格

用户可以根据需要选择用作路径和方向矢量的对象，路径曲线可以是直线、圆弧、圆、样条曲线、二维或三维多段线等对象，方向矢量可以是直线或非闭合的二维或三维多段线。

10.4.3　绘制直纹网格

直纹网格是在两条直线或曲线之间创建的一个表示直纹曲面的多边形网格。

1．命令启动方法

- 功能区：单击【网格建模】选项卡【图元】面板上的按钮。
- 命令：RULESURF。

2．绘图任务

【例 10-14】　将如图 10-23 左图所示的两条曲线构成直纹曲面，设置 SURFTAB1=40。

（1）打开素材文件“dwg\第 10 章\10-14.dwg”。

（2）设置 SURFTAB1=40。

```
命令：SURFTAB1
输入 SURFTAB1 的新值 <6>：40                //设置 SURFTAB1=40
```

（3）单击【网格建模】选项卡【图元】面板上的按钮，AutoCAD 提示如下。

```
命令：_rulesurf
当前线框密度：SURFTAB1=40
选择第一条定义曲线：                        //点选第一条定义曲线
选择第二条定义曲线：                        //点选第二条定义曲线
```

结果如图 10-23 右图所示。

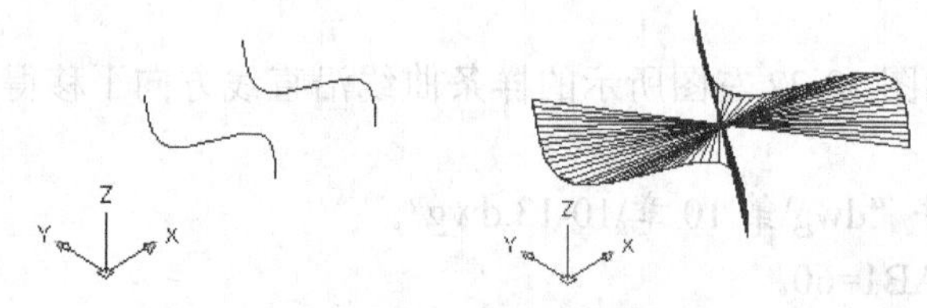

图 10-23　绘制直纹网格

3．说明

（1）作为直纹曲面网格“轨迹”的两个对象必须都开放或都闭合。点对象可以与开放或闭合对象成对使用。如果所选的曲线是闭合的，则不考虑所选的对象。例如选择圆时，直纹曲面将从圆的零度角位置开始绘制。当选择闭合的多段线时，将从该多段线的最后一个顶点开始并反向沿着多段线的线段进行绘制。

（2）在圆和闭合多段线之间创建直纹曲面可能会造成乱纹，这时如果将一个闭合半圆多段线替换为圆效果会好一些。

（3）当选择非闭合的曲线时，直纹曲面总是从曲线上离拾取点近的一点绘制。如果在同一端选择对象，将创建多边形网格。而如果在两个相对端选择对象，将会创建自交的多边形网格。

10.4.4　绘制边界网格

边界网格也就是边界定义的网格，实际上是一个多边形网格，此多边形网格近似于一个由4条邻接边定义的孔斯曲面片网格。孔斯曲面片网格是一个在4条邻接边（这些边可以是普通的空间曲线）之间插入的双三次曲面。

1. 命令启动方法

- 功能区：单击【网格建模】选项卡【图元】面板上的按钮。
- 命令：EDGESURF。

2. 绘图任务

【例10-15】 将图10-24左图所示的4条边作为曲面边界对象绘制边界曲面，设置SURFTAB1=40，SURFTAB2=40。

（1）打开素材文件“dwg\第10章\10-15.dwg”。

（2）设置SURFTAB1=40，SURFTAB2=40。

```
命令: SURFTAB1
输入 SURFTAB1 的新值 <6>: 40                    //设置 SURFTAB1=40
命令: SURFTAB2
输入 SURFTAB1 的新值 <6>: 40                    //设置 SURFTAB2=40
```

（3）单击【网格建模】选项卡【图元】面板上的按钮，AutoCAD提示如下。

```
命令: _edgesurf
当前线框密度: SURFTAB1=40  SURFTAB2=40
选择用作曲面边界的对象 1:                        //选取一条边作为曲面边界的对象 1
选择用作曲面边界的对象 2:                        //选取一条边作为曲面边界的对象 2
选择用作曲面边界的对象 3:                        //选取一条边作为曲面边界的对象 3
选择用作曲面边界的对象 4:                        //选取一条边作为曲面边界的对象 4
```

结果如图10-24右图所示。

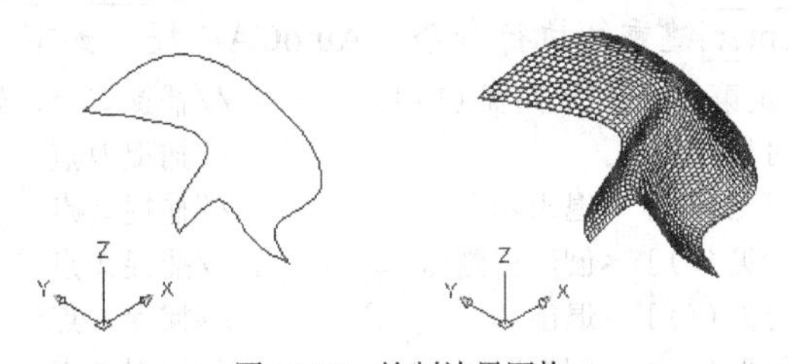

图10-24 绘制边界网格

3. 说明

（1）用于创建边界曲面的各对象，它们可以是直线、圆弧或椭圆弧、样条曲线、二维或三维多段线等，并且必须形成闭合环或共享端点。

（2）用户可按任意次序选择4条边界，第一个选择的对象方向将为多边形网格的M方向，而它邻边方向为网格的N方向。

10.4.5 蒙面及表面建模的一般方法

上面介绍了各种网格表面的绘制方法，一般地讲，表面建模的基本步骤如下。

（1）分析对象的组成。

（2）对各部分创建对象的三维线框模型。

（3）在线框模型骨架上进行蒙面处理。

下面通过实例来介绍表面网格建模的具体过程。

【例 10-16】　打开素材文件“dwg\第 10 章\10-16.dwg”，该文件包含了平面立体的三维线框图，请执行 3DFACE 命令进行“蒙面”处理，结果如图 10-25 所示。

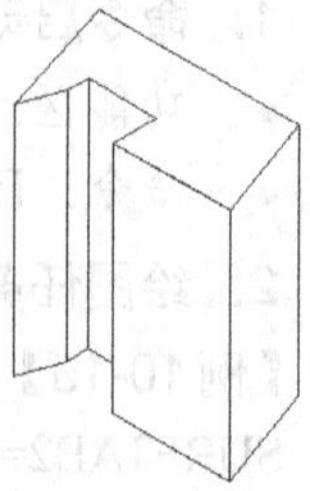

（1）打开素材文件“dwg\第 10 章\10-16.dwg”。

（2）蒙面侧面。执行 3DFACE 命令，AutoCAD 提示如下。

命令: _3dface 指定第一点或[不可见(I)]:　　　　//捕捉 A 点，如图 10-26 所示，下同
指定第二点或[不可见(I)]:　　　　//捕捉 B 点
指定第三点或[不可见(I)] <退出>:　　　　//捕捉 C 点
指定第四点或[不可见(I)] <创建三侧面>:　　　　//捕捉 D 点
指定第三点或[不可见(I)] <退出>:　　　　//捕捉 E 点
指定第四点或[不可见(I)] <创建三侧面>:　　　　//捕捉 F 点
指定第三点或[不可见(I)] <退出>:　　　　//捕捉 G 点
指定第四点或[不可见(I)] <创建三侧面>:　　　　//捕捉 H 点
指定第三点或[不可见(I)] <退出>:　　　　//捕捉 I 点
指定第四点或[不可见(I)] <创建三侧面>:　　　　//捕捉 J 点
指定第三点或[不可见(I)] <退出>:　　　　//捕捉 K 点
指定第四点或[不可见(I)] <创建三侧面>:　　　　//捕捉 L 点
指定第三点或[不可见(I)] <退出>:　　　　//捕捉 M 点
指定第四点或[不可见(I)] <创建三侧面>:　　　　//捕捉 N 点
指定第三点或[不可见(I)] <退出>:　　　　//捕捉 O 点
指定第四点或[不可见(I)] <创建三侧面>:　　　　//捕捉 P 点
指定第三点或[不可见(I)] <退出>:　　　　//捕捉 A 点
指定第四点或[不可见(I)] <创建三侧面>:　　　　//捕捉 B 点
指定第三点或[不可见(I)] <退出>:　　　　//按 Enter 键退出

图 10-25　蒙面

（3）蒙面顶面。按 Enter 键重复执行命令，AutoCAD 提示如下。

命令: 3DFACE 指定第一点或[不可见(I)]:　　　　//捕捉 H 点，如图 10-26 所示，下同
指定第二点或[不可见(I)]:　　　　//捕捉 D 点
指定第三点或[不可见(I)] <退出>:　　　　//捕捉 A 点
指定第四点或[不可见(I)] <创建三侧面>:　　　　//捕捉 I 点
指定第三点或[不可见(I)] <退出>:　　　　//捕捉 L 点
指定第四点或[不可见(I)] <创建三侧面>:　　　　//捕捉 P 点
指定第三点或[不可见(I)] <退出>:　　　　//捕捉 M 点
指定第四点或[不可见(I)] <创建三侧面>:　　　　//捕捉 L 点
指定第三点或[不可见(I)] <退出>:　　　　//按 Enter 键退出

结果如图 10-27 所示。

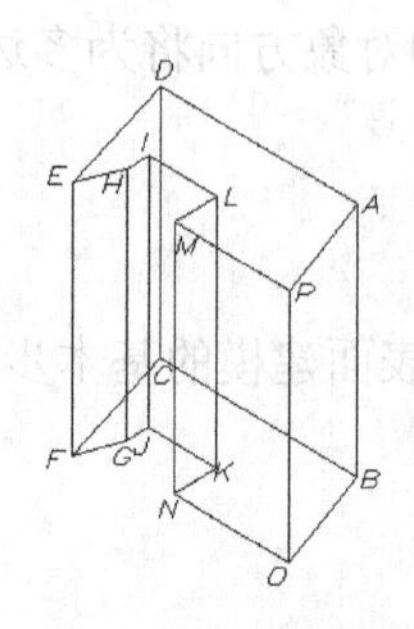

图 10-26　蒙面侧面

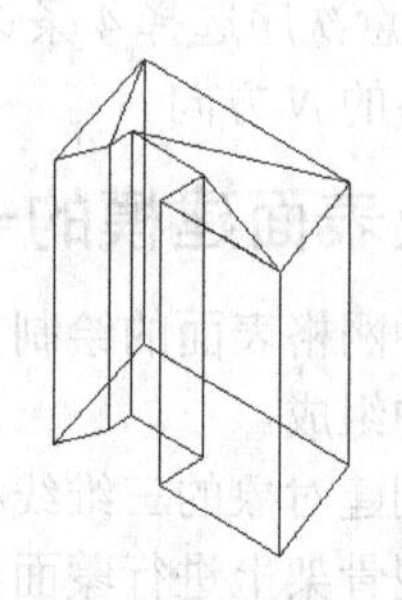

图 10-27　蒙面顶面

（4）隐藏边。执行 EDGE 命令，AutoCAD 提示如下。

```
命令: edge
正在初始化...
指定要切换可见性的三维表面的边或[显示(D)]:          //依次选择顶面的 3 条可见边
指定要切换可见性的三维表面的边或[显示(D)]:
指定要切换可见性的三维表面的边或[显示(D)]:
指定要切换可见性的三维表面的边或[显示(D)]:          //按 Enter 键结束命令
```

（5）消隐。执行 HIDE 命令，结果如图 10-25 所示。

10.5　绘制基本实体

本节介绍基本实体的绘制，AutoCAD 2012 中提供的基本实体具体包括长方体、球体、圆柱体、圆锥体、楔体、圆环体、棱锥体、多段体和螺旋体等。

10.5.1　绘制长方体

1. 命令启动方法

- 功能区：单击【常用】选项卡【建模】面板上的按钮，如果没有，单击该处下方按钮处，在打开的下拉列表中单击按钮。
- 命令：BOX。

2. 绘图任务

【例 10-17】　绘制一个长、宽、高分别为 150、100、80 的长方体。

（1）单击【视图】选项卡【视图】面板上的按钮，在打开的下拉菜单中单击东南等轴测按钮，设置为东南等轴测视点。

（2）单击【常用】选项卡【建模】面板上的按钮，如果没有，单击该处下方按钮处，在打开下拉列表中单击按钮，AutoCAD 提示如下。

```
命令: _box
指定第一个角点或[中心(C)]: 100,100,0
                                        /指定长方体的第一个角点绝对坐标
指定其他角点或[立方体(C)/长度(L)]: l      //选择"长度(L)"选项
指定长度: <正交 开> 150                   //打开正交模式，指定长方体的长度
指定宽度: 100                             //指定长方体的宽度
指定高度或[两点(2P)] <94.3219>: 80        //指定长方体的高度
```

结果如图 10-28 左图所示。执行 HIDE 命令，结果如图 10-28 右图所示。

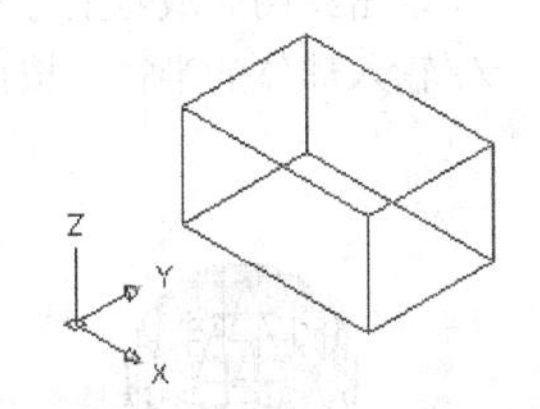

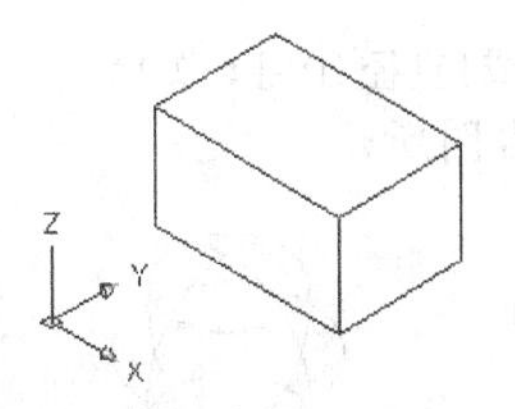

图 10-28　绘制长方体

为了使实体的效果更为明显，执行 HIDE 命令，结果如图 10-28 右图所示。

3. 命令选项

- 指定第一个角点：在选择“指定第一个角点”后若选择“指定其他角点”，则 AutoCAD 可将这两个点作为对角点来创建长方体；若在“指定其他角点”提示后指定一个三维点，将会直接创建一个长方体，而不会再出现“指定高度”的提示；在选择“指定第一个角点”后若选择“立方体”，将创建长度、宽度和高度都相等的立方体，用户只要在“指定长度”提示后设置正方体的边长值即可。如果输入的是正值，则将沿当前 UCS 的 *x*、*y* 和 *z* 轴正向进行创建，否则，沿负向创建。
- 中心：通过指定中心点来创建长方体。

10.5.2　绘制球体

1. 命令启动方法

- 功能区：单击【常用】选项卡【建模】面板上的按钮，如果没有，单击该处下方按钮处，在打开下拉列表中单击按钮。
- 命令：SPHERE。

2. 绘图任务

【例 10-18】　绘制系统变量 ISOLINES 分别为 4 和 20，半径为 10 的球体。

（1）单击【视图】选项卡【视图】面板上的按钮，在打开的下拉菜单中单击东南等轴测按钮，设置为东南等轴测视点。

（2）在命令行输入命令，AutoCAD 提示如下。

```
命令:_isolines
输入 ISOLINES 的新值 <16>: 4                //设置系统变量 ISOLINES=4
```

在命令行中输入命令，AutoCAD 提示如下。

```
命令: sphere
指定中心点或[三点(3P)/两点(2P)/ 切点、切点、半径(T)]:
                                            //单击绘图区域中任一点作为球体球心
指定半径或[直径(D)] <198.1873>: 10          //输入球体的半径，按 Enter 键确认
```

结果如图 10-29 左图所示。

（3）设置 ISOLINES=20，并绘制球体。

```
命令:_ISOLINES                              //启动 ISOLINES 命令
输入 ISOLINES 的新值 <4>: 20                //设置系统变量 ISOLINES=20
命令: sphere                                //输入球体绘制命令
指定中心点或[三点(3P)/两点(2P)/ 切点、切点、半径(T)]:
                                            //单击绘图区域右上方一点作为球体球心
指定球体半径或[直径(D)]: 10                 //输入球体的半径，按 Enter 键确认
```

结果如图 10-29 右图所示。

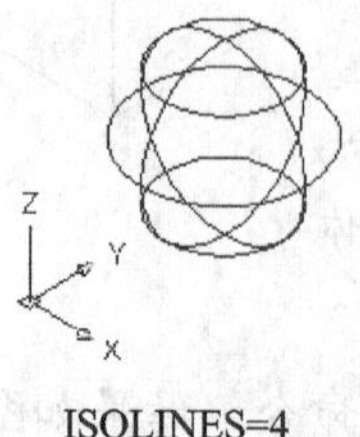

ISOLINES=4

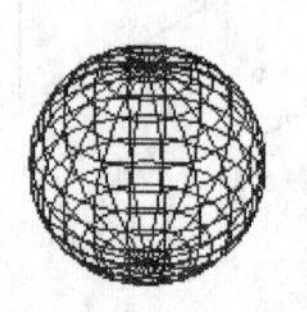

ISOLINES=20

图 10-29　绘制球体

系统变量 ISOLINES 用来确定每个面上的网格线数（即实体的轮廓线数量），其默认值为 4，有效范围为 0~2047。更改系统变量 ISOLINES 的值后，需要用 REGEN 命令重新生成图形才能看到相应的显示效果。

3. 命令选项

- 中心点：指定球体的中心点。指定中心点后，将放置球体以使其中心轴与当前用户坐标系（UCS）的 z 轴平行，纬线与 xy 平面平行。
- 三点（3P）：通过在三维空间的任意位置指定 3 个点来定义球体的圆周。3 个指定点也可以定义圆周平面。
- 两点（2P）：通过在三维空间的任意位置指定两个点来定义球体的圆周。第一点的 z 值定义圆周所在平面。
- 切点、切点、半径（T）：通过指定半径定义可与两个对象相切的球体。指定的切点将投影到当前 UCS。

要点提示

最初，默认半径未设置任何值。在绘制图形时，半径默认值始终是先前输入的任意实体图元的半径值。

10.5.3 绘制圆柱体

1. 命令启动方法

- 功能区：单击【常用】选项卡【建模】面板上的按钮，如果没有，单击该处下方按钮处，在打开的下拉列表中单击圆柱体按钮。
- 命令：CYLINDER。

2. 绘图任务

【例 10-19】 绘制一个椭圆柱体。

（1）单击【视图】选项卡【视图】面板上的按钮，在打开的下拉菜单中单击东南等轴测按钮，设置为东南等轴测视点。

（2）在命令行中输入命令，AutoCAD 提示如下。

```
命令:_cylinder
指定底面的中心点或[三点(3P)/两点(2P)/ 切点、切点、半径(T)]: e
                                        //选择“椭圆(E)”选项
指定第一个轴的端点或[中心(C)]:          //用鼠标左键在适当位置单击指定第一个轴的端点
指定第一个轴的其他端点:                 //用鼠标左键在适当位置单击指定第一个轴的其他端点
指定第二个轴的端点:                     //用鼠标左键在适当位置单击指定
第二个轴的端点
指定高度或[两点(2P)/轴端点(A)]:         //用鼠标左键在适当位置单
击指定高度
```

结果如图 10-30 所示。

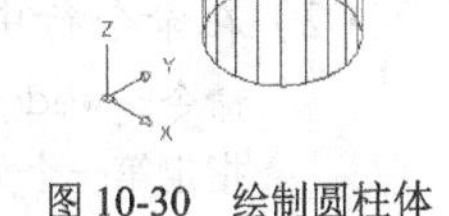

图 10-30 绘制圆柱体

用户可根据需要指定圆柱体的高度，输入正值时将沿当前 UCS 的 z 轴正方向绘制高度，反之，沿 z 轴的负向绘制圆柱体。

在绘制椭圆柱体时，确定其基面上的形状的操作过程与绘制椭圆相似。

10.5.4　绘制圆锥体

1. 命令启动方法

- 功能区：单击【常用】选项卡【建模】面板上的按钮，如果没有，单击该处下方按钮处，在打开的下拉列表中单击圆锥体按钮。
- 命令：CONE。

2. 绘图任务

【例 10-20】　绘制一个圆锥体。

（1）单击【视图】选项卡【视图】面板上的按钮，在打开的下拉列表中单击东南等轴测按钮，设置为东南等轴测视点。

（2）在命令行中输入命令，AutoCAD 提示如下。

```
命令:_cone
指定底面的中心点或[三点(3P)/两点(2P)/ 切点、切点、半径(T)/椭圆(E)]:
                                        //用鼠标左键在适当位置单击指定底面的中心点
指定底面半径或[直径(D)]:                  //指定圆锥体底面的半径
指定高度或[两点(2P)/轴端点(A)/顶面半径(T)] <289.1711>:2P
                                        //选择“两点(2P)”选项
指定第一点:                              //指定第一点
指定第二点:                              //指定第二点
```

结果如图 10-31 所示。

圆锥体是指以圆形或椭圆形为底面，然后竖直向上对称地变细直至交于一点的实体，它是由圆或椭圆底面和顶点定义的。

默认情况下，圆锥体的底面位于当前 UCS 的 *xy* 平面上，高度可为正值或负值，且高平行于 *z* 轴，而顶点将确定圆锥体的高度和方向。

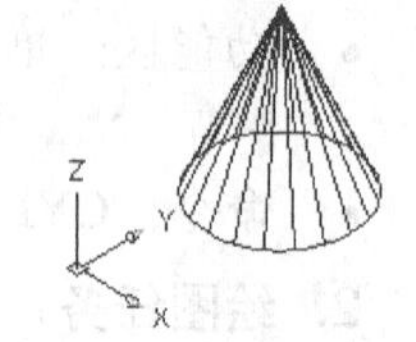

图 10-31　绘制圆锥体

10.5.5　绘制楔体

1. 命令启动方法

- 功能区：单击【常用】选项卡【建模】面板上的按钮，如果没有，单击该处下方按钮处，在打开的下拉列表中单击楔体按钮。
- 命令：WEDGE。

2. 绘图任务

【例 10-21】　绘制一个长、宽、高分别为 150、100、80 的楔体。

（1）单击【视图】选项卡【视图】面板上的按钮，在打开的下拉菜单中单击东南等轴测按钮，设置为东南等轴测视点。

（2）在命令行中输入命令，AutoCAD 提示如下。

```
命令:_wedge
指定第一个角点或[中心(C)]:: 100,100,0
                                        //指定楔体的第一个角点坐标为(100,100,0)
指定其他角点或[立方体(C)/长度(L)]: l      //选择“长度(L)”选项
指定长度: 150                             //指定楔体的长度为150
```

指定宽度：100　　　　　　　　　　//指定楔体的宽度为100

指定高度或[两点(2P)] <275.6132>：80　//指定楔体的高度为80，按Enter键确认

结果如图 10-32 所示。

创建楔体的具体操作方式与创建长方体相同。

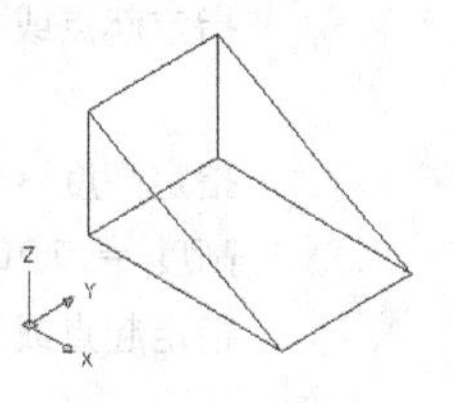

图 10-32　绘制楔体

10.5.6　绘制圆环体

1. 命令启动方法

- 功能区：单击【常用】选项卡【建模】面板上的按钮，如果没有，单击该处下方按钮处，在打开下拉列表中单击圆环体按钮。
- 命令：TORUS。

2. 绘图任务

【例 10-22】　绘制一个圆环体。

（1）单击【视图】选项卡【视图】面板上的按钮，在打开的下拉菜单中单击东南等轴测按钮，设置为东南等轴测视点。

（2）在命令行输入命令，AutoCAD 提示如下。

```
命令:_torus
指定中心点或[三点(3P)/两点(2P)/ 切点、切点、半径(T)]:
                                        //指定圆环体中心坐标
指定半径或[直径(D)] <294.7396>:            //指定圆环体半径值
指定圆管半径或[两点(2P)/直径(D)]: 2p       //选择"两点(2P)"选项
指定第一点:                               //指定第一点
指定第二点:                               //指定第二点
```

结果如图 10-33 所示。

圆环体由两个半径值定义，一个是圆管的半径，另一个是从圆环体中心到圆管中心的距离，它将与当前 UCS 的 *xy* 平面平行且被该平面平分。

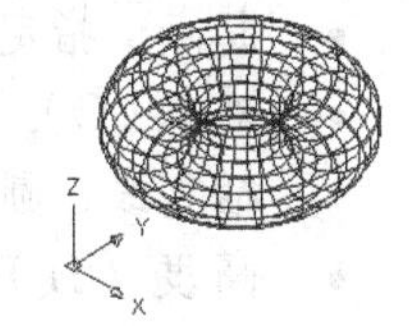

图 10-33　绘制圆环体

用户还可以创建自交圆环体，由于其圆管半径要比圆环体半径大，自交圆环体没有中心孔。如果两个半径都是正值，且圆管半径大于圆环体半径，结果就像一个两极凹陷的球体。如果圆环体半径设为负值，圆管半径为正值且大于圆环体半径的绝对值，则结果就像一个两极尖锐突出的球体。

10.5.7　绘制多段体

1. 命令启动方法

- 功能区：单击【常用】选项卡【建模】面板上的多段体按钮。
- 命令：POLYSOLID。

2. 绘图任务

【例 10-23】　绘制一个多段体。

（1）单击【视图】选项卡【视图】面板上的按钮，在打开的下拉菜单中单击东南等轴测按钮，设置为东南等轴测视点。

（2）单击【常用】选项卡【建模】面板上的多段体按钮，AutoCAD 提示如下。

```
命令：_Polysolid 高度 = 4.0000，宽度 = 0.2500，对正 = 居中
指定起点或[对象(O)/高度(H)/宽度(W)/对正(J)] <对象>：h
                                              //选择“高度(H)”选项
指定高度 <80.0000>：100                       //指定高度
高度 = 100.0000，宽度 = 0.2500，对正 = 居中
指定起点或[对象(O)/高度(H)/宽度(W)/对正(J)] <对象>：w
                                              //选择“宽度(W)”选项
指定宽度 <5.0000>：20                         //指定宽度
高度 = 100.0000，宽度 = 20.0000，对正 = 居中
指定起点或[对象(O)/高度(H)/宽度(W)/对正(J)] <对象>：
                                              //用鼠标左键在适当位置单击指定多段体的起点
指定下一个点或[圆弧(A)/放弃(U)]： <正交 开> 120
                                              //打开正交模式，沿 x 轴正方向输入长度指定下一点
指定下一个点或[圆弧(A)/放弃(U)]：160
                                              //沿 y 轴正方向输入长度指定下一点
指定下一个点或[圆弧(A)/闭合(C)/放弃(U)]：a
                                              //选择“圆弧(A)”选项
指定圆弧的端点或[闭合(C)/方向(D)/直线(L)/第二个点(S)/放弃(U)]：200
                                              //沿 x 轴负方向输入长度指定圆弧的端点
指定下一个点或[圆弧(A)/闭合(C)/放弃(U)]：
指定圆弧的端点或[闭合(C)/方向(D)/直线(L)/第二个点(S)/放弃(U)]：c
                                              //选择“闭合(C)”选项
```

结果如图 10-34 所示。

3．命令选项

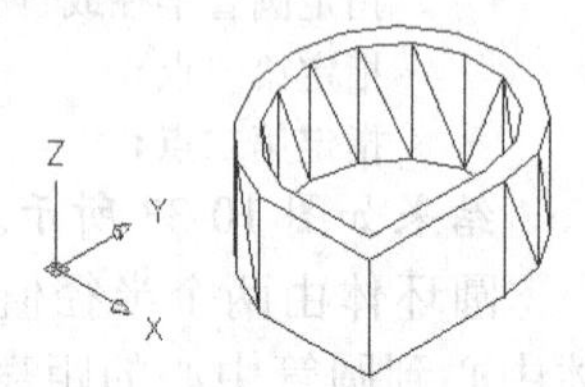

图 10-34　绘制多段体

- 起点：指定实体轮廓的起点。
- 对象（O）：指定要转换为实体的对象。可以转换的对象包括直线、圆弧、二维多段线和圆。

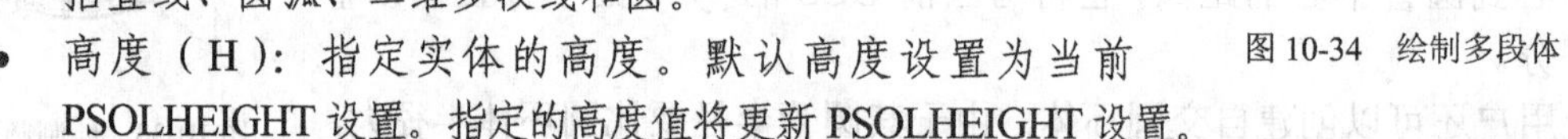

- 高度（H）：指定实体的高度。默认高度设置为当前 PSOLHEIGHT 设置。指定的高度值将更新 PSOLHEIGHT 设置。
- 宽度（W）：指定实体的宽度。默认宽度设置为当前 PSOLWIDTsH 设置。指定的宽度值将更新 PSOLWIDTH 设置。
- 对正（J）：使用命令定义轮廓时，可以将实体的宽度和高度设置为左对正、右对正或居中。对正方式由轮廓的第一条线段的起始方向决定。
- 下一点：指定实体轮廓的下一点。
- 圆弧：将圆弧添加到实体中。圆弧的默认起始方向与上次绘制的线段相切，可以使用“方向”选项指定不同的起始方向。
- 闭合（C）：通过从指定的实体的上一点到起点创建直线或圆弧来闭合实体。必须至少指定两个点才能使用该选项。
- 方向：指定圆弧的起始方向。
- 直线：退出“圆弧”选项并返回初始 POLYSOLID 命令提示。
- 第二个点：指定 3 点圆弧的第二个点和端点。
- 放弃：删除最后添加到实体的圆弧。

10.5.8 绘制螺旋

1. 命令启动方法

- 功能区：单击【常用】选项卡【绘图】面板上的 绘图▾ 按钮，在打开的下拉列表中单击按钮。
- 命令：HELIX。

2. 绘图任务

【例 10-24】 绘制一个螺旋。

（1）单击【视图】选项卡【视图】面板上的按钮，在打开的下拉菜单中单击 东南等轴测 按钮，设置为东南等轴测视点。

（2）单击【常用】选项卡【绘图】面板上的 绘图▾ 按钮，在打开的下拉列表中单击按钮，AutoCAD 提示如下。

```
命令: _Helix
圈数 = 3.0000      扭曲=CCW
指定底面的中心点:                //用鼠标左键在适当位置单击指定多段体的起点
指定底面半径或[直径(D)] <1.0000>: 10   //输入底面半径
指定顶面半径或[直径(D)] <10.0000>: 30 //输入顶面半径
指定螺旋高度或[轴端点(A)/圈数(T)/圈高(H)/扭曲(W)] <1.0000>: t
                                      //选取"圈数(T)"选项
输入圈数 <3.0000>: 10               //输入圈数
指定螺旋高度或[轴端点(A)/圈数(T)/圈高(H)/扭曲(W)] <1.0000>: h
                                //选择"圈高(H)"选项
指定圈间距 <0.2500>: 3           //输入圈间距
```

结果如图 10-35 所示。

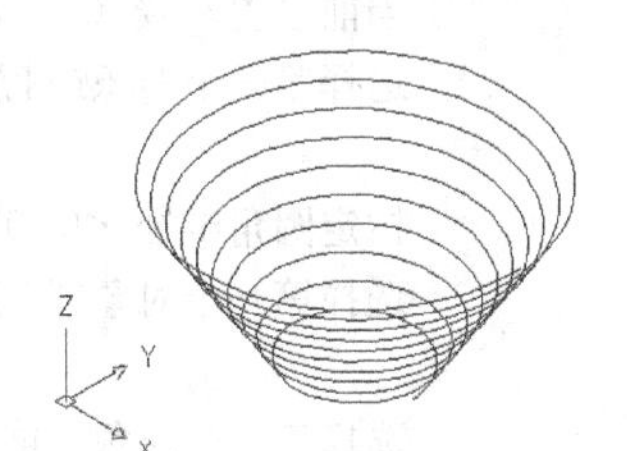

图 10-35 绘制螺旋

3. 命令选项说明

- 最初，默认底面半径为 1。绘制图形时，底面半径的默认值始终是先前输入的任意实体图元或螺旋的底面半径值。
- 顶面半径的默认值始终是底面半径的值。
- 底面半径和顶面半径不能都设置为 0。

10.6 利用拉伸、旋转创建实体

本节介绍了拉伸、旋转创建实体的方法，并详细讲述了创建过程中的一些注意事项。

10.6.1 利用拉伸创建实体——绘制建筑用弯管

1. 命令启动方法

- 功能区：单击【常用】选项卡【建模】面板上的按钮，如果没有，单击该处下方 ▾ 按钮处，在打开下拉列表中单击 拉伸 按钮。
- 命令：EXTRUDE。

2. 绘图任务

【例 10-25】 试绘制图 10-36 所示的建筑用弯管。

（1）单击【视图】选项卡【视图】面板上的按钮，在打开的下拉菜单中单击 东南等轴测

按钮，设置为东南等轴测视点。

（2）绘制多段线。单击【常用】选项卡【绘图】面板上的按钮，AutoCAD 提示如下。

```
命令：_pline
指定起点：40,0                    //输入起点坐标为(40,0)，按Enter键确认
当前线宽为 0.0000
指定下一个点或[圆弧(A)/半宽(H)/长度(L)/放弃(U)/宽度(W)]：@-40,0
                                  //输入下一点相对坐标，按Enter键确认
指定下一点或[圆弧(A)/闭合(C)/半宽(H)/长度(L)/放弃(U)/宽度(W)]：@0,45
                                  //输入下一点相对坐标，按Enter键确认
指定下一点或[圆弧(A)/闭合(C)/半宽(H)/长度(L)/放弃(U)/宽度(W)]：
                                  //按Enter键确认
```

结果如图 10-37 所示。

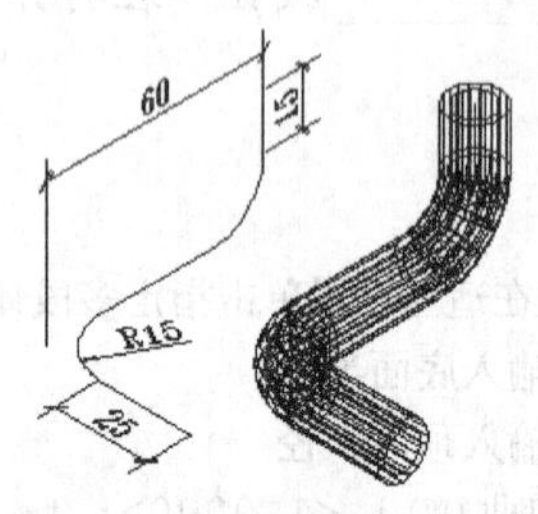

图 10-36 建筑用弯管

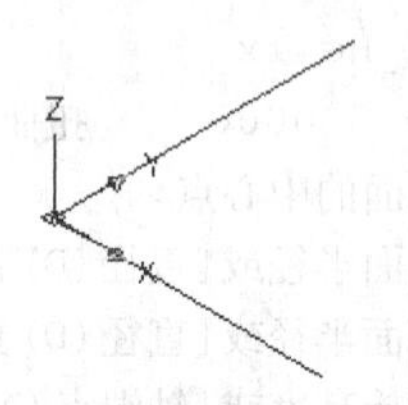

图 10-37 绘制多段线

（3）对绘制的多段线倒圆角。执行 FILLET 命令，AutoCAD 提示如下。

```
命令：_fillet
当前设置：模式 = 修剪，半径 = 0.0000
选择第一个对象或[放弃(U)/多段线(P)/半径(R)/修剪(T)/多个(M)]：r
                                        //选择“半径(R)”选项
指定圆角半径 <0.0000>：15               //设置圆角半径为15
选择第一个对象或[放弃(U)/多段线(P)/半径(R)/修剪(T)/多个(M)]：
                                        //选取多段线的一边
选择第二个对象，或按住 Shift 键选择要应用角点的对象：
                                        //选取多段线的另一边
```

结果如图 10-38 所示。

（4）旋转坐标系。单击【视图】选项卡【坐标】面板上的按钮，AutoCAD 提示如下。

```
命令：_ucs
当前 UCS 名称：*世界*
指定 UCS 的原点或[面(F)/命名(NA)/对象(OB)/上一个(P)/视图(V)/世界(W)/X/Y/Z/Z 轴
(ZA)] <世界>：_x
指定绕 X 轴的旋转角度 <90>：          //按Enter键确认，将坐标系沿 x 轴旋转 90°
```

以同样方式将坐标系沿 y 轴旋转 90°，结果如图 10-39 所示。

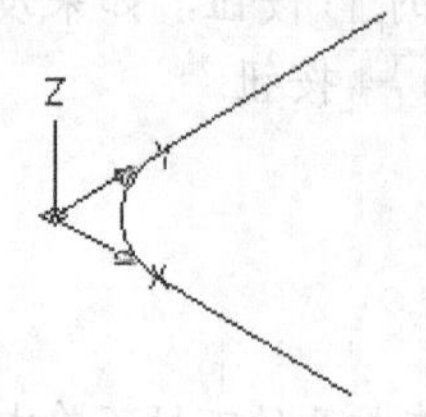

图 10-38 对绘制的多段线倒圆角

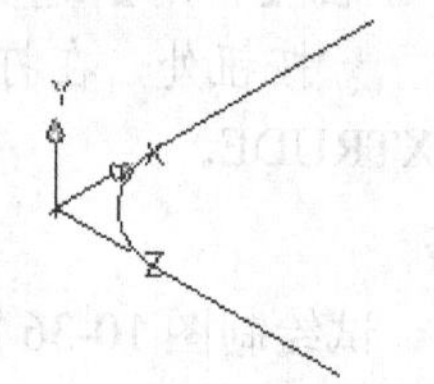

图 10-39 旋转坐标系

（5）用同样方式继续绘制多段线并倒圆角。指定多段线的起点和经过点为（45,0）、（60,0）和（60,30）。设置圆角半径为 15，结果如图 10-40 和图 10-41 所示。

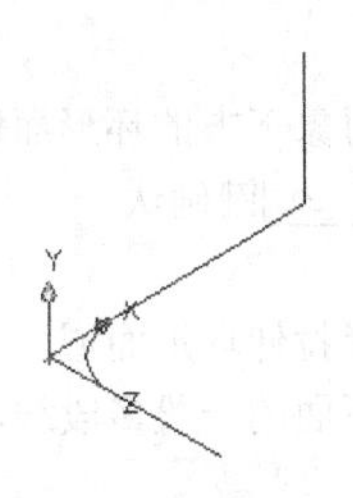

图 10-40　绘制多段线

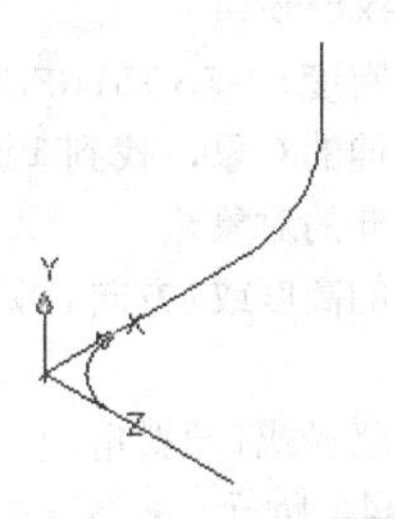

图 10-41　对绘制的多段线倒圆角

（6）绘制半径为 7 的圆。执行绘圆命令，AutoCAD 提示如下。

```
命令: _circle 指定圆的圆心或[三点(3P)/两点(2P)/ 切点、切点、半径(T)]: 0,0,40
                                              //指定要绘圆的圆心
指定圆的半径或[直径(D)]: 7                      //输入圆的半径，按 Enter 键确认
```

用同样方式绘制半径为 5，圆心为（0,0,40）的圆，如图 10-42 所示。

（7）恢复坐标系。单击【视图】选项卡【坐标】面板上的按钮，将坐标系恢复到世界坐标系。

（8）用同样方式在多段线另一端绘制同样的两个圆，如图 10-43 所示。

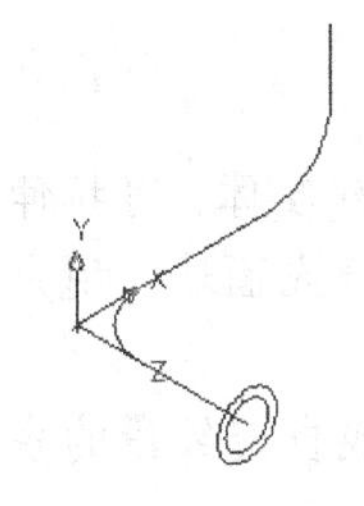

图 10-42　绘制圆（1）

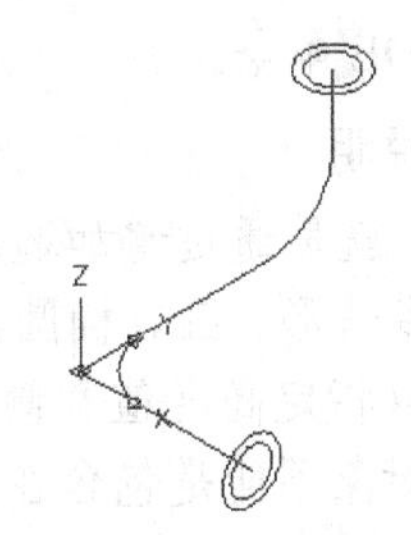

图 10-43　绘制圆（2）

（9）将所绘制的圆转换为面域。单击【常用】选项卡【绘图】面板上的 绘图 ▾ 按钮，在打开的下拉列表中单击按钮，选择所绘制的圆，将它们转换为面域。

（10）执行差集运算。单击【常用】选项卡【实体编辑】面板上的按钮，AutoCAD 提示如下。

```
命令: _subtract 选择要从中减去的实体或面域...
选择对象: 找到 1 个                              //选择其中大圆
选择对象:                                        //按 Enter 键
选择要减去的实体、曲面和面域...
选择对象: 找到 1 个                              //选择其中小圆
选择对象:                                        //按 Enter 键确认
```

用同样方式处理另一端的两个圆，这样得到两个圆环形的面域。

（11）设置 ISOLINES 值为 20。在命令行中输入 ISOLINES，按 Enter 键确认，AutoCAD 提示如下。

```
命令:_isolines
输入 ISOLINES 的新值 <10>: 20                     //输入 20，按 Enter 键确认
```

（12）拉伸面域。单击【常用】选项卡【建模】面板上的按钮，如果没有，单击该处下方按钮处，在打开下拉列表中单击按钮，AutoCAD 提示如下。

```
命令： _extrude
当前线框密度： ISOLINES=20
选择要拉伸的对象：找到 1 个                    //选择对象下方的环形面域
选择要拉伸的对象：                              //按 Enter 键确认
指定拉伸的高度或[方向(D)/路径(P)/倾斜角(T)]： p
                                                //按路径拉伸环形面域
选择拉伸路径或[倾斜角]：                        //选择下面的一段多段线，沿它拉伸环形面域
```

结果如图 10-44 所示。

（13）使用同一方法，拉伸另一环形面域，结果如图 10-45 所示。

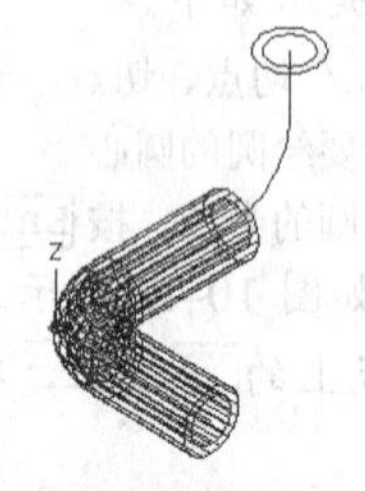

图 10-44　拉伸面域（1）

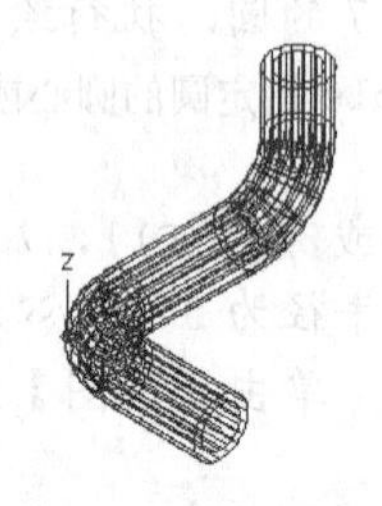

图 10-45　拉伸面域（2）

（14）执行 HIDE 命令。

3. 命令选项说明

- 拉伸实体，就是通过增加选定对象厚度的方式来创建实体，可拉伸的对象包括闭合的多段线、多边形、圆、椭圆、闭合的样条曲线、圆环或面域，用户可以沿路径拉伸对象，也可以指定高度值和倾斜角来拉伸对象。
- 可拉伸的对象不能是包含在块中的对象、具有相交或自交线段的多段线或者非闭合多段线。
- “指定拉伸的倾斜角度<0>:”的角度取值范围为-90°～90°，正值表示从基准对象逐渐变细，负值则表示从基准对象逐渐变粗地进行拉伸，而值为 0 时，则表示在与二维对象所在平面垂直的方向上进行拉伸。
- 拉伸路径可以是直线、圆、椭圆、圆弧、椭圆弧、多段线或样条曲线，路径既不能与轮廓共面，也不能有高曲率的区域。
- 拉伸实体开始于轮廓所在的平面，结束于路径端点处与路径垂直的平面，路径的一个端点应该在轮廓平面上，否则，AutoCAD 将移动路径到轮廓的中心。
- 如果路径是一条样条曲线，那么它在路径上的一个端点外应与轮廓所在的平面垂直，否则，AutoCAD 将旋转此轮廓以使其与样条曲线路径垂直。如果样条曲线的一个端点在轮廓平面上，AutoCAD 将会绕该点旋转剖面。

10.6.2　利用旋转创建实体

1. 命令启动方法

- 功能区：单击【常用】选项卡【建模】面板上的按钮，如果没有，单击该处下方按钮处，在打开下拉列表中单击按钮。

- 命令：REVOLVE。

2. 绘图任务

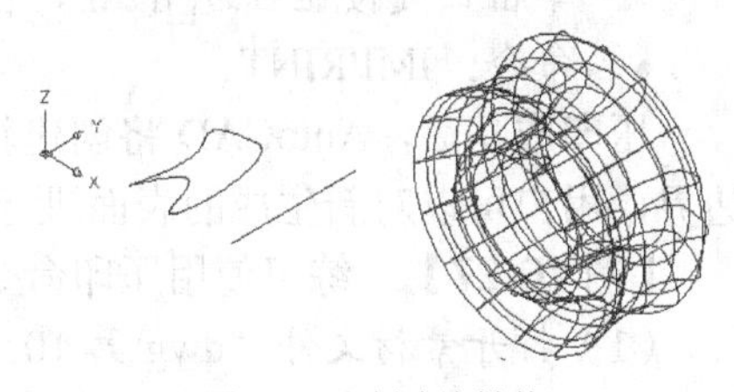
图 10-46 创建旋转体

【例 10-26】 利用图 10-46 左图所示的封闭二维对象创建一个旋转体。

（1）打开素材文件"dwg\第 10 章\10-26.dwg"。

（2）单击【视图】选项卡【视图】面板上的 按钮，在打开的下拉菜单中单击 东南等轴测 按钮，设置为东南等轴测视点。

（3）设置 ISOLINES=20。输入 ISOLINES，按 Enter 键确认后，AutoCAD 提示如下。

```
命令: ISOLINES
输入 ISOLINES 的新值 <4>: 20                //设置 ISOLINES=20
```

（4）单击【常用】选项卡【建模】面板上的 按钮，如果没有，单击该处下方 按钮处，在打开下拉列表中单击 旋转 按钮，AutoCAD 提示如下。

```
命令: _revolve
当前线框密度:  ISOLINES=20
选择要旋转的对象: 找到 1 个                   //选择封闭的二维对象
选择要旋转的对象:
指定轴起点或根据以下选项之一定义轴[对象(O)/X/Y/Z] <对象>:
                                              //指定旋转轴的起点
指定轴端点:                                   //指定旋转轴的端点
指定旋转角度或[起点角度(ST)] <360>:           //按默认 360°旋转，按 Enter 键确认
```

结果如图 10-46 右图所示。

3. 命令选项说明

- 旋转轴可以是当前 UCS 的 x 轴或 y 轴、直线、多段线或两个指定的点。
- 要旋转的对象可以是闭合多段线、多边形、圆、椭圆、闭合样条曲线、圆环或面域等。
- 当创建旋转实体时，不能旋转包含在块中的对象和具有相交或自交线段的多段线，并且一次只能旋转一个对象。

10.7 编辑实体

AutoCAD 提供了实体编辑命令，包括压印、分割、抽壳、清除和检查等。

10.7.1 倒角、倒圆角

三维实体倒角、倒圆角的具体操作方法与二维图形的倒角、倒圆角相同，参见第 5 章相关内容。

10.7.2 压印

压印命令可以将圆、直线、多段线、面域或实心体等对象压印到三维实体上，使其成为实体的一部分，就像盖章一样。压印操作要求被压印的对象与实体表面相交或者本身就在实体表面内，否则不能进行压印操作。

命令启动方法

- 功能区：单击【三维工具】选项卡【实体编辑】面板上的 压印 按钮，如果没有，则

单击该处按钮右边▾按钮，在打开下拉列表中单击压印按钮。

- 命令：IMPRINT。

压印成功后，AutoCAD 将创建新的表面，该表面以被压印的几何图形及实体的棱边作为边界，用户可以对新生成的表面进行面操作，如拉伸、偏移、复制等。

【例 10-27】　练习使用压印命令。

（1）打开素材文件“dwg\第 10 章\10-27.dwg”，如图 10-47 左图所示。

（2）执行移动命令，将要压印的图形移动到实体上，如图 10-47 右图所示。

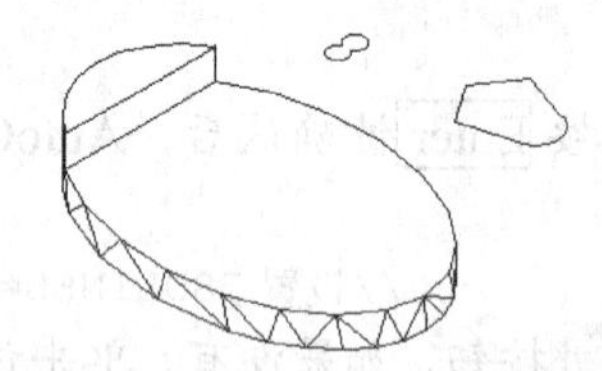
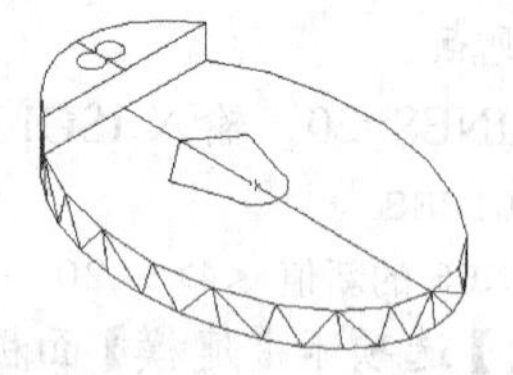

图 10-47　使用压印命令

（3）删除辅助线段，单击【三维工具】选项卡【实体编辑】面板上的压印按钮，如果没有，则单击该处按钮右边的▾按钮，在打开下拉列表中单击压印按钮，AutoCAD 提示如下。

```
命令：_imprint
选择三维实体：                                     //选择三维实体
选择要压印的对象：                                 //依次选择要压印的对象
是否删除源对象[是(Y)/否(N)] <N>: y                //选择“是(Y)”选项
选择要压印的对象：
……
是否删除源对象[是(Y)/否(N)] <Y>:
选择要压印的对象：
```

结果如图 10-48 左图所示。

（4）单击【三维工具】选项卡【实体编辑】面板上的拉伸面按钮，如果没有，则单击该处按钮右边的▾按钮，在打开下拉列表中单击拉伸面按钮，AutoCAD 提示如下。

```
命令：_solidedit
实体编辑自动检查：  SOLIDCHECK=1
输入实体编辑选项[面(F)/边(E)/体(B)/放弃(U)/退出(X)] <退出>：_face
输入面编辑选项[拉伸(E)/移动(M)/旋转(R)/偏移(O)/倾斜(T)/删除(D)/复制(C)/颜色(L)/材质(A)/放弃(U)/退出(X)] <退出>：_extrude
选择面或[放弃(U)/删除(R)]：找到一个面                //依次选择要拉伸的对象
选择面或[放弃(U)/删除(R)/全部(ALL)]：找到一个面
选择面或[放弃(U)/删除(R)/全部(ALL)]：
指定拉伸高度或[路径(P)]：-200                      //输入拉伸高度
指定拉伸的倾斜角度 <0>:
已开始实体校验
已完成实体校验
输入面编辑选项[拉伸(E)/移动(M)/旋转(R)/偏移(O)/倾斜(T)/删除(D)/复制(C)/颜色(L)/材质(A)/放弃(U)/退出(X)] <退出>：X
实体编辑自动检查：  SOLIDCHECK=1
输入实体编辑选项[面(F)/边(E)/体(B)/放弃(U)/退出(X)] <退出>：X
```

结果如图 10-48 右图所示。

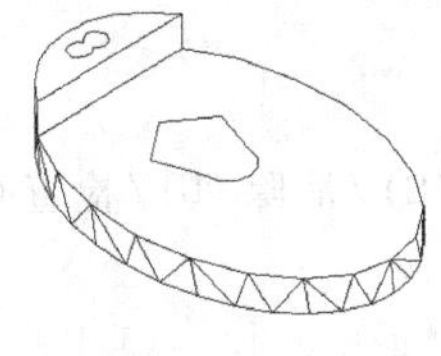

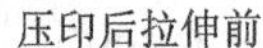

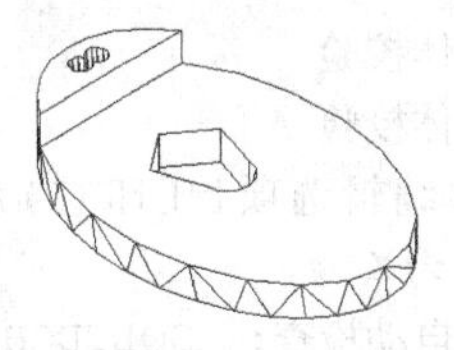

拉伸后

图 10-48　压印与拉伸面

10.7.3　分割

分割命令用于将不连续的完整实体分割为几个相互独立的三维实体对象。在后面章节中的差集命令也可以把一个实体变成不相连的几块，但是不相连的几块仍然是一个单一的实体，这时就可以使用分割命令把这些不相连的块分割成独立的实体。

命令启动方法

- 功能区：单击【三维工具】选项卡【实体编辑】面板上的按钮，如果没有，则单击该处按钮右边的按钮，在打开下拉列表中单击按钮。
- 命令：SOILDEDIT（按 Enter 键后选择“体（B）”选项，按 Enter 键后选择“分割实体（P）”选项）。

10.7.4　抽壳

抽壳命令用于将一个实心体模型生成一个空心的薄壳体。使用抽壳功能时，要指定壳体的厚度，然后 AutoCAD 把现有的实体表面偏移指定的厚度值以形成新的表面，这样，原来的实体就变成了一个薄壳体。如果指定的厚度为正，就在实体内部创建新面，否则，在实体外创建新面。抽壳操作还可以把实体的某些表面去除，形成开口的薄壳体。

命令启动方法

- 功能区：单击【三维工具】选项卡【实体编辑】面板上的按钮，如果没有，则单击该处按钮右边的按钮，在打开下拉列表中单击按钮。
- 命令：SOILDEDIT（按 Enter 键后选择“体（B）”选项，按 Enter 键后选择“抽壳（S）”选项）。

【例 10-28】　练习使用抽壳命令。

（1）打开素材文件“dwg\第 10 章\10-28.dwg”，如图 10-49 左图所示。

（2）单击【三维工具】选项卡【实体编辑】面板上的按钮，如果没有，则单击该处按钮右边按钮，在打开下拉列表中单击按钮，AutoCAD 提示如下。

```
命令: _solidedit
实体编辑自动检查:  SOLIDCHECK=1
输入实体编辑选项[面(F)/边(E)/体(B)/放弃(U)/退出(X)] <退出>: _body
输入实体编辑选项[压印(I)/分割实体(P)/抽壳(S)/清除(L)/检查(C)/放弃(U)/退出(X)] <退出>: _shell
选择三维实体:                                  //选择要抽壳的实体对象
删除面或[放弃(U)/添加(A)/全部(ALL)]: 找到一个面，已删除 1 个
                                               //删除面 A
删除面或[放弃(U)/添加(A)/全部(ALL)]:
输入抽壳偏移距离: 10                           //输入抽壳距离
```

已开始实体校验

已完成实体校验

输入实体编辑选项[压印(I)/分割实体(P)/抽壳(S)/清除(L)/检查(C)/放弃(U)/退出(X)] <退出>: X

实体编辑自动检查:　SOLIDCHECK=1

输入实体编辑选项[面(F)/边(E)/体(B)/放弃(U)/退出(X)] <退出>: X

结果如图 10-49 右图所示。

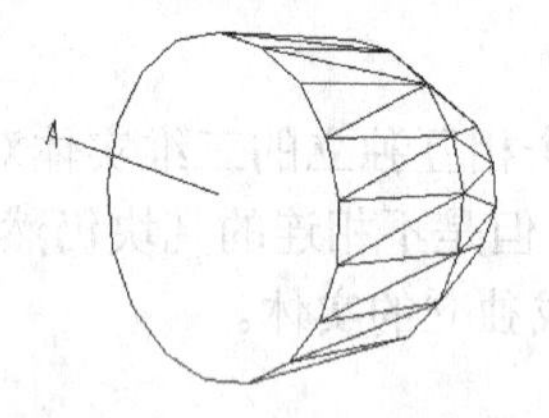

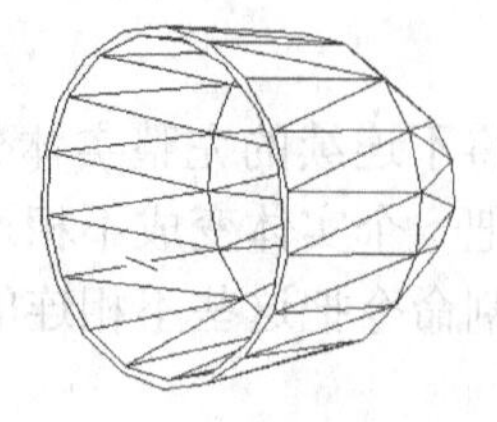

图 10-49　抽壳

10.7.5　检查/选中

检查命令用于验证三维实体对象是否为有效的 ShapeManager 实体，此操作独立于 SOLIDCHECK 设置，绘图中很少用到该命令。

命令启动方法

- 功能区：单击【三维工具】选项卡【实体编辑】面板上的检查按钮，如果没有，则单击该处按钮右边的按钮，在打开下拉列表中单击检查按钮。
- 命令：SOILDEDIT（按 Enter 键后选择“体（B）”选项，按 Enter 键后选择“检查（C）”选项）。

10.8　综合练习——空心楼板

【例 10-29】　绘制图 10-50 所示的空心楼板。

（1）在平面图上用 PLINE 命令绘制图 10-51 所示的空心楼板平面图。

（2）用 REGION 命令将空心楼板平面图转换成面域。

（3）用 EXTRUDE 命令拉伸。

（4）用 SUBSTRACT 命令将圆柱体减除即可生成空心楼板。

（5）结果如图 10-52 所示。

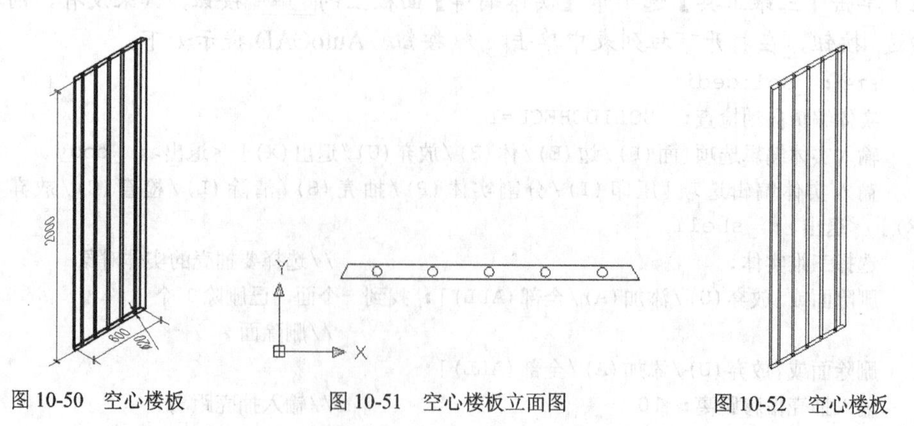

图 10-50　空心楼板　　图 10-51　空心楼板立面图　　图 10-52　空心楼板

10.9 习题

一、填空题

1．设置三维视图的方法有________、________、________、________和________、________。

2．绘制三维面的命令是________。

3．基本三维表面包括________、________、________、________、________、________和________7种。

4．基本三维实体包括________、________、________、________、________、________6种。

5．用户可以使用________和________命令来绘制拉伸实体和旋转实体。

二、问答题

1．请简述如何设置三维视图。

2．用户可以通过哪几种方法来绘制长方体表面？

3．如何绘制四棱锥台体？

三、实战题

1．绘制图10-53所示组合体的实体模型。

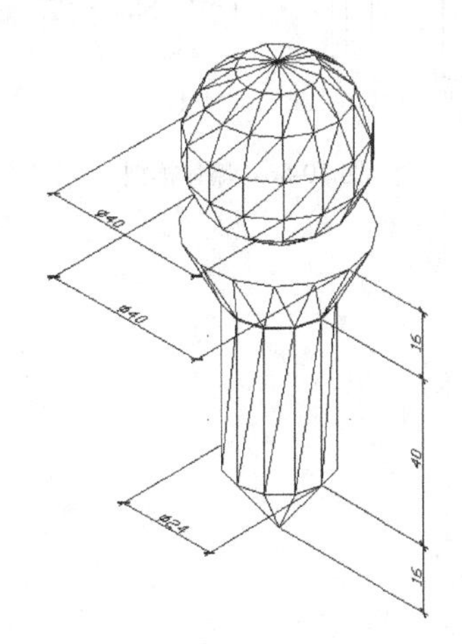

图10-53 组合体实体模型

2．绘制图10-54所示曲面立体的表面模型。

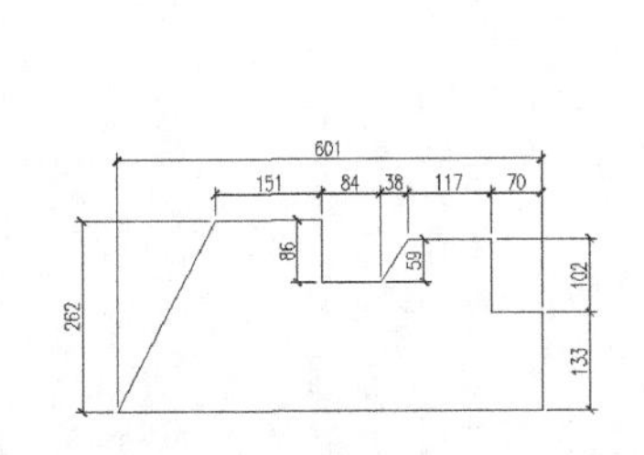

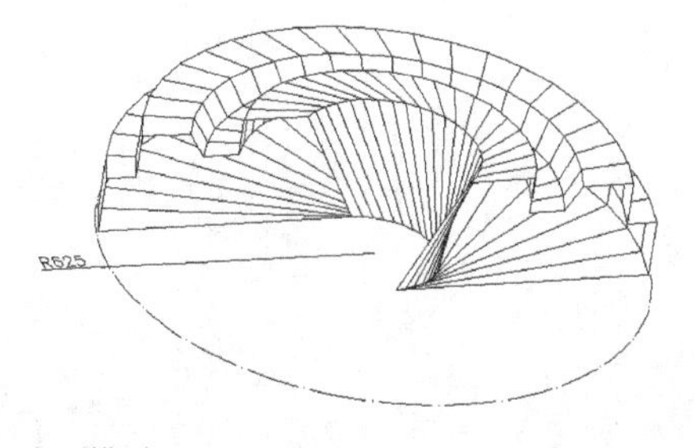

图10-54 表面模型

3．根据建筑平面轮廓图（见图10-55），利用多段体命令绘制图10-56所示的某住宅楼第2层至第14层的墙体模型，其中，墙体的高度为3000mm。

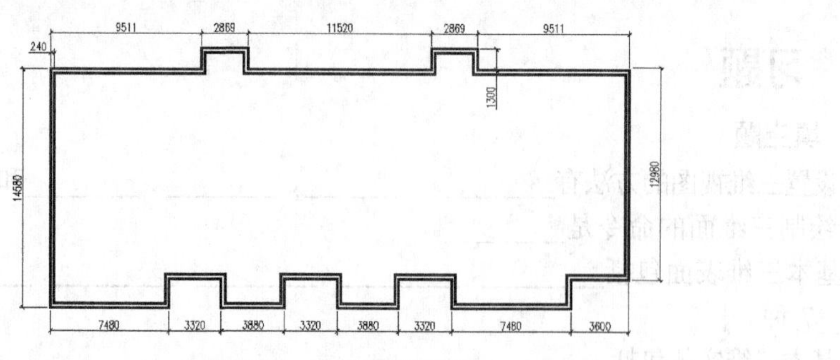

图 10-55　建筑平面轮廓图

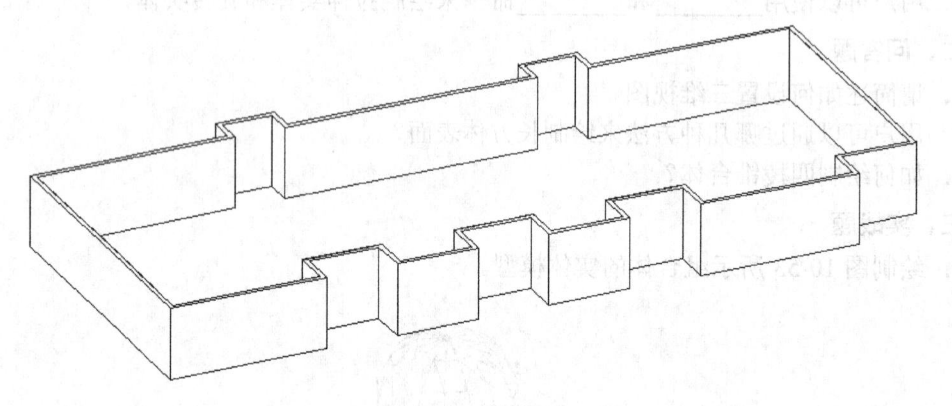

图 10-56　墙体模型

第 11 章　绘制复杂建筑图

学习了 AutoCAD 的基础知识后，看着那些令人眼花缭乱的建筑图纸是不是还是有些令人茫然？如何才能顺利绘制复杂的建筑图呢？本章将从介绍绘制复杂图形的一般原则入手，通过实例介绍如何绘制建筑平面图、立面图和剖面图。

通过本章的学习，读者可以了解 AutoCAD 绘制复杂图形的一般原则以及绘制建筑平面图、建筑立面图及建筑剖面图的一般步骤，并掌握绘制建筑图的一些实用技巧。

【学习目标】

- 绘制复杂图形的一般原则。
- 绘制建筑平面图的方法和技巧。
- 绘制建筑立面图的方法和技巧。
- 绘制建筑剖面图的方法和技巧。

11.1　绘制复杂图形的一般原则

绘制复杂图形的一般原则是：先整体，后局部；先主要，后次要；先已知，后未知。具体内容如下。

（1）对图形进行整体分析，把握全局，在此基础上创建所需要的图层。

（2）绘制图形的主要定位线，这些定位线将是以后绘图的重要基准线。

（3）绘制主要已知线段，形成主要形状特征。

（4）根据主要已知线段，绘制主要连接线段。

（5）绘制次要特征定位线，进行图形的局部细节绘制。

（6）绘制次要特征已知线段。

（7）绘制出次要特征的已知线段后，再根据已知线段绘制连接线段。

（8）最后，对图形进行修饰，它主要包括：

- 用 BREAK 命令打断过长的线条；
- 用 LENGTHEN 命令改变线条长度；
- 修改不正确线型；
- 改变对象所在图层；
- 修剪及删除不必要线条。

（9）插入标准图框。

（10）标注尺寸和书写文字。

上述方法并不是绝对的，要根据自己的习惯和图形的特点来具体运用。譬如就创建图层而言，绘制过程中如果发现刚开始创建的图层不是很合适，需要增加其他图层才能表达得更好，那不用犹豫，增加就是。

图 11-1 所示为某住宅楼一层和 2～5 层平面图。看起来，该图形很复杂，实际上只有两

种住宅套型，如图 11-2 所示。这样可先绘制这两种住宅套型，然后执行 MIRROR、MOVE 和 COPY 等命令进行组合，从而完成图形的绘制。

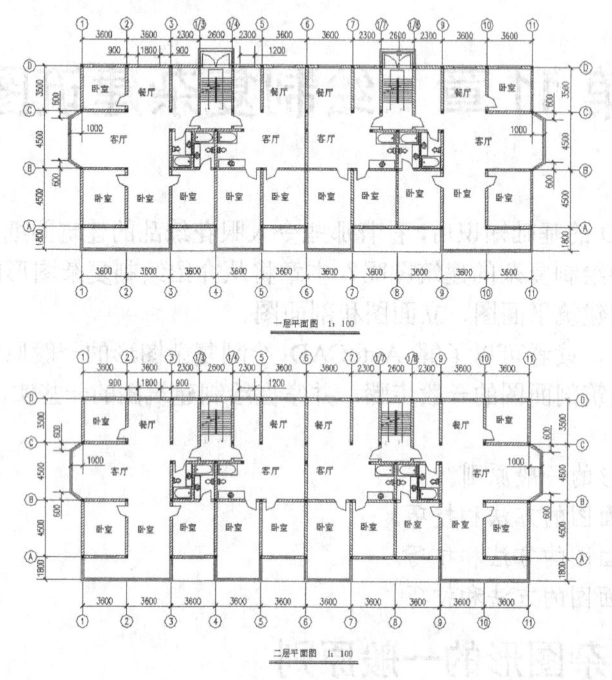

图 11-1　住宅楼平面图

由于住宅楼平面图有个特点，就是在一栋建筑中，往往只有固定的几种住宅套型，那么只要把这几种套型绘出，利用移动或复制命令便可简单地绘出所要绘制的图形。当然，如果所要绘制的住宅平面图较多，不妨均做成图例。

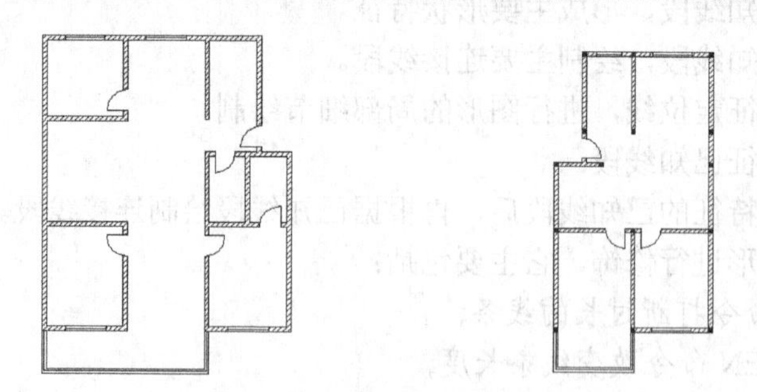

图 11-2　住宅楼平面图的两种套型

下面通过对建筑平面图、建筑立面图及建筑剖面图具体实例的绘制，进一步说明复杂图形的绘制方法与技巧。

在绘制图形的过程中，灵活地运用状态栏、适时地打开或者关闭极轴和对象捕捉等都会使用户绘图时得心应手，不要局限于开始时的设置。

11.2　绘制建筑平面图

用一个假想的剖切平面在门窗洞的位置将房屋剖切开，把剖切平面以下的部分做正投影而形成的图样，就是建筑平面图。这类图是建筑施工图中最基本的图样，主要用于表示建筑物的平面形状以及沿水平方向的布置和组合关系等。

什么时候可以进行建筑平面图的绘制呢？用户首先要充分分析和比较，对建筑轮廓有一个初步认识，对平面布局和总体尺寸有个大致的把握，此时，即可上机进行细致的平面图绘制。

建筑平面图的主要图示内容如下。

- 房屋的平面形状、大小及房间的布局。
- 墙体、柱、墩的位置和尺寸。
- 门、窗、楼梯的位置和类型。

11.2.1 绘制平面图的步骤

用 AutoCAD 绘制平面图的总体思路是先整体、后局部。主要绘制步骤如下。

（1）设置绘图环境。

（2）绘制定位轴线和柱网。

（3）绘制各种建筑构配件（如墙体线、门窗洞等）。

（4）绘制各种建筑细部。

（5）绘制尺寸界线、标高数字、索引符号及相关说明文字等。

（6）尺寸标注和文字标注。

（7）添加图框和标题，并打印输出。

11.2.2 平面图绘制实例

【例 11-1】 绘制图 11-3 所示的建筑平面图。

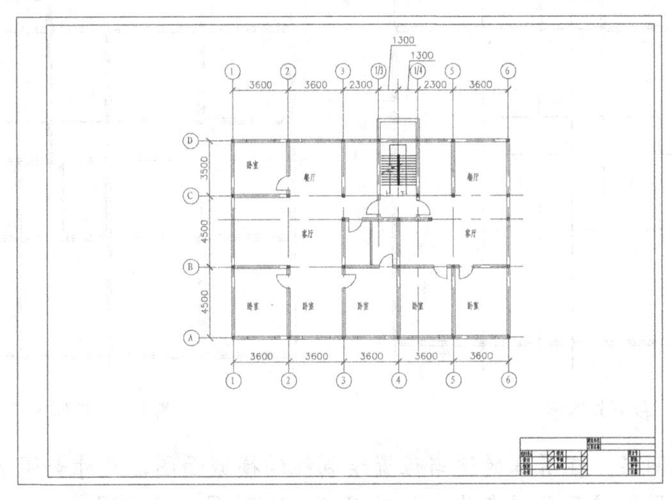

图 11-3 建筑平面图

（1）创建以下图层。

名称	颜色	线型	线宽
轴线	白色	CENTER	默认
墙体	红色	Continuous	默认
柱网	红色	Continuous	默认
门	白色	Continuous	默认
窗	白色	Continuous	默认

楼梯	白色	Continuous	默认
标注	蓝色	Continuous	默认

（2）打开极轴追踪、对象捕捉及捕捉追踪功能。设置极轴追踪角度增量为 90°，设定对象捕捉方式为端点、交点，设置仅沿正交方向进行捕捉追踪。

（3）切换到轴线层。用 LINE 命令绘制水平和垂直轴线，单击【视图】选项卡【二维导航】工具栏上的范围按钮，使所有轴线全部显示在绘图窗口中，如图 11-4 所示。

（4）执行 OFFSET 命令形成水平和竖直轴线，如图 11-5 所示。

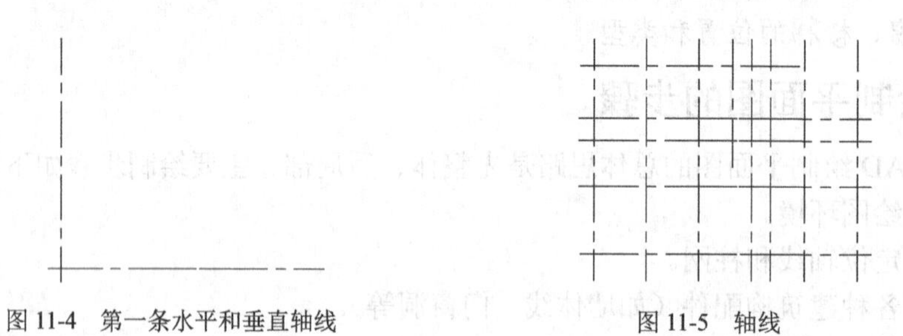

图 11-4　第一条水平和垂直轴线　　图 11-5　轴线

（5）创建一种多线样式，名称为“24 墙体”。该多线包含两条直线，偏移量均为 120。

（6）切换到墙体层。指定“24 墙体”为当前样式，用 MLINE 命令绘制建筑物外墙体，如图 11-6 所示。

（7）执行 MLINE 命令绘制建筑物内墙体。用 EXPLODE 命令分解所有多线，然后修剪多余线条，如图 11-7 所示。

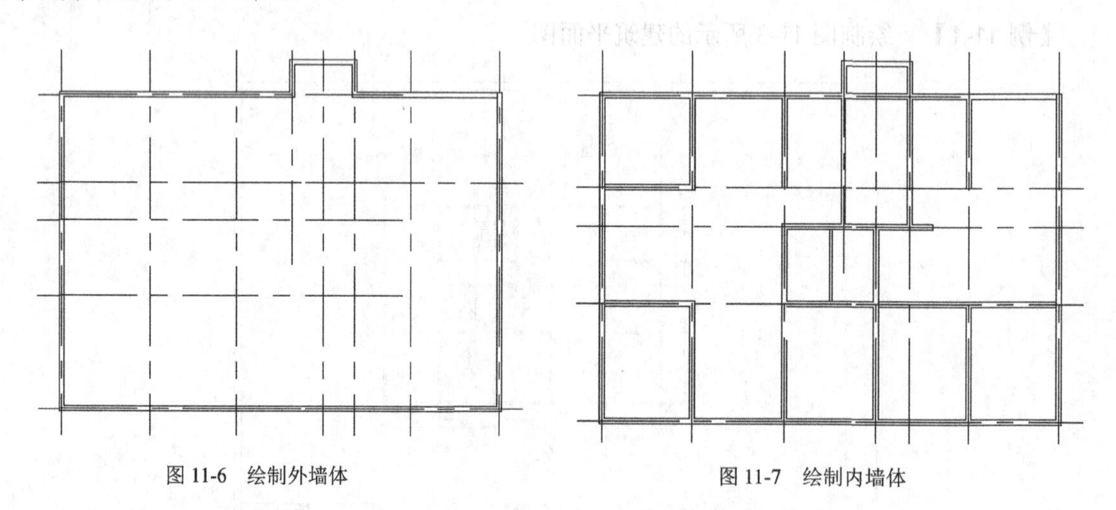

图 11-6　绘制外墙体　　图 11-7　绘制内墙体

（8）切换到柱网层。在屏幕的适当位置绘制柱的横截面图，尺寸如图 11-8 左图所示。先绘制一个正方形，再连接两条对角线，然后用“Solid”图案填充图形，如图 11-8 右图所示。正方形两条对角线的交点可用于柱截面的定位基准点。

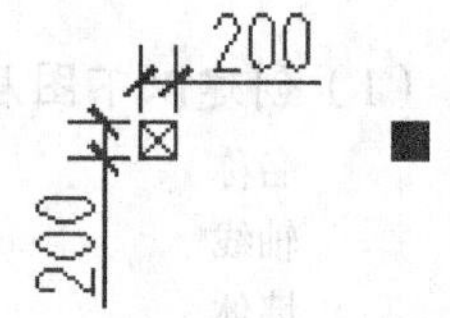

图 11-8　绘制柱的横截面

（9）执行 COPY、MIRROR 等命令形成柱网，如图 11-9 所示。

（10）执行 OFFSET 和 TRIM 命令形成一个窗洞，再将窗洞左、右两条端线复制到其他位置，如图 11-10 所示。修剪多余线条，结果如图 11-11 所示。

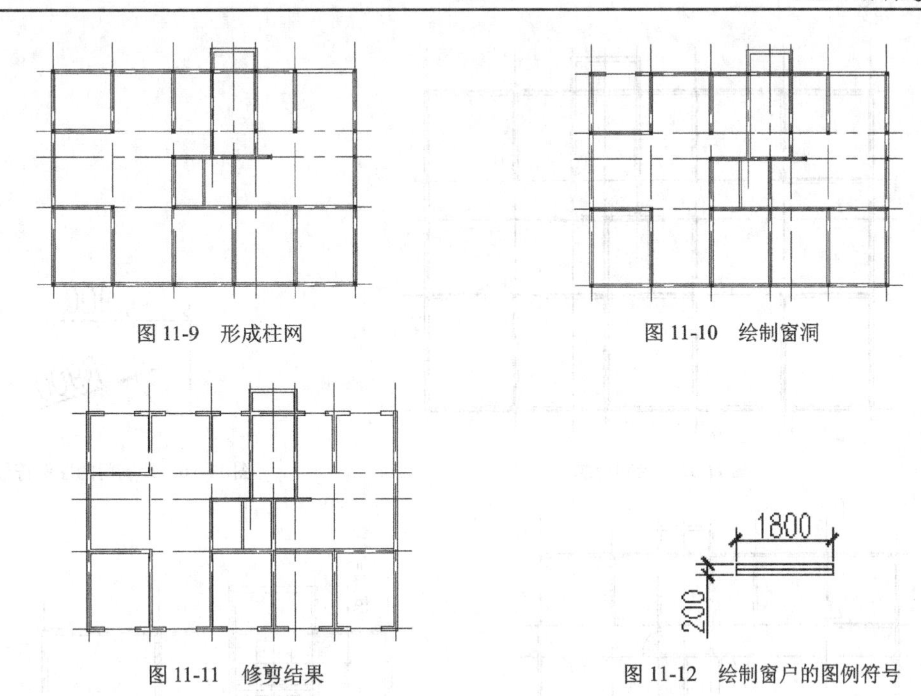

图 11-9 形成柱网

图 11-10 绘制窗洞

图 11-11 修剪结果

图 11-12 绘制窗户的图例符号

（11）切换到窗层。在屏幕的适当位置绘制窗户的图例符号，如图 11-12 所示。

（12）执行 COPY 命令将窗的图例符号复制到正确的地方，如图 11-13 所示。用户也可先将窗的符号创建成图块，然后利用插入图块的方法来布置窗户。

（13）用与步骤（10）、（11）、（12）相同的方法形成所有小窗户，如图 11-14 所示。

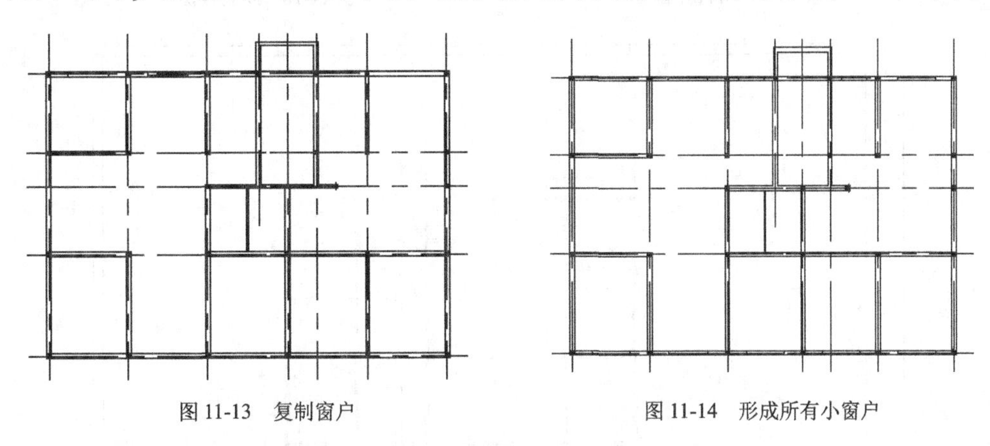

图 11-13 复制窗户

图 11-14 形成所有小窗户

（14）执行 OFFSET、TRIM 及 COPY 等命令形成所有门洞，如图 11-15 所示。

（15）切换到门层。在屏幕的适当位置绘制门的图例符号，如图 11-16 所示。

（16）执行 COPY、ROTATE 等命令将门的图例符号布置到正确的位置，同时进行图案填充，如图 11-17 所示。用户也可先将门的符号创建成图块，然后利用插入块的方法来布置门。

（17）切换到楼梯层，绘制楼梯，楼梯尺寸如图 11-18 所示。

（18）打开文件“11-A3.dwg”，该文件包含一个 A3 幅面的图框。利用 Windows 系统的复制/粘贴功能将 A3 幅面图纸复制到平面图中。用 SCALE 命令缩放图框，缩放比例为 100。然后，把平面图布置在图框中，如图 11-19 所示。

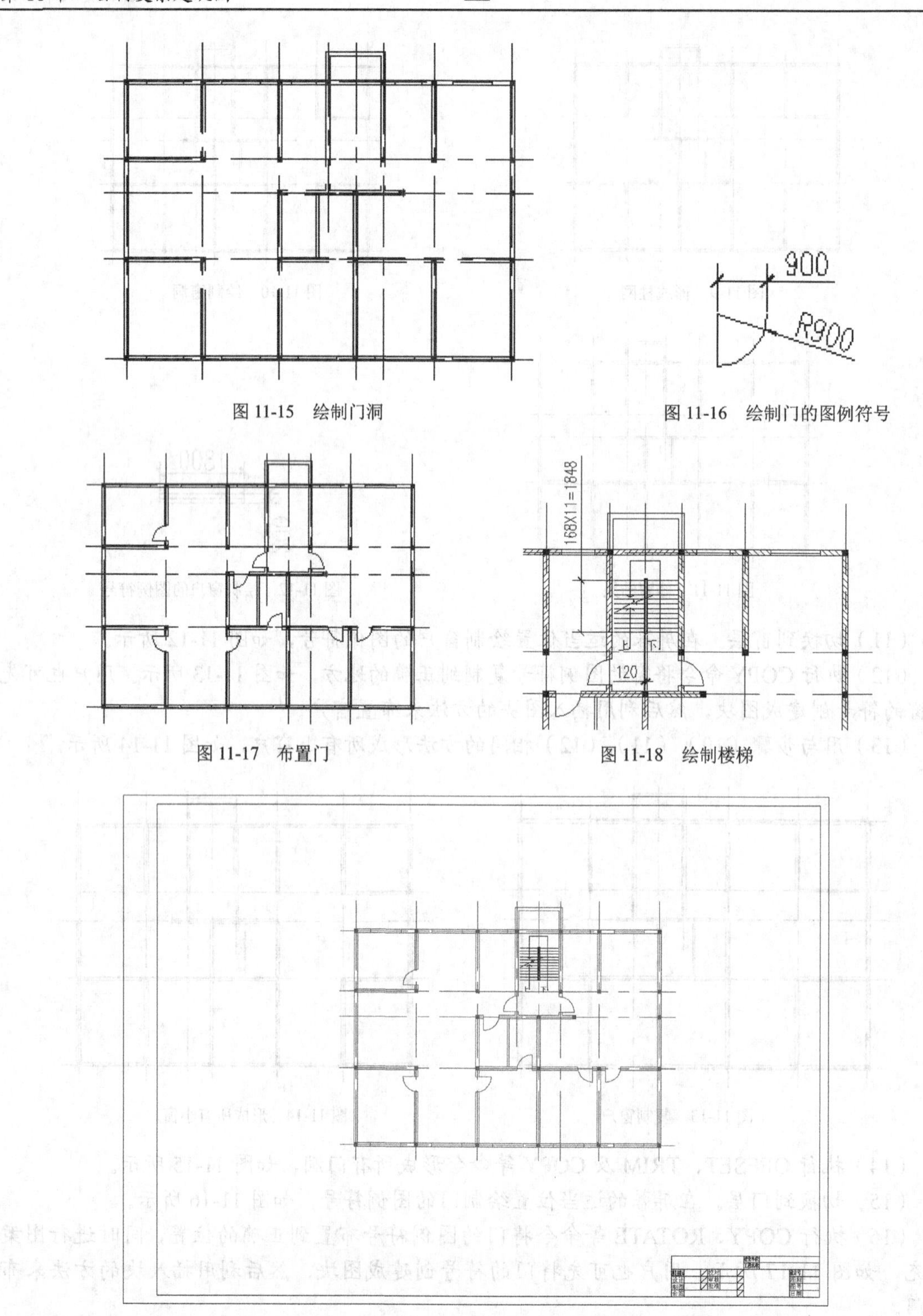

图 11-15　绘制门洞

图 11-16　绘制门的图例符号

图 11-17　布置门

图 11-18　绘制楼梯

图 11-19　插入图框

（19）切换到尺寸标注层，标注尺寸，如图 11-3 所示。尺寸文字字高为 4，标注总体比例因子等于 100（当以 1：100 比例打印图纸时，标注字高为 4）。

（20）将文件以名称“11-1.dwg”保存。该文件将用于绘制立面图和剖面图。

11.3 绘制建筑立面图

建筑立面图是直接按不同投影方向绘制的房屋侧面外形图，它主要表示房屋的外貌和立面装饰的情况，其中反映主要入口或比较显著地反映房屋外貌特征的立面图，称为正立面图。其余立面图相应地称为背立面、侧立面。房屋有 4 个朝向，常根据房屋的朝向命名相应方向的立面图名称，如南立面图、北立面图、东立面图及西立面图。此外，用户也可根据建筑平面图中首尾轴线命名，如①、⑦立面图。轴线的顺序是：当观察者面向建筑物时，从左往右的轴线顺序。

11.3.1 绘制立面图的步骤

用户可将平面图作为绘制立面图的辅助图形。先从平面图绘制竖直投影线将建筑物的主要特征投影到立面图，然后绘制立面图的细节部分。

绘制立面图的主要步骤如下。

（1）打开已创建的平面图，将其另存为一个文件，以该文件为基础绘制立面图。

（2）从平面图绘制建筑物轮廓的竖直投影线，再绘制地平线、屋顶线等，这些线条构成了立面图的主要布局线。

（3）利用投影线形成各层门窗洞口线。

（4）以布局线为绘图基准线，绘制墙面细节，如阳台、窗台及壁柱等。

（5）插入标准图框。

（6）标注尺寸和书写文字。

11.3.2 立面图绘制实例

【例 11-2】 绘制图 11-20 所示的立面图。

（1）打开上节创建的文件“11-1.dwg”，将该文件另存为“11-2.dwg”。

（2）关闭尺寸标注层和图框所在图层。

（3）打开极轴追踪、对象捕捉及捕捉追踪功能。设置极轴追踪角度增量为 90°，设定对象捕捉方式为端点、交点，设置仅沿正交方向进行捕捉追踪。

（4）从平面图绘制竖直投影线，再绘制屋顶线、室外地平线和室内地平线等，如图 11-21 所示。

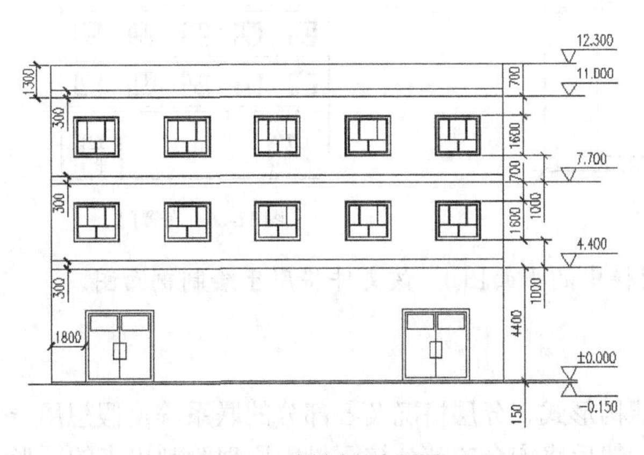

图 11-20 绘制建筑立面图

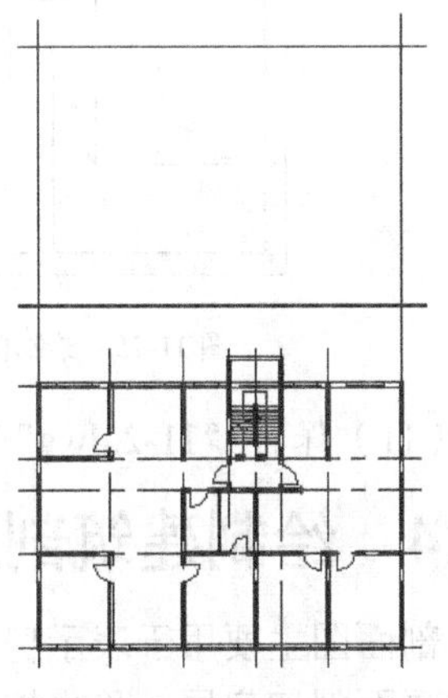

图 11-21 绘制投影线和建筑物轮廓线等

（5）绘制外墙的细部结构，如图11-22所示。

（6）在屏幕的适当位置绘制窗户的图例符号，如图11-23所示。

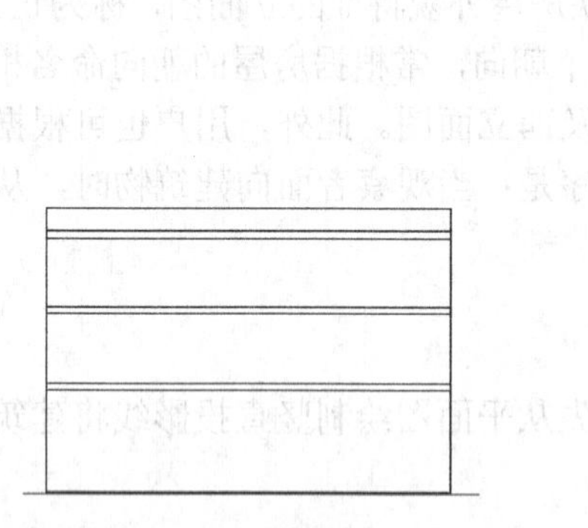

图11-22　绘制外墙细部结构

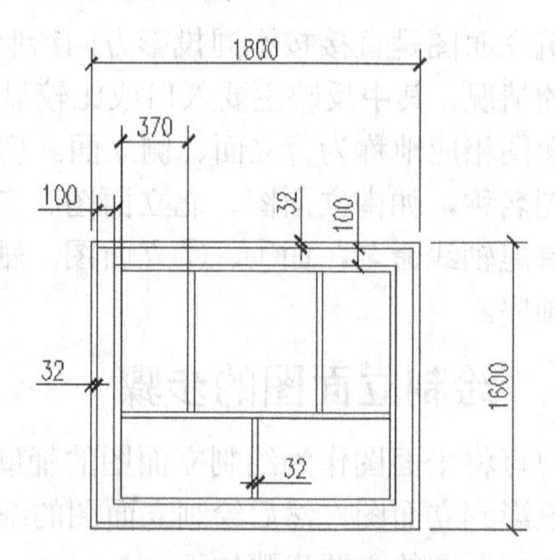

图11-23　绘制窗户的图例符号

（7）执行COPY、ARRAY等命令将窗的图例符号复制到正确的地方，如图11-24所示。用户也可先将窗的符号创建成图块，然后利用插入图块的方法来布置窗户。

图11-24　复制窗户

（8）在屏幕的适当位置绘制门的图例符号，如图11-25所示。

（9）执行MOVE、MIRROR命令将门的图例符号布置到正确的地方，如图11-26所示。

（10）切换到尺寸标注层，标注尺寸，结果如图11-20所示。尺寸文字字高为4，标注总体比例因子等于100（当以1：100比例打印图纸时，标注字高为4）。

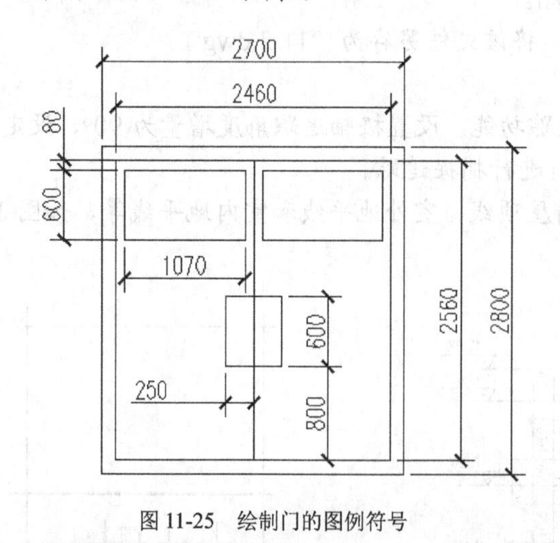

图11-25　绘制门的图例符号

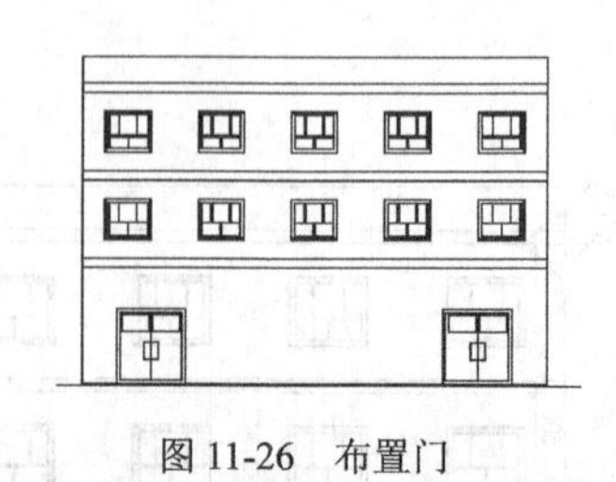

图11-26　布置门

（11）保存“11-2.dwg”（请保留图样中的平面图）。该文件将用于绘制剖面图。

11.4　绘制建筑剖面图

剖面图主要用于表示房屋内部的结构形式、分层情况及各部分的联系等。假想用一个铅垂的平面剖切房屋，移去挡住的部分，然后将剩余的部分按正投影原理绘制出来的图形称为建筑剖面图。

剖面图反映的主要内容如下。

- 在垂直方向上房屋各部分的尺寸及组合。
- 建筑物的层数和层高。
- 房屋在剖面位置上的主要结构形式、构造方式等。

11.4.1 绘制剖面图的步骤

用户可将平面图、立面图作为绘制剖面图的辅助图形。将平面图旋转 90°，并布置在适当的地方，从平面图、立面图绘制竖直和水平投影线以形成剖面图的主要特征，然后绘制剖面图各部分细节。

绘制剖面图的主要过程如下。

（1）将平面图、立面图布置在一个图形中，以这两个图为基础绘制剖面图。

（2）从平面图、立面图绘制建筑物轮廓的投影线，修剪多余线条，形成剖面图的主要布局线。

（3）利用投影线形成门窗高度线、墙体厚度线及楼板厚度线等。

（4）以布局线为绘图基准线，绘制未剖切到的墙面细节，如阳台、窗台及墙垛等。

（5）插入标准图框。

（6）标注尺寸和书写文字。

11.4.2 剖面图绘制实例

【例 11-3】 绘制图 11-27 所示的剖面图。

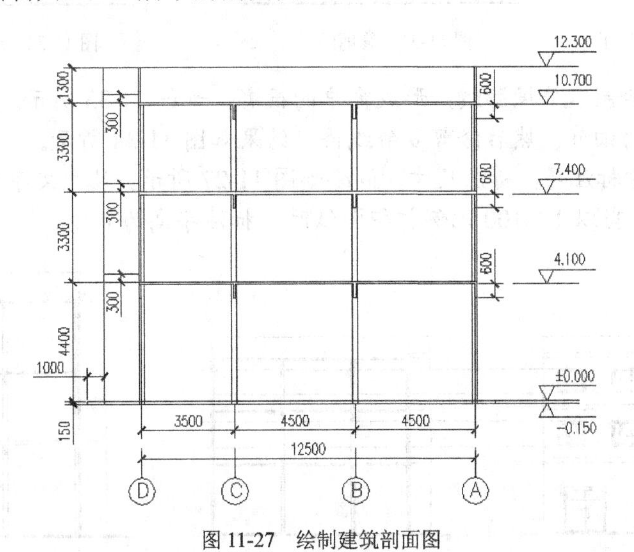

图 11-27 绘制建筑剖面图

（1）打开上节创建的文件“11-2.dwg”，将该文件另存为“11-3.dwg”。

（2）打开极轴追踪、对象捕捉及捕捉追踪功能。设置极轴追踪角度增量为 90°，设定对象捕捉方式为端点、交点，设置仅沿正交方向进行捕捉追踪。

（3）将建筑平面图旋转 90°，并将其布置在适当位置。从立面图和平面图向剖面图绘制投影线，如图 11-28 所示。

（4）修剪多余线条，再将室外地平线和室内地平线绘制完整，结果如图 11-29 所示。

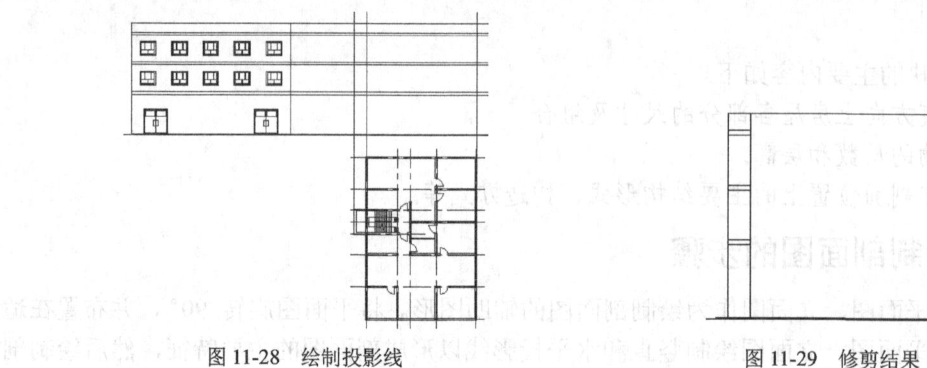

图 11-28　绘制投影线

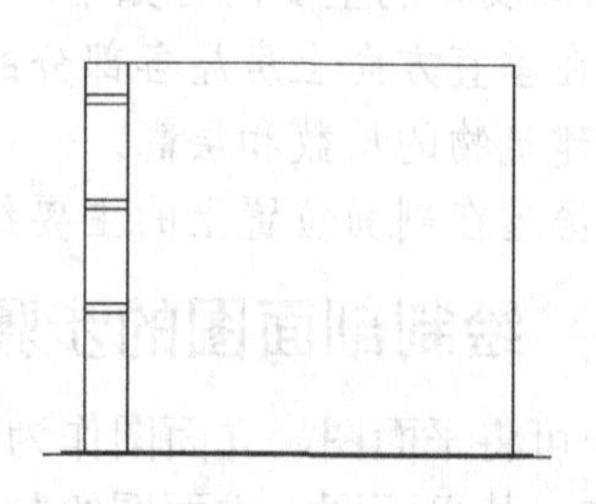

图 11-29　修剪结果

（5）从平面图绘制竖直投影线，投影墙体和柱子，如图 11-30 所示。修剪多余线条，结果如图 11-31 所示。

（6）绘制楼板，再修剪多余线条，如图 11-32 所示。

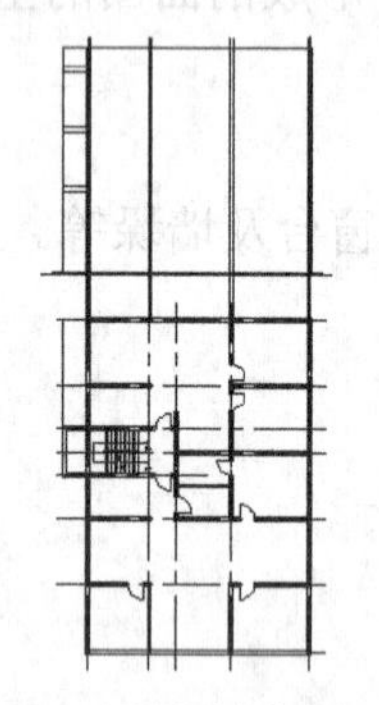

图 11-30　投影墙体和柱子

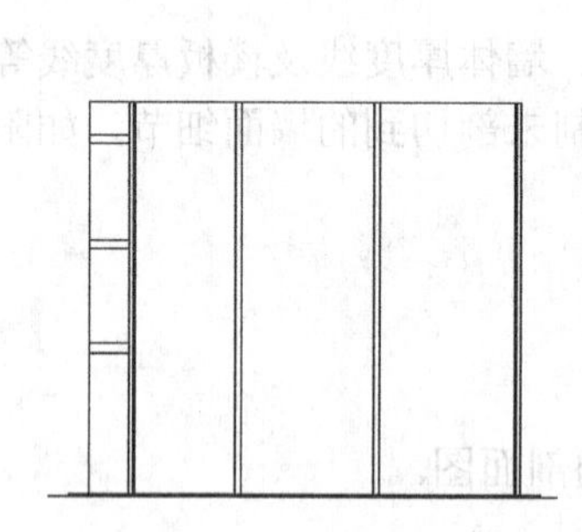

图 11-31　修剪结果

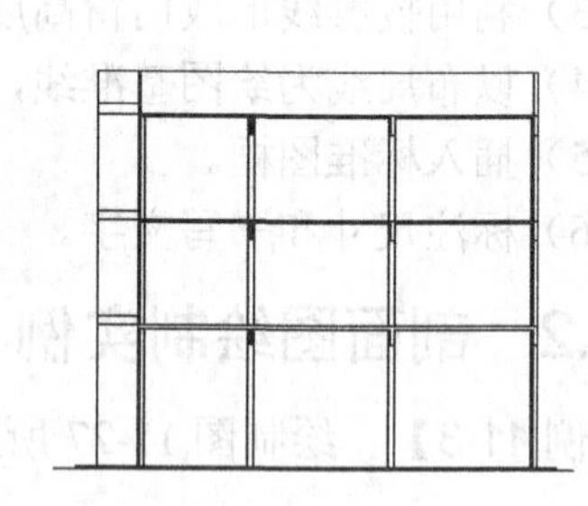

图 11-32　绘制楼板

（7）从立面图绘制水平投影线，形成窗户的投影，如图 11-33 所示。

（8）绘制窗户的细节，然后修剪多余线条，结果如图 11-34 所示。

（9）切换到尺寸标注层，标注尺寸，最终如图 11-27 所示。尺寸文字字高为 4，标注总体比例因子等于 100（当以 1∶100 比例打印图纸时，标注字高为 4）。

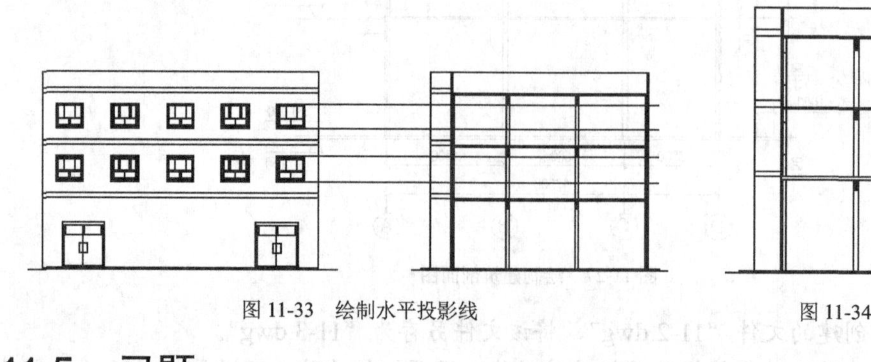

图 11-33　绘制水平投影线

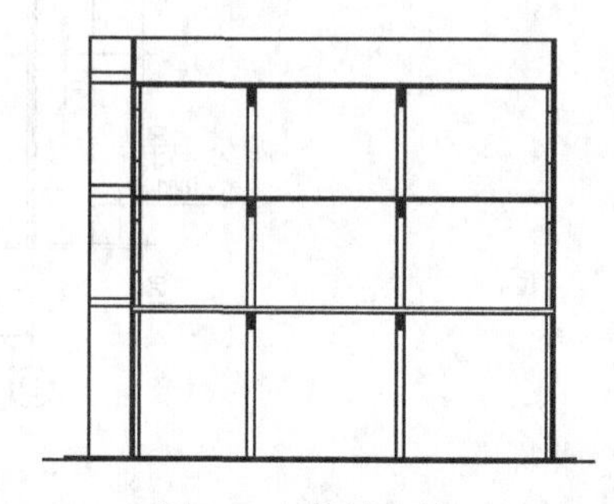

图 11-34　绘制窗户

11.5　习题

一、思考题

1．你认为如何才能快速地绘制复杂的建筑图？并说出你的理由。

2．房屋建筑图的绘制有哪些特点？

3．没有建筑平面图和立面图，能绘制出建筑剖面图吗？

二、实战题

1．绘制图 11-35 所示住宅的平面图。

2．绘制图 11-36 所示住宅的立面图（图中所示为住宅立面图的一半）。

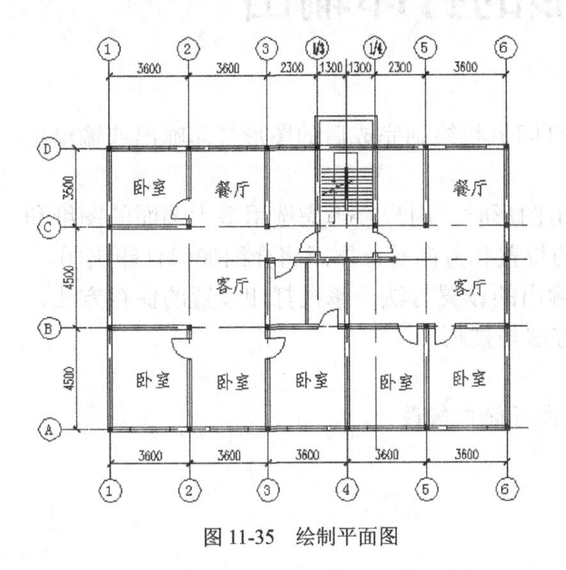

图 11-35 绘制平面图

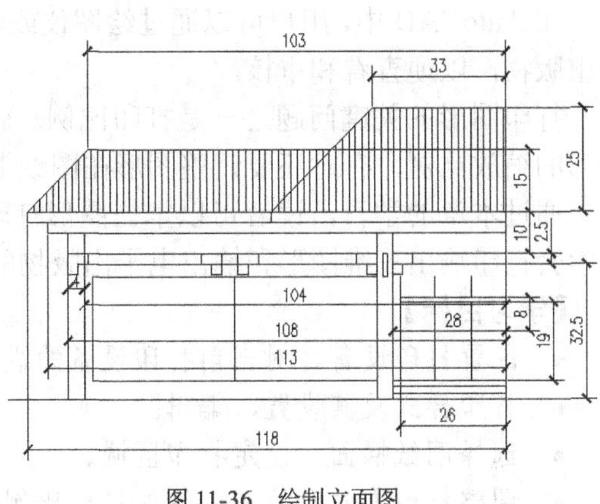

图 11-36 绘制立面图

3．绘制图 11-37 所示别墅的剖面图。

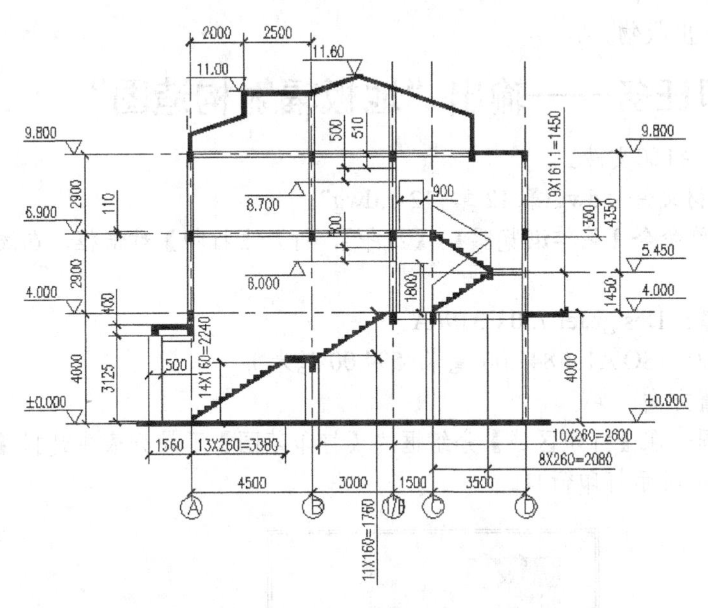

图 11-37 绘制剖面图

第 12 章　图形的打印输出

在 AutoCAD 中，用户可以通过绘图仪或者打印机将绘制完成后的图形打印输出或输出电子出版物，以便查看和审核。

打印图形的关键问题之一是打印比例。输出图形时，用户需考虑选用多大幅面的图纸和图形的缩放比例，有时还要调整图形在图纸上的位置和方向等。本章将介绍如何打印出图。

通过本章的学习，读者可以掌握图形打印输出的设置方法，掌握打印设置的保存方法，并学会打印输出三维图形和输出电子出版物的方法与技巧。

【学习目标】

- 配置打印设备，对当前打印设备的设置进行简单修改。
- 打印样式及其设置、编辑。
- 选择图纸幅面，设定打印区域。
- 调整打印方向和位置，输入打印比例。
- 保存打印设置。
- 打印三维图形。
- 输出电子出版物。

12.1　打印任务——输出“地板辐射构造图”

【例 12-1】　打印文件。

（1）打开素材文件“dwg\第 12 章\ 12-1.dwg”。

（2）选择菜单命令【菜单浏览器】/【打印】，打开【打印】对话框，在该对话框中做以下设置。

- 打印设备：DesignJet 750 C3196A。
- 打印幅面：ISO A1（841.00 毫米×594.00 毫米）。
- 图形放置方向：A。
- 打印范围：在【打印区域】分组框的【打印范围】下拉列表中选择【窗口】选项，选择图 12-1 所示打印窗口。

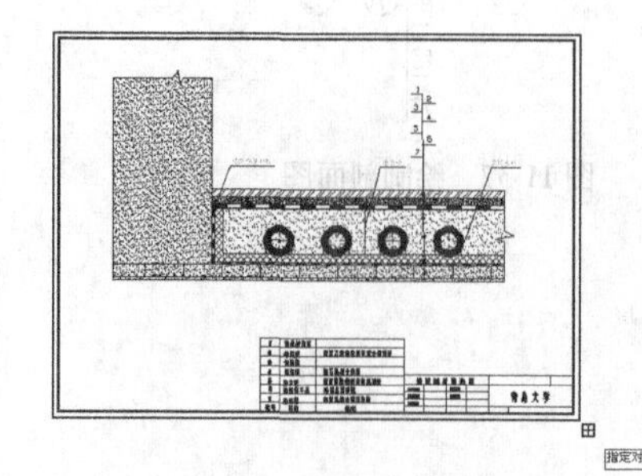

图 12-1　选择打印窗口

- 打印比例：布满图纸。
- 打印原点位置：居中打印。如图 12-2 所示。

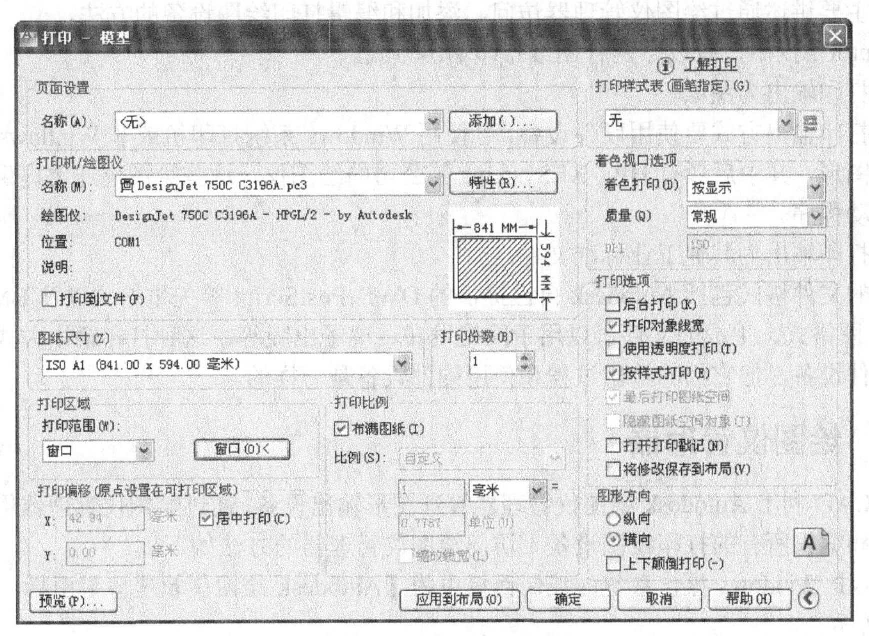

图 12-2 【打印】对话框

（3）单击 预览(P)... 按钮，预览打印效果，如图 12-3 所示。若满意，按 Esc 键返回【打印】对话框，再单击 确定 按钮开始打印；当然，也可在预览效果图中直接单击右键，选择“打印”选项开始打印。

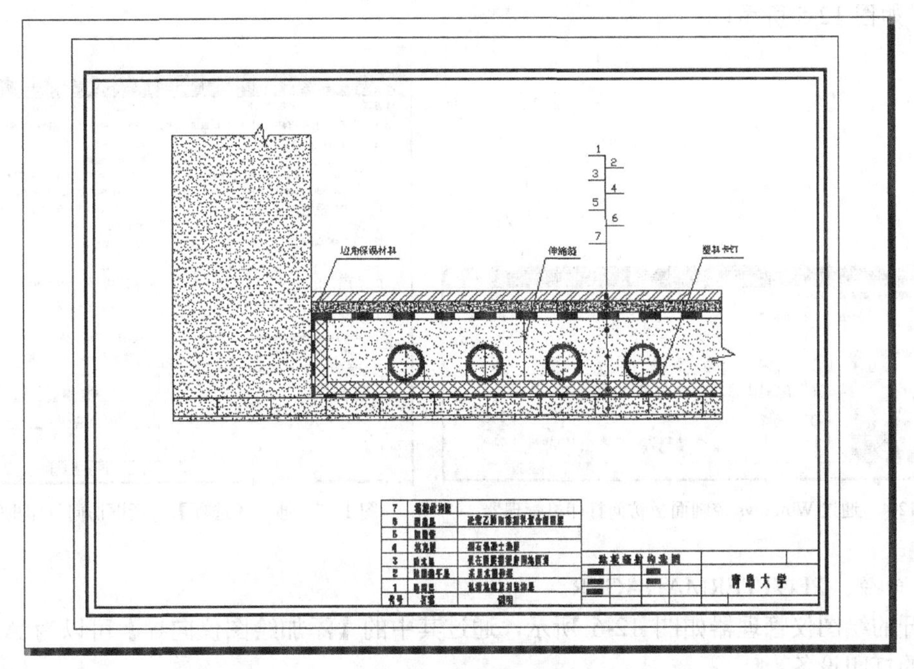

图 12-3 预览打印效果

12.2　打印设备

本节主要讲述通过绘图仪管理器访问、添加和编辑打印绘图设备的方法。

在 AutoCAD 中，有以下两种图纸打印输出方式。

（1）打印输出为图纸。

这种打印输出方式要使用硬件设备，可使用 Windows 系统打印机或非 Windows 系统打印设备输出图形，其中后者有 HP、XESystems 等公司的绘图仪，这些绘图仪通常提供了使用所需要的驱动程序。

（2）打印输出为其他工业标准文件。

输出的文件格式包括 Autodesk 自己提供的 DWF、PostScript 等矢量格式以及 BMP、JPEG、PNG 等位图格式，生成的文件可以用于网络发布、电子出版等，这种打印输出方式虽然不需要使用硬件设备，但它们的输出过程和使用硬件设备是一样的。

12.2.1　绘图仪管理器

AutoCAD 利用 Autodesk 绘图仪管理器管理图形输出设备，通过绘图仪管理器用户可以访问、添加和编辑所有的打印绘图设备。访问绘图仪管理器的方法如下。

- 双击 Windows 操作系统的控制面板中的【Autodesk 绘图仪管理器】图标，如图 12-4 所示。
- 下拉菜单：【菜单浏览器】/【打印】/【管理绘图仪】。
- 功能区：单击【输出】选项卡【打印】面板上的 绘图仪管理器 按钮。
- 功能区：单击【输出】选项卡【打印】面板右下角的按钮，打开【选项】对话框，在【选项】对话框中选择【打印和发布】选项卡，单击 添加或配置绘图仪(P)... 按钮，如图 12-5 所示。

图 12-4　通过 Windows 控制面板访问打印机管理器

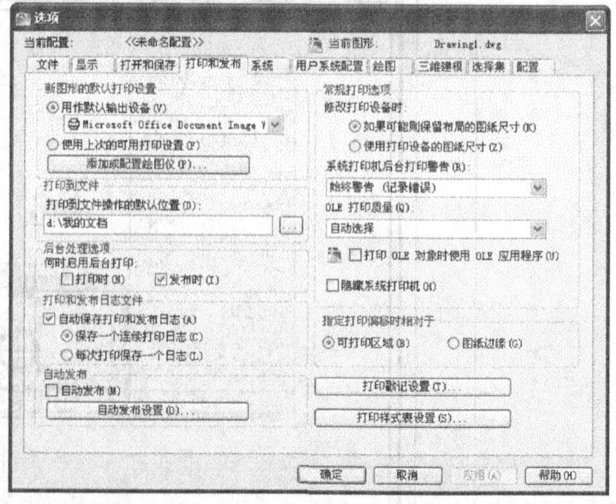

图 12-5　通过【选项】对话框访问打印机管理器

- 命令：PLOTTERMANAGER。

打开的绘图仪管理器如图 12-6 所示，通过其中的【添加绘图仪向导】可以为 AutoCAD 添加新的打印设备。

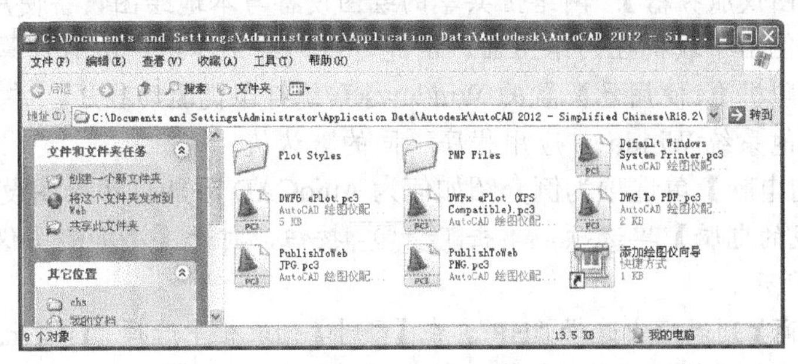

图 12-6 绘图仪管理器窗口

12.2.2 通过【添加绘图仪向导】添加打印设备

在绘图仪管理器中已经存在安装 AutoCAD 时建立的打印设备文件，用户还可以通过打开的绘图仪管理器窗口中的【添加绘图仪向导】为 AutoCAD 添加新的打印机或绘图仪。

下面举例说明通过添加【绘图仪向导】窗口来添加新打印设备的方法。

【例 12-2】 添加打印设备。

（1）双击图 12-6 中的【添加绘图仪向导】图标，打开【添加绘图仪-简介】对话框，如图 12-7 所示，此对话框可引导一步步配置或添加打印设备。

（2）单击下一步(N) >按钮，打开【添加绘图仪-开始】对话框，如图 12-8 所示。

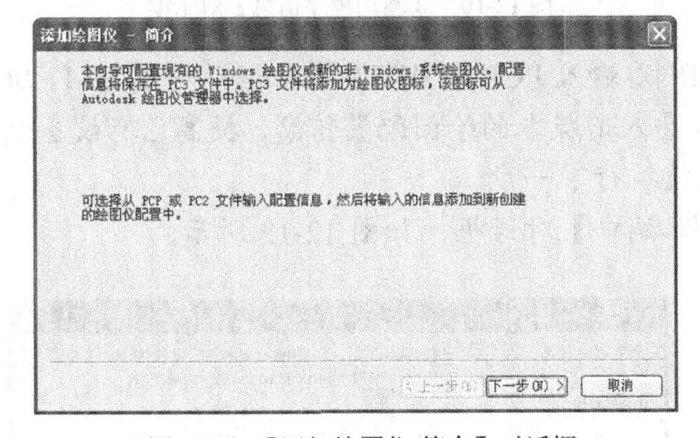

图 12-7 【添加绘图仪-简介】对话框

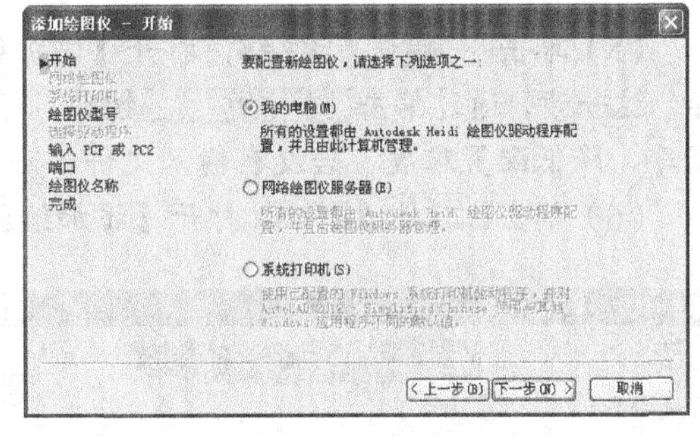

图 12-8 【添加绘图仪-开始】对话框

该对话框的主要选项如下。

- 【我的电脑】：通过“Autodesk Heidi 绘图仪驱动程序”来设置本地打印绘图设备，由本地计算机管理。HDI（Heidi®设备接口）驱动程序用于与硬复制设备通信，此类设备并不一定支持 Windows，其驱动程序可以从 AutoCAD 获得，也可以从设备供应商获得。

Heidi（Quick Draw 3D）：它是一个纯粹的立即模式窗口，主要适用于应用开发。Heidi 灵活多变，能够处理非常复杂的几何图形，扩展能力强，支持交互式渲染，最主要的是它得到了 Autodesk 的大力支持。

当资料经由印表机输出至纸上称为硬复制，若资料显示在荧幕上则称为软拷贝。通俗点讲硬复制就是把资料用印表机印出来，软复制就是把资料复制在记忆体里。

- 【网络绘图仪服务器】：网络上共享的绘图设备与本地绘图设备使用同样的 Heidi 设备驱动，但由于联机在网络上面，因此可供网络工作组中所有计算机共同使用。
- 【系统打印机】：使用已配置的 Windows 系统打印机驱动程序，并对 AutoCAD 2012 使用与其他系统 Windows 应用程序不同的默认值。

这里以【我的电脑】单选项为例介绍如何为 AutoCAD 添加打印绘图设备。

（3）选择【我的电脑】单选项，单击下一步(N)>按钮，打开【添加绘图仪-绘图仪型号】对话框，如图 12-9 所示。

（4）在【生产商】列表框中选择“HP”，在【型号】列表框中选择“DesignJet 250C C3190A”，单击下一步(N)>按钮，打开【驱动程序信息】对话框，如图 12-10 所示。

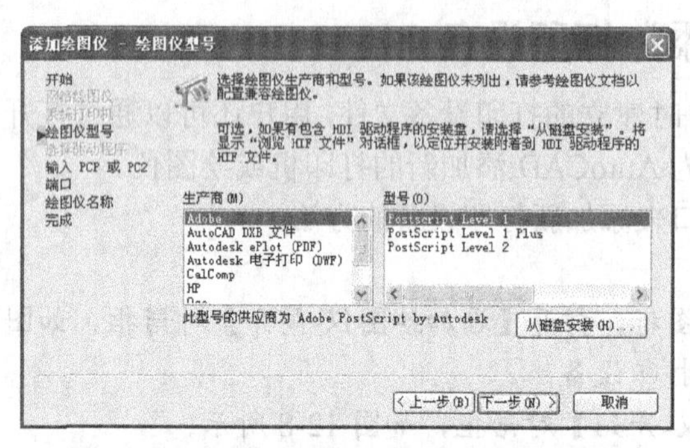

图 12-9　【添加绘图仪-绘图仪型号】对话框

图 12-10　【驱动程序信息】对话框

（5）单击继续(O)按钮，打开【添加绘图仪-输入 PCP 或 PC2】对话框，如图 12-11 所示。这一步，通过单击输入文件(I)...按钮，可以导入旧版本的绘图配置信息，提高已有设备利用率，降低配置难度。若没有输入文件，可直接执行下一步。

（6）单击下一步(N)>按钮，打开【添加绘图仪-端口】对话框，如图 12-12 所示。

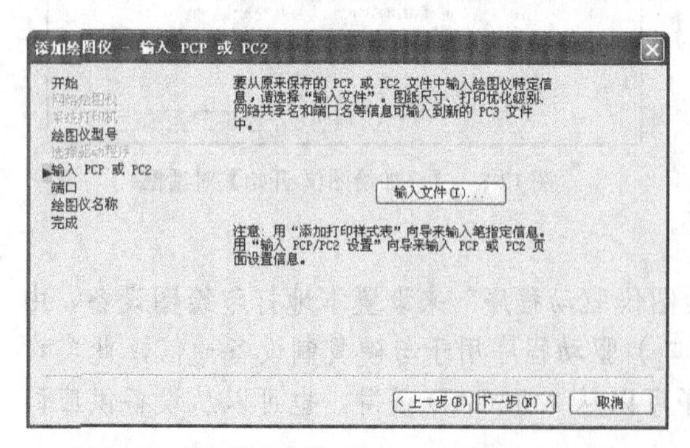

图 12-11　【添加绘图仪-输入 PCP 或 PC2】对话框

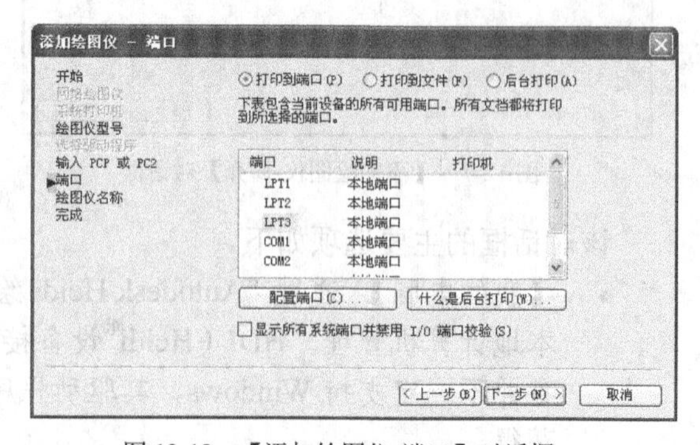

图 12-12　【添加绘图仪-端口】对话框

（7）选择相应端口，单击下一步(N)>按钮，打开【添加绘图仪-绘图仪名称】对话框，在【绘图仪名称】文本框中输入“HP C3190A”，如图 12-13 所示。

（8）单击下一步(N)>按钮，打开【添加绘图仪-完成】对话框，如图 12-14 所示。这里，用户若想编辑修改绘图仪配置，则单击编辑绘图仪配置(P)...按钮进入【绘图仪配置编辑器】对话框来实现。若要校准绘图仪，则单击校准绘图仪(C)...按钮，打开【校准绘图仪】向导来实现。

（9）单击完成(F)按钮，完成打印设备的添加。

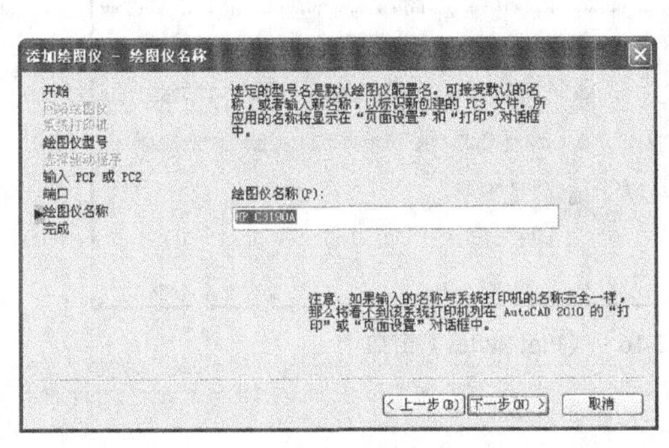

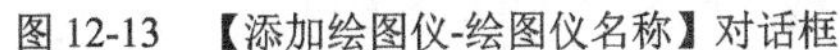
图 12-13 【添加绘图仪-绘图仪名称】对话框

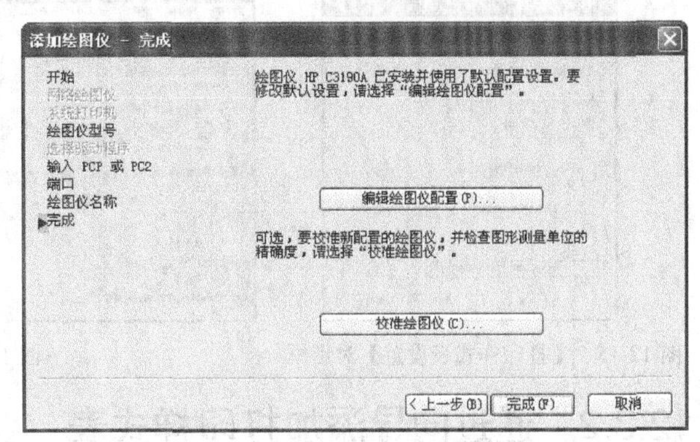

图 12-14 【添加绘图仪-完成】对话框

12.3 打印样式

本节主要讲述打印样式及其设置、编辑的方法。

打印样式设置了图形打印的外观，它与线型和颜色一样，是对象特性，用户可以将打印样式指定给对象或图层。打印样式控制对象的打印特性，具体包括抖动、颜色、灰度、笔号、虚拟笔、淡显、线型、线宽、线条端点样式、线条连接样式和填充样式等。

打印样式增加了打印输出的灵活性，用户可以设置打印样式替代其他对象特性，也可按需要关闭或替代设置功能。

打印样式组保存在颜色相关打印样式表（CTB）或命名打印样式表（STB）中。其中，颜色打印样式表根据对象的颜色设置样式，命名打印样式可指定给对象，且与对象的颜色无关。所有的对象和图层都有打印样式属性。用户可以通过对象的【特性】对话框来访问和修改对象的打印样式，也可为各个布局指定打印样式，从而得到不同的打印输出结果。

12.3.1 打印样式管理器

AutoCAD 利用打印样式管理器管理所有的打印样式，打印样式管理器与绘图仪管理器作用相同。

访问打印样式管理器的方法如下。

- 双击 Windows 操作系统的控制面板中的【Autodesk 打印样式管理器】图标。
- 下拉菜单：【菜单浏览器】/【打印】/【管理打印样式】。
- 功能区：单击【输出】选项卡【打印】面板右下角的按钮，打开【选项】对话框，在【选项】对话框中选择【打印和发布】选项卡，单击[打印样式表设置(S)...]按钮，打开【打印样式表设置】对话框，如图 12-15 所示。单击其中的[添加或编辑打印样式表(S)...]按钮，就可打开打印样式表管理器。
- 命令：STYLESMANAGER。

打开的【Plot Styles】窗口如图 12-16 所示。

打印机配置 PC3 文件和打印样式表 CTB 文件均以文件的形式存放在系统指定的文件夹中，这就是可以通过 Windows 操作系统的资源管理器访问打印机管理器和打印样式管理器的原因。

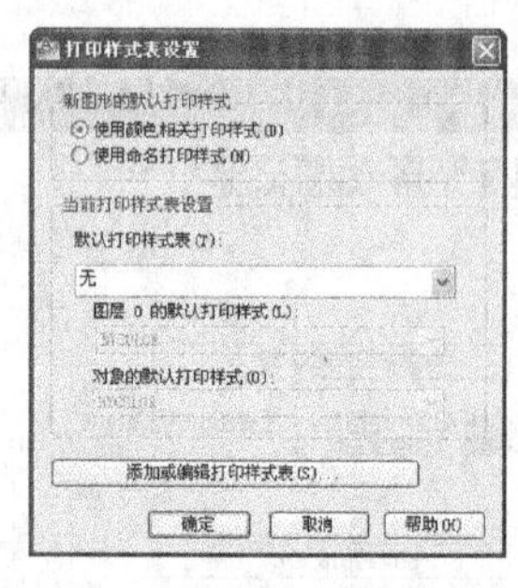

图 12-15　【打印样式表设置】对话框

图 12-16　【Plot Styles】窗口

12.3.2　通过向导添加打印样式表

在打印样式管理器中已经存在安装 AutoCAD 时自带的一些打印样式表，用户还可以通过打开的【Plot Styles】窗口中的【添加打印样式表向导】为 AutoCAD 添加新的打印样式表。

下面举例说明通过【添加打印样式表向导】来添加新打印样式表的方法。

【例 12-3】　添加打印样式表。

（1）双击图 12-16 中的【添加打印样式表向导】图标，打开【添加打印样式表】对话框，如图 12-17 所示。

（2）单击下一步(N) >按钮，打开【添加打印样式表-开始】对话框，如图 12-18 所示。

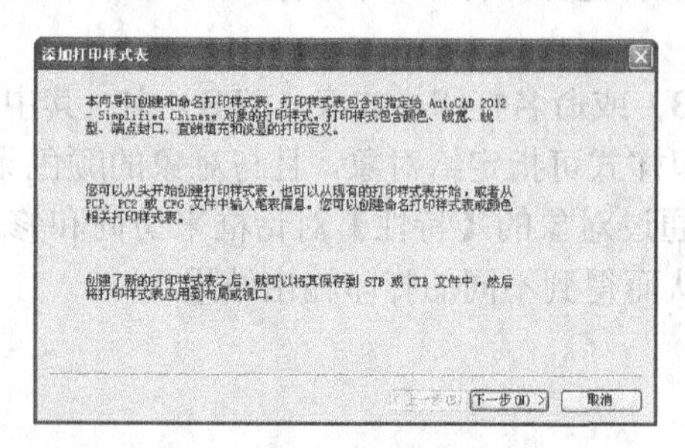

图 12-17　【添加打印样式表】对话框

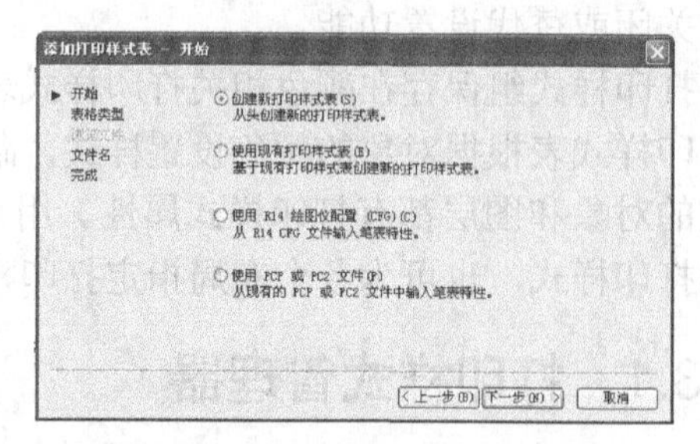

图 12-18　【添加打印样式表-开始】对话框

该对话框的主要选项如下。

- 【创建新打印样式表】：将从零开始创建一个新打印样式表。
- 【使用现有打印样式表】：将基于现有的打印样式表来创建新的打印样式表。
- 【使用 R14 绘图仪配置（CFG）】：将从 AutoCAD R14 版的 CFG 配置文件中导入绘图笔分配表属性。
- 【使用 PCP 或 PC2 文件】：将从旧版本的 PCP 或 PC2 文件中导入绘图笔分配表属性。

这里以创建新打印样式表为例介绍如何为 AutoCAD 添加打印样式表。

（3）选取【创建新打印样式表】单选项，单击下一步(N) >按钮，打开【添加打印样式表-选择打印样式表】对话框，如图 12-19 所示。在这里决定创建的打印样式表是颜色相关还是普通的打印样式。

（4）选取【命名打印样式表】单选项，单击下一步(N) >按钮，打开【添加打印样式表-文件名】对话框，在【文件名】文本框中输入“建筑制图”，如图 12-20 所示。

（5）单击下一步(N) >按钮，打开【添加打印样式表-完成】对话框，如图 12-21 所示。在该

对话框中单击 打印样式表编辑器(S)... 按钮，打开【打印样式表编辑器】对话框，在该对话框中就可以修改打印样式。

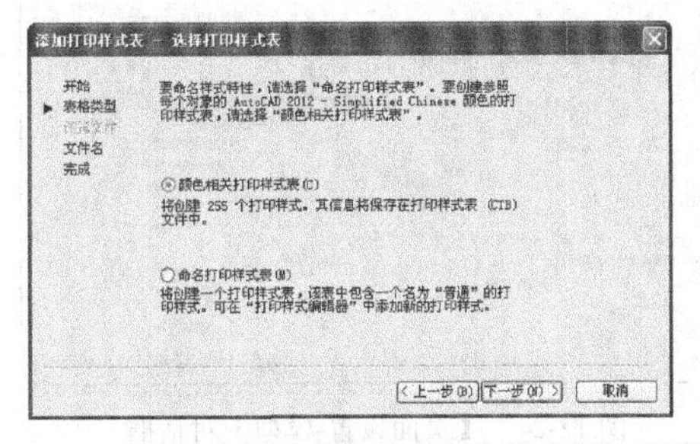

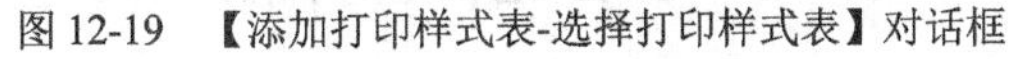
图 12-19 【添加打印样式表-选择打印样式表】对话框

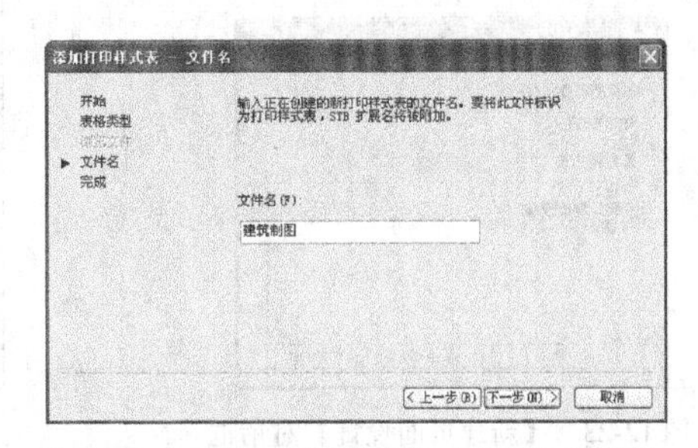

图 12-20 【添加打印样式表-文件名】对话框

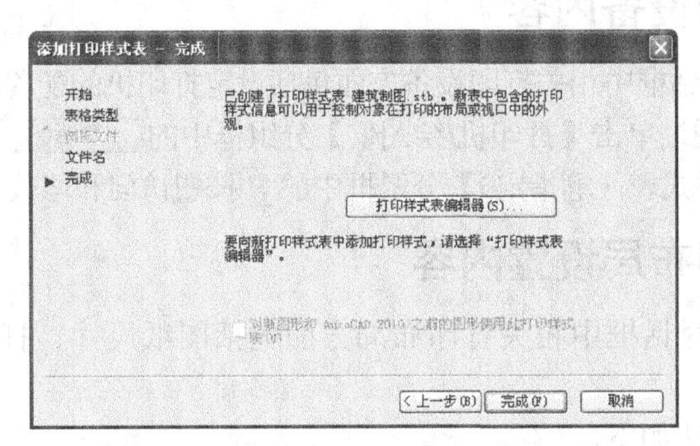

图 12-21 【添加打印样式表-完成】对话框

（6）单击 完成(F) 按钮，完成新打印样式表“建筑制图”的创建。

12.4 页面设置

本节主要讲述通过页面设置管理器创建、修改或输入页面设置的方法。

页面设置可以调整布局的实际打印区域、打印输出的比例，可以访问、设定和修改打印机配置及打印样式表。

通过页面设置管理器可以创建、修改或输入页面设置。访问页面设置管理器的方法如下。

- 下拉菜单：【菜单浏览器】/【打印】/【页面设置】。
- 功能区：单击【输出】选项卡【打印】面板上的 页面设置管理器 按钮。
- 命令：PAGESETUP。

打开的【页面设置管理器】对话框如图 12-22 所示。

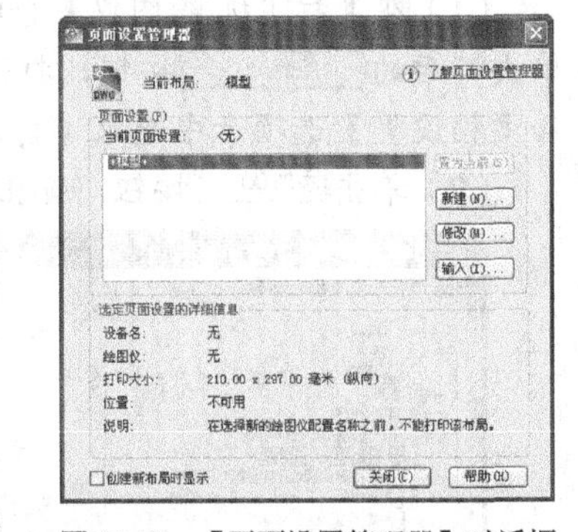

图 12-22 【页面设置管理器】对话框

若想建立新的页面设置，就单击 新建(N)... 按钮，打开【新建页面设置】对话框，如图 12-23 所示。在【新页面设置名】文本框中输入想要建立的页面设置名称，单击 确定(O) 按钮，打开【页面设置-模型】对话框，如图 12-24 所示。

若想修改当前的页面设置，在【页面设置管理器】对话框中单击 修改(M)... 按钮，也将打开图 12-24 所示的【页面设置-模型】对话框。

该对话框中主要包括打印设备和打印布局设置两方面内容。

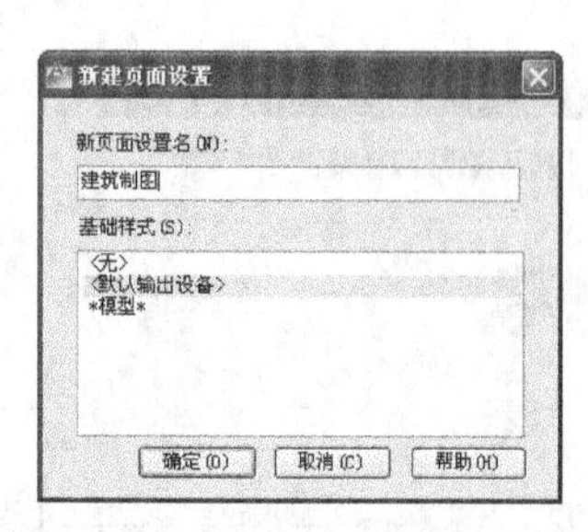

图 12-23　【新建页面设置】对话框

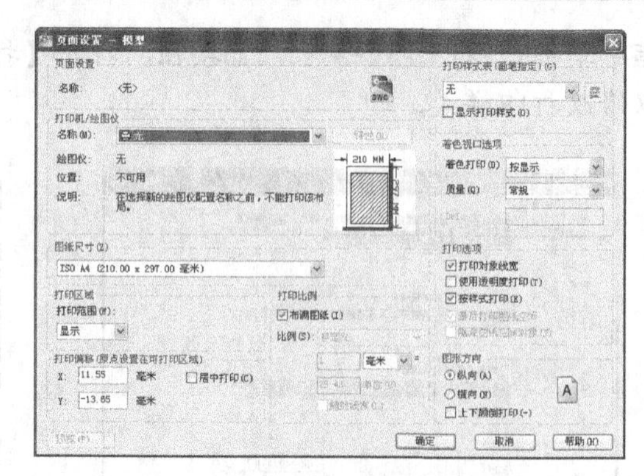

图 12-24　【页面设置-模型】对话框

12.4.1　相关打印设备内容

【页面设置-模型】对话框中相关打印设备方面包括设定打印机的配置和选择打印样式表等。选定打印机或绘图仪后，通过单击【打印机/绘图仪】分组框中的 特性(R) 按钮访问和修改当前打印机配置，单击【打印样式表（笔指定）】分组框中的按钮访问和修改当前的打印样式表。

12.4.2　相关打印布局设置内容

【页面设置-模型】对话框中相关打印布局方面包括图纸尺寸、打印区域、打印比例及打印偏移等分组框。

各分组框含义及用法如下。

1.【图纸尺寸】分组框

在该分组框中指定图纸大小，如图 12-24 所示，【图纸尺寸】下拉列表中包含了选定打印设备可用的标准图纸尺寸。

除了从【图纸尺寸】下拉列表中选择标准图纸外，也可以创建自定义的图纸尺寸。此时，用户需要修改所选打印设备的配置，方法如下。

（1）在【打印机/绘图仪】分组框的【名称（N）】下拉列表中选择【DWF6 ePlot.pc3】，再单击其后的 特性(R) 按钮，打开【绘图仪配置编辑器-DWF6 ePlot.pc3】对话框，在【设备和文档设置】选项卡中选取【自定义图纸尺寸】选项，如图 12-25 所示。

（2）单击 添加(A)... 按钮，弹出【自定义图纸尺寸-开始】对话框，如图 12-26 所示。

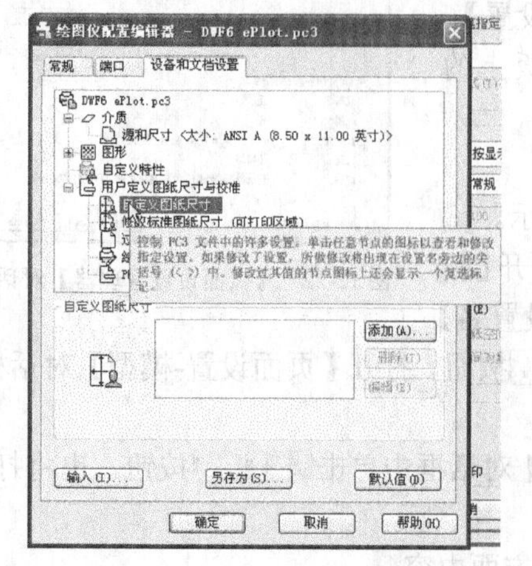

图 12-25　【绘图仪配置编辑器-DWF6 ePlot.pc3】对话框

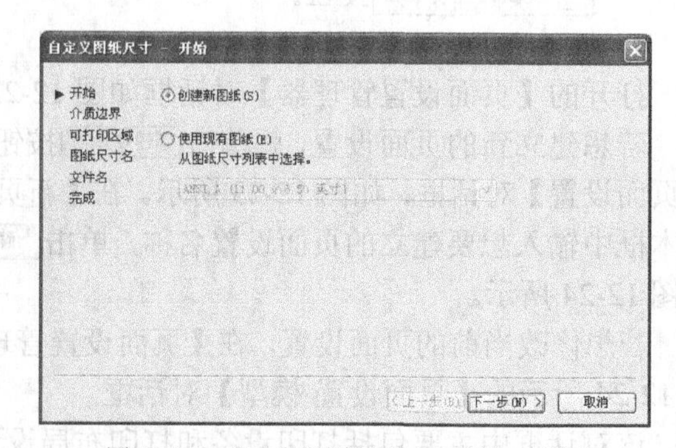

图 12-26　【自定义图纸尺寸-开始】对话框

(3) 不断单击[下一步(N) >]按钮，并根据 AutoCAD 的提示设置图纸参数，最后单击[完成(F)]按钮结束。

(4) 返回【页面设置-模型】对话框，AutoCAD 将在【图纸尺寸】下拉列表中显示自定义图纸尺寸。

2.【打印区域】分组框

在该分组框的【打印范围】下拉列表中选择要打印的图形区域，它包括如下选项。

- 【图形界限】: 打印布局时，将打印指定图纸尺寸的可打印区域内的所有内容，其原点从布局中的（0,0）点计算得出。从【模型】空间打印时，将打印栅格界限定义的整个图形区域。如果当前视口不显示平面视图，该选项与【范围】选项效果相同。
- 【范围】: 打印包含对象的图形的部分当前空间。当前空间内的所有几何图形都将被打印。打印之前，AutoCAD 可能会重新生成图形以重新计算范围。从【模型】空间打印时，没有该选项。
- 【显示】: 打印绘图区域中显示的所有对象。
- 【视图】: 打印使用 VIEW 命令保存的视图。用户可以从列表中选择命名视图。如果图形中没有已保存的视图，则没有此选项。
- 【窗口】: 打印通过窗口区域指定的图形部分。选取【窗口】选项后，该选项后出现一个[窗口(O)<]按钮，单击该按钮后，要指定打印区域的两个角点或输入坐标值。

3.【打印比例】分组框

该分组框用来控制图形单位对于打印单位的相对尺寸。打印布局空间时，默认缩放比例设置为 1∶1。打印模型空间时默认为【布满图纸】复选项。如果取消对【布满图纸】复选项的选取，就可在【比例】下拉列表中选择标准缩放比例值。若选取下拉列表中的【自定义】选项，则可以自行指定打印比例。

绘制阶段可根据实物按 1∶1 比例绘图，出图阶段再依据图纸尺寸确定打印比例，该比例是图纸尺寸单位与图形单位的比值。当图纸尺寸单位是 mm，打印比例设定为 1∶10 时，表示图纸上的 1mm 代表 10 个图形单位。

4.【打印偏移】分组框

在该分组框中指定打印区域相对于图纸左下角的偏移量。在布局中，指定打印区域的左下角位于图纸的左下页边距，也可输入正值或负值以偏离打印原点。

如果不能确定打印机如何确定原点，可试着改变一下打印原点的位置并预览打印结果，然后根据图形的移动距离推测原点位置。

5.【着色视口选项】分组框

在该分组框中指定着色和渲染视口的打印方式，并确定它们的分辨率大小和每英寸的点数（DPI，即点/英寸的英文缩写），包括以下 3 个选项。

(1)【着色打印】: 指定视图的打印方式。如要将【布局】空间上的视口指定为此设置，可先选择视口，然后在【修改】菜单中单击【特性】。

(2)【质量】: 指定着色和渲染视口的打印分辨率。

- 【草稿】: 将渲染和着色模型空间视图设置为线框打印。
- 【预览】: 将渲染和着色模型空间视图打印分辨率设置为当前设备分辨率的四分之一，

DPI 最大值为 150。

- 【常规】：将渲染和着色模型空间视图打印分辨率设置为当前设备分辨率的二分之一，DPI 最大值为 300。
- 【演示】：将渲染和着色模型空间视图打印分辨率设置为当前设备分辨率，DPI 最大值为 600。
- 【最高】：将渲染和着色模型空间视图打印分辨率设置为当前设备分辨率，无最高值。
- 【自定义】：将渲染和着色模型空间视图打印分辨率设置为【DPI】文本框中用户指定的分辨率设置，最大值可为当前设备的分辨率。

(3)【DPI】：指定渲染和着色视图每英寸的点数，最大可为当前设备分辨率的最大值。只有在【质量】下拉列表中选取了【自定义】选项后，此文本框才可用。

6.【打印选项】分组框

在该分组框中有以下 4 个选项。

- 【打印对象线宽】：指定是否打印对象和图层的线宽。
- 【按样式打印】：指定是否打印应用于对象和图层的打印样式。当选取该复选项时，将自动选取【打印对象线宽】复选项。
- 【最后打印图纸空间】：先打印模型空间几何图形。通常先打印图纸空间几何图形，然后再打印模型空间几何图形。
- 【隐藏图纸空间对象】：指定是否在图纸空间视口中的对象上应用"隐藏"操作。此选项仅在【布局】选项卡上可用。此设置的效果反映在打印预览中，而不反映在布局中。

7.【图形方向】分组框

该分组框用于调整图形在图纸上的打印方向，它包含一个图标，此图标表明图纸的放置方向，图标中的字母代表图形在图纸上的打印方向。

该分组框包含以下 3 个选项。

- 【纵向】：图形在图纸上的放置方向是水平的。
- 【横向】：图形在图纸上的放置方向是竖直的。
- 【上下颠倒打印】：使图形颠倒打印，此选项可与【纵向】、【横向】结合使用。

12.5　打印设置保存

选择打印设备，并设置完成打印参数（图纸幅面、比例、方向等）后，用户可以将所有这些保存在页面设置中，以便以后使用。

- 在【页面设置】分组框的【名称】下拉列表中显示所有已命名的页面设置。若要保存新页面设置就单击该列表右边的 添加(.)... 按钮，打开【添加页面设置】对话框，在该对话框的【新页面设置名】文本框中输入页面名称，如图 12-27 所示，然后单击 确定(O) 按钮，保存页面设置。
- 也可以从其他图形中输入已定义的页面设置，在【页面设置】分组框的【名称】下拉列表中选取【输入...】选项，AutoCAD 打开【从文件选择页面设置】对话框，选择所需的图形文件，弹出【输入页面设置】对话框，如图 12-28 所示。该对话框显示图形文件中包含的页面设置，选择其中之一，单击 确定(O) 按钮完成。

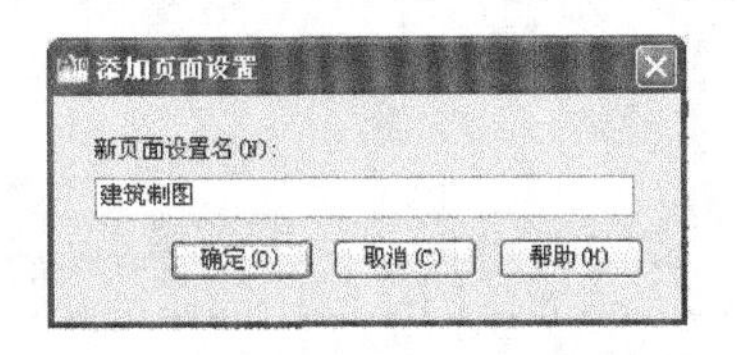

图 12-27 【用户定义的页面设置】对话框

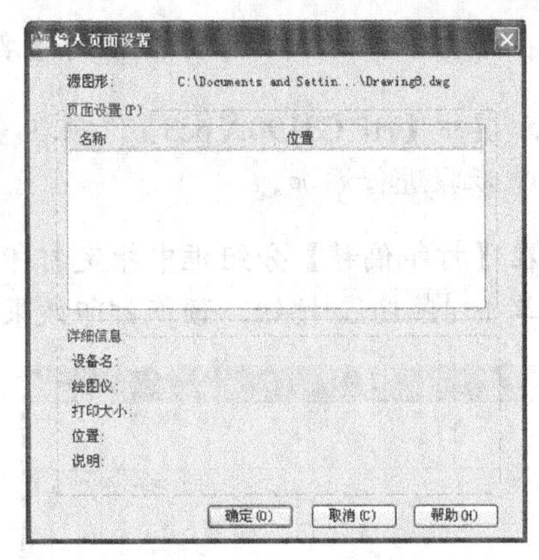

图 12-28 【输入页面设置】对话框

12.6 图形打印实例

下面将通过打印输出建筑台阶的三维图来讲解图形的打印和发布。

12.6.1 打印到图纸——打印输出建筑台阶的三维图

【例 12-4】 打印任务——打印输出建筑台阶的三维图。

（1）打开素材文件“dwg\第 12 章\ 12-4.dwg”，如图 12-29 所示。

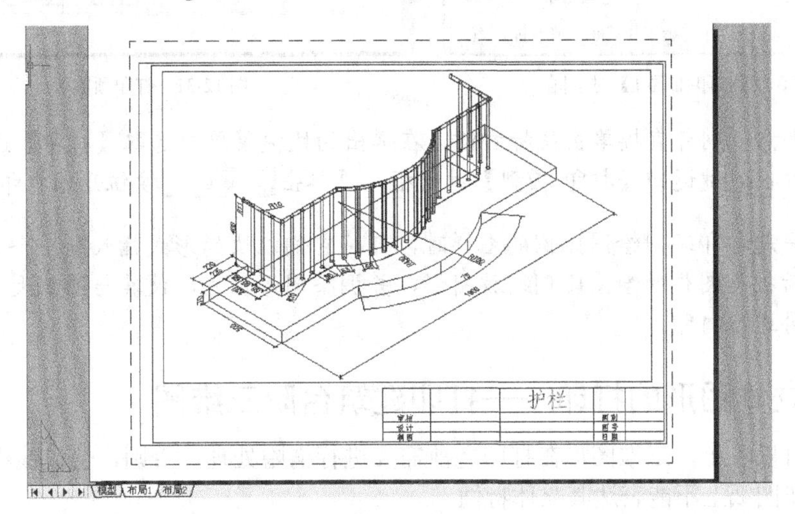

图 12-29 布局中的三维图

（2）单击【常用】选项卡【图层】面板上的按钮，打开【图层特性管理器】对话框，将【视口界限】图层设定为不打印。

（3）选取菜单命令【菜单浏览器】/【打印】，打开【打印-布局 1】对话框，如图 12-30 所示。

该对话框中的内容和【页面设置-模型】对话框中的基本一样，只是在【打印机/绘图仪】分组框下面多了【打印到文件】复选项。只有在选择了打印机/绘图仪的名称后，该复选项才被激活，选取它意味着将打印结果输出到文件中。

解决打印出来的字体是空心的方法：执行 TEXTFILL 命令，设置其值为 1。如果其值为 0，则字体为空心。

（4）在【打印机/绘图仪】分组框的【名称】下拉列表中选择【HP C3190A.pc3】。

其中【HP C3190A.pc3】选项在【例 12-1】添加的，如没有，可用按照【例 12-1】步骤进行添加。

（5）在【打印偏移】分组框中指定打印原点为（7,7）。

（6）单击 预览(P)... 按钮，预览打印效果，如图 12-31 所示。

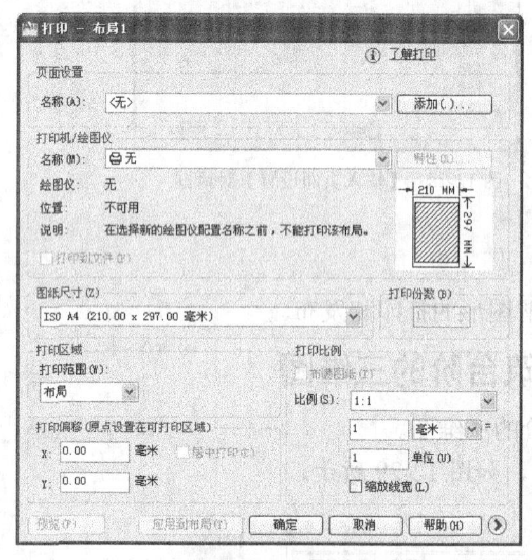

图 12-30　【打印-布局 1】对话框

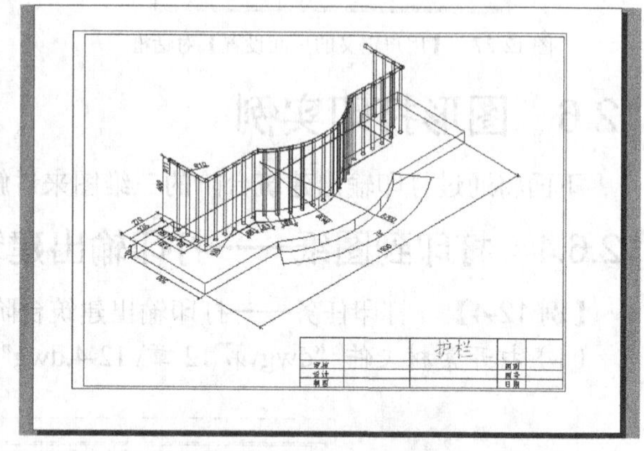

图 12-31　打印预览

（7）若满意，则可直接单击鼠标右键，在弹出的快捷菜单中选取【打印】选项即可输出图形，也可按Esc键返回【打印-模型】对话框，再单击 确定 按钮开始打印。

一起打印不同绘图比例的图样时，可将它们以块的形式插入到一个文件中，然后按各图样的绘图比例缩放图形，并调整图形位置，使其与图纸大小相适应，再进行打印。

12.6.2　立体图形的打印——打印建筑台阶三维图

从上例可以看出，三维图形在打印之前需要进行消隐处理，否则，会以线框模型形式被打印出来，在图纸上不能表达其立体特性。

在 AutoCAD 2012 中可以完成图形消隐处理的命令有 HIDE 和 SHADEMODE 两个，其区别在于前者在二维线框模型下进行消隐之后一旦执行缩放命令，其消隐的图形将恢复线框形式，而后者则不会。这一点同时也将影响三维图形的打印。

如果图形绘制在 AutoCAD 自动产生的图层（DEFPOINTS、ASHADE 等）上，就会出现“图形能显示，却打印不出来”的情况。因此用户应避免在这些层上绘图。

【例 12-5】　立体图形的打印。

（1）双击图 12-29 所示的三维图形视口，切换到模型空间。

（2）在【常有】选项卡【视图】面板上选择【视觉样式】为“三维隐藏”，结果如图 12-32

所示。

（3）在三维视口外面双击，切换到图纸空间。

（4）选取菜单命令【菜单浏览器】/【打印】，打开【打印-模型】对话框。

（5）在【打印机/绘图仪】分组框的【名称】下拉列表中选择【HP C3190A.pc3】。

要点提示 其中【HP C3190A.pc3】选项在【例 12-1】添加的，如没有，可用按照【例 12-1】步骤进行添加。

（6）在【打印偏移】分组框中指定打印原点为（7,7）。

（7）单击 预览(P)... 按钮，预览打印效果，如图 12-33 所示。

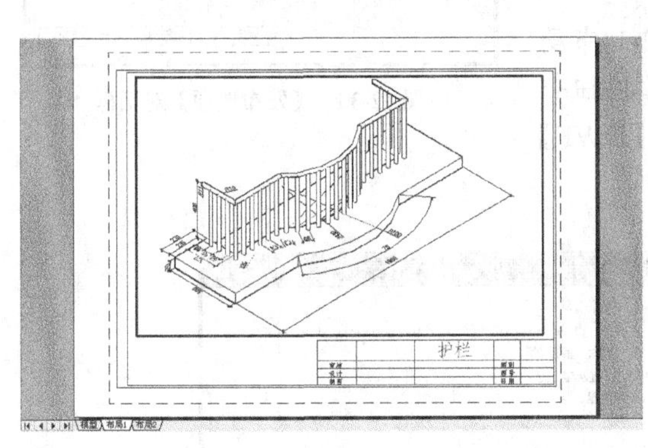

图 12-32 消隐立体图形

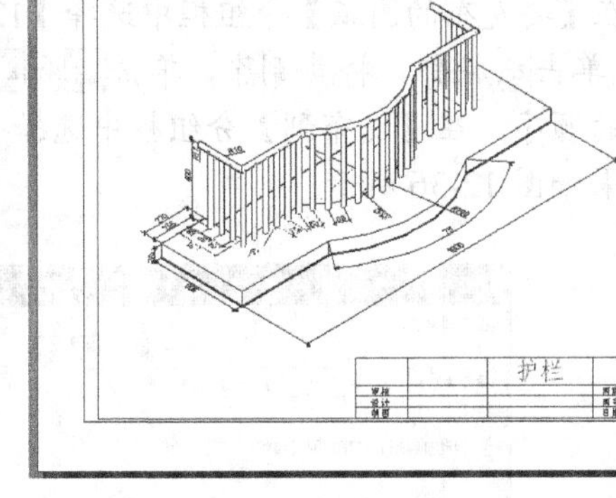

图 12-33 三维消隐图形打印预览结果

（8）在预览窗口中单击鼠标右键，在弹出的快捷菜单中选取【打印】选项，即可输出三维消隐图形。

12.6.3 图形的发布——发布建筑台阶三维图

AutoCAD 不仅可以将图形通过打印绘图设备输出形成图纸，同样也可以以电子出版物的方式发布图形，下面将介绍使用 AutoCAD 的发布工具以 DWF 的格式发布图形的方法。

【例 12-6】 图形的发布。

（1）接上例。选取菜单命令【菜单浏览器】/【发布】，打开【发布】对话框，如图 12-34 所示。

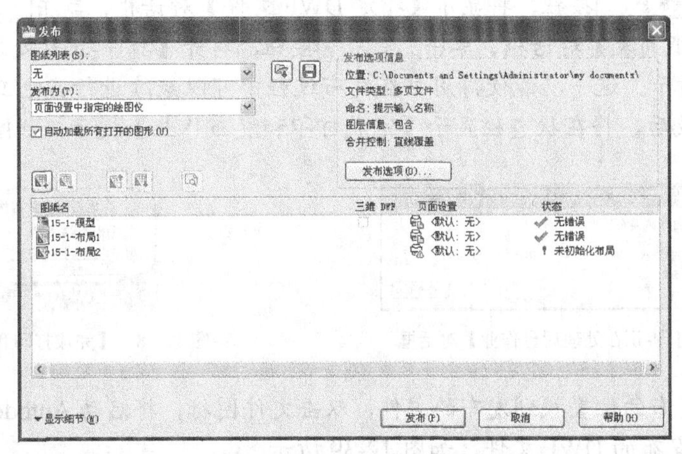

图 12-34 【发布】对话框（1）

（2）单击[发布选项(O)...]按钮，打开【发布选项】对话框，在【常规 DWF/PDF 选项】分组框的【命名】下拉列表中选择【指定名称】选项，如图 12-35 所示。用户还可以设置发布文件输出位置、常规 DWF 选项等。从这里可以看出，DWF 文件可以发布包含多个图形文件的图形集。

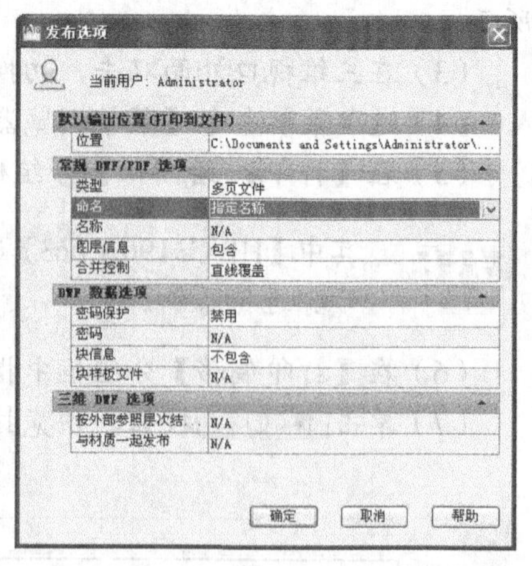

图 12-35　【发布选项】对话框

（3）单击[确定]按钮，返回到【发布】对话框，在【发布为】下拉列表中选取【DWF】选项。如果需要添加图形，可单击按钮，系统弹出【选择图形】对话框用于选择需要加入图形集的文件。

（4）在【要发布的图纸】分组框中选择【12-1-布局 2】选项，单击按钮，将其删除，单击和按钮来调整图纸的顺序，在【发布到】分组框中选择【DWF】选项，结果如图 12-36 所示。

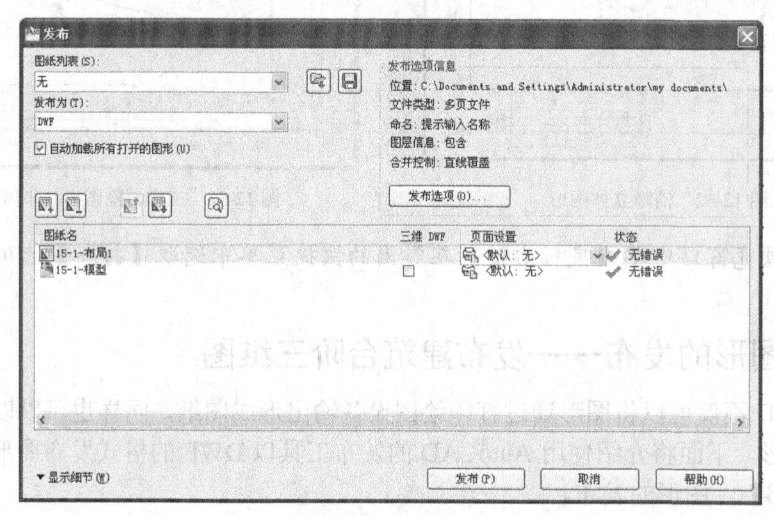

图 12-36　【发布】对话框（2）

（5）单击[发布(P)]按钮，将显示【指定 DWF 文件】对话框，单击[选择(S)]按钮，打开【发布-保存图纸列表】对话框，单击[否(N)]按钮，打开【打印-正在处理后台作业】对话框，如图 12-37 所示。这一功能使得用户在发布过程中可以继续进行其他工作。

（6）发布完成后，将在状态栏显示【完成打印和发布作业】提示，如图 12-38 所示。

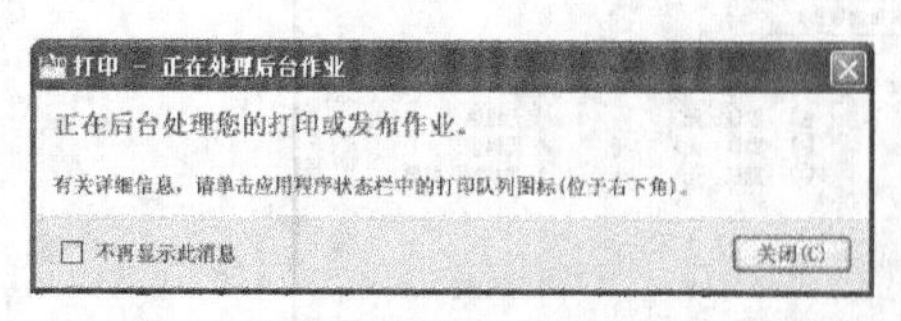

图 12-37　【打印-正在处理后台作业】对话框

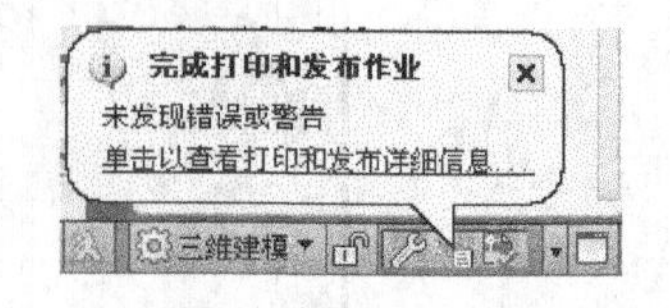

图 12-38　【完成打印和发布作业】提示

（7）在设置发布的位置找到发布的文件，双击文件图标，将启动 Autodesk Design Review 2012 来查看已经发布的 DWF 文件，如图 12-39 所示。

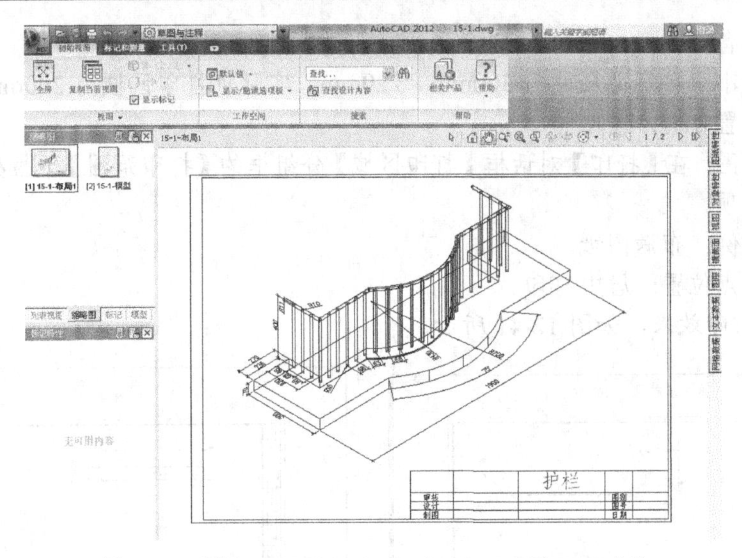

图 12-39 利用 Autodesk Design Review 2012 查看 DWF 文件

12.7 习题

1. 打印图形时，一般应设置哪些打印参数？如何设置？
2. 打印图形的主要过程是怎样的？
3. 当设置完成打印参数后，应如何保存以便以后再次使用？
4. 如何将多个图样布置在一起打印？
5. 怎样将不同绘图比例的图纸放在一起打印？
6. 有哪两种类型的打印样式？它们的作用是什么？
7. 如何设置打印样式？
8. 如何编辑打印样式？
9. 设置打印参数。请按以下步骤操作。

（1）打开素材文件“dwg\第 12 章\习题 12-9.dwg”。

（2）利用 AutoCAD 的“添加绘图仪向导”配置一台内部打印机——DesignJet 750 C3196A。

（3）选择菜单命令【菜单浏览器】/【打印】，打开【打印】对话框，在该对话框中做以下设置。

- 打印设备：DesignJet 750 C3196A。
- 打印幅面：ISO A1（841.00 毫米 × 594.00 毫米）。
- 图形放置方向：A。
- 打印范围：在【打印】对话框【打印区域】分组框的【打印范围】下拉列表中选择【显示】选项。
- 打印比例：布满图纸。
- 打印原点位置：居中打印。

（4）预览打印效果，如图 12-40 所示。

10. 自定义图纸。请按以下步骤操作。

（1）打开素材文件“dwg\第 12 章\习题 12-10.dwg”。

（2）选择菜单命令【菜单浏览器】/【打印】，打开【打印-模型】对话框，在该对话框中做以下设置。

- 打印设备：DesignJet 750 C3196A。
- 图纸大小：自定义尺寸为 300mm × 220mm，实际可打印区域为 290mm × 210mm。
- 图形放置方向：A。
- 打印范围：在【打印】对话框【打印区域】分组框的【打印范围】下拉列表中选择【显示】选项。
- 打印比例：布满图纸。
- 打印原点位置：居中打印。

（3）预览打印效果，如图 12-41 所示。

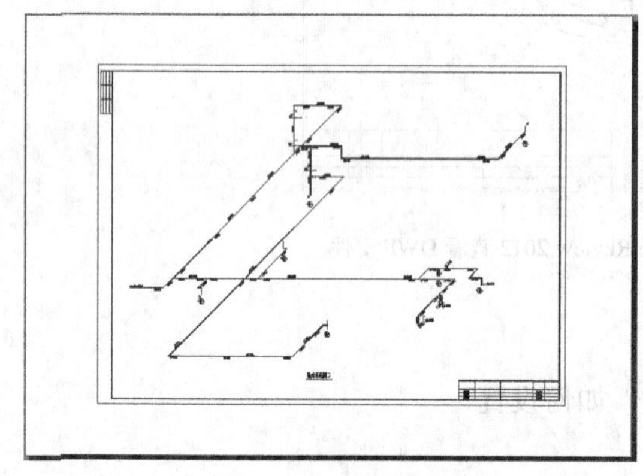

图 12-40　设置打印参数

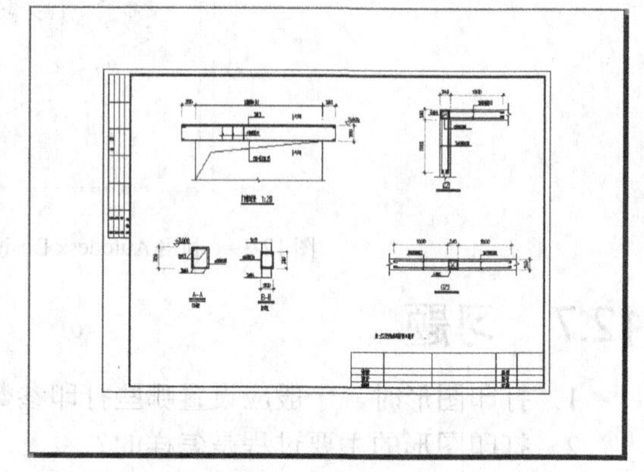

图 12-41　自定义图纸

附录 1　常用建筑装饰装修材料和设备图例

建筑装饰装修材料的图例画法应符合《房屋建筑制图统一标准》GB/T 50001 的规定。常用建筑材料、装饰装修材料应按附录表 1-1 的规定绘制。

附录表 1-1　　常用建筑装饰装修材料图例

序号	名　称	图　例	备　注
1	夯实土壤		——
2	砂砾石、碎砖三合土		——
3	大理石		——
4	毛石		必要时注明石料块面大小及品种
5	普通砖		包括实心砖、多孔砖、砌块等砌体。断面较窄不易绘出图例线时，可涂黑
6	轻质砌块砖		指非承重砖砌体
7	轻钢龙骨纸面石膏板隔墙		注明隔墙厚度
8	饰面砖		包括铺地砖、马赛克、陶瓷锦砖等
9	混凝土		1．指能承重的混凝土及钢筋混凝土； 2．各种强度等级、骨料、添加剂的混凝土； 3．在剖面图上画出钢筋时，不画图例线； 4．断面图形小，不易画出图例线时，可涂黑
10	钢筋混凝土		
11	多孔材料		包括水泥珍珠岩、沥青珍珠岩、泡沫混凝土、非承重加气混凝土、软木、蛭石制品等
12	纤维材料		包括矿棉、岩棉、玻璃棉、麻丝、木丝板、纤维板等
13	泡沫塑料材料		包括聚苯乙烯、聚乙烯、聚氨脂等多孔聚合物类材料
14	密度板		注明厚度
15	实木	（立面）	1．上图为垫木、木砖或木龙骨，表面为粗加工； 2．下图木制品表面为细加工； 3．所有木制品在立面图中能见到细纹的，均可采用下图例

续表

序号	名　称	图　例	备　注
16	胶合板	（小尺度比例） （大尺度比例）	注明厚度、材种
17	木工板		注明厚度
18	饰面板		注明厚度、材种
19	木地板		注明材种
20	石膏板		1．注明厚度； 2．注明纸面石膏板、布面石膏板、防火石膏板、防水石膏板、圆孔石膏板、方孔石膏板等品种名称
21	金属		1．包括各种金属，注明材料名称； 2．图形小时，可涂黑
22	液体	断面 平面	——
23	玻璃砖		1．为玻璃砖断面； 2．注明厚度
24	橡胶		注明天然或人造橡胶
25	普通玻璃	断面 立面	——
26	磨砂玻璃		为玻璃立面，应注明材质、厚度
27	夹层（夹绢、夹纸）玻璃		为玻璃立面，应注明材质、厚度
28	镜面		为镜子立面，应注明材质、厚度
29	塑料		包括各种软、硬塑料及有机玻璃等，应注明厚度
30	胶		应注明胶的种类、颜色等
31	地毯		为地毯剖面，应注明种类
32	防水材料		构造层次多或比例大时，应采用上图
33	粉刷		采用较稀的点
34	窗帘		箭头所示为开启方向

常用建筑构造、装饰构造、配件图例应按附录表 1-2 的规定绘制。

附录表 1-2 建筑构造、装饰构造、配件图例

序号	名 称	图 例	备 注
1	检查孔		左图为明装检查孔 右图为暗藏式检查孔
2	孔洞		—
3	门洞	h = w =	h 为门洞高度 w 为门洞宽度

常用给排水图例应按附录表 1-3 的规定绘制。

附录表 1-3 给排水图例

序号	名 称	图 例	序号	名 称	图 例
1	生活给水管	J	9	方形地漏	
2	热水给水管	RJ	10	带洗衣机插口地漏	
3	热水回水管	RH	11	毛发聚集器	平面 系统
4	中水给水管	ZJ	12	存 水 湾	
5	排水明沟	坡向	13	闸 阀	
6	排水暗沟	坡向	14	角 阀	
7	通 气 帽	成品 铅丝球	15	截 止 闸	
8	圆形地漏		—	—	—

常用灯光照明图例应按附录表 1-4 的规定绘制。

附录表 1-4 **灯光照明图例**

序号	名 称	图 例	序号	名 称	图 例
1	艺术吊灯		8	格栅射灯	
2	吸顶灯		9	300×1200 日光灯盘 日光灯管以虚线表示	
3	射墙灯		10	600×600 日光灯盘 日光灯管以虚线表示	
4	冷光筒灯		11	暗灯槽	
5	暖光筒灯		12	壁灯	
6	射灯		13	水下灯	
7	轨道射灯		14	踏步灯	

常用消防、空调、弱电图例应按附录表 1-5 的规定绘制。

附录表 1-5 **消防、空调、弱电图例**

序号	名 称	图 例	序号	名 称	图 例
1	条形风口		15	电视 器件箱	
2	回风口		16	电视接口	TV
3	出风口		17	卫星电视出线座	SV
4	排气扇		18	音响出线盒	M
5	消防出口	EXIT	19	音响系统分线盒	M
6	消火栓	HR	20	电脑分线箱	HUB
7	喷淋		21	红外双鉴 探头	
8	侧喷淋		22	扬声器	
9	烟感	S	23	吸顶式扬声器	
10	温感	W	24	音量控制器	
11	监控头		25	可视对讲室内主机	T
12	防火卷帘	F	26	可视对讲室外主机	
13	电脑接口	C	27	弱电过路接线盒	R
14	电话接口	T	—	—	—

常用开关、插座图例应按附录表 1-6 的规定绘制。

附录表 1-6 开关、插座图例

序号	名 称	图 例	序号	名 称	图 例
1	插座面板（正立面）		15	带开关防溅二三极插座	
2	电话接口（正立面）		16	三相四极插座	
3	电视接口（正立面）		17	单联单控翘板开关	
4	单联开关（正立面）		18	双联单控翘板开关	
5	双联开关（正立面）		19	三联单控翘板开关	
6	三联开关（正立面）		20	四联单控翘板开关	
7	四联开关（正立面）		21	声控开关	
8	地插座（平面）	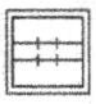	22	单联双控翘板开关	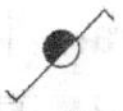
9	二极扁圆插座		23	双联双控翘板开关	
10	二、三极扁圆插座		24	三联双控翘板开关	
11	二、三极扁圆地插座		25	四联双控翘板开关	
12	带开关二、三极插座	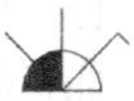	26	配电箱	
13	普通型三极插座		27	弱电综合分线箱	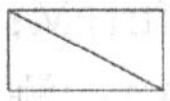
14	防溅二、三极插座		28	电话分线箱	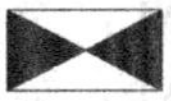

附录 2 AutoCAD 命令快捷键表

F1：获取帮助
F2：实现作图窗和文本窗口的切换
F3：控制是否实现对象自动捕捉
F4：数字化仪控制
F5：等轴测平面切换
F6：控制状态行上坐标的显示方式
F7：栅格显示模式控制
F8：正交模式控制
F9：栅格捕捉模式控制
F10：极轴模式控制
F11：对象追踪式控制
Ctrl+B：栅格捕捉模式控制（F9）
dra：半径标注
ddi：直径标注
dal：对齐标注
dan：角度标注
Ctrl+C：将选择的对象复制到剪切板上
Ctrl+F：控制是否实现对象自动捕捉（F3）
Ctrl+G：栅格显示模式控制（F7）
Ctrl+J：重复执行上一步命令
Ctrl+K：超级链接
Ctrl+N：新建图形文件
Ctrl+M：打开选项对话框
AA：测量区域和周长（area）
AL：对齐（align）
AR：阵列（array）
AP：加载*lsp 程系
AV：打开视图对话框（dsviewer）
SE：打开对相自动捕捉对话框
ST：打开字体设置对话框（style）
SO：绘制二维面（2d solid）
SP：拼音的校核（spell）
SC：缩放比例（scale）
SN：栅格捕捉模式设置（snap）
DT：文本的设置（dtext）
DI：测量两点间的距离
Ctrl+O：打开图像文件
Ctrl+P：打开打印对话框
Ctrl+S：保存文件
Ctrl+U：极轴模式控制（F10）
Ctrl+v：粘贴剪贴板上的内容
Ctrl+W：对象追踪式控制（F11）
Ctrl+X：剪切所选择的内容
Ctrl+Y：重做
Ctrl+Z：取消前一步的操作
A：绘圆弧（arc）
B：定义块（block）
C：画圆（circle）
E：删除（erase）
F：倒圆角（fillet）
G：对象编组（group）
H：填充（hatch）
I：插入（insert）
S：拉伸（stretch）
T：文本输入（mtext）
W：写块（wblock）
L：直线（line）
M：移动（move）
X：炸开（explode）
V：视图管理器（view）
U：恢复上一次操作
O：偏移（offset）
Z：缩放（zoom）
MI：镜像（mirror）
REC：矩形（rectang）
EL：椭圆（ellipse）
LA：设置图层（layer）
TR：修剪（trim）
CO：复制（copy）
POL：正多边形（polygon）
PL：多段线（pline）